Dr. Sandra Foltin

Hundgestützte Intervention

Wissenschaft trifft Praxis – Ausgewählte Studien erklärt

© 2022 KYNOS VERLAG Dr. Dieter Fleig GmbH
Konrad-Zuse-Straße 3, D-54552 Nerdlen/Daun
Telefon: 06592 957389-0
www.kynos-verlag.de

Grafik & Layout: Kynos Verlag
Gedruckt in Lettland

ISBN 978-3-95464-284-7

Bildnachweise: Alle Bildnachweise befinden sich an den Bildern außer: Thomas Meier S. 8, 338; https://www.wikiwand.com/de/Brachycephali S. 37; WikiJournal of Medicine-blausen.com staff S. 83; McGetrick & Range Quelle: https://link.springer.com/article/10.3758/s13420-018-0338-x/figures/1 S. 165; Cuaya et al. (2021) S. 228
stock.adobe.com: jagodka Cover (Labrador); Eric Isselée S. 40; Karoline Thalhofer S. 161; cyno-club S. 206 li. 216 li.; vivianstock S. 206 Mi., 216 Mi.; Erik Lam S. 206 re., 216 re.; Alexei Sysoev S.322 li; VTT Studio S. 322 re.

Alle Grafiken von Nicole Hilgers unter Verwendung von stock.adobe.com: Julien Eichinger (Piktogramme) Cover; Aljona Igneeva S. 158; Vectorovich (Hunde) S. 29, 147, 157, 176, 197, 200, 285, 306; Good Studio (Hund) S. 30, 109, 184, 239; nsito108(Spielzeug) S. 92; blumer1979 (Kamera) S. 92, 176; Tartila (Frau) S. 147, 176, 197 re.; dlyastokiv (Monitore) S. 157; macrovector (Person) S. 157, 197, 200; sayuri_k (Person o.li.) S. 306; zet art (Haus) S. 306; Sentavio S. 285, 306, daudau992 S. 258

Mit dem Kauf dieses Buches unterstützen Sie die
Kynos Stiftung Hunde helfen Menschen
www.kynos-stiftung.de

Inhaltsverzeichnis

Vorwort

Seit Jahrtausenden sind unsere Leben eng mit denen der Hunde verwoben und wir schätzen die Beziehung mit ihnen aufgrund ihrer vielen besonderen Fähigkeiten: Sei es als Jagdbegleiter, als Tier mit heilender Wirkung oder im modernen Kontext als Freund und Lebenswegbegleiter. Es ist schwierig, die Anzahl der Hunde weltweit zu schätzen. Die meisten Hunde leben wahrscheinlich in den USA, Brasilien, China und Russland. Die Population, die als „Haushund" lebt, wird weltweit auf 470 Millionen geschätzt.

Mit wachsendem gesellschaftlichem Wandel hin zu mehr Individualität, damit aber auch oft mehr Einsamkeit, hat der Stellenwert unserer Hunde sich zunehmend verändert: Unsere Hunde sind inzwischen oft Seelentröster, Einsamkeitsteiler, Sorgenfresser, Bewegungsmacher. Sie werden nicht nur im eigenen Haushalt „unterstützend" eingesetzt, sondern verstärkt auch begleitend in der tiergestützten Intervention. Vorrangig Hunde werden in therapeutischen und pädagogischen Settings genutzt und diese Arbeit findet nunmehr auch Anerkennung im wissenschaftlichen Bereich, gleichwertig mit anderen Therapieformen.

Dieser begleitende oder unterstützende Einsatz ist oft eine immense Belastung für unsere Hunde. Die Anforderungen sind außerordentlich: Obwohl sie nie dafür gezüchtet wurden, sollen sie nun engen sozialen Kontakt mit fremden Menschen nicht nur akzeptieren, sondern auch suchen.

Viele Studien erforschen das Wohlbefinden des Menschen durch den tiergestützten Einsatz, aber nur wenige beschäftigen sich mit dem Wohlbefinden des Tieres. In diesem Buch werden aktuelle Studien vorgestellt, die auf den Bereich der tiergestützten Intervention des Mensch-Hund-Teams einen Einfluss haben, aber natürlich auch im „ganz normalen" Leben wichtige Informationen für unser Zusammenleben mit und Verständnis von unseren Begleitern vermitteln.

Viel Spaß beim Lesen!

Ihre Sandra Foltin

Einleitung

Seit vielen Jahren ist die tiergestützte Intervention in ihren mannigfaltigen Formen auch in Deutschland populär geworden: Wir finden den tiergestützten Einsatz in der Geriatrie, der Gerontologie oder im Bereich der Kinder- und Jugendintervention, in Schule, Kindergarten, Haftanstalten, im Hospiz und vielen anderen Institutionen.

Tiergestützte Interventionen (TGI) zielen darauf ab, die menschliche Gesundheit positiv zu beeinflussen, indem Tiere als Hilfsmittel bzw. begleitend zur Therapie eingesetzt werden[1]. TGI werden im weitesten Sinne als jede Arbeit definiert, die Tiere als Teil eines therapeutischen oder verbessernden Prozesses einbeziehen[2]. Bei TGI variieren Intensität und Dauer je nach den besonderen situationsbedingten Bedürfnissen des Empfängers[3].

In den letzten zehn Jahren ist das Forschungsgebiet der Mensch-Tier-Interaktion(en) durch eine erhebliche Zunahme von Studien und wissenschaftlichen Erkenntnissen gekennzeichnet. Diese Daten haben zu unserem derzeitigen Verständnis beigetragen, wie Menschen vom Kontakt mit Tieren profitieren können.

Die Erfahrungen, die Tiere bei diesen Interaktionen machen, sind jedoch noch immer ein relativ unerforschtes Gebiet. Allen voran ist das Mensch-Hund-Team in der Praxisarbeit im Einsatz, auch deshalb, weil Hunde leicht verfügbar, trainierbar, berechenbar, anpassungsfähig, flexibel und sensibel für die unterschiedlichen Bedürfnisse von Menschen in verschiedenen Kontexten sind[4].

Darüber hinaus scheint die lange Geschichte der Domestizierung der Hunde zu ihrer Fähigkeit beigetragen zu haben, menschliches soziales und kommunikatives Verhalten zu verstehen[5] und Beziehungen sowie starke emotionale Bindungen zum Menschen zu entwickeln[6].

1 Morrison, Michele L.: „Health benefits of animal-assisted interventions.“ *Complementary health practice review.* (2007) 12(1):51–62

2 Serpell, James, Sandra McCune, Nancy Gee, James A. Griffin: Current challenges to research on animal-assisted interventions. *Applied Developmental Science.* (2017) 21(3):223–233, DOI: 10.1080/10888691.2016.1262775

3 Glenk, Lisa Maria, Sandra Foltin: „Therapy Dog Welfare Revisited: A Review of the Literature.“ *Veterinary Sciences.* (2021) 8(10):226

4 Hall, S., L. Dolling, K. Bristow, T. Fuller, D. S. Mills: *Companion animal economics: the economic impact of companion animals in the UK.* CABI. (2016)

5 Hare, B., M. Tomasello: Human-like social skills in dogs? *Trends in cognitive sciences.* (2005) 9(9):439–444

6 Wynne, Clive D.L.: „The indispensable dog.“ *Frontiers in Psychology.* 12(2021):656529

Dieses Buch befasst sich mit den aktuellen Studien in diesem Gebiet mit dem Schwerpunkt des Wohlergehens von Hunden, die an tiergestützten Interventionen zur Verbesserung der Gesundheit von Menschen teilnehmen und eingesetzt werden.

Kompetenzentwicklung und Wissenserwerb gehen Hand in Hand. Fortschritte in der wissenschaftlichen Methodik, wie die Bestimmung von Speicheloxytocin, Atemfrequenz und Trommelfelltemperatur sind weniger invasiv, um beispielsweise Stressparameter beim Hund zu bestimmen.

Zudem werden tierschutzrelevante Studien zu sozialen und umweltbezogenen Faktoren, z. B. zur Entscheidungsfreiheit des Hundes an der Teilnahme, seiner Erkundung neuer Umgebungen, Abneigung gegen Ungleichheit im Einsatz, individuelle Entwicklung und Arbeitserfahrung, Beziehung zu seinem Teampartner Mensch und dessen Fähigkeiten, vorgestellt.

Auch Wahrnehmungsstrukturen und Einflussfaktoren auf das Wohlbefinden des Hundes werden diskutiert. Angesichts des weltweit steigenden Interesses und der zunehmenden Zahl von Hunden, die in der tiergestützten Intervention eingesetzt werden, sind die Verbesserung ihres Wohlbefindens und die Identifizierung und Darstellung von Situationen und Umständen, die das Wohlergehen der Hunde in Frage stellen, nach wie vor ein aufstrebender und wichtiger Bereich wissenschaftlicher Arbeiten.

Vorab sei zu erwähnen, dass ich der Lesbarkeit halber hauptsächlich die männliche Form verwende, darin enthalten sind jedoch auch weibliche, transidentitäre und weitere nicht binäre Personen.

Und warum Wissenschaft?

Wir leben in einer Wissensgesellschaft. Wissen ist eine immer wichtiger werdende Ressource und ein zentraler Baustein in der Menschheitsgeschichte. Wissenschaft hat uns Innovationen gebracht, besitzt viele Facetten und unterschiedliche Interpretationen. Wenn man den Begriff „Wissenschaft“ betrachtet, geht es grundsätzlich erst einmal um das gesamte Spektrum der menschlichen Erkenntnisse und Erfahrungen. Das oberste Ziel von Wissenschaft ist dabei, bestehendes Wissen zu wahren und mit Hilfe von Forschung systematisch neue Erkenntnisse zu gewinnen. Die Ergebnisse der Untersuchungen werden dann in wissenschaftlichen Arbeiten dokumentiert und veröffentlicht.

Zum Beispiel projizieren wir als Haustierhalter gerne Emotionen auf unsere Vierbeiner: Der Hund ist beleidigt, wenn wir ihm nicht die nötige Aufmerksamkeit schenken; er ist glücklich, wenn wir nach der Arbeit nach Hause kommen; er ist eifersüchtig, wenn wir uns zu lange mit Nachbars Waldi beschäftigen. In der Wissenschaft beginnen wir diese Emotionen zu erforschen. Die Methoden, mit denen Emotionen und emotionale Zustände im Hund untersucht werden, sind vielfältig. Sie unterscheiden sich je nach Fragestellung, Ausdruck der Emotion und der Tierart, über die man eine Aussage treffen möchte.

In der Wissenschaft finden wir unterschiedliche Meinungen und Forschungsergebnisse. Also gilt auch hier: Es gibt ihn nicht, den einen richtigen Weg, sondern es ist ein Prozess, der sich entwickelt und sicher auch hier und da für den einen oder anderen Forscher Rückschritte enthält, aber alles in allem ist unser Wissen doch ungemein vergrößert worden. Und gerade auch unterschiedliche Meinungen sind heutzutage so wichtig.

Zudem gibt es für uns Wissenschaftler fest vorgegebene Strukturen, nach denen wir arbeiten und publizieren sollen, um neue Ergebnisse vorzustellen. Studienergebnisse sollen objektiv, transparent und nachvollziehbar für den Leser sein. Andere Wissenschaftler sollen in der Lage sein, das Experiment oder die Studie zu reproduzieren, also nachzustellen, um sie zu überprüfen und alle Aussagen und Schlussfolgerungen müssen belegbar sein.

Wir beginnen also mit einer Forschungsfrage. Hier wird das Thema der Arbeit präzisiert und die Richtung der Untersuchung vorgegeben. Sie ist gewissermaßen die Antwort auf die Frage „Was möchten wir in der wissenschaftlichen Arbeit erforschen?".

Im Gegensatz dazu gibt es Thesen und Hypothesen. Das sind Behauptungen bzw. Vermutungen eines Autors, die dann wissenschaftlich belegt oder widerlegt werden müssen.

Wir können uns das so vorstellen:

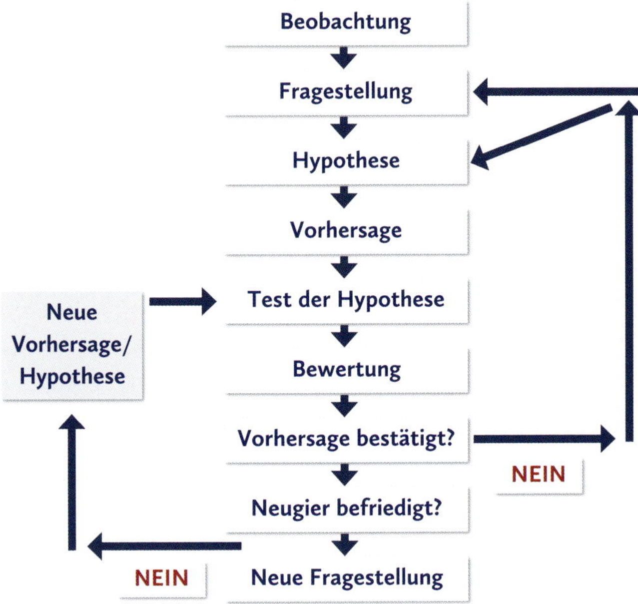

Schritte einer wissenschaftlichen Hypothese

Die Wissenschaft ist permanent im Fluss und kann niemals eine universelle Wahrheit anbieten. Sie kann jedoch methodisch prüfbare Deutungsangebote machen, Gewissheiten in Frage stellen und Reflexionen anstoßen. Damit hat die Wissenschaft eine wichtige gesellschaftliche Rolle und trägt gleichzeitig große Verantwortung gerade dort, wo die Lage nicht eindeutig ist.

Und in diesem Sinne beginnen wir mit ganz aktuellen Studien und Forschungsthemen, die uns noch eine Weile begleiten werden …

1. Die Pandemie und ihr Einfluss auf unser Leben

Die Studie Covid-19 und die Mensch-Hund-Beziehung *Foltin, S.: Tiergestützte (2021) 10:24–32*

Durch die Covid-Pandemie hat sich unser und das Leben unserer Hunde (und anderer Haustiere) maßgeblich verändert. Insbesondere die „Covid-Hunde" – also die Hunde, die seit 2020 aufwuchsen – haben andere Sozialisierungs- und Erfahrungsprozesse gemacht als ältere Vierbeiner.

Aufgrund der immer wieder angeordneten Ausgangsbeschränkungen erlebten viele Menschen eine große soziale Isolation. In Deutschland, wie auch in anderen Ländern, war eine Welle von Hundeneuanschaffungen während der Pandemie zu verzeichnen. Tasso registrierte einen Zuwachs an Registrierungen von 25 %[7], der VDH hatte rund dreimal so viele Hundeanfragen wie in den Vorjahren[8].

Auch deswegen gilt der Handel mit Haustieren inzwischen als drittgrößte illegale Einnahmequelle in der Europäischen Union, nach dem organisierten Drogen- und Waffenhandel[9]. Der Deutsche Tierschutzbund gibt an, dass zwischen Januar und Oktober 2020 75 illegale Heimtiergeschäfte gemeldet wurden, an denen mehr als 800 Tiere (hauptsächlich Hunde) beteiligt waren[10].

Bowen und Kollegen (2020) zeigten in ihrer Studie, dass fast 50 % der befragten Menschen negative Auswirkungen im Bereich Lifestyle, emotionale, finanzielle & gesundheitliche Lebenssituationen durch den ersten Lockdown beschreiben[11]. Veränderungen in der Mensch-Hund-Beziehung während der und durch die Pandemie waren zu erwarten. Andere Wirkgefüge, Belastungen und Ansprüche an das

7 https://www.tasso.net/Presse/Pressemitteilungen/2020/Corona-laesst-Nachfrage-nach-Hunden-steigen. Accessed 20.03.21

8 https://www.sr.de/sr/home/nachrichten/panorama/ nachfrage_nach_hunden _in_der_pandemie_ gestiegen_100.html. Accessed 23.03.21.

9 https://www.dw.com/en/covid-demand-for-dogs-and-cats-surges-in-germany/a-56318208. Accessed 23.03.21

10 Foltin, S.: Covid-19 und die Mensch-Hund-Beziehung. *tiergestützte.* (2021) 6:18–24

11 Bowen, J., E. García, P. Darder, J. Argüelles, J. Fatjo: The effects of the Spanish COVID-19 lockdown on people, their pets, and the human-animal bond. *J. Veter. Behav.* (2020), 40:75–91

Haustier durch die persönliche Isolation insbesondere in Bezug auf Bindung und emotionale Unterstützung konnten belegt werden. Aber auch Ängste, ihren Hund nicht mehr angemessen versorgen zu können, belasteten viele Menschen[12].

Während der ersten Lockdown-Periode (14. März bis 2. Mai 2020) durften beispielsweise in Spanien Hunde nur noch von einer Person spazieren geführt werden. Der Hund musste immer angeleint sein und es war nicht gestattet, mit Menschen oder mit anderen Hunden zu interagieren. Social Distancing musste beachtet werden – es waren keine Treffen mit anderen Personen oder Hunden erlaubt. Zudem sollten Spaziergänge auf ein absolutes Minimum reduziert werden. Es gab eine signifikante Verkürzung der Spaziergangsdauer: Vor dem Lockdown gingen 8 % aller Befragten weniger als 30 Minuten mit ihrem Hund spazieren – während des Lockdowns stieg die Zahl auf 50 %.

Nach einer Isolationsdurchschnittszeit von drei Wochen sagten 62 % der 794 Hundebesitzer, dass sich die allgemeine Lebensqualität ihrer Hunde verschlechtert hätte. 63 % der Hunde zeigten eine Verhaltensveränderung. Nach Verhaltensauffälligkeiten befragt, sagten die Besitzer, dass die Hunde mehr Trennungsängste zeigten, mehr Gegenstände im Haushalt zerstörten (12 %); das Bell- und Vokalisierungsverhalten zunahm (25 %) und die Hunde vermehrt Angst vor lauten oder unerwarteten Geräuschen zeigten (17 %). Zudem erhöhte sich das aufmerksamkeitssuchende Verhalten (42 %), sowie nervöses (25 %) und aufgeregtes bzw. unruhiges Verhalten (21 %).

Von Bedeutung für die Verhaltensveränderung der Hunde war unter anderem die Anzahl der Personen im Haushalt: Hunde, die in Haushalten lebten, in denen während des Lockdowns alle Familienmitgliedern zu Hause waren, befanden sich fast fünf Mal häufiger in der Gruppe mit mehr Verhaltensproblemen. Eine Intensivierung der Mensch-Tier-Beziehung bedeutete demnach zusätzlichen Stress für die Hunde. Die Studie zeigte zudem einen Zusammenhang zwischen der Verschlechterung des Verhaltens und der Beengtheit des Haushalts, der Zunahme der emotionalen Nähe, der Zunahme der Häufigkeit, sich über das Haustier zu ärgern und der allgemeinen Verhaltensveränderung des Hundes.

Die Studie von Christley & Kollegen betrachtete den COVID-19 Lockdown im Zeitraum vom 23. März bis 12. Mai 2020 in England[13]. Befragt wurden 6004 Hundebesitzer. 80 % der Besitzer sagten, ihre Routine hätte sich während des Lockdowns

12 Christley, R.M., J.K Murray, K.L. Anderson, E.L. Buckland, R.A. Casey, N.D. Harvey, L. Harris, K.E. Holland, K.M. McMillan, R. Mead, S.C. Owczarczak-Garstecka, et al.: Impact of the First COVID-19 Lockdown on Management of Pet Dogs in the UK. *Animals.* (2021) 11(5). https://dx.doi.org/10.3390/ani11010005

13 Christley, R.M., J.K Murray, K.L. Anderson, E.L. Buckland, R.A. Casey, N.D. Harvey, L. Harris, K.E. Holland, K.M. McMillan, R. Mead, S.C. Owczarczak-Garstecka, et al.: Impact of the First COVID-19 Lockdown on Management of Pet Dogs in the UK. *Animals.* (2021) 11(5). https://dx.doi.org/10.3390/ani11010005

signifikant verändert: Die Hunde waren weniger alleine (≥ 3 h Reduktion von 50 % zu 5 %) und verbrachten mehr Zeit mit ihren Besitzern. Der Prozentsatz der Hunde, die nicht mehr als 5 Minuten am Tag allein gelassen wurden, vervierfachte sich von 15 % (vor dem Lockdown) zu 58 % während des Lockdowns. Die meisten Hunde wurden von derselben Person spazieren geführt (90 %), manche aber auch von anderen Personen, bekannt (7 %) oder unbekannt (1 %). Manche Hunde waren 7 Tage nicht mehr ausgeführt worden (2 %). Die Spaziergänge veränderten sich signifikant: Viele Hunde wurden nur noch einmal am Tag spazieren geführt (52 %), kürzer als normal und fast ausschließlich an der Leine. Die Hunde hatten wenig Kontakt zu Artgenossen. Etwas mehr als die Hälfte der Besitzer wählte den Ort ihres Spaziergangs nach der Wahrscheinlichkeit, andere Menschen zu treffen, aus. Viele Besitzer vermieden Orte, an denen sich wahrscheinlich andere Hunde aufhalten würden (35 % im Vergleich zu 21 % vor dem Lockdown).

Fast 70 % der Hunde verbrachten mehr Zeit mit Erwachsenen und über 86 % verbrachten mehr Zeit mit Kindern. Als unmittelbare Auswirkungen dieser Veränderung ist anzunehmen, dass die Hunde weniger Gelegenheit hatten, sich auszuruhen und soziale Interaktionen mit Familienmitgliedern, einschließlich Kindern, zu vermeiden, was das Risiko von problematischem Verhalten erhöhen kann. Änderungen der Routine des Hundes können Auswirkungen haben, die zu Angst oder Frustration führen, weil erwartete Abläufe und Ereignisse nicht mehr stattfinden, z. B. der übliche Morgenspaziergang. Der Verlust von Vorhersehbarkeit wirkt als Stressor, der sich negativ auf das Wohlbefinden der Hunde auswirkt. Auch die reduzierten Möglichkeiten zur Umweltanreicherung, zur Exploration und Erkundung können zu Verhaltensveränderungen und Frustration führen[14].

Längerfristige Bedenken in Bezug auf Verhaltensproblematiken bei Hunden nach der Covid-Krise beinhalten das erhöhte Risiko von trennungsbezogenem Problemverhalten, wenn die Alltagsroutine nach dem Lockdown wieder aufgenommen wird und die Hunde dann wieder häufiger und für längere Zeit alleine gelassen werden. Während des Lockdowns trafen mehr als ein Viertel der Hunde innerhalb eines durchschnittlichen Tages keine anderen Hunde. Zudem verringerte sich bei Begegnungen mit anderen Hunden die Interaktion, einmal durch das Verbot des Besitzers und weil die Hunde immer an der Leine waren. Es kann spekuliert werden, dass die Wiederaufnahme typischer Hund-Hund-Interaktionen möglicherweise zu Problemen führt, z. B. zu einer erhöhten Hund-Hund-Reaktivität.

14 Zilocchi, M., Z. Tagliavini, E. Cianni, A. Gazzano: Effects of physical activity on dog behavior. *Dog Behav.* (2016) 2:9–14

Sozialisierungsmöglichkeiten sind besonders relevant für die langfristige Verhaltensentwicklung von Welpen und diese wurden durch den Lockdown maßgeblich beeinflusst. Mittelfristige Probleme könnten eine erhöhte Reaktivität auf andere Hunde und/oder Menschen sein, erschwerte Hundebegegnungen, erhöhte Verlassensängste und erhöhter Trennungsstress.

Das sind Themen, die auch im tiergestützten Setting relevant sind, da es diese Hunde sind, die wir fortan in den Fortbildungen sehen und die die nächsten Jahre unsere Therapiebegleithunde sein werden. Das bedeutet, dass diese Kriterien mitbedacht werden müssen, wenn die „Coronawelpen" in die Ausbildung kommen. Eventuell sollten andere Schwerpunkte gesetzt und Verhaltensschwerpunkte gefördert werden, die bisher weniger relevant waren. Hierzu gibt es noch keine aktuellen Studien.

In Bezug auf die Menschen zeigten Ratschen und Kollegen (2020), dass die Hunde als soziale Unterstützung für ihre Menschen dienten und diesen halfen, schwierige Situationen zu bewältigen[15]. 75 % der Befragten gaben an, dass ihr Haustier ihnen während der Isolation soziale Unterstützung bot, wobei weibliche Befragte mit 1,72-facher Wahrscheinlichkeit zu der Gruppe gehörten, die die meiste Unterstützung durch ihr Haustier (Hund oder Katze) erfuhr. Die Ergebnisse legen nahe, dass die Beziehung der Menschen zu ihren Hunden dazu beiträgt, den dramatischen Rückgang ihrer sozialen und physischen Interaktionen mit anderen Menschen zu kompensieren und Auswirkungen der Isolation wie Stress, Angstzustände, Depressionen, Wut und Schlaflosigkeit zu verringern. Tiergestützte Intervention beginnt also bereits im kleinsten Kreise bei uns zu Hause …

15 Ratschen, E., E. Shoesmith, L. Shahab, K. Silva, D. Kale, P. Toner, et al.: Human-animal relationships and interactions during the Covid-19 lockdown phase in the UK: Investigating links with mental health and loneliness. *PLOS ONE.* (2020) 15(9) e0239397Ratschen et al., 2020

2. Warum das Thema hundgestützte Intervention?

Der Einsatz von Hunden in unterschiedlichen sozialen, pädagogischen und therapeutischen Arbeitsfeldern hat in den letzten zwei Jahrzehnten immens zugenommen. So auch das Angebot von Organisationen und Einrichtungen, die hundgestützte Interventionen im Bereich Therapiebegleithund, aber auch anderen hundgestützten Formen (Pädagogikbegleithund/Diabeteswarnhund/Besuchshund etc.) offerieren. Allerdings ist nur wenig über das Spektrum der unterschiedlichen Praktiken bekannt, die existieren, insbesondere in Bezug auf das Wohlergehen der Hunde und die Sicherheit der Empfänger.

Hinsichtlich des Wohlergehens der Hunde bestehen Herausforderungen besonders in Bezug auf mangelndes Verständnis und Kenntnis von Verhaltensweisen und Entwicklungsprozessen, den Einsatz unangemessener Trainingsmethoden, Ausrüstung und Einsatzorte sowie unzureichend ausgebildete Halter/Teampartner, die unrealistische Erwartungen an das Tier stellen[16].

Die tiergestützte Intervention (TGI) als Oberbegriff für alle professionell durchgeführten Einsätze, ob mit Hunden oder anderen Tieren, erfordert fundierte Konzepte, nach denen in systematischen Schritten bezogen auf bestimmte zu erreichende Ziele vorgegangen wird.

Das bedeutet in nächster Konsequenz, dass die Durchführung einer hundgestützten Intervention spezifisch qualifizierte Personen braucht. Und zwar sowohl bezogen auf den Empfänger und dessen Entwicklung, Persönlichkeit, aktuelle Lebenssituation und Bedürfnisse als auch bezogen auf die Möglichkeiten, Grenzen und Bedürfnisse des eingesetzten Hundes. Hier sind aktuelle, wissenschaftlich fundierte Fachkompetenzen im Sinne von Fachwissen, Erfahrung und Handlungsfähigkeit gefragt, um Hund und Mensch zu schützen und bestmöglich zu unterstützen[17].

16 Glenk, L.M., S. Foltin: Therapy Dog Welfare Revisited: A Review of the Literature. *Vet. Sci.* (2021) 8:226. https://doi.org/10.3390/vetsci8100226

17 Foltin, S.: „In den Warenkorb" – die neuen Ausbildungsanbieter der tiergestützten Intervention des Mensch-Hund-Teams. *tiergestützte.* (2021) 1:28–35

Ein kurzer geschichtlicher Abriss

Auch wenn es in Deutschland und dem europäischen Raum viele Veränderungen und Neuheiten im Bereich der tiergestützten Intervention (TGI) in den letzten zwei Jahrzehnten gab, ist die Idee des heilendes Einflusses von Tieren schon sehr viel älter.

In der Geschichte der Entstehung und Behandlung von Krankheiten spielen Hunde eine Vielzahl wichtiger Rollen. Im alten Ägypten beispielsweise wird das Pantheon von Bildern tierköpfiger Götter beherrscht, darunter dem hundeköpfigen Anubis, der die Seelen der Toten durch die Unterwelt führte und zu dessen weiteren Aufgaben es gehörte, Arzt und Apotheker der Götter zu sein. Hunde waren auch die heiligen Embleme der sumerischen Göttin Gula, der „Großen Ärztin", und der babylonischen und chaldäischen Gottheit Marduk, einem weiteren Gott der Heilung und Reinkarnation[18].

Die Griechen assoziierten Hunde mit dem Halbgott der Medizin, Asklepios, und ließen auch Hunde den Kranken helfen. In einigen Tempeln liefen heilige Hunde zwischen den rekonvaleszenten Gläubigen umher und leckten ihre Wunden. Inschriftentafeln, die im Tempel von Epidaurus gefunden wurden, bezeugen die Heilkraft der Hunde[19]:

Thuson von Hermione, ein blinder Junge, ließ sich tagsüber von einem der Hunde um den Tempel herum die Augen lecken und ging geheilt von dannen. Ein Hund heilte einen Jungen aus Aigina. Er hatte eine Geschwulst am Hals. Als er zu dem Gott kam, heilte ihn einer der heiligen Hunde, während er wach war, mit seiner Zunge und machte ihn gesund.

Die Vorstellung, dass Hunde Verletzungen oder Wunden durch Berühren oder Ablecken heilen können, hielt sich bis weit in die christliche Zeit hinein. Der heilige Rochus, der wie Asklepios in der Regel in Begleitung eines Hundes dargestellt wird, scheint durch das Ablecken seines hündischen Begleiters von Pestwunden geheilt worden zu sein. Der Heilige Christophorus, der Heilige Bernhard und eine Reihe anderer Heiliger wurden ebenfalls mit Hunden in Verbindung gebracht, und viele von ihnen hatten den Ruf, Heiler zu sein[20].

Anne und Alan Bowd vermuten, dass die erste organisierte Anwendung von TGI im 9. Jahrhundert in Gheel, Belgien, entstand. Die Familien von Gheel weiteten

18 Dale-Green, P.: *Dog*. London: Rupert Hart-Davis (1966)
19 Farnell, L. R.: *Greek hero cults and ideas of immortality*. Gloucestershire, UK: Clarendon Press (1921)
20 Serpell, James: *Animal-Assisted Interventions in Historical Perspective*. (2010) 10.1016/B978-0-12-381453-1.10002-9

ihre Arbeit auf Menschen mit geistigen und/oder körperlichen Problemen aus. Die Bewohner halfen den ihnen anvertrauten Menschen unter anderem mit *therapie naturelle*, wozu auch das Erlernen der Pflege von Haustieren gehörte[21].

In den medizinischen Büchern des 17. Jahrhunderts wird das Reiten zur Behandlung von Niedergeschlagenheit, Nervenleiden und sogar Gicht erwähnt. Kleine Haustiere wurden in einige der Behandlungen einbezogen, die im Retreat durchgeführt wurden, einer revolutionär humanen psychiatrischen Einrichtung in York, England, die 1796 von dem Quäker William Turk gegründet wurde[22].

John Locke sprach sich dafür aus, Kindern „Hunde, Eichhörnchen, Vögel oder ähnliche Dinge" zur Pflege zu geben, um sie zu ermutigen, zarte Gefühle und Verantwortung für andere Wesen zu entwickeln (Locke, 1699, S. 154). In Anlehnung an die Werke von John Calvin und Thomas Hobbes glaubten viele Reformer des achtzehnten Jahrhunderts, dass Kinder durch die Pflege und Kontrolle echter Tiere lernen könnten, ihre „angeborenen tierischen Eigenschaften zu reflektieren und zu kontrollieren"[23].

Die wohltuende Wirkung der Gesellschaft von Tieren scheint in dieser Zeit auch als therapeutische Funktion bei der Behandlung körperlicher Leiden erkannt worden zu sein. In ihren *Notes on Nursing* (1880) stellt Florence Nightingale fest, dass ein kleines Haustier „oft ein ausgezeichneter Begleiter für Kranke ist, besonders bei langen chronischen Fällen[24].

1947 gründeten Sam und Myra Ross dann auf ihrer Farm in Brewster, New York „Green Chimneys", ein Internat für Waisenkinder und Kindern mit unterschiedlichen emotionalen Defiziten. Im Umgang mit den Tieren und deren Pflege sollte die emotionale Gesundheit, Wohlbefinden und Selbstständigkeit der Kinder wiederhergestellt bzw. unterstützt werden[25]. Dies ist bis heute so. Erste wissenschaftliche Studien begannen in den USA circa 1960. Wegweisend war der amerikanische Kinderpsychotherapeut Boris Levinson mit seinem Artikel „The Dog as a Co-Therapist" (1962)[26].

1977 etablierte sich in Portland/Oregon die Stiftung „Delta Society", die mit ihrem sogenannten „Pet Partner Programm" die „Pet facilitated Therapy" flächendeckend

21 Bowd, A.D., A.C. Bowd: Companion animals. A positive contribution to social work practise. *The Social Worker/Le Travailleur Social.* (1988) 56(1):6–9

22 Hines, L.M., L.K. Bustad: Historical perspectives on human-animal interactions. *National Forum.* (1986) 66(1):4–6

23 Locke, J.: *Some Thoughts Concerning Education.* Reprinted with an introduction by F.W. Garforth (1964). London: Heinemann. (1699)

24 Nightingale, Florence: *Notes on Nursing: What it is and What it is Not.* London: Harrison. (1859)

25 https://www.greenchimneys.org

26 Levinson, B.M.: The dog as a „co-therapist." *Mental Hygiene.* New York. (1962) 46:59–65

in den USA verbreitete. Im Jahre 2012 ändert die Delta Society ihren Namen zu „Pet Partners“[27].

1990 wurde die internationale Dachorganisation „International Association of Human-Animal Interaction Organizations“ (Internationaler Dachverband für die Erforschung der Mensch-Tier-Beziehung IAHAIO) mit Hauptsitz in Renton (Washington, D.C.) bei der Delta Society gegründet. Hauptaufgabe des Dachverbands war und ist die Koordination aller Mitgliedsorganisationen untereinander. Vier Unterkomitees koordinieren Mitgliedschaften, Konferenzen, Projekte und Studien anderer Mitgliedsorganisationen weltweit[28].

Im Oktober 2004 wurde ESAAT – die European Society for Animal Assisted Therapy – der Verein zur Erforschung und Förderung der therapeutischen, pädagogischen und salutogenetischen Wirkung der Mensch-Tier-Beziehung mit Sitz in Wien an der Veterinärmedizinischen Universität Wien gegründet. Die Hauptaufgaben der ESAAT sind die Erforschung und Förderung der tiergestützten Intervention sowie die Ausbildung auf dem Gebiet der tiergestützten Intervention nach festen Richtlinien zu gestalten und EU-weit zu vereinheitlichen. Ein Anliegen der ESAAT ist die Anerkennung der tiergestützten Therapie als anerkannte Therapieform und damit einhergehend eine Berufsbezeichnung zu etablieren[29]. Aufgrund von Differenzen wurde dann im November 2006 die International Society for Animal Assisted Therapy, ISAAT, in Zürich durch Vertreter von Universitäten und Privatinstitutionen aus Japan, Deutschland, Luxemburg und der Schweiz offiziell gegründet. Zielsetzungen der ISAAT sind die Qualitätskontrollen öffentlicher und privater Institutionen, die Fortbildungen anbieten, sowie die offizielle Anerkennung der tiergestützten Intervention und der Personen, die sich in akkreditierten Institutionen weitergebildet haben[30]. So bestehen heute zwei Organisationen im europäischen Raum.

Mit zunehmender Popularität haben sich auch in Deutschland Arbeitsgruppen gebildet und mit vermehrt auch deutschsprachigen Publikationen werden Definitionen im Bereich der tiergestützten Intervention aktualisiert, verändert und angepasst.

27 https://petpartners.org/
28 https://iahaio.org/
29 https://www.esaat.org/
30 https://isaat.org/de/home-2/

Veränderung der Rolle unseres Hundes

Die Hundehaltung der heutigen Zeit unterscheidet sich stark von jener in früheren Zeiten. Damals vor allem als Nutz- und Arbeitstiere gehalten, sind Hunde heute vorwiegend Freizeitbegleiter, Sozialpartner und Familienmitglied. Ein gewisser Anhaltspunkt der heutigen Wertschätzung, aber auch der gesamtwirtschaftlichen Wertschöpfung der Heimtiere sind daher die Ausgaben, die die Besitzer bereit sind, für ihre Tiere aufzuwenden. In Ihrer Heimtierstudie (2019) hat Renate Ohr viele interessante Fakten gesammelt[31]:

Nimmt man alle betroffenen Wirtschaftsbereiche zusammen, hat Deutschlands Heimtierhaltung jährlich Umsätze – und damit eine gesamtwirtschaftliche Nachfrage – in Höhe von ca. 5,6 Mrd. € (S. 4). Für 2018 beliefen sich die Umsätze/Ausgaben für die Heimtiergesundheit Hund alleine auf gut 1,2 Mrd. € (S. 24).

68 % der Hundehalter geben an, dass sich ihr Gesundheitszustand durch die Hundehaltung verbessert hat. 88 % der Hundehalter fühlen sich durch ihr Tier besser (S. 5).

Der jährlicher Umsatz aus der Hundezucht und dem Hundeerwerb wird konservativ auf € 350 Mio. geschätzt, dazu kommen Umsätze aus den Hundevereinen und Hundeausstellungen in Höhe von über 40 Mio. € (S. 28).

Tierbestattungen

Heute gibt es laut Brancheninformation (Bundesverband Tierbestatter) ca. 250 – 300 Tierbestatter, ca. 200 Tierfriedhöfe und 27 Kleintierkrematorien (ein Krematorium kann eine Kapazität pro Jahr von fast 5.000 Tieren haben)[32]. Wie viele der verstorbenen Hunde und Katzen genau eingeäschert oder auf dem Tierfriedhof beerdigt werden, kann nur geschätzt werden. Die Tendenz ist stark steigend, insbesondere bei der Einäscherung. Auf der Grundlage von verschiedenen Brancheninformationen kann geschätzt von ca. 180.000 – 200.000 kommerziellen Tierbestattungen pro Jahr ausgegangen werden, davon ca. 130.000 – 140.000 Einäscherungen (hier Tendenz stark steigend). Die Bestattungen betreffen zu mehr als 65 % Hunde.

31 Ohr, Renate: Heimtierstudie 2019, Göttingen.

32 Vgl. https://www.ludwigshafen24.de/ludwigshafen/ludwigshafen-rheingoenheim-geplantes-tierkrematoriumsorgt-diskussionen-5303546.html

Die Einzeleinäscherung bei Hunden kostet – je nach Gewicht des Tieres – durchschnittlich (inklusive Urne) ca. 400 – 600 € und mehr, bei Sammeleinäscherung ist es deutlich billiger. Hinzu kommen oft noch Abholkosten u. ä. Bei ca. 140.000 Einäscherungen kann ein Umsatz von 45 – 50 Mio. € geschätzt werden. Bestattungen auf Tierfriedhöfen kosten (für Hund oder Katze) durchschnittlich 300 – 500 € (incl. Pacht für 3 – 5 Jahre). Hieraus ergeben sich (incl. der Pacht bei Verlängerungen der Liegezeit) Umsätze von 15 – 20 Mio. €. Da Hunde einen größeren Anteil an den Bestattungen ausmachen und zugleich meist teurer sind als Katzen und Kleintiere sind, sind für die Verteilung des Gesamtumsatzes für die Hunde alleine ca. 45 – 50 Mio. € anzusetzen.

Ohr, Renate: Heimtierstudie 2019, Göttingen S. 31

In unserer Gesellschaft wird demnach viel für und in den Hund investiert. Auch dieser Wandel schlägt sich im hundgestützten Einsatz nieder. Einerseits besteht mehr Nachfrage für die Mensch-Hund-Teams und deren Einsatz in ganz unterschiedlichen Settings, anderseits haben sich viele Neuanbieter und Hundezüchter diesem lukrativem Geschäftsmodell der Fortbildung/Ausbildung angeschlossen, ohne die nötigen Fachkenntnisse zu besitzen.

3. Übersicht der Interventionsdefinitionen

Insbesondere in den letzten Jahren haben sich in Deutschland viele Definitionen geändert oder befinden sich im Wandel, um Arbeitsbereiche abzugrenzen und die Intervention nach Personengruppen (bzgl. Therapeut oder Klient/Empfänger) zu differenzieren. Nach neuer Literatur lassen sich fünf Bereiche unterteilen. Selbstverständlich sind Überschneidungen in der Arbeit der verschiedenen Bereiche möglich.

Der Fokus bei der Unterteilung liegt auf verschiedenen Faktoren wie der Ausbildung des Menschen des Mensch-Hund-Teams; ob, und wenn ja, welche Zielsetzung in der Intervention angestrebt ist; ob Dokumentationspflichten bestehen und welche Aus- und Fortbildungen vom Mensch-Hund-Team gefordert sind.

Da die Unterscheidungen und Definitionen immer noch oft verwirrend sind, folgt auf der nächsten Seite eine Tabelle mit einer Übersicht der Einsatzbereiche, die unter dem Begriff tiergestützte Intervention zusammengefasst werden und den respektiven Unterscheidungsmerkmalen.

Die verschiedenen tiergestützten Bereiche definiert

Tiergestützte Therapie (TGT)	**Tiergestützte Pädagogik (TGP)**
Ausgebildete Therapeuten: Psychotherapeuten, Ergotherapeuten, Logopäden, Sozialtherapeuten etc. Mit Fortbildung im Bereich tiergestützte Intervention	Ausgebildete Pädagogen: Erzieher, Sozialpädagogen, Heilpädagogen etc. Mit Fortbildung im Bereich tiergestützte Intervention Diese wird von professionellen Pädagogen oder gleichwertig qualifizierten Personen angeleitet und/oder durchgeführt. TGP wird von durch einen einschlägigen Abschluss in Pädagogik oder Sonderpädagogik qualifizierten Lehrpersonen in Einzel- oder Gruppensettings durchgeführt.
Zielsetzung: zielgerichtet auf einen späteren Sollzustand: Verbesserung der körperlichen, sozialen, emotionalen oder kognitiven Funktion des Patienten	Pädagogisch definierte Zielsetzung. Tiergestützte zielgerichtete, geplante und strukturierte Intervention, um bei Menschen zielgerichtete, geplante und strukturierte Intervention, prosoziale Fertigkeiten, kognitive Funktionen und Kompetenzen zu entwickeln, zu verbessern und zu festigen.
Der Verlauf der Therapie wird dokumentiert und evaluiert	Der Fokus der Aktivitäten in der Schule liegt auf akademischen Zielen. Fortschritte der Schüler werden gemessen und dokumentiert.
Ausgebildeter und zertifizierter Therapiebegleithund	Ausgebildeter und zertifizierter Therapiebegleithund/ Schulbegleithund/ Pädagogikbegleithund

Unterscheidungen der Definitionen der verschiedenen Arbeitsbereiche nach vier Faktoren (Vgl. auch Otterstedt, 2016 Seite [33]; Vernoij & Schneider, 2008 Seite [34]).

33 Otterstedt, C.: *Tiergestützte Intervention.* Schattauer Verlag. (2016)

34 Vernooij, M.A., S. Schneider: *Handbuch der Tiergestützten Intervention Grundlagen – Konzepte – Praxisfelder.* Quelle & Meyer Verlag. (2008)

	Tiergestützte Förderung (TGF)	**Tiergestützte Aktivität (TGA)**	**Tierbesuchsprogramme**
	Unabhängig von therapeutischen oder pädagogischen Beruf. Mit Fortbildung im Bereich tiergestützte Intervention	Unabhängig von therapeutischen oder pädagogischen Beruf. Mit Fortbildung im Bereich tiergestützte Intervention	Tierhalter und Tier besuchen eine spezielle Institution und deren Bewohner über einen bestimmten Zeitraum Ohne Fortbildung im Bereich tiergestützte Intervention
	Zielgruppenspezifische Förderung. Definierte Förderziele.	Keine konkreten Förderziele.	Keine gezielte Behandlung, keine konkreten Förderziele. Nicht auf eine bestimmte Person oder bestimmte medizinische Voraussetzungen zugeschnitten. Ziel ist die Verbesserung des allgemeinen Wohlbefindens
	Der Verlauf der Therapie wird dokumentiert und evaluiert		Keine Dokumentation. Keine Evaluation
	Ausgebildeter und zertifizierter Therapiebegleithund	Ausgebildeter und zertifizierter Therapiebegleithund	Meist keine Ausbildung

Im anglo-amerikanischen Raum sind die Definitonen der IAHAIO durch ihr White Paper (Weißbuch)[35] maßgeblich und dürfen hier nicht fehlen:

35 https://iahaio.org/wp/wp-content/uploads/2019/07/iahaio-white-paper-2014_18-german_final.pdf

Tiergestützte Intervention: Unterschiedliche Bereiche definiert nach IAHAIO

Tiergestützte Intervention (TGI)	Tiergestützte Interventionen sind formale Ansätze, bei denen Teams von Mensch und Tier im Gesundheits- und Sozialwesen einbezogen werden und umfassen Tiergestützte Therapie (TGT), Tiergestützte Pädagogik (TGP), Tiergestütztes Coaching (TGC), unter bestimmten Voraussetzungen auch Tiergestützte Aktivitäten (TGA)
Tiergestützte Therapie (TGT)	Zielgerichtete, geplante und strukturierte therapeutische Intervention, die von im Gesundheitswesen, der Pädagogik oder dem Sozialwesen professionell ausgebildeten Personen angeleitet oder durchgeführt wird. Fortschritte im Rahmen der Intervention werden gemessen und professionell dokumentiert.
Ziel	Strebt die Verbesserung physischer, kognitiver verhaltensbezogener und/oder sozio-emotionaler Funktionen bei Klienten entweder im Einzel- oder im Gruppensetting an.
Voraussetzung	Die Fachkraft, welche TGT durchführt, muss adäquate Kenntnisse über das Verhalten, die Bedürfnisse, die Gesundheit sowie die Indikatoren und die Regulation von Stress der beteiligten Tiere besitzen.
Tiergestützte Pädagogik (TGP)	Zielgerichtete, geplante und strukturierte Intervention, die von Pädagogen oder gleich qualifizierten Personen angeleitet und/oder durchgeführt wird.
Ziel	Der Fokus der Aktivitäten liegt auf akademischen Zielen, auf pro-sozialen Fertigkeiten und kognitiven Funktionen. Fortschritte der Schüler werden gemessen und dokumentiert.
Voraussetzung	Die Fachkraft, welche TGP durchführt, einschließlich der regulären Lehrkraft muss adäquate Kenntnisse über das Verhalten, die Bedürfnisse, die Gesundheit und die Indikatoren und die Regulation von Stress der beteiligten Tiere besitzen.
Tiergestütztes Coaching (TGC)	Zielorientierte, geplante und strukturierte tiergestützte Intervention, die durch professionell ausgebildete Coaches durchgeführt und/oder angeleitet wird. Fortschritte im Rahmen der Intervention werden gemessen und professionell dokumentiert. TGC wird von beruflich qualifizierten Personen im Rahmen ihrer Praxis innerhalb ihres Fachgebiets durchgeführt und/oder angeleitet.
Ziel	Förderung von persönlichem innerem Wachstum und der sozialen und/oder sozio-emotionalen Funktionen der Klienten. Bietet Unterstützung zur Verbesserung von gruppenbildenden Prozessen.
Voraussetzung	Die Fachkraft, welche TGC durchführt muss adäquate Kenntnisse über das Verhalten, die Bedürfnisse, die Gesundheit sowie die Indikatoren und Regulation von Stress der beteiligten Tiere besitzen.
Tiergestützte Aktivitäten (TGA)	Geplante und zielorientierte informelle Interaktionen/Besuche, die von Mensch-Tier-Teams mit motivationalen, erzieherischen/bildenden oder entspannungs- und erholungsfördernden Zielsetzungen durchgeführt werden.
Voraussetzung	Die Mensch-Tier-Teams müssen mindestens ein einführendes Training, eine Vorbereitung und eine Beurteilung durchlaufen haben, um im Rahmen von informellen Besuchen aktiv zu werden.

4. Doch beginnen wir am Anfang ...

Vor der Arbeit

Während der Vorbereitungsphase und den Überlegungen ob, wie und wann Sie hundgestützt arbeiten möchten, stellt sich sehr schnell die Frage nach dem „passenden“ Hund. Größe, Farbe, Rasse, Wesen. Kann man ihn kaufen, DEN „Therapiebegleithund“, wie uns so viele Züchter suggerieren möchten? Was sagen denn die Studien dazu?

Gibt es sie, DIE Therapiebegleithunderasse?

Oft lesen wir wie DIE Rasse ist: der perfekte Familienhund, immer freundlich, zugänglich, aufgeschlossen, sozialverträglich und so weiter. Wir Menschen neigen dazu, viele Dinge zu klassifizieren und kategorisieren, da es Ordnung ins Leben bringt und es uns kognitiv leichter fällt, zu gruppieren. So gehen wir auch gerne davon aus, dass Mitglieder einer Gruppe ähnliches Verhalten zeigen. Bei Hunden würde das heißen – Individuen einer Rasse zeigen „rassetypisches“ Verhalten: also alle Labbies sind freundlich, aufgeschlossen, durch nichts aus der Ruhe zu bringen und verfressen.

Gerade im Therapiebegleithundebereich finden wir immer noch das Vorurteil „besonders geeigneter“ Rassen im Einsatz, hier insbesondere Labrador oder Golden Retriever, und deren „Doodles, Moodles und Knoodles“. Eine fundamentale Kritik an Rassegruppen, Klassifikationen oder Einteilungen ist, dass diese übersimplifiziert und undifferenziert sind und die individuellen Unterschiede nicht mit berücksichtigen, beispielsweise Umweltfaktoren, Lernfaktoren, Erziehung, genetische Unterschiede und viele andere Komponenten, die Verhalten und Persönlichkeit stark beeinflussen.

Tiergestützte Interventionen (TGI) beziehen sich auf geplante und strukturierte Interventionen zwischen Mensch und Tier, die von einem multidisziplinären Team geleitet werden. Der Hund ist die am häufigsten an dieser Art von Programmen beteiligte Tierart. Obwohl man sich weltweit darüber einig ist, dass die Hunde bestimmte Anforderungen erfüllen sollten, beruht ihre Auswahl immer noch auf allgemeinen Grundsätzen und jede Organisation hat ihre eigenen Interpretationen und Prüfungen. In der Vergangenheit wurden einige Auswahlprotokolle erstellt, die jedoch in der Praxis unter Fachleuten kaum Anwendung fanden. Welche Merkmale sollte ein Therapiebegleithund aufweisen, um für hundgestützte Interventionsprogramme in Frage zu kommen? Was sind wünschenswerte/unerwünschte Eigenschaften? In der sogenannten Delphi-Studie wurden 55 definierende Merkmale eines Therapiebegleithundes benannt[36]. Darunter waren 16 Eigenschaften, die von den Experten mit „sehr wünschenswert" bewertet wurden. Sie beziehen sich alle auf die Belastbarkeit des Hundes, seine emotionale Ausgeglichenheit, seine Bereitschaft, sowohl mit seinem Menschen als auch den Empfängern/Klienten/Patienten zusammenzuarbeiten und seine Kommunikationsfähigkeit.

Studien zeigen, dass eine Verallgemeinerungen von Wesen, Verhalten oder kognitiver Leistung von Hunden einer bestimmten Rasse schwer haltbar sind. Die Hypothese, die den traditionellen Rassenklassifikationen unterliegt, ist, dass Verhaltensunterschiede zwischen den Rassen dadurch erklärt werden, dass wir diese für bestimmte Aufgaben und Arbeiten selektiert und gezüchtet haben. Das würde konsequenterweise auch bedeuten, dass Hunde bestimmter Rassen unterschiedlich bei der Problemlöseleistung kognitiver Tests abschließen.

Schauen wir uns an, was eine aktuelle Studie dazu herausgefunden hat:

Die Studie

Untersuchung des Nutzens der traditionellen Rasseklassifizierung als Erklärung für das Problemlöseverhalten von Haushunden

Clarke, T., D. Mills, J. Cooper: Exploring the utility of traditional breed group classification as an explanation of problem-solving behavior of the domestic dog (Canis familiaris). Journal of Veterinary Behavior. (2019) 33:103e10

Clarke und Kollegen untersuchten in ihrer Studie, bei der über 11.000 Hundedaten von 182 Rassen gesammelt und letztendlich Informationen von 8063 Hunden ausgewertet wurden, ob es kategorische „rassetypische" Ergebnisse gibt. Die Fragestellung lautete: Gibt es signifikante Unterschiede in der Problemlöseleistung unterschiedlicher Rassen bei drei kognitiven Tests?

36 Filugelli, L., L. Contalbrigo, M. Toson, S. Normando: The successful therapy dog: An insight through a Delphi consultation survey among Italian experts, *Journal of Veterinary Behavior.* (2021) 45:74–84, ISSN 1558–7878. https://doi.org/10.1016/j.jveb.2021.06.003

Was wurde gemacht?

Der erste Test war der sogenannte **Drop the Treat** Test – also „Lass das Leckerchen fallen". Dieser Test soll untersuchen, ob der Hund ein Verständnis davon hat, wie Objekte zueinander in Beziehung stehen – insbesondere in horizontaler Beziehung – und ob er das Konzept der Schwerkraft versteht.

Drop the Treat Test

Instruktionen
Schritt 1: Setzen Sie Ihren Hund vor einen Tisch oder halten Sie ein Tablett, sodass die Oberfläche über der Augenhöhe Ihres Hundes ist.

Schritt 2: Legen Sie ein Kissen oder ein gefaltetes Handtuch auf den Tisch oder das Tablett. Das Handtuch oder Kissen dient dazu, das Geräusch des fallendes Leckerchens zu schlucken, sodass es keinen Aufprall auf dem Boden gibt. Versteht der Hund das Konzept der Schwerkraft, müsste er wissen, dass es nicht auf den Boden gefallen ist, ergo noch auf dem Tisch liegt.

Schritt 3: Stellen Sie sich auf die andere Seite des Tisches oder des Tabletts, gegenüber von Ihrem Hund.

Schritt 4: Halten Sie das Leckerchen oder Spielzeug, und wenn Ihr Hund es anschaut, lassen Sie es auf das Kissen oder das Handtuch fallen.

Schritt 5: Bewerten Sie die Reaktion Ihres Hundes:

A) Der Hund schaut auf den Tisch oder das Tablett (5 Punkte)

B) Hund schaut auf den Boden und dann wieder zurück auf den Tisch oder das Tablett (3 Punkte)

C) Der Hund schaut auf dem Fußboden nach dem Leckerchen (1 Punkt)

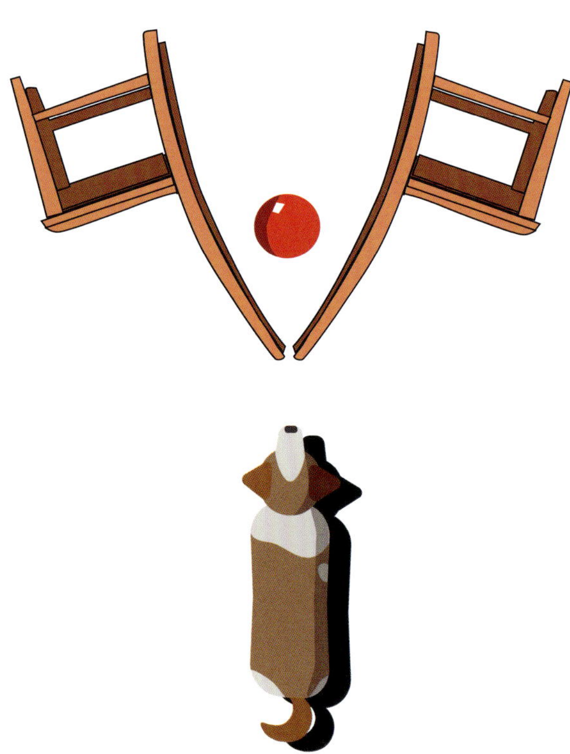

Test Nummer zwei war der sogenannte **Round the Bend – Um die Kurve-Test**

Dieser Test ist ein Umgehungsproblem, das räumliches Denken und Problemlösen sowie Flexibilität testet. Hier muss der Hund verstehen, dass er sich erst vom Leckerchen wegbewegen muss, bevor er es am Ende der Route erreichen kann. Sollte es rassespezifische Fähigkeiten geben, würden wir erwarten, dass die Hütehunde hier besser abschneiden als die anderen Gruppen, da sie für diese Art der Arbeit selektiert wurden.

Round the Bend Test

Instruktionen
Schritt 1: Stellen Sie zwei Stühle so auf, dass sie sich gegenüberstehen. Legen Sie die Stühle nun auf die Seite, sodass sie ein V formen, mit einer kleinen Lücke in der Mitte, die zum Durchschauen groß genug, zum Durchlaufen für den Hund aber zu klein ist.

Schritt 2: Stellen Sie Ihren Hund außerhalb der V-Barriere vor die Lücke.

Schritt 3: Stellen Sie sich außerhalb der V-Barriere zu Ihrem Hund. Werfen/legen Sie das Leckerchen oder das Spielzeug auf den Boden auf der anderen Seite der Barriere/Stühle, sodass Ihr Hund es durch den Spalt sehen kann.

Schritt 4: Bewerten Sie die Reaktion Ihres Hundes:

A) Der Hund läuft sofort um die Barriere herum und holt sich die Belohnung (5 Punkte)

B) Nach einer gewissen Zeit läuft der Hund um die Barriere herum und holt sich die Belohnung (3 Punkte)

C) Der Hund ignoriert das Leckerchen oder versucht durch den Spalt in der Mitte die Belohnung zu erreichen (1 Punkt)

Test Nummer drei – **Hide and Seek** – Verstecken und Suchen

Das Versteckenspielen ist ein zweiteiliger räumlicher Gedächtnis- und Denktest:

A) kann der Hund das versteckte Leckerchen/Spielzeug unter all den anderen Gegenständen im Raum wiederfinden und

B) hat der Hund die Fähigkeit, sich an die Position der (ersten) versteckten Belohnung zu erinnern, also hat er ein Verständnis von Objektpermanenz?

Betrachten wir die Rassebeschreibung, würden wir erwarten, dass hier besonders die Jagdhunde gut abschneiden.

Verstecken spielen

Instruktionen

Schritt 1: Nehmen Sie ein Leckerchen oder ein Spielzeug. Lassen Sie Ihren Hund sehen, wie Sie dieses im Raum verstecken (z. B. unter einem Stuhl).

Schritt 2: Führen Sie den Hund aus dem Raum und verstecken sie drei weitere Leckerchen an anderen Stellen im Raum.

Schritt 3: Lassen Sie Ihren Hund wieder in den Raum und geben Sie ihm ein Signal, dass er nach dem Leckerchen oder Spielzeug suchen soll.

Schritt 4: Bewerten Sie die Reaktion Ihres Hundes:

A) Der Hund findet das erste versteckte Leckerchen sofort (5 Punkte)

B) Der Hund findet das erste Leckerchen nach einer gewissen Zeit, aber bevor er die anderen versteckten Leckerchen findet (3 Punkte)

C) Der Hund findet das Leckerchen gar nicht oder findet das erste Leckchen erst nach einem der anderen (1 Punkt)

In dieser Studie wurden keine signifikanten Unterschiede zwischen den Rassen für den Hide & Seek und den Round the Bend Test gefunden. Es gab allerdings einen signifikanten Unterschied beim Drop the Treat Test: die besten Resultate hatte die Gruppe der Windhunde!

Was bedeuten diese Resultate nun? Das die Problemlöseleistung verschiedener Rassen bei drei kognitiven Tests sehr unterschiedlich ist. Rasseunabhängig zeigten manche Hunde ein sehr gutes Verständnis davon, wie Objekte zueinander in Beziehung stehen und begreifen das Konzept der Schwerkraft. Andere sind (zusätzlich?) sehr stark bei Umgehungsproblemen, die räumliches Denken, Problemlösestrategien sowie Flexibilität voraussetzen. Und die Stärke anderer Hunde liegt im räumlichen Gedächtnis. Allerdings waren diese Stärken individuell und eben nicht rasseabhängig!

Versuchen Sie diese Tests doch einmal mit Ihrem Hund!

Fazit: Bei der Wahl des Hundes sollten Sie also die Rassebeschreibung als einen Faktor mit einbeziehen, um bestimmte rassespezifische Eckwesensdaten zu erhalten – aus der Zuchtgeschichte des Hundes heraus beispielweise den Faktor Jagdverhalten, der sicher bei den Jagdhundrassen erwartbar sein wird. Danach spielen, wie wir später sehen werden, bereits die Umweltfaktoren der Elterntiere eine Rolle, dazu kommen dann die Sozialisierung des Welpen und ganz wichtig Lern- und Trainingserfahrungen und ihr Bindungsverhalten. Die Studie von Horschler und Kollegen zeigt, dass die Trainingsgeschichte eines Hundes signifikante Vorhersagen auf den Erfolg einer ganzen Reihe von Verhaltenstests zulässt, Rasseklassifikation jedoch nicht.

Ist Größe doch wichtig?

Die Studie

Absolute Hirngröße sagt Unterschiede zwischen Hunderassen in der Exekutivfunktion voraus

Horschler, D.J., B. Hare, J. Call, J. Kaminski, Á Miklósi, E.L. MacLean: Absolute brain size predicts dog breed differences in executive function. Anim. Cogn. (2018) 22:187e198

Horschler und Kollegen untersuchten anhand von Daten von 7397 reinrassigen Hunden, die 74 Rassen umfassten Zusammenhänge zwischen dem geschätzten absoluten Gehirngewicht und den rassespezifischen Unterschieden in der Kognition. In ihrer Studie schnitten Rassen mit größeren Gehirnen bei Messungen des Kurzzeitgedächtnisses und der Selbstkontrolle deutlich besser ab. Die Beziehungen zwischen dem geschätzten Hirngewicht und anderen kognitiven Messgrößen waren jedoch sehr unterschiedlich, was verschiedene Erklärungen der kognitiven Evolution

Exekutivfunktion

Der Ausdruck ***Exekutive Funktionen (EF)*** *ist ein Sammelbegriff aus der Neuropsychologie. Er bezeichnet die geistigen Funktionen, mit denen höhere Lebewesen ihr eigenes Verhalten unter Berücksichtigung der Umweltbedingungen steuern. Sie dienen dazu, das eigene Handeln möglichst optimal einer Situation anzupassen, um ein günstiges Verhaltensergebnis zu erzielen. Exekutive Funktionen sind Kontrollprozesse, die besonders dann eingesetzt werden, wenn automatisiertes Handeln zur Problemlösung nicht mehr ausreicht. Beispiele für solche Situationen wären etwa das Erlernen einer komplizierten neuen Fertigkeit oder das Durchbrechen verwurzelter Gewohnheiten. Zu den exekutiven Funktionen zählen unter anderem:*

- *strategische Handlungsplanung zur Erreichung eines Ziels*
- *Einkalkulieren von Hindernissen auf dem Weg dahin*
- *Entscheidung von Prioritäten*
- *Selbstkontrolle (Impulskontrolle und Emotionsregulation)*
- *das Arbeitsgedächtnis*
- *bewusste Aufmerksamkeitssteuerung*
- *zielgerichtetes Beginnen, Koordinieren und Sequenzieren von Handlungen*
- *motorische Umsetzung, Beobachtung der Handlungsergebnisse und Selbstkorrektur*

Es handelt sich also um höhere mentale und kognitive Prozesse, die der Selbstregulation und zielgerichteten Handlungssteuerung des Individuums in seiner Umwelt dienen. Auch Selbstmotivation, die Willensbildung (Volition) und der Anstoß zum Beginnen einer Handlung (Initiative) werden den exekutiven Funktionen zugerechnet.

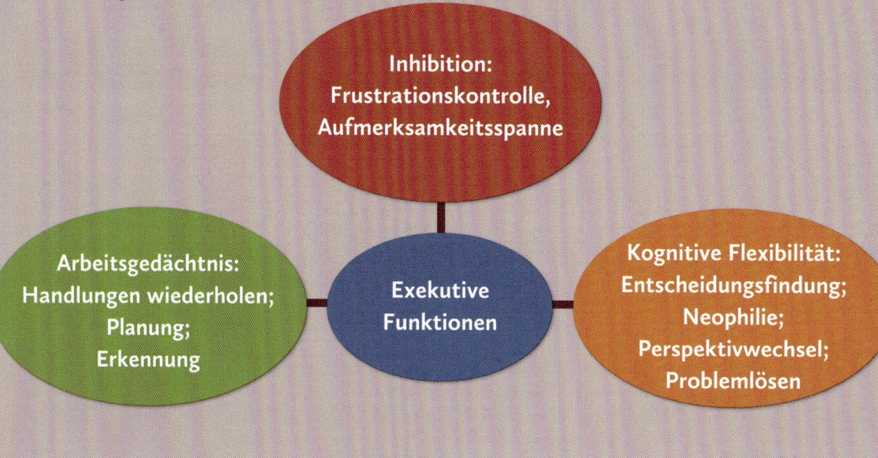

unterstützt. Die Ergebnisse deuten darauf hin, dass die evolutionäre Zunahme der Gehirngröße mit taxonomischen Unterschieden in den Exekutivfunktionen (eine Reihe kognitiver Fähigkeiten, die an der Verhaltenskontrolle beteiligt sind, einschließlich Arbeitsgedächtnis und Hemmung – siehe Kasten S. 34) verbunden ist.

Studien zur relativen Gehirngröße haben interspezifische Zusammenhänge mit der Problemlösungsfähigkeit bei Fleischfressern[37] und der Innovationsfähigkeit bei Vögeln[38] gezeigt. In der Tabelle finden Sie die Beschreibung der einzelnen Aufgaben in der Reihenfolge, in der sie durchgeführt wurden. Es wurden zehn Aufgaben analysiert, die ein breites Spektrum an kognitiven Fähigkeiten messen, darunter Komponenten der exekutiven Funktion, des Schlussfolgerns und kausalen Denkens sowie kommunikativer Prozesse:

Ablauf der kognitiven Testungen – 10 verschiedene Aufgaben wurden mit den Hunden erarbeitet

Gähnen	Während er auf dem Boden sitzt, gähnt der Besitzer hörbar alle 5 s für insgesamt 30 s. Gemessen wird, ob der Hund während der 30 s gähnt oder nicht. Es werden zwei Durchläufe durchgeführt.
Augenkontakt	Der Besitzer hält ein Leckerli direkt unter seinem Auge und nimmt Blickkontakt mit dem Hund auf. Gemessen wird, wie lange der Hund braucht, um den Blickkontakt für länger als 2 s zu unterbrechen. Es werden drei Versuche durchgeführt.
Arm zeigen	Der Besitzer legt zwei Leckerlis in Armlänge rechts und links von sich. Der Besitzer zeigt dann auf eine dieser Stellen. Gemessen wird, welcher Stelle sich der Hund zuerst nähert, wenn der Besitzer das Zeigen fortsetzt. Sechs Versuche werden durchgeführt.
Zeigen mit dem Fuß	Dasselbe wie das Zeigen mit dem Arm, aber statt zu zeigen, streckt der Besitzer seinen Fuß in Richtung des Leckerchens. Gemessen wird, welcher Stelle sich der Hund zuerst nähert, während der Besitzer seinen Fuß ausgestreckt hält. Sechs Versuche werden durchgeführt.
Listig • **Mit Schauen des Besitzers** • **Ohne Schauen des Besitzers**	Der Besitzer legt dem Hund ein Leckerli vor die Nase, während er ihm verbal verbietet, das Leckerli zu nehmen. Gemessen wird die Zeit, die der Hund braucht, um Hund das Leckerli zu nehmen, während der Besitzer zuschaut und wenn er nicht zuschaut. Es werden sechs Versuche durchgeführt.

37 Benson-Amram, S., B. Dantzer, G. Stricker, E.M. Swanson, K.E. Holekamp: Brain size predicts problem-solving ability in mammalian carnivores. *Proc. Natl. Acad. Sci.* (2016) 113(9):2532–2537

38 Overington, S.E., J. Morand-Ferron, N.J. Boogert, L. Lefebvre: Technical innovations drive the relationship between innovativeness and residual brain size in birds. *Anim. Behav.* (2009) 78(4):1001–1010

Gedächtnis vs. Zeigen	Der Besitzer legt ein Leckerli unter einen von zwei Bechern vor den Augen des Hundes und zeigt dann auf den anderen Becher. Gemessen wird, zu welchem Becher der Hund zuerst geht, während der Halter das Zeigen fortsetzt. Es werden sechs Versuche durchgeführt.
Gedächtnis vs. Geruch	Der Besitzer legt ein Leckerli unter einen von zwei Bechern in Sichtweite und blockiert dann die Sicht des Hundes und legt das Leckerli in den anderen Becher. Gemessen wird, zu welchem Becher der Hund zuerst geht. Es werden vier Versuche durchgeführt
Verzögerte Erinnerung	Der Besitzer legt ein Leckerli unter einen von zwei Bechern in Sicht des Hundes. Der Besitzer wartet dann 60, 90, 120 und 150 s über vier Versuche, bevor er den Hund loslässt. Gemessen wird, zu welchem Becher der Hund zuerst geht.
Inferenzdenken	Der Besitzer versteckt ein Leckerli unter einem der beiden Becher und legt einen Scheinköder in den anderen. Der Besitzer hebt dann den falschen Becher an, um zu zeigen, dass er leer ist. Gemessen wird, welchem Becher sich der Hund zuerst nähert. Es werden vier Versuche durchgeführt.
Physikalisches Denken	Der Besitzer legt zwei gefaltete Papierbögen flach auf den Boden und versteckt unter einem der Blätter ein Leckerli, während die Sicht des Hundes versperrt ist. Das Ergebnis ist, dass ein Papier durch das Leckerli etwas hochsteht, während das andere flach ist. Gemessen wird, welchem Papierbogen der Hund sich zuerst nähert. Es werden vier Versuche durchgeführt.

In Anlehnung an Tabelle 1 der Studie Horschler et al., (2018) S. 3.

Horschler und Kollegen verfolgten die Hypothese, dass Hunderassen mit größeren Gehirnen auch besser bei den verschiedenen kognitiven Tests abschneiden würden.

Die Ergebnisse waren wie folgt: Bei den Gedächtnisaufgaben erinnerten sich Rassen mit größeren Gehirnen signifikant besser an den Ort des versteckten Futters als Rassen mit kleineren Gehirnen.

In der Aufgabe „Listig" (diese Aufgabe stellt Anforderungen an die Selbstkontrolle, da die Hunde den Wunsch, das Futter zu fressen, unterdrücken müssen) waren Hunde mit größerem Gehirn signifikant langsamer darin, verbotenes Futter zu stehlen, das direkt vor ihnen platziert war, als Hunde mit kleinerem Gehirn, wenn sie nicht beobachtet wurden. Obwohl wahrscheinlich eine größere Selbstkontrolle erforderlich ist, könnten auch Unterschiede in der Perspektivfähigkeit zu diesem Effekt beitragen. Aus diesem Grund wurden für diese Aufgabe getrennte Analysen für die Bedingungen „Beobachtet" und „Nicht-Beobachtet" durchgeführt. Unter beiden Bedingungen zeigten Rassen mit größerem Gehirn eine größere

Selbstkontrolle, indem sie deutlich länger mit dem Verzehr des verbotenen Futters warteten. Die Beziehung zwischen dem geschätzten Hirngewicht und den rassespezifischen Unterschieden in der Kognition bei den zehn kognitiven Messungen war sehr unterschiedlich. Bei sechs der zehn Aufgaben gab es keinen Zusammenhang zwischen dem Hirngewicht und der Leistung der Rasse.

Auch die Schädelform spielt eine wichtige Rolle bei der Wahrnehmung. Frühere Studien legen nahe, dass die Schädelform die visuelle Wahrnehmung von Hunden beeinflusst. Brachyzephale (zur Übersicht und Erklärung siehe S.206/207) Hunde zeichnen sich durch mehr nach vorne gerichtete Augen und eine größere Überlappung des Blickwinkels aus.

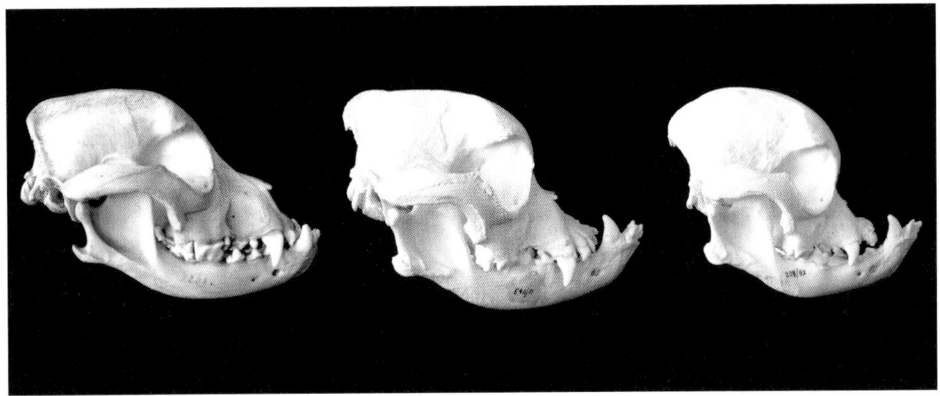

Die Schädel von Englischen Bulldoggen als Paradebeispiel für brachyzephale Hunde sind im Verlauf ihrer Zuchtgeschichte immer kürzer gezüchtet worden.

Gácsi und Kollegen (2009) stellten fest, dass brachyzephale Rassen im Vergleich zu dolichozephalen Rassen signifikant besser in der Lage waren, menschlichen Zeigehinweisen zu folgen und vermuteten, dass dieses Ergebnis teilweise auf Rasseunterschiede in der visuellen Wahrnehmung zurückzuführen ist[39].

Eine weitere wichtige Überlegung bezieht sich auf mögliche Auswirkungen der Trainingsgeschichte des Hundes auf die kognitiven Messwerte. Horschler und Kollegen fanden heraus, dass Rassen mit größeren Gehirnen mit größerer Wahrscheinlichkeit mindestens einen Gehorsamkeitskurs besucht hatten und eher extensiv trainiert worden waren. Zudem, dass die Trainingsgeschichte – unter Kontrolle des geschätzten Gehirngewichts – eine signifikante Vorhersage für die Leistungen in den Bedingungen „Beobachten“ und „Nicht-Beobachten“, der Listaufgabe, der

39 Gácsi, M., P.D. McGreevy, E. Kara, Á. Miklósi: Effects of selection for cooperation and attention in dogs. *Behav. Brain Funct. BBF* (2009) 5:31

Blickkontaktaufgabe, der Gedächtnisaufgabe und dem Zeigen mit dem Arm zuließ. Das bedeutet, je mehr Training die Hunde im Vorfeld hatten, desto besser schlossen sie bei den Tests ab, unabhängig von ihrer Rasse.

Ein dritter Aspekt ist die Tatsache, dass moderne Hunderassen für eine Vielzahl von funktionalen Aufgaben ausgewählt wurden, wobei einige Aufgaben (z. B. Jagen und Hüten) eine umfassende Zusammenarbeit mit dem Menschen erfordern. Frühere Studien deuten darauf hin, dass Hunde, die für kooperative Aufgaben gezüchtet wurden, eher in der Lage sind, menschlichen Gesten zu folgen[40]. Für die Aufgabe Gedächtnis vs. Zeigen, aber keine der anderen Messungen, war die Rassegruppe ein Indikator für die Leistung. Die Selektion für kooperative Rassen war nicht in erster Linie für dieses Ergebnis verantwortlich, da Rassen, die zur Hütehundegruppe gehörten, in dieser Aufgabe am seltensten den menschlichen Zeigegesten folgten.

Fazit: Die Ergebnisse der Studie von Horschler und Kollegen stützen die Hypothese, dass die Zunahme der absoluten Gehirngröße mit Variationen in den unterschiedlichen kognitiven Bereichen der exekutiven Funktionen verbunden ist. Dies wirft Fragen zu den kognitiven Konsequenzen evolutionärer Veränderungen der Gehirngröße auf und legt nahe, dass selbst innerhalb einer Art die Gehirngröße mit kognitiven Unterschieden gekoppelt sein könnte. Studien haben gezeigt, dass es keine signifikanten Unterschiede in der proportionalen Größe des Kleinhirns, des Vorderhirns oder des Hirnstamms zwischen Hunderassen mit sehr unterschiedlichen Gesamthirnvolumina oder in der absoluten Größe des Riechkolbens zwischen Rassen mit sehr unterschiedlichen Schädelformen gibt[41].

Ein weiteres wichtiges Ergebnis dieser Studie ist, dass die Beziehung zwischen dem geschätzten Gehirngewicht und den rassespezifischen Unterschieden in der Kognition bei den verschiedenen kognitiven Aufgaben stark variierte, was bedeutet, dass auch hier keine Beziehung zwischen Rasse und Kognition nachgewiesen werden konnte.

Sie sehen schon jetzt: Ein Hund, wie auch wir, besteht aus der Summe seiner Teile: Viele Facetten, manche veränderbar, manche nicht, aber sie lassen sich nicht auf eine Komponente wie Rasse reduzieren. Also raus aus dem Schubladendenken!

---

40 Wobber, V., B. Hare, J. Koler-Matznick, R. Wrangham, M. Tomasello: Breed differences in domestic dogs' (Canis familiaris) comprehension of human communicative signals. *Interact Stud.* (2009) https://doi.org/10.1075/is.10.2.06wob

41 Thames, R.A., I.D. Robertson, T. Flegel, D. Henke, D.P. O'Brien, J.R. Coates, N.J. Olby: Development of a morphometric magnetic resonance paramater suitable for distinguishing between normal dogs and dogs with cerebellar atrophy. *Canine Brain Morphometry.* (2009) 51(3):246–253

Größere Hundegehirne dürften mehr Neuronen enthalten als kleinere Hundegehirne. In dem bisher einzigen Vergleich der Neuronenanzahl bei Hunden stellten Jardim-Messeder und Kollegen fest, dass die Hirnrinde eines Golden Retrievers mit einem Körpergewicht von 32 kg 627 Millionen Neuronen enthielt, während die Hirnrinde einer unbekannten Rasse mit einem Körpergewicht von 7,45 kg nur 429 Millionen Neuronen enthielt[42].

42 Jardim Messeder, D., K. Lambert, S. Noctor, F.M. Pestana, M.E. de Castro Leal, M.F. Bertelsen, S. Herculano-Houzel: Dogs have the most neurons, though not the largest brain: trade-off betweenbody mass and number of neurons in the cerebral cortex of large carnivoran species. *Front. Neuroanat.* (2017) 11:1–18. https://doi. Org/10.3389/fnana .2017.00118

Was ist denn der „perfekte“ Hund?

Nun, eigentlich nicht perfekt, das Wort, das benutzt wird, ist „ideal“. In Studien wurden Menschen in Australien und Italien befragt und sollten beschreiben, wie ihr idealer Hund wäre: der Hund, mit dem sie ihre Liebe und ihr Leben teilen möchten.

Was Australier mögen: Eine Gruppe von fast 900 Australiern wurde mit Hilfe eines Online-Fragebogens zu den physischen und verhaltensbezogenen Merkmalen ihres idealen Hundes befragt[43]. Die Mehrheit der Befragten waren Hundebesitzer (72,3 %) und weiblich (79,8 %). Ergebnis: Der ideale Hund ist mittelgroß, kurzhaarig und kastriert. Er ist stubenrein, freundlich, kinderlieb, gehorsam und gesund. Wichtig war auch, dass er zuverlässig auf „Komm“ reagiert (und nicht wegläuft) und seinem Besitzer Zuneigung entgegenbringt. Ach ja, und eine Mehrheit der Befragten gab an, dass ihr idealer Hund keinen Kot frisst!

Dieselbe Umfrage wurde bei einer Gruppe von 770 Italienern durchgeführt[44]. Die Ergebnisse: Die demografischen Daten der Teilnehmer waren denen der australischen Studie ähnlich, und die Verhaltensmerkmale des idealen Hundes waren fast identisch. Der perfekte italienische Hund ist stubenrein, sicher im Umgang mit Kindern, freundlich, gehorsam, gesund und langlebig. Allerdings gab es in den beiden Studien einige Unterschiede zwischen Männern und Frauen:

Australische Frauen schätzten Hunde, die ruhig, gehorsam, gesellig und nicht aggressiv sind, während australische Männer Hunde bevorzugten, die energisch,

43 King, T., L.C. Marston, P.C. Bennett: Describing the ideal Australian companion dog. *Applied Animal Behaviour Science.* (2009) 120:84–93

44 Diverio, S., B. Boccini, L. Menchetti, P.C. Bennett: The Italian perception of the „ideal companion dog“. *Journal of Veterinary Behavior.* (2016)

beschützend und treu sind. Italienische Männer bevorzugten deutlich häufiger als Frauen einen intakten (nicht kastrierten) Hund, und italienische Frauen waren bereit, deutlich mehr Zeit mit ihrem Hund zu verbringen als Männer.

Was bedeutet das im Fazit? Die Forscher betonten, dass die meisten Hunde, die heute als Begleithunde leben, Rassen oder Rassetypen angehören, die ursprünglich für einen bestimmten Zweck und eine bestimmte Aufgabe gezüchtet wurden, wie z. B. Hüten, Jagen oder Schützen. Allerdings werden nur noch sehr wenige Hunde für diese Aufgaben eingesetzt, was zu einer Diskrepanz zwischen der Vorstellung der Menschen vom idealen Hund und der Realität des Verhaltens und der Reaktion dieser Hunde auf den modernen Lebensstil beitragen kann. Die Ergebnisse beider Studien zeigen, dass die Teilnehmer das Verhalten und die Gesundheit eines Hundes höher einschätzen als sein Aussehen. Die spezifischen Verhaltensweisen, die besonders geschätzt wurden, lassen jedoch auf unrealistische Erwartungen an die Bedürfnisse, das Verhalten und die Ausbildung eines Hundes schließen.

Fazit: Bitte suchen Sie sich doch einen Hund aus, der Ihnen persönlich gefällt! Ein Hund, der bei der ersten Begegnung vielleicht einfach etwas auslöst bei Ihnen – ob Rassehund, Mischling, klein, groß, schlapp-, kurz- oder stehohrig, denn was Sie anspricht, wird aufgrund der Ähnlichkeits-Attraktions-Hypothese (s. Kasten unten) vermutlich auch wirklich zu Ihnen passen!

Die „Ähnlichkeits-Attraktions-Hypothese", besagt, dass wir ähnliche Persönlichkeitsmerkmale, physische Attraktivität und Einstellungen mit unseren Partnern teilen. Sie wird auch zur Beschreibung der Hundehalter-Hund-Partnerschaft verwendet (Turcsán et al., 2012)[45]. Also achten Sie einmal darauf welche Ähnlichkeiten Sie und Ihren Hund verbinden: Eigenschaften, aber auch Aussehen!

„Dogs have a way of finding the people who need them, and filling an emptiness we didn't ever know we had." – Thom Jones

45 Turcsán, Borbála, Friederike Range, Zsófia Virányi, Àdam Miklósi, Eniko Kubinyi: Birds of a feather flock together? Perceived personality matching in owner-dog dyads. *Applied Animal Behaviour Science.* (2012) 140:154–160. 10.1016/j.applanim.2012.06.004

5. Die Elterntiere Ihres Welpen

Auch die Elterntiere spielen bereits eine wichtige Rolle in Bezug auf die Resilienzfaktoren Ihres Welpen. Welche Informationen gibt es über Züchter? Hier eine Studie aus Frankreich und danach eine internationale Studie, um zu sehen, welche Unterschiede, aber auch Übereinstimmungen erkennbar sind.

Wie wird bei den Züchtern über Stress der Hündinnen und den Auswirkungen auf deren Welpen gedacht?

Obwohl die Überpopulation von Hunden weltweit immer noch ein großes Problem darstellt, gibt es in unseren westlichen Gesellschaften immer mehr Menschen, die einen Hund in ihr Leben aufnehmen möchten. Insbesondere die Pandemie hat dies noch verstärkt (siehe dazu auch S. 13 ff.).

Folglich besteht ein ständiger Bedarf einer globalen Kontrolle der Hundepopulation und es ist wichtig, die Herkunft der Hunde zu kennen: das Profil der Züchter, die Gründe für die Zuchtentscheidungen und die Sozialisierungserfahrungen. Im Laufe der Jahre wurden verschiedene Bedingungen untersucht, die wir heute als wesentlich für eine gesunde Entwicklung betrachten: die Sozialisierung der Welpen in den ersten Lebenswochen, die Genetik und Haltungsbedingungen, eine optimale, dem Entwicklungsstand des individuellen Hundes angepasste Umgebung, die Dauer der Mutter-Welpen-Interaktion und das Alter der Welpen zum Zeitpunkt der Abgabe. Es ist unbestreitbar wichtig, die Herkunft eines Welpen und die Merkmale der Zuchtanlage und des Züchters zu kennen, da die Auswirkungen der frühen Erfahrungen den Charakter des Hundes im Erwachsenenalter nachhaltig beeinflussen. Bei der Auswahl einer bestimmten Rasse sind nicht nur die Leistung der Elterntiere und die Zuchtstruktur von Bedeutung, sondern auch das Verhalten der Mutter und bestimmte Ereignisse rund um die Entwöhnung und während (und vor) den ersten Lebenswochen. Studien zeigen, dass die Herkunft von Welpen mit der Häufigkeit von späteren Verhaltensproblemen zusammenzuhängt[46].

Da neugeborene Welpen nur eine sehr begrenzte Bewegungsfähigkeit haben, ist die Interaktion mit der Mutter für ihr Überleben, ihre Ernährung und ihren Schutz

46 Serpell, J., J.A. Jagoe: Early experience and the development of behaviour. In: Serpell, J., Ed.: *The Domestic Dog: Its Evolution Behaviour and Interactions with People*. Cambridge, UK: Cambridge University Press (1995) S. 79–102

unerlässlich. Sie ist auch ein wichtiges Element des Bindungsprozesses zwischen Welpen und Hündin und spielt eine Rolle für die soziale Entwicklung der Welpen. Es wurde gezeigt, dass die Charaktereigenschaften erwachsener Hunde durch mütterliche, wurfbezogene und saisonale Variablen, die sie in der frühen Lebensphase erfahren haben, beeinflusst werden[47].

In der folgenden Studie wurden französische Hundezüchter zu unterschiedlichen Aspekten ihrer Hundezucht befragt.

Die Studie

Die Ansicht französischer Hundezüchter in Bezug auf die weibliche Fortpflanzung, mütterliche Pflege und den Stress während der peripartalen Periode

dos Santos, N.R., A. Beck, A. Fontbonne: The View of the French Dog Breeders in Relation to Female Reproduction, Maternal Care and Stress during the Peripartum Period. Animals. (2020) 10:159.

In dieser Studie beantworteten 345 französische Züchter einen 53 Fragen umfassenden Fragenkatalog. Hinsichtlich ihrer züchterischen Tätigkeiten stuften 58,8 % (203/345) ihre Zuchtbetriebe als Familienbetriebe ein, wobei 28,4 % (98/345) angaben, dass die Zucht ihre Hauptbeschäftigung sei. Die Mehrheit der Züchter (93,9 %; 324/345) züchtete bis zu drei verschiedene Rassen, 76,5 % (264/345) züchten derzeit eine einzige Rasse. Was den Zuchtbestand betraf, hatten 84,3 % (291/345) der Befragten bis zu zehn Zuchthündinnen und 74,5 % (257/345) weniger als fünf Würfe pro Jahr. 30 % gehörten zur Gruppe der Schäfer- oder Hütehunde.

Meist lebten die Hunde mit der Familie, wobei eine Mehrheit der Hündinnen im Haus lebten oder während eines Teils des Tages Zugang zum Haus hatten (66,4 %). Das restliche Drittel der Befragten hielt die Hunde in einem Zwinger und/oder im Garten. Die Art der Unterbringung korrelierte mit den Zuchtaktivitäten: Bei der Unterbringung von Hündinnen im Haus (n = 150) waren Züchter, die ihren Betrieb als Familienbetrieb betrachteten, überrepräsentiert (78 %) im Vergleich zu professionellen Zuchtbetrieben (10,6 %). Bei den Züchtern, die ihre Hündinnen im Garten oder in einem Zwinger unterbrachten (n = 67), handelte es sich hingegen überwiegend um professionelle Züchter (52,2 %). Die Unterbringung von Hunden im Haus war auch signifikant mit der Zuchtgröße korreliert, da 95,4 % Züchter waren, die weniger als zehn Hündinnen halten (und 84,6 % von Züchtern, die bis zu fünf Hündinnen halten).

47 Vaterlaws-Whiteside, H., A. Hartmann: Improving puppy behavior using a new standardized socialization program. *Appl. Anim. Behav. Sci.* (2017) 197:55–61

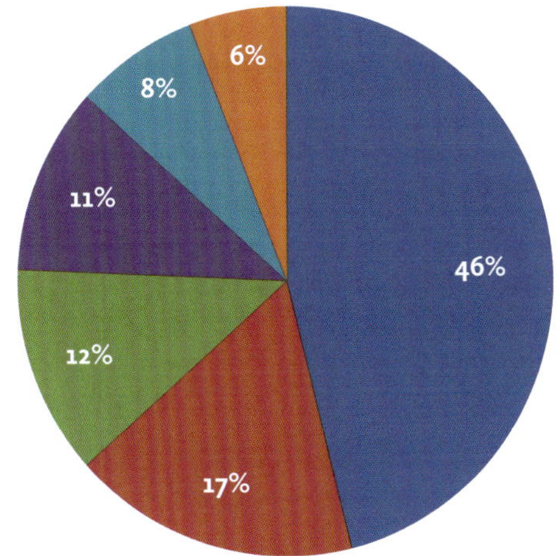

Hier sieht man die prozentuale Aufteilung der Haltung der Hündinnen bei den französischen Züchtern. Dunkelblau = im Haus; Rot = im Zwinger; Lila = im Haus und im Garten; Hellblau = im Haus und im Zwinger; Orange = im Haus, Garten und Zwinger; Grün = andere.

Mehr als 80 % der Züchter gaben an, während der Geburt bei ihren Hündinnen zu bleiben. Die Weigerung der Hündin, nach der Geburt bei den Welpen zu bleiben und diese zu versorgen, ist ein oft gezeigtes Problemverhalten und ein Hauptindikator von mütterlichem Stress. Das führt zu einer unzureichenden Versorgung der Welpen, gefolgt von einer häufigen Umlagerung (bzw. Herumtragen) der Welpen.

Interessanterweise gab nur eine kleine Anzahl der Befragten an, dass ihre Hündinnen während der Geburt nie Stress erlebten oder keine Anzeichen von Stress zeigten (5,5%, n = 19/345).

Unangemessenes mütterliches Verhalten wurde von 67,1 % der Befragten als „wahrscheinlich“ bezeichnet, insbesondere bei erstgebärenden Hündinnen (96,1 %). 18,8 % (65/345) der Züchter gaben an, dass die Hündinnen sich nicht um ihre Welpen kümmern. Dies wurde signifikant häufiger in größeren Zwingern mit mehr als zehn Zuchthündinnen beobachtet verglichen mit kleineren Zwingern (35,8 % gegenüber 15,8 %). Ein Unterschied wurde auch bei der Art der Unterbringung festgestellt. Es gab mehr Probleme bei Züchtern, bei denen Hündinnen ohne Zugang zum Haus untergebracht waren verglichen mit Hündinnen, die im Haus lebten oder Zugang zum Haus hatten (26,9% bzw. 15,2%). Ein kleinerer Teil der Züchter, 10,7 % (37/345), hat extremes, schlecht angepasstes mütterliches Verhalten (d. h. Kannibalismus der

Welpen) beobachtet. Auch dies war in größeren Zwingern deutlich häufiger als in kleineren (28,3 % gegenüber 7,5 %). Von den 203 Befragten, die ihre Tätigkeit als „Familienzucht“ bezeichneten, brachten 150 die Hündinnen außerhalb des Hauses unter (73,8 %). Der Begriff „familiär“ ist also fragwürdig.

Weltweit wächst der Markt für (Therapie-)Begleithunde, was Besorgnis über das Wohlergehen der Hunde hervorruft. Insbesondere stellt sich die Frage, wie die Nachfrage befriedigt und gleichzeitig eine nachhaltige und ethische Zucht für Begleithunde gewährleistet werden kann. In einer kürzlich erschienenen Veröffentlichung wurde der Mangel an Welpen im Vereinigten Königreich aufgrund der steigenden Nachfrage im Zusammenhang mit der Isolation und der Heimarbeit während der Covid-Krise diskutiert[48]. Diese Aspekte haben dazu geführt, dass sich Forscher verstärkt für die Hundezuchtindustrie interessieren[49]. In jüngster Zeit gab es in verschiedenen Ländern eine wachsende Initiative zur besseren Regulierung oder Verschärfung bestehender Vorschriften über die Pflegestandards für Zuchthunde[50].

Fazit: Betrachtetet man die Zahlen dieser Studie, so ist es biologisch bedenklich, dass bis zu 30 % der Hündinnen ihre eigenen Welpen töten und fressen. Sexuelle Fortpflanzung ist kostspielig, da Rüden außer ihren Genen keinen Beitrag zur Aufzucht des Nachwuchses leisten. Die Energie, die die Hündin in die Fortpflanzung investiert, ist immens – von daher spricht es schon für ein pathologisches Verhalten bei diesen Hunden. Leider gibt es bisher in Deutschland keine Studie oder Statistik, die aufzeigt, wie sich unsere Therapiebegleithundepopulation zusammensetzt: Also aus welchen Rassen primär, ob ein Geschlecht häufiger vertreten ist, zu welchem Prozentteil Tierschutzhunde eingesetzt werden usw.

Züchter im internationalen Vergleich

Auch die nächste Studie befasst sich mit der Frage der Aufzucht in Zuchtbetrieben, diesmal im internationalen Vergleich. Auch das ist wichtig für uns, um schon hier ggfs. Unterschiede zwischen Hunden aus verschiedenen Ländern erklären zu können.

48 Available online: https://www.ft.com/content/1d14541e-0c11-48bb-90a1-3f7dc05258a6.

49 Czerwinski, V., M. McArthur, B. Smith, P. Hynd, S. Hazel: Selection of Breeding Stock among Australian Purebred Dog Breeders, with Particular Emphasis on the Dam. *Animals.* (2016) 6:75

50 Blackman, S.A., B.J. Wilson, A.R. Reed, P.D. McGreevy: Reported Motivations and Aims of Australian Dog Breeders – A Pilot Study. *Animals.* (2020) 10:2319

Die Studie

Profil von Hundezüchtern und ihre Überlegungen zur weiblichen Fortpflanzung, zur Mutterschaftspflege und zum peripartalen Stress – eine internationale Umfrage

Santos, N.R., A. Beck, C. Maenhoudt, C. Billy, A. Fontbonne: Profile of Dogs' Breeders and Their Considerations on Female Reproduction, Maternal Care and the Peripartum Stress-An International Survey. Animals. (2021) 11:2372.

An der Studie von Santos und Kollegen (2021) nahmen 668 Züchter aus Australien, Kanada, Brasilien, Deutschland, Portugal, Spanien, England und den USA teil. Ein Ländereffekt wurde in Bezug auf das Haltungssystem, die Mensch-Hund-Interaktion, die Techniken zur Festlegung der Aufzucht- und Wurfzeit und verschiedene Methoden zur Stressbewältigung während der Vorgeburtsperiode beobachtet. Betrachtet man die Demografie der Befragten, so ist die Aufzucht im Allgemeinen eine familienbasierte Aktivität mit ländertypischen Unterschieden:

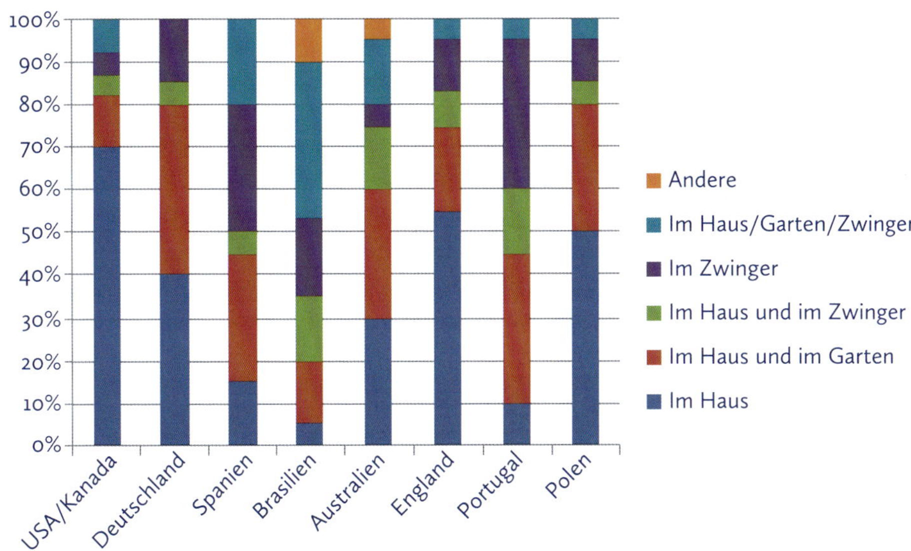

Unterbingung der Hündinnen im internationalen Vergleich. Im Allgemeinen findet die Geburt bei den Züchtern unter menschlicher Aufsicht statt. Die Vorgeburtsperiode wurde von den Züchtern als stressige Zeit empfunden, wobei der Umgang damit je nach Land unterschiedlich ist. Häufig wurde beschrieben, dass die Hündin durch die menschliche Präsenz beruhigt wird.

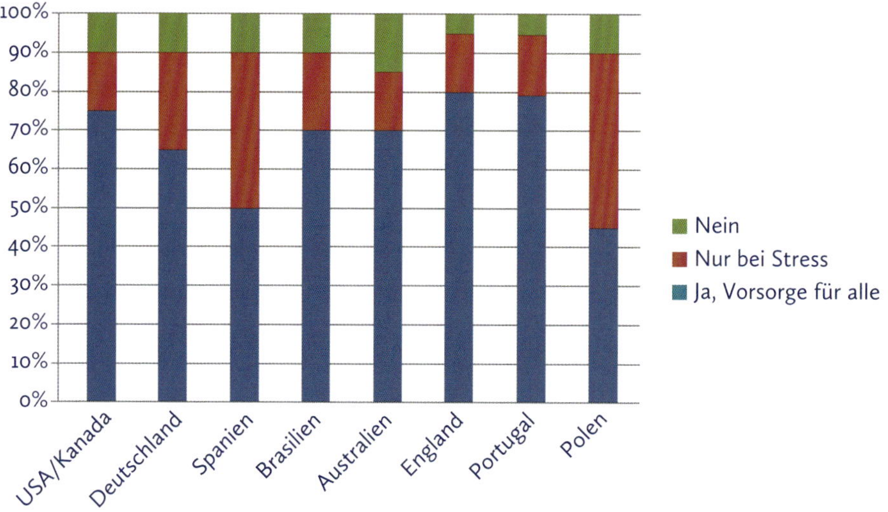

Menschliche Zuwendung bei der/den Hündinnen im internationalen Vergleich.

Unangemessenes mütterliches Verhalten wurde von der Hälfte der Befragten beobachtet, wobei erstgebärende Hündinnen und Hündinnen, die Geburten per Kaiserschnitt hatten, überrepräsentiert waren.

Unangemessenes mütterliches Verhalten nach der Geburt, Methoden und Kannibalismus nach Ländern, in Prozent (n = 668).

Land	**USA & Kanada**	**Deutsch-land**	**Spanien**	**Brasilien**	**Australien**	**England**	**Portugal**	**Polen**	**andere**	**Total**
Normale Geburt	3,4 %	4,9 %	6,1 %	5,3 %	1,1 %	4,1 %	4,5 %	6,2 %	6,6 %	4,6 %
Kaiser-schnitt	54 %	32,8 %	53 %	75 %	52,8 %	33,8 %	43,2 %	40 %	37,7 %	47,3 %
Kannibalismus der Hündin	11,5 %	1,6 %	19,7 %	21,1 %	11,2 %	8,1 %	9,1 %	3,1 %	6,6 %	10,3 %

Die Welpen blieben zwischen 4 und 9 Wochen bei den Muttertieren, wobei Hundezüchter aus Spanien, Polen und Portugal die Welpen am längsten bei der Hündin halten.

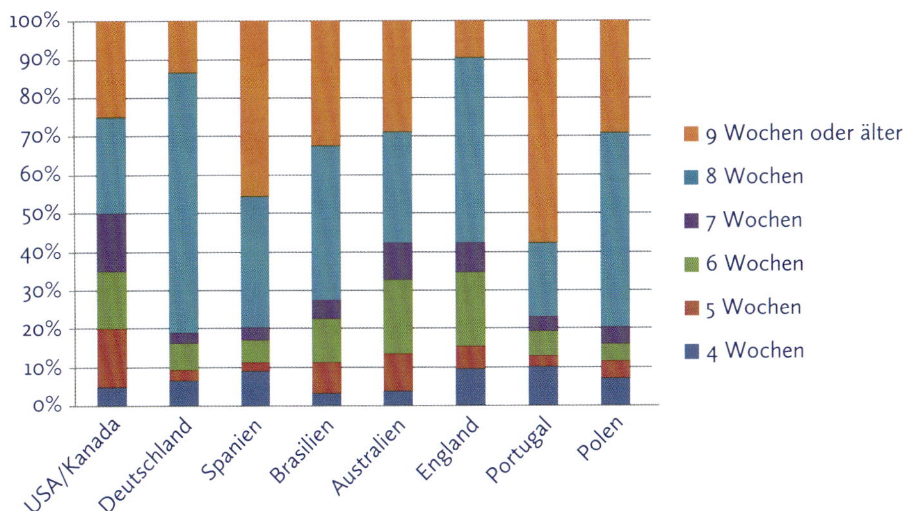

Abgabezeitpunkt der Welpen im internationalen Vergleich nach Ländern, in Wochen.

Insgesamt hat ein suboptimales mütterliches Verhalten Auswirkungen auf die kognitive Entwicklung der Welpen, wobei deutsche Züchter überzeugter davon sind als ihre Kollegen aus Brasilien und Spanien.

Die Mehrheit der Züchter (624/668) hatte weniger als fünf Zuchthündinnen, außer in Brasilien und Spanien, wo 22,3 % (17/76) und 19,7 % (13/66) mehr als zehn reproduzierende Hündinnen hatten. Etwa 1 % zog mehr als 11 Würfe pro Jahr auf. Die meisten Züchter (79,5 %) züchten nur eine Rasse. Die Gruppe der Retriever und Wasserhunde war (157/668) die größte Gruppe, gefolgt von Pinschern, Molossoiden, Schweizer Sennenhunden und Hütehunden. Mehr als 80 % der Züchter aus Deutschland, Polen, den USA/Kanada und England gaben an, dass sie ständig mit ihren Hunden interagieren. In Deutschland gaben die Züchter das höchste Maß an menschlicher Interaktion an: 91,8 % (56/61). Im Gegensatz dazu hatten mehr als 30 % der Züchter aus Portugal und fast 30 % aus Spanien nur einmal (morgens oder nachmittags) oder zweimal am Tag Kontakt zu den Hunden. Darüber hinaus wirkte sich die Größe der Zwinger auf den Grad der Interaktion aus. Der Prozentsatz der

Züchter mit fünf oder weniger Hündinnen, die Kontakt mit den Hündinnen haben, war höher als bei Züchtern mit mehr als fünf Hündinnen. Die von den Züchtern am häufigsten beschriebenen Stresssymptome der Hündinnen waren Unruhe, Herumlaufen und Rastlosigkeit (38 % aller 668 Züchter), gefolgt von Aggressivität gegenüber Menschen (34,2 %), Bellen und Winseln (32,3 %), Hecheln (31,1 %) und Zittern (28,4 %). Bei den Züchtern, die sich mit Stressbewältigung befassten (n = 618), war die gewählte Methode der Stressreduzierung in mehr als 70 % der Fälle die direkte Interaktion mit dem Muttertier.

Stressanzeichen nach der Geburt

Im Allgemeinen durften die Hündinnen nach der Geburt den Wurfbereich verlassen; nur 5 % (34/668) gaben an, dass der Ausgang auf weniger als drei Mal pro Tag beschränkt war. Für die Mehrheit der Hündinnen (82,4 %) war der Zugang nach draußen frei. Spanische und brasilianische Züchter erlaubten den Hündinnen eher, zu bestimmten Zeiten ins Freie zu gehen (68,2 % bzw. 69,8 %). Insgesamt gaben 50,9 % der Züchter an, dass sie bei ihren Hündinnen nie unangemessenes mütterliches Verhalten beobachten konnten. Für die andere Hälfte der Züchter sind es vor allem erstgebärende Hündinnen, die möglicherweise nicht in der Lage sind, Welpen anzulegen und zu versorgen (98,2 %; 322/328). In Bezug auf die Entbindung wurde unangemessenes mütterliches Verhalten meist nach einem Kaiserschnitt (91,1 %; 316/347) und selten nach einer normalen Geburt (8,9 %; 31/347) beobachtet. 10,3 % der Befragten beobachteten Kannibalismus durch das Muttertier und 31,7 % eine mangelnde Milchproduktion nach der Geburt. Die Welpen blieben je nach Land zwischen 4 Wochen und 9 Wochen mit den Muttertieren zusammen. Der Prozentsatz der Hundezüchter aus Spanien, Polen und Portugal, die ihre Welpen neun Wochen oder länger bei der Mutter halten, war ähnlich hoch (ca. 50 %), aber deutlich höher als bei Hundezüchtern aus Australien, Deutschland, Brasilien, den USA/Kanada und anderen Ländern. Insgesamt waren Züchter aus allen befragten Ländern überwiegend der Ansicht, dass sich ein schlechtes Verhalten der Mutter auf die kognitive Entwicklung der Welpen auswirkt (83,7 %), wobei es hier deutliche Unterschiede gab: Die deutschen Züchter waren von diesem Zusammenhang am meisten überzeugt (98,4 %), während nur 69,7 % respektive 75,8 % der brasilianischen und spanischen Züchter dieser Ansicht waren.

Im Fazit lässt sich sagen, dass Ereignisse in den frühen Entwicklungsphasen, die schon in der Gebärmutter beginnen, tiefgreifende und lebenslange Auswirkungen auf die psychologischen und verhaltensbezogenen Merkmale eines Hundes haben können[51]. Studien deuten darauf hin, dass erhöhte Stresshormone in der Gebärmutter zu einer Dysregulation der Hypothalamus-Hypophysen-Nebennieren-Achse (HPA), zu Funktionsstörungen und zu schlechten Bewältigungsfähigkeiten im späteren Leben der Welpen führen[52]. Bei Hunden zeigen sich negative Veränderungen wie erhöhte Ängstlichkeit und Überreaktivität, eine beeinträchtigte Anpassung an Konflikt- oder Aversionsbedingungen sowie kognitive Veränderungen wie Lerndefizite und eine verringerte Aufmerksamkeitsspanne[53].

Fazit: Das heißt, dass es gerade auch im sehr anspruchsvollen Bereich der hundgestützten Intervention ungemein bedeutsam ist, auf die oben diskutierten Faktoren zu achten, um die benannten negativen Veränderungen bestenfalls zu vermeiden oder zumindest zu reduzieren.

Eine zusätzliche und sehr wertvolle Verhaltensübersicht gibt die Studie von McMillan, der sich mit Hunden befasst hat, die als Welpen in Zoohandlungen oder die in kommerziellen Zuchteinrichtungen geboren wurden und/oder aufwuchsen. Das ist wesentlich, da während der Pandemie viele Hunde auch bei uns von Vermehren stammten und große Zoohandlungen viele Welpen verkauften. Unter Umständen werden wir diese Hunde in den Fortbildungen sehen. Mit welchen Verhaltensauffälligkeiten, bleibt abzuwarten.

51 Jagoe, J.A.: Behaviour Problems in the Domestic Dog: A Retrospective and Prospective Study to Identify Factors Influencing Their Development. Unpublished Ph.D. thesis. Cambridge, UK: University of Cambridge (1994)

52 Beerda, B., M.B. Schilder, W. Bernadina, J.A. van Hooff, H.W. de Vries, J.A. Mol: Chronic stress in dogs subjected to social and spatial restriction. II. Hormonal and immunological response. *Physiol. Behav.* (1999) 66:243–254

53 Caldji, C., D. Liu, S. Sharma, J. Diorio, D. Francis, M.J. Meaney, P.M. Plotsky: Development of individual differences in behavioral and endocrine responses to stress: role of the postnatal environment. In: McEwen, B.S. (Ed.): *Handbook of Physiology: Coping With the Environment*. New York: Oxford University Press. (2001) S. 271–292

Hunde aus Vermehrerbetrieben oder Zoohandlungen

Die Studie

Verhaltens- und psychologische Ergebnisse bei Hunden, die als Welpen in Zoohandlungen verkauft und/oder in kommerziellen Zuchteinrichtungen geboren werden: Aktuelle Erkenntnisse und vermutete Ursachen

McMillan, F.D.: Behavioral and psychological outcomes for dogs sold as puppies through pet stores and/or born in commercial breeding establishments: Current knowledge and putative causes. J. Vet. Behav. Clin. Appl. Res. (2017) 19:14–26

Verhaltensweisen bei erwachsenen Hunden, die unerwünscht, abnormal, ungesund oder einfach hundeuntypisch sind, haben eine Reihe von Ursachen. Studien zeigen, dass Hunde, die in Zoohandlungen oder bei kommerziellen Zuchtbetrieben/Vermehrern geboren wurden, als Erwachsene häufiger problematische Verhaltensweisen zeigen[54]. Die meisten Welpen, die in den Tierhandlungen in den USA verkauft werden, werden über sogenannte Welpenmakler bezogen. Ähnlich ist es in Europa, wo kommerzielle Zuchtbetriebe/Vermehrer aus Ungarn, Rumänien, Belgien und der Slowakei Welpen für den gesamten europäischen Kontinent liefern[55]. Die Bedingungen dieser Zuchtfabriken sind Berichten zufolge sehr unterschiedlich und reichen von relativ sauber bis hin zu verwahrlost und gesundheitsschädlich. Kennzeichnend für diese Betriebe sind eine große Anzahl von Hunden, die maximale Raumausnutzung durch Unterbringung der Hunde auf dem gesetzlich gerade zulässigen Mindestraum und Zuchthunde, die ihr gesamtes reproduktives Leben in ihren Käfigen oder Ausläufen verbringen. Die Hunde werden nur selten oder nie zum Auslauf oder Spielen aus ihren Gehegen/Boxen gelassen. Sie kennen kein Spielzeug und keine kognitive Bereicherung und haben nur minimale bis gar keine positive menschliche Interaktion. Zudem ist die medizinische Versorgung häufig unzureichend. Zu den berichteten Bedingungen in vielen Zuchtfabriken gehören Käfigböden aus Drahtgeflecht, Ansammlung von Kot, Ammoniakgeruch, fehlende Fenster und schlechte Belüftung, unzureichender Schutz vor schlechtem Wetter und extremen Temperaturen, unzureichendes oder verunreinigtes Wasser und verdorbenes Futter. Die Hunde leiden oft unter schwerwiegenden unbehandelten medizinischen Problemen (z. B. fortgeschrittene Zahnerkrankungen), haben ausgedehnte Verfilzungen des Haars und zeigen häufig stereotype Verhaltensweisen sowie Anzeichen von Hunger. Oft liegen verstorbene erwachsene Hunde oder Welpen noch in den Zwingern.

54 Cohen, H., Z. Kaplan, M.A. Matar, U. Loewenthal, J. Zohar, G. Richter-Levin: Long-lasting behavioral effects of juvenile trauma in an animal model of PTSD associated with a failure of the autonomic nervous system to recover. *Eur. Neuropsychopharmacol.* (2007) 17:464–477

55 FOUR PAWS International. Puppy trade in EUROPE research on the impact of illegal businesses on the market, on consumers, on the one-health concept and on animal welfare. (2016) Available at: www.vier-pfoten.eu/files/EPO/Materials_conf/Puppy_Trade_in_Europe/REPORT_EUROPEAN_PUPPY_TRADE.pdf.

Die Entwöhnung fand häufig statt, als die Welpen noch zu jung waren, viele Welpen hatten noch nie ihren Zwinger verlassen und hatten nur wenig oder gar keinen Kontakt zu fremden Menschen. Diesen Welpen wurden kaum visuelle, olfaktorische und akustische Reize angeboten[56].

Hunde, die aus diesen Betrieben stammen, zeigen im Vergleich zu Hunden aus anderen Quellen häufiger soziale Ängste (Angst vor Fremden, Kindern und Hunden)[57]. Sie zeigen signifikant mehr nervöses und/oder ängstliches und zerstörerisches Verhalten oder übermäßiges Bellen. Weitere Auffälligkeiten sind häufigeres sexuelles Aufreiten bei Menschen und Gegenständen und mangelnde Stubenreinheit[58]. Diese Hunde sind oft sehr ängstlich beim Spazierengehen, zeigen Abneigung gegenüber Fremden, hundebezogene Aggression, aufmerksamkeitssuchendes Verhalten und Ressourcenproblematiken. 80 % der Hunde, die zu früh von ihren Wurfgeschwistern getrennt wurden, zeigen vermehrt Zerstörungswut, Angst-Aggression, trennungsbezogenes Problemverhalten und mangelnde Stubenreinheit im Vergleich zu den Welpen, die 12 Wochen bei der Hündin und den Geschwistern bleiben durften[59].

Der Verhaltensphänotyp – d. h. das gezeigte Verhalten – eines erwachsenen Hundes wird durch die Interaktion zwischen dem Genotyp[60] des Individuums, den Erfahrungen und der Entwicklungsumgebung des Hundes bestimmt[61]. Es gibt Hinweise auf genetische Komponenten für psychische Verhaltensmerkmale bei Hunden wie Angst/Furcht, Geräuschphobien, Abneigung gegen Menschen, Zwangsstörungen und zwei Arten von Aggression: Impuls-/Kontrollverhalten und Aggression gegenüber Artgenossen. Viele dieser Verhaltensweisen treten nachweislich bei Hunden aus Zuchtfabriken signifikant häufiger auf[62]. Die Genetik spielt eine Rolle, die über den Beitrag zu spezifischen psychischen Verhaltensmerkmalen hinausgeht, und es gibt Belege aus Studien mit Nagetieren und Primaten, dass die Anfälligkeit für psychopathologische Folgen eines frühen Lebenstraumas zumindest teilweise

---

56 Ferrari, A., M. Antonioli: Animali come oggetti: allevamento e vendita (Animals as objects: breeding and sale). (2016) Available at: www.oipa.org/italia/fotografie/ 2013/dossier.pdf.

57 Beerda, B., M.B. Schilder, J.A. van Hooff, H.W. de Vries, J.A. Mol: Chronic stress in dogs subjected to social and spatial restriction. I. Behavioral responses. *Physiol. Behav.* (1999) 66:233–242

58 Pirrone, F., L. Pierantoni, G.Q. Pastorino, M. Albertini: Owner-reported aggressive behavior towards familiar people may be a more prominent occurrence in pet shop-traded dogs. *J. Vet. Behav. Clin. Appl. Res.* (2016) 11:13–17

59 Gray, R., et al.: „Puppies from „puppy farms“ show more temperament and behavioural problems than if acquired from other sources.“ *Recent Advances in Animal Welfare Science V: UFAW Animal Welfare Conference.* Newcastle University. (2016)

60 Mit dem Begriff **Genotyp** wird die genetische Zusammensetzung eines Organismus, bzw. die Kombination von Erbanlagen bezeichnet, die hinter einem Merkmal stehen. Unter dem Begriff **Phänotyp** fasst man die sichtbaren Eigenschaften eines Organismus zusammen, er stellt somit das Erscheinungsbild eines Merkmals dar.

61 Scott, J.P., J.L. Fuller: *Dog behavior.* University of Chicago press. (1974)

62 Serpell, J.A., D.L. Duffy, J.A. Jagoe: Becoming a dog: early experience and the development of behavior. In: Serpell, J.A. (Ed.), *The Domestic Dog.* Cambridge: Cambridge University Press. (2016) S. 93–117

vererbbar ist[63]. Studien an Hunden[64] haben gezeigt, dass die individuelle Variabilität bei der Bewältigung und Erholung von aversiven Ereignissen sowohl eine genetische als auch eine erfahrungsbedingte Komponente hat. In dem Maße, wie der Genotyp zur Entwicklung erwachsener Verhaltensphänotypen bei Hunden beiträgt, wird die Auswahl von Hunden für die Zucht solche Verhaltensergebnisse beeinflussen. Bei der Verpaarung von Vater und Mutter in Zuchtfabriken mit hohen Hundezahlen und -durchlauf wird wenig Rücksicht auf das Temperament genommen. Auch Züchter, die „Therapiebegleithunde" bestimmter Rassen (hier besonders Golden Retriever und Labrador) anbieten, haben in vielen Linien einen extrem hohen Inzuchtkoeffizienten, da das Ziel ist, dass die Hunde gleich aussehen und so weniger auf Temperament oder Gesundheit selektiert wird[65].

Physische und psychische Erfahrungen können tiefgreifende Auswirkungen auf den sich entwickelnden Organismus haben, sowohl positive als auch negative[66]. Eine umfangreiche Literatur zeigt, dass Stress während der prägenden Phasen der neuronalen Entwicklung, von der pränatalen Phase bis zur Adoleszenz, einen großen Einfluss auf die Ontogenese[67] des Verhaltens hat und dass diese Auswirkungen anhaltend und oft lebenslang präsent sind[68]. In einer Studie[69] über die psychische Gesundheit von Hunden, die früher als Zuchttiere in Zuchtfabriken eingesetzt wurden, wurden schwerwiegende und lang anhaltende negative Auswirkungen auf das Verhalten festgestellt. Ähnliche Resultate gibt es auch für Hunde, die in Zwingern in Tierheimen leben und ebenfalls einer Vielzahl von Stressoren ausgesetzt sind. Zu diesen Stressoren gehören räumliche Enge, extreme Temperaturen, aversive Interaktionen mit dem Personal, fehlende wahrgenommene Kontrolle und die mangelnde Fähigkeit, sich negativen Reizen zu entziehen sowie begrenzte Möglichkeiten für positive soziale Interaktionen mit Menschen und Artgenossen.

63 Koenen, K.C., R. Harley, M.J. Lyons, J. Wolfe, J.C. Simpson, J. Goldberg, S.A. Eisen, M. Tsuang: A twin registry study of familial and individual risk factors for trauma exposure and posttraumatic stress disorder. *J. Nerv. Ment. Dis.* (2002) 190:209–218

64 Foyer, P., E. Wilsson, D. Wright, P. Jensen: Early experiences modulate stress coping in a population of German shepherd dogs. *Appl. Anim. Behav. Sci.* (2013) 146:79–87

65 Serpell, J.A., R. Coppinger, A.H. Fine, J.M. Peralta: Welfare considerations in therapy and assistance animals. In: *Handbook on animal-assisted therapy*. Academic Press. (2010) S. 481–503

66 Scott, J.P., J.L. Fuller: *Genetics and the Social Behavior of the Dog*. Chicago, IL, USA: University of Chicago Press. (1965) S. 89–108, 110–112, 117–150, 293

67 Entwicklung des Individuums

68 Ladd, C.O., R.L. Huot, K.V. Thrivikraman, C.B. Nemeroff, M.J. Meaney, P.M. Plotsky: Long-term behavioral and neuroendocrine adaptations to adverse early experience. In: Mayer, E.A., Saper, C.B. (Eds.): *Progress in Brain Research: The Biological Basis for Mind Body Interactions*. Amsterdam: Elsevier. (2000) S. 81–103

69 McMillan, F.D., D.L. Duffy, J.A. Serpell: Mental health of dogs formerly used as 'breeding stock' in commercial breeding establishments. *Appl. Anim. Behav. Sci.* (2011) 135:86–94

Pränatale Erfahrungen

Aufgrund der Empfindlichkeit des sich schnell entwickelnden Säugetiergehirns können physiologische Veränderungen im fötalen Umfeld, die durch pränatale Exposition von mütterlichem Stress verursacht werden, d. h. Stress, dem eine trächtige Hündin ausgesetzt ist, langfristige Auswirkungen auf psychologische Funktionen haben. Diese können sich später im Leben in einer Vielzahl pathologischer psychischer Gesundheits- und Verhaltenserscheinungen zeigen. Diese Auswirkungen sind größtenteils auf eine Dysregulation der HPA-Achse[70] zurückzuführen, die mit einer verminderten Rückkopplungshemmung des Corticotropin-Releasing-Hormons und einem anhaltenden Anstieg der Plasmakortikosteroide einhergeht[71]. Postnatale Einflüsse von Umweltreizen auf das spätere Verhalten beginnen in den ersten 12 Lebenstagen. Ein gewisses Maß an Stress ist in dieser Zeit erwünscht. Milde Stressoren wirken sich positiv auf die neuronale Entwicklung aus und verbessern langfristig die Fähigkeit der Tiere, mit Stress umzugehen[72]. Bei Hunden erwiesen sich neugeborene Welpen, die der Stimulation durch sanftes Anfassen ausgesetzt und später getestet wurden, als emotional stabiler und explorativer als nicht stimulierte Kontrollhunde[73]. Trotz der positiven Auswirkungen von leichtem Stress während dieser Zeit gibt es einen Punkt, an dem Stress übermäßig und schädlich wird und sich in Form von instabilen sozialen Beziehungen, Angstzuständen und depressiven Verstimmungen sowie psychopathologischen Folgen einschließlich posttraumatischer Belastungsstörungen (PTSD) auswirken kann.

Mehrere Nagetier- und Primatenmodelle, die die Trennung oder den Verlust der Mutter, Missbrauch, Vernachlässigung und soziale Deprivation nachstellen, haben gezeigt, dass frühe traumatische Erfahrungen mit langfristigen Veränderungen der neuroendokrinen Reaktionsfähigkeit auf Stress, der Emotions- und Verhaltensregulation, des Bewältigungsstils, der kognitiven Funktionen, der Qualität sozialer Zugehörigkeiten und Beziehungen sowie des Expressionsniveaus von ZNS-Genen verbunden sind, die nachweislich mit Angst- und Stimmungsstörungen in Verbindung stehen[74]. Zudem konnte gezeigt werden, dass mütterlicher Stress mit den folgenden negativen Auswirkungen bei den Welpen verbunden ist: beeinträchtigte Fähigkeit zur Stressbewältigung, schlechtes adaptives Sozialverhalten, erhöhte

70 Hypothalamus-Hypophysen-Nebennierenrinden-Achse. Dabei handelt es sich um eines der wichtigsten physiologischen Stressreaktionssysteme des menschlichen Organismus.

71 Lyons, D.M., O.J. Wang, S.E. Lindley, S. Levine, N.H. Kalin, A.F. Schatzberg: Separation induced changes in squirrel monkey hypothalamic-pituitary-adrenal physiology resemble aspects of hyperkortisol in humans. *Psychoneuroendocrinology.* (1999) 24:131–142

72 Parker, K.J., C.L. Buckmaster, A.F. Schatzberg, D.M. Lyons: Prospective investigation of stress inoculation in young monkeys. *Arch. Gen. Psychiatry.* (2004) 61, .933–941

73 Gazzano, A., C. Mariti, L. Notari, C. Sighieri, E.A. McBride: Effects of early gentling and early environment on emotional development of puppies. *Appl. Anim. Behav. Sci.* (2008) 110:294–304

74 Cohen, H., M.A. Matar, G. Richter-Levin, J. Zohar: The contribution of an animal model toward uncovering biological risk factors for PTSD. *Ann. N.Y. Acad. Sci.* (2006) 1071:335–350

Ängstlichkeit und Emotionalität, vermindertes Erkundungsverhalten, beeinträchtigte Anpassung an Konflikt- oder Problemsituationen, latente Hemmung (ein Modell für Schizophrenie und Depression beim Menschen) und kognitive Veränderungen, einschließlich Lerndefiziten und verringerter Aufmerksamkeitsspanne. Scott und Fuller[75] schreiben, dass die erhöhte Empfindlichkeit gegenüber positiven Umwelteinflüssen während der Sozialisierungsphase ähnlich empfindlich gegenüber negativen Einflüssen zu sein scheint. Sie vermuten, dass die Sensibilität, die notwendig ist, um die Bildung sozialer Beziehungen zu erleichtern, auch eine erhöhte Anfälligkeit für dauerhafte psychologische Traumata zu schaffen scheint. Fox und Stelzner[76] konnten eine kurze Periode von etwa acht Wochen nachweisen, in der Welpen überempfindlich auf belastende psychologische oder physische Reize reagieren und in der **eine einzige unangenehme** Erfahrung langfristige aversive oder abnormale Auswirkungen haben kann.

Entwöhnung und frühe mütterliche Trennung

Eine weitere kritische Phase in der Verhaltensentwicklung ist die Entwöhnung. In der Natur ist die Entwöhnung von Säugetierjungen in der Regel ein relativ langsamer Prozess, der die allmähliche Entwicklung der Unabhängigkeit der Jungen von der Milchversorgung der Mutter und der damit verbundenen mütterlichen Fürsorge beinhaltet. Dies steht im Gegensatz zur typischen Situation in der kommerziellen Hundezucht, in der eine abrupte Trennung der Welpen von ihren Müttern in einem Alter erfolgt, in dem die Welpen häufig noch säugen. Als Stressor scheint die frühe mütterliche Trennung mindestens drei verschiedene Prozesse auszulösen, die sich nachteilig auf die Verhaltensentwicklung der Jungtiere auswirken und zu atypischem Erwachsenenverhalten führen: (1) Die Trennung, insbesondere in einem Alter vor dem natürlichen Absetzalter, ist selbst stressig oder sogar traumatisch[77]; (2) der durch die Trennung ausgelöste Stress kann die Fähigkeit des Welpen beeinträchtigen, mit zusätzlichen Stressoren umzugehen, was sich noch verschlimmert, wenn der Welpe die stressabmildernde Wirkung nicht nur seiner Mutter, sondern auch seiner Wurfgeschwister und der häuslichen Umgebung verliert; und (3) eine frühe Trennung verringert das Ausgesetztsein gegenüber Reizen und Rückmeldungen, die für das Lernen im Zusammenhang mit der Entwicklung von akzeptablem Verhalten erforderlich sind[78] .

75 Scott, J.P., J.L. Fuller: *Genetics and the Social Behavior of the Dog*. Chicago, IL, USA: University of Chicago Press. (1965) S. 118

76 Fox, M.W., D. Stelzner: Approach/withdrawal variables in the development of social behaviour in the dog. *Anim. Behav.* (1966) 13:362–366

77 Slabbert, J.M., O.A. Rasa: The effect of early separation from the mother on pups in bonding to humans and pup health. *J. S. Afr. Vet. Assoc.* (1993) 64:4–8

78 Overall, K.L., A.E. Dunham: Clinical features and outcome in dogs and cats with obsessive-compulsive disorder: 126 cases (1989–2000). *J. Am. Vet. Med. Assoc.* (2002) 221:1445–1452

Studien haben die Auswirkungen einer frühen Trennung von der Mutter bei Hunden untersucht. Slabbert und Rosa[79] verglichen die physischen und psychologischen Auswirkungen der frühen (6 Wochen) und späten (12 Wochen) Trennung, mit dem Schwerpunkt auf der Messung des Temperaments und der Sozialisierung. Sie fanden heraus, dass die Trennung von der Mutter im Alter von sechs Wochen bei den Welpen zu mehr Weinen und Notrufen, einem größeren Gewichtsverlust, zu mehr Krankheiten und einer höheren Sterblichkeitsrate führte, was bis zum Alter von sechs Monaten anhielt. Sie kamen zu dem Schluss, dass Welpen von einem **längeren (12 Wochen)** Kontakt zu ihren Müttern profitieren und dass die bei kommerziellen Hundezüchtern übliche Praxis der „Zwangsentwöhnung" in jungem Alter zu einem inakzeptablen Stressniveau für die Welpen führt, dessen Auswirkungen weit über die Zeit der mütterlichen Trennung hinaus andauert.

Pierantoni und Kollegen[80] verglichen die Häufigkeit von Verhaltensweisen bei Hunden, die im Alter von 30 – 40 Tagen abgegeben wurden, mit denen, die mit 60 Tagen abgegeben wurden. Ihre Ergebnisse zeigten, dass Hunde, die zu einem früheren Zeitpunkt von ihren Wurfgeschwistern getrennt wurden, signifikant häufiger destruktives Verhalten zeigten, 15 Mal häufiger ängstlich auf Spaziergängen waren, 7 Mal häufiger aufmerksamkeitssuchendes Verhalten und Geräuschempfindlichkeit zeigten und 6 Mal häufiger übermäßig bellten als Hunde, die bis zum Alter von 60 Tagen bei ihrer Mutter und ihren Wurfgeschwistern blieben.

Die frühe Trennung von der Mutter und den Wurfgeschwistern scheint sich auch auf das Verhalten des erwachsenen Hundes auszuwirken, da er weniger Reizen und Rückmeldungen ausgesetzt ist, die für das Lernen im Zusammenhang mit der Entwicklung von akzeptablem Verhalten notwendig sind[81]. Wenn Welpen während der Sozialisierungsphase bei ihrer Mutter und ihren Wurfgeschwistern bleiben, wird ihre Verhaltensentwicklung durch die Lernerfahrungen geprägt, die sie durch die Beobachtung des Verhaltens anderer sowie durch das Feedback der anderen auf ihr eigenes Verhalten machen. So können Welpen beispielsweise durch die Beobachtung des Verhaltens der Mutter bestimmte Fähigkeiten passiv erlernen[82]. Darüber hinaus lernen Welpen durch Spielkämpfe mit ihrer Mutter und ihren Wurfgeschwistern die Grenzen akzeptablen Verhaltens. Ein Großteil dieses Lernprozesses wird unterbrochen, wenn Welpen in der frühen Sozialisierungsphase von ihrer Mutter und ihren Geschwistern getrennt werden.

79 J.M. Slabbert, O.A. Rasa: The effect of early separation from the mother on pups in bonding to humans and pup health. *J. S. Afr. Vet. Assoc.* (1993) 64:4–8

80 Pierantoni, L., M. Albertini, F. Pirrone: Prevalence of owner-reported behaviours in dogs separated from the litter at two different ages. *Vet. Rec.* (2011) 169:468–473

81 K.L. Overall: *Manual of Clinical Behavioral Medicine for Dogs and Cats*. St. Louis: Elsevier Mosby. (2013) S. 123–124, 127–128

82 J.M. Slabbert, O. Rasa: Observational learning of an acquired maternal behaviour pattern by working dogs: An alternative training method? *Appl. Anim. Behav. Sci.* (1997) 53:438–481

Ein letzter Punkt, den es zu beachten gilt, ist, dass die Trennung der Mutter selbst im „normalen" Absetzalter das Verhalten des Welpen beeinflussen kann. Die Studie von Fox und Stelzner[83] stellte fest, dass traumatische Ereignisse, die acht bis neun Wochen alte Welpen in Abwesenheit der Mutter erleben, langanhaltende Angstreaktionen hervorrufen. Diese Beobachtungen führte dazu, dass die Periode von sechs bis acht Wochen nach der Geburt nun als Höhepunkt der „sensiblen Periode" bei Hunden angesehen wird[84]. Das heißt, dass die Trennung der Welpen von der Mutter in diesem Zeitraum die Wahrscheinlichkeit der Entwicklung von Verhaltensproblemen im Erwachsenenalter erhöhen kann! Diese Beobachtung sollte entscheidende Auswirkungen auf die bei Züchtern übliche Praxis haben, Welpen im Alter von etwa acht Wochen zu verkaufen.

Fazit: Bitte achten Sie beim Erwerb darauf, dass Ihr Welpe mindestens zwölf Wochen alt ist! Auch der Einsatz von Welpen in der tiergestützten Intervention oder ihr Besuch in diesem Alter von Fortbildungen kann demnach langfristige negative Folgen haben und ist als nicht tierschutzgerecht anzusehen.

Sozialisierungsphase

Die wichtigste Phase, die Ihr Welpe nun bei Ihnen durchläuft und die ihn selbstverständlich auch für einen späteren potenziellen Einsatz in der tiergestützten Intervention vorbereiten soll, ist die Sozialisierungsphase. In diesem Zeitraum, der sich ungefähr vom dritten bis zum zwölften Lebensmonat erstreckt, wirken sich Reize und soziale Erfahrungen proportional stärker auf die Ausbildung der neuronalen Strukturen, das Temperament und das Verhalten aus als in anderen Lebensabschnitten. Während dieser sensiblen Periode ist für eine gesunde psychische und verhaltensmäßige Entwicklung Ihres Welpen ein positiver, angemessener und kontrollierter Kontakt mit altersgemäßen neuen Reizen erforderlich, sodass der Welpe adäquate Reaktionen und Strategien auf neue Reize lernen kann. Umgekehrt sind die Folgen eines unzureichenden Kontakts mit verschiedenen Reizen unter anderem neophobische Reaktionen, Hyperaktivität, beeinträchtigtes Sozialverhalten und gestörte Beziehungen, vermindertes Erkundungsverhalten und eine verringerte Lernfähigkeit[85]. Wie wir oben gesehen haben, sind viele problematische Verhaltensweisen der Hunde aus Zuchtfabriken auf die unzureichende Sozialisierung

83 Fox, M.W., D. Stelzner: Approach/withdrawal variables in the development of social behaviour in the dog. *Anim. Behav.* (1966) 13:362–366

84 Freedman, D.G., J.A. King, O. Elliot: Critical period in the social development of dogs. *Science.* (1961) 133:1016–1017

85 Fuller, J.L.: Experiential deprivation and later behavior. *Science.* (1967) 158:1645–1652

zurückzuführen, da die Hunde während dieser kritischen Zeit in sozialer Isolation gehalten werden[86].

Auch Welpen, die von einem anderen (unbekannten) Hund angegriffen oder bedroht wurden, wiesen im Vergleich zu Welpen, die diese Erfahrung nicht gemacht hatten, im Alter von zwölf Monaten signifikant höhere Werte für Angst vor Hunden und Aggression gegenüber unbekannten Menschen auf. Wenn das Trauma darin bestand, von einer vertrauten oder unbekannten Person erschreckt zu werden, zeigten die Hunde signifikant höhere Angstwerte gegenüber unbekannten Personen und wurden als weniger trainierbar eingestuft[87]. Das bedeutet, dass Welpen und junge Hunde noch lange nach dem Vorfall auf aversive Erfahrungen reagieren und dass solche Begegnungen langfristige negative Folgen auf das Verhalten haben können[88]. Dies gilt auch für die Erfahrungen, die ein Welpe in seinem neuen Zuhause (oder der „Welpenschule“) macht!

Transport und frühe Umwelterfahrungen

Insbesondere transportbedingter Stress wurde als ein einflussreicher Faktor für das frühe Leben von Welpen beschrieben. Bitte fragen Sie Ihren Züchter, ob der Welpe schon Erfahrungen mit dem Autofahren gemacht hat – und bitte positive!

Und noch einige andere Faktoren ...

Eine Studie weist auch auf den Unterschied der von der Hündin eingenommenen Säugehaltung hin, die möglicherweise die Entwicklung der Welpen beeinflussen kann. Wenn Hündinnen liegend säugen, verringert ihre statische Position und die Nähe der Brustwarzen zu den Gesichtern der Welpen die Anstrengung beim Saugen. Wenn die Mütter dagegen im Sitzen oder Stehen säugen, führt das Saugen zu einer Anstrengung der Welpen. Der liegende Stillstil fordert die Welpen nicht heraus und beraubt sie daher der Möglichkeit, ein gewisses Maß an Unabhängigkeit (und/oder Problemlösungsfähigkeiten) zu erlangen, was zu einem vermehrten Auftreten ängstlicher Verhaltensweisen und einer geringeren Erkundungsrate führen soll[89]. Über den reinen Ernährungsprozess hinaus sollte bei sozialen Tieren wie dem Hund

86 Fuller, J.L., L.D. Clark: Effects of rearing with specific stimuli upon postisolation behavior in dogs. *J. Comp. Physiol. Psychol.* (1966) 61:258–263

87 Heim, C., CB. Nemeroff: The role of childhood trauma in the neurobiology of mood and anxiety disorders: preclinical and clinical studies, *Biol. Psychiatry.* (2001) 49:1023–1039

88 Jagoe, A.: Behaviour Problems in the Domestic Dog: A Retrospective and Prospective Study to Identify Factors Influencing Their Development. Unpublished Ph.D. thesis. Cambridge, UK: University of Cambridge (1994)

89 Bray, E.E., M.D. Sammel, R.M. Seyfarth, J.A. Serpell, D.L. Cheney: Temperament and problem solving in a population of adolescent guide dogs. *Anim. Cogn.* (2017) 20(5):923–939. https ://doi.org/10.1007/s1007 1-017-1112-8

auch die psychologische Befriedigung durch das Säugen selbst nicht unterschätzt werden. Es ist bekannt, dass einige Umweltfaktoren das Verhalten der Mütter beeinflussen. So variiert beispielsweise die Zeit, die mit den Welpen verbracht wird, je nach dem in der Wurfkiste verwendeten Material, der Umgebungstemperatur oder der Jahreszeit der Geburt. Auch die Wurfgröße kann das Verhalten der Hündin beeinflussen. Mütter mit weniger Welpen (1 bis 5) scheinen sich mehr Zeit für die einzelnen Welpen zu nehmen und so die mütterliche Betreuung zu verbessern. Obwohl geschlechtsspezifische Unterschiede bei Caniden in verschiedenen Situationen beschrieben wurden, ist die Bewertung der mütterlichen Fürsorge in Bezug auf das Geschlecht der Welpen bei Hunden nicht speziell untersucht worden. Bisher wurde kein geschlechtsspezifisch signifikanter Unterschied beim Umgang der Hündin mit den Welpen beobachtet. Auch die genetische Komponente von „mütterlichem Verhalten" könnte eine wichtige Rolle spielen und sollte bei der Auswahl von Zuchttieren berücksichtigt werden. Im Allgemeinen kümmern sich Hündinnen weniger um kranke oder schwache Welpen, aber ein schlechtes Mutterverhalten in Bezug auf gesunde Welpen (also z. B. Kannibalismus) sollte im Zuchtauswahlprogramm berücksichtigt werden. Darüber hinaus ist es möglich, dass Hündinnen mit einer genetischen Veranlagung für eine hohe mütterliche Fürsorge gleichzeitig eher kleine Würfe haben, auch wenn dies schwer zu beweisen ist. Es wird vermutet, dass der Pflegestil und der Umgang mit den Welpen ein wichtiger Vorhersagefaktor für das zukünftige Verhalten der Hunde im Erwachsenenalter ist[90].

Eine höhere mütterliche Testbewertung, definiert als die Dauer des körperlichen Kontakts, also Stillen, Lecken, Schnüffeln oder Stupsen des Welpen, wurde mit einem hohen Einsatz bei sozialen Aktivitäten in Verbindung gebracht. So zeigten acht Wochen junge Beagle-Welpen, die mehr mütterliche Fürsorge erhalten hatten, weitaus mehr Erkundungsverhalten und weniger Anzeichen von Stress in neuen Situationen als Welpen, die weniger Fürsorge erhalten hatten[91]. Laut Houpt[92] scheint die Sozialisierungsphase aus verhaltensbezogener Sicht am wichtigsten zu sein, da Welpen in dieser Zeit in der Lage sind, aus den Interaktionen mit ihren Wurfgeschwistern, der Hündin und den Menschen zu lernen. Es hat sich gezeigt, dass während der Sozialisierungsphase eine größere Menge und Variation von Reizen zu Hunden führt, die umgänglicher gegenüber Menschen sind und besser mit herausfordernden Situationen umgehen können, da sie mehr Strategien gelernt haben. Angesichts des komplexen Zusammenspiels von Genetik und Umwelt muss individuell geschaut werden, wie reversibel die Folgen der frühen Lebenserfahrungen

90 Dietz, L., A.K. Arnold, V.C. Goerlich, et al: The importance of early life experiences for the development of behavioural disorders in domestic dogs. *Behaviour.* (2018) 155:83–114

91 Hubrecht, R.C.: A comparison of social and environmental enrichment methods for laboratory housed dogs, *Appl. Anim. Behav. Sci.* (1993) 37:345–361

92 Houpt, K.A.: Development of Behavior in: *Domestic Animal Behavior for Veterinarians and Animal Scientists.* NJ, USA: Wiley-Blackwell. (2018) S. 127–162

sind und ob eine angemessene Stimulation während der Sozialisierungsphase die Auswirkungen einer schlechten mütterlichen Betreuung kompensieren kann. Die Plastizität und Anpassungsfähigkeit des Hundeverhaltens ist in vielen Situationen gut dokumentiert, z. B. bei der Übernahme eines erwachsenen Hundes aus einem Tierheim in eine neue Umgebung.

Viele kleine Weichen sind demnach bereits gestellt, bevor Ihr Welpe zu Ihnen kommt.

Fazit: Was heißt das für Ihren Hund? Die Verringerung von Stressfaktoren, die zu lang anhaltenden Verhaltensstörungen und emotionalen Problemen beitragen, sollte bereits in der pränatalen Phase beginnen. Zu den Maßnahmen zur Verringerung dieses Stresses gehört eine gute Lebensqualität sowohl für die erwachsenen Zuchthunde als auch für die Welpen und eine schrittweise Entwöhnung der Welpen, und zwar im angemessenen Alter von mindestens 12 Wochen. Für die Welpen sollte ein hochwertiges Sozial- und Enrichmentprogramm eingeführt werden, das spätestens im Alter von drei Wochen beginnt und bis zum Ende der Sozialisierungsphase fortgesetzt wird. Welpen verlassen ihre Mutter und Geschwister erst ab der 12. bis zur 16. Woche. Um den mütterlichen Beitrag zu einer problematischen Verhaltensentwicklung zu verringern, sollten auch die Muttertiere an solchen Programmen teilnehmen.

Wenn Sie einen Welpen möchten, achten Sie bitte auf diese Faktoren, da insbesondere in der tiergestützten Arbeit eine hohe Resilienz vonnöten ist. Diese Faktoren können Sie beeinflussen und kontrollieren!

Wenn Sie nun demzufolge einen Welpen für sich gefunden haben …

6. Einige spannende Studien und Informationen zur Welpenentwicklung

Die Studie

Kognitive Eigenschaften von 8 bis 10 Wochen alten Assistenzhundewelpen

Bray, E.E., M.E. Gruen, G.E. Gnanadesikan, D.J. Horschler, K.M. Levy, B.S. Kennedy, et al.: Cognitive characteristics of 8-to 10-week-old assistance dog puppies. Anim. Behav. (2020) 166C:193–206.

Um die frühe Entwicklung der kognitiven Fähigkeiten von Hunden zu charakterisieren, durchliefen 168 Welpen (97 Hündinnen, 71 Rüden; Durchschnittsalter 9,2 Wochen) eine Reihe von Tests. Die Welpen waren Labrador Retriever, Golden Retriever und Labrador-Golden-Retriever-Kreuzungen aus 65 Würfen. Die Welpen nahmen an einem dreitägigen kognitiven Testsetting teil, das aus 14 Aufgaben bestand, mit denen verschiedene Fähigkeiten und Temperamentseigenschaften gemessen wurden, wie (siehe Folgeseite):

Aufgaben der Dog Cognitive Development Battery (DCDB) in der Reihenfolge, in der sie durchgeführt wurden, bestehend aus drei Sitzungen, verteilt auf drei Tage. Unterhalb jeder Aufgabe ist in Klammern der primäre Zweck der jeweiligen Tests angegeben. Bray und Kollegen gingen davon aus, dass die Leistung bei den meisten Tests durch kognitive und Temperament-Faktoren beeinflusst wird.

Bereits im Alter von 8–10 Wochen und trotz minimaler Erfahrung mit Menschen nutzten Welpen zuverlässig eine Vielzahl kooperativ-kommunikativer Gesten von Menschen. Die Welpen erinnerten sich genau an den Ort von verstecktem Futter und waren erfolgreich bei einer Reihe von visuellen, olfaktorischen und auditiven Diskriminierungsaufgaben. Insgesamt bestätigen auch diese Ergebnisse das frühe Auftreten von Sensibilität für menschliche Kommunikation bei Hunden. Das Wissen über diese kognitive Entwicklung sollte auch in Ausbildung und Training im tiergestützten Bereich einfließen. Jüngste Arbeiten deuten darauf hin, dass individuelle Unterschiede in neuronalen, kognitiven und verhaltensbezogenen Prozessen die Eignung für bestimmte Aufgaben mit beeinflussen, was auch für Therapiebegleithunde zutreffen könnte.

Die Studie

Die kognitive Entwicklung von Hunden: Eine Längsschnittstudie über die ersten zwei Lebensjahre

Bray, E.E., M.E. Gruen, G.E. Gnanadesikan, D.J. Horschler, K.M. Levy, B.S. Kennedy, B.A. Hare, E.L. MacLean. Dog cognitive development: a longitudinal study across the first 2 years of life. Animal Cognition. (2020)

Um die Entwicklung und langfristige Stabilität kognitiver Eigenschaften bei Hunden zu beurteilen, testeten Bray und Kollegen 160 Assistenzhundekandidaten zu zwei Lebenszeitpunkten. Die Aufgaben waren so konzipiert, dass verschiedene Aspekte der Kognition gemessenen wurden, von den exekutiven Funktionen (siehe Kasten S. 34), z. B. inhibitorische Kontrolle, Umkehrlernen, Gedächtnis, über sensorische Komponenten, z. B. Sehen, Hören, Riechen, bis hin zur sozialen Interaktion mit Menschen. Die Hunde nahmen zunächst als 8 bis 10 Wochen alte Welpen teil und wurden dann im Alter von ca. 21 Monaten erneut getestet (Tests siehe oben Abbildung S. 62).

Während des untersuchten Entwicklungszeitraums (~ 9 Wochen bis 21 Monate) zeigten die Leistungen in den meisten kognitiven Tests eine altersbedingte Verbesserung. So verbesserten sich die exekutive Funktionen – also Gedächtnis, Impulskontrolle, Umkehrlernen – und soziale Motivation, z. B. Apportieren, Hinsehen zum Menschen, und Verwendung kommunikativer Hinweise wie Handsignale mit zunehmendem Alter. Besonders große Effekte wurden bei der Hemmungskontrolle, den Umkehrlernversuchen der Zylinderaufgabe sowie bei der Blickdauer mit dem Menschen beobachtet. Andererseits gab es eine Handvoll kognitiver Messungen, bei denen die Leistung der Welpen nicht von denen der Erwachsenen zu unterscheiden war, einschließlich der Ausdauer bei einer unlösbaren Aufgabe, der Zeit, in der sie während der Spielpausen bei der Aufgabe „Menschliches Interesse“ mit dem Menschen interagierten, der Richtung der Pfotenpräferenz, der Leistung bei der Aufgabe „Visuelle Unterscheidung“, der Zeit, die während der Aufgabe „Geruchsunterscheidung“ in der Nähe des Köders verbracht wurde und der Leistung bei der Aufgabe „Geruchskontrolle“.

Die Daten dieser Studie deuten somit darauf hin, dass Hunde schon früh in ihrer Entwicklung auf kommunikative Gesten des Menschen eingestellt sind, noch bevor sie mit Menschen in Kontakt kommen, da sie sowohl konventionellen als auch neuartigen Gesten zuverlässig folgten, um eine Futterbelohnung zu finden. Zudem zeigten sich bei einigen kognitiven Tests – einschließlich der Bereitschaft zum Apportieren, der auditiven Unterscheidung und der Interaktionszeit mit dem Menschen – im Laufe der Entwicklung große Unterschiede zwischen den einzelnen Hunden. Umgekehrt zeigten andere Tests – einschließlich des Blickkontakts zum Menschen, der Verwendung menschlicher Kommunikationssignale, der Ausdauer bei Problemlösungen und der Geruchsunterscheidung – eine signifikante Stabilität über die Entwicklungsdauer des einzelnen Hundes hinweg, was auf ein sich früh abzeichnendes und relativ stabiles Muster individueller Unterschiede hinweist.

Fazit: Das bedeutet für uns, dass Hunde einige Fähigkeiten individuell unterschiedlich bereits sehr früh zeigen und diese auch bestehen bleiben. Andere kognitive Fähigkeiten können wir schulen, denn diese verändern sich im Laufe der Zeit und sind plastisch, so auch die Blickdauer des Hundes, ein referentielles Verhalten, das wir unterstützen und belohnen können!

7. Der Hund im Einsatz: Ab und bis wann ist ein tierschutzgerechter Einsatz in der tiergestützten Intervention möglich?

Welpen

Während die Vorteile der TGI über die gesamte menschliche Lebensspanne hinweg von pädiatrischen bis hin zu geriatrischen Klienten erforscht wurden, gibt es keine vergleichbaren Studien in Bezug auf die eingesetzten Hunde. Ein ganz problematischer Bereich, der bisher in der Wissenschaft noch nicht untersucht wurde, ist die frühe Exposition von Welpen in einem tiergestützten Setting. Wie wir in Kapitel 5 bereits gesehen haben, beginnt für die Welpen, wenn sie von ihrer Mutter und ihrer gewohnten sozialen und physischen Umgebung getrennt werden, eine besonders sensible und stressbelastete Phase. Die Trennung kann zu Verhaltensstörungen und physiologischem Stress führen und Ängste sowie depressionsähnliche Verhaltensweisen verstärken. Zudem sind die Welpen weder körperlich noch kognitiv voll entwickelt, und ihre sozialen Fähigkeiten werden kontinuierlich durch innere und äußere Prozesse geformt. Es ist erwiesen, dass frühe Erfahrungen eine wichtige Rolle bei der Gestaltung des späteren Verhaltens spielen. Wenn diese Erfahrungen in angemessener Weise gemacht werden, verringern sie problematisches Verhalten im späteren Leben. Wird dieser Prozess jedoch nicht achtsam gesteuert, kann er zu unerwünschtem Verhalten im Erwachsenenalter führen.

Grundsätzlich lässt sich sagen, dass die Reize und Erfahrungen, denen Welpen täglich in der Familie ausgesetzt sind, ausreichen, um ihnen eine angemessene Sozialisierung zu ermöglichen. Von der Sozialisierungsphase an und während der gesamten Anreicherungsphase sollten Sie einen kleinschrittigen und positiven Umgang mit verschiedenen Gegenständen, Tieren und Menschen gewährleisten und gleichzeitig sicherstellen, dass Ihr Welpe diese Erfahrungen genießt und nicht durch sie beunruhigt, überfordert oder verängstigt wird.

Die Sozialisierung bezieht sich auch auf den Prozess der Desensibilisierung, d. h. die schrittweise Gewöhnung des Welpen an neue Gegenstände, wobei sichergestellt wird, dass er diese Begegnung als angenehm empfindet. Die Sozialisierungsphase ist entscheidend für die Entwicklung und Aufrechterhaltung langfristiger Beziehungen und Interaktionen. In der nächsten Entwicklungsphase, der Enrichment-Phase, kann der Hund dann schrittweise weitere Dinge kennenlernen, die individuell an die Eigenheiten und den Entwicklungsstand des Hundes angepasst sind.

Werden bereits Welpen in Institutionen oder Einrichtungen mitgebracht, sind sie mit einer herausfordernden Umgebung konfrontiert, die eine Vielzahl neuer, unerwarteter oder potenziell aversiver Reize enthält. Bei vielen Aktivitäten sind sie einem hohen Lärmpegel, unterschiedlichen und ggfs. unangenehmen Gerüchen, instabilen und unterschiedlichen Oberflächen und visuellen Reizen ausgesetzt. Zusätzlich zu den physischen Faktoren werden Welpen mit vielen verschiedenen Menschen konfrontiert, von denen einige vielleicht ein für den Hund unvorhersehbares Verhalten an den Tag legen. Welpen können diese Überforderungen nicht bewältigen und reagieren auf solche Situationen mit Anzeichen von Furcht, Erstarren, Rückzug oder Aggression.

Die Wichtigkeit einer allmählichen Einführung neuer Reize im Gegensatz zur wiederholten Aussetzung eines Reizes in voller Intensität („Flooding") müssen von Therapiehundemenschen, Hundetrainern und Empfängern verstanden werden. Die Vorhersehbarkeit der Umgebung ist für den Hund besonders wichtig, und sein Mensch muss daher die Methode der schrittweisen Stimulusexposition optimieren. In der Praxis wenden viele TGI-Menschen diesen schrittweisen Ansatz leider nicht an. Oft wird ein Welpe sofort zu einem unbekannten Ort mitgenommen und direkt in die Einrichtung verbracht. Dort ist er konfrontiert mit der Anwesenheit neuer Menschen, nachdem er bereits eine wahrscheinlich vorher nicht geübte Autofahrt hinter sich hat. Dieses gleichzeitige Auftreten zahlreicher potenzieller Stressoren kann zu einer Sensibilisierung führen. Daher muss der Schwerpunkt auf einem angemessenen „Einführungsprozess" liegen, bevor die Hunde in einem kognitiv und emotional angemessenen Alter einem TGI-Setting ausgesetzt werden. Menschen, die an TGI interessiert sind, sollten sich bei einer qualifizierten und qualitativ hochwertigen Organisation anmelden, um eine Evaluation und eine geeignete Überprüfung sowie einen schrittweisen Lern- und Expositionsprozess zu gewährleisten, der dem Entwicklungsstand ihres Welpen Rechnung trägt. Respekt vor dem Alter, der Gesundheit, der Physiologie, dem Temperament, der Fähigkeit und der Ausdauer des Hundes sollte in jeder TGI-Einrichtung gewährleistet sein und sich in den geltenden Richtlinien widerspiegeln.

Wenn der Welpe nun mit mindestens 12 Wochen zu Ihnen kommt, beginnt sich das Zeitfenster der Neuroplastizität, der axonalen Bildung und der synaptischen Plastizität langsam zu schließen, daher ist es wichtig, dass Sie dieses junge Gehirn unterstützen. Während der kritischen Stadien sind die funktionellen und strukturellen Verbindungen von Neuronen in der Hirnrinde besonders anfällig für Veränderungen. Der zeitliche Verlauf der erfahrungsvermittelten Sinnesentwicklung hängt stark davon ab, welches System wir betrachten. Studien an wild aufgezogenen Ratten im Vergleich zu denen in einem Käfig haben gezeigt, dass erstere ein viel größeres Gehirn und eine höhere kognitive Funktion hatten. Wenn Sie einem Tier sensorische Erfahrungen vorenthalten, wird das Gehirn neu verdrahtet und ermöglicht dem beraubten Kortex nur bisherige Sinneseingaben zu verarbeiten.

Hormonreaktionselemente (HREs) hemmen die Fähigkeit des Hundes, neue Dinge zu lernen. Denn sie behindern die Transkriptionsfaktoren, die für DNA-Replikationsprozesse und die Bildung neuer Lernerfahrungen grundlegend sind. Ein Mangel an Umweltanpassung macht es schwieriger für den Hund, mit Umweltstressoren umzugehen. Findet Lernen in dieser kritischen Phase der Neuroplastizität statt, ist es viel wahrscheinlicher, dass der Hund mit neuen Situationen im Alltag und Alter umgehen kann. Bitte beachten Sie: Jeder Kontakt mit einem neuen Objekt muss mit einer positiven Erfahrung verbunden sein. Wenn die Erfahrung traumatisch ist, werden Sie den Welpen in dieser Phase bereits darauf vorbereiten, durch Sensibilisierung und Generalisierung Ängste zu verallgemeinern.

Aus diesem Grund benötigen Sie einen soliden Gewöhnungsplan und bereichernde Lernaktivitäten. Jeder Züchter hat damit bereits die Räder in Bewegung gesetzt und diese erste Woche ist in vielerlei Hinsicht schon entscheidend, um dem Welpen zu helfen, neue Erfahrungen zu sammeln. Hier sehen Sie die Gefahr, die damit verbunden ist, Welpen von Vermehrern oder auch Großzüchtern (siehe Studie, S. 50 ff.) zu nehmen. Natürlich ist diese Plastizität ein Leben lang vorhanden, aber es wird mit zunehmendem Alter schwieriger, diese Elemente zu formen und zu verändern.

Was bedeutet das?

Im Grunde wird das Gehirn in gewisser Weise das Fehlen einer geeigneten Verkabelung kompensieren, um sich an die Fähigkeiten anzupassen, die es hat. Welche Auswirkungen hat das auf das Verhalten? Umwelterfahrungen, beispielsweise Berührung, taktile, haptische Erfahrungen, Klang, Bewegung, Licht, Dunkelheit also visuelle Erfahrungen, motorische Aktivität, Koordination, Propriorezeption[93] und Spielverhalten helfen dem Gehirn, Verbindungen aufzubauen, um den Organismus

93 Durch Propriorezeptoren vermittelte Wahrnehmung der Stellung und Bewegung des eigenen Körpers im Raum.

zu unterstützen, mit seiner Umwelt zu interagieren. Das Gehirn wächst buchstäblich jedes Mal, wenn sich der Organismus anpasst und verändert, durch kognitive, aber auch motorische, also körperliche Erfahrungen. So haben beispielsweise Tiere mit Schnurrhaaren eine topografische Karte, die jedes Schnurrhaar darstellt, und jede Karte enthält die für diese Funktion erforderlichen taktilen Informationen. Die Tasthaare der Hunde befinden sich im Gesichtsbereich: über den Augen, um den Schnauzenbereich, im Wangenbereich und sind länger, starrer und dicker als normale Haare. Sie dienen als Sinnesorgan und haben eine Schutzfunktion für die Augen und den gesamten Gesichtsbereich. Sie ermöglichen es den Hunden, Gerüche anhand von Intensität und Windrichtung zu orten und helfen bei der Orientierung im Dunkeln. Bei der Berührung der Vibrissen werden durch Druckübertragung im Haarfollikel feine mechanische Reize wahrgenommen, die der Körperwahrnehmung dienen (somatosensorische Bereiche). Bei Hunden haben die Vibrissen außerdem eine eigene Muskulatur – so können sie diese bewegen, was unter anderem der Kommunikation dient.

Tasthaare oder Vibrissen bilden sich in der ersten Woche nach der Geburt und gehen den visuellen und auditiven kritischen Phasen voraus. Nach aktuellen tierschutzrechtlichen Beurteilungen gehören die Tasthaare oder Vibrissen zum Follikel-Sinus-Komplex und sind Teil eines sensiblen Sinnesorgans. Das bedeutet, das Kürzen oder Abschneiden der Tasthaare ist tierschutzwidrig!

Der Deutsche Tierschutzbund e.V.[94] *hat eine aktuelle Stellungnahme zu diesem Thema verfasst. Diese besagt, dass die Haarfollikel, aus denen die Tasthaare entspringen, sich im anatomischen Aufbau von denen anderer Körperhaare unterscheiden, da sie von einer Blutkapsel (Sinus) umgeben sind. Bei Berührung der Vibrissen können durch Druckübertragung im Haarfollikel feine mechanische Reize wahrgenommen werden. Die Tasthaare der Haussäugetiere gehören zum Follikel-Sinus-Komplex und sind somit Teil eines sensiblen Sinnesorgans. „Aus rechtlicher Sicht stellt das Abschneiden oder Abrasieren der Tasthaare eine vorübergehende Amputation im Sinne des § 6 Tierschutzgesetz (TierSchG) dar. Dem Tier entsteht durch Untauglichmachen beziehungsweise infolge der Funktionseinschränkung dieses Sinnesorgans ein zwar zeitlich begrenzter, aber erheblicher Körperschaden. Nach § 6 TierSchG ist das vollständige oder teilweise Amputieren von Körperteilen oder das vollständige oder teilweise Entnehmen oder Zerstören von Organen oder Geweben eines Wirbeltieres verboten." Kürzen der Tasthaare (Vibrissen) bei Haussäugetieren – 01/2021 S. 4*

94 https://www.tierschutzbund.de/fileadmin/user_upload/Downloads/Positionspapiere/Heimtiere/Tasthaare_kuerzen_bei_Haustieren.pdf

Ähnlich wie Menschen das Lächeln von Menschen wahrnehmen, ist es wahrscheinlich, dass das Hundegehirn über eine hochgradig abgestimmte neuronale Verdrahtung verfügt, um bestimmte Arten visueller Informationen zu erkennen und zu verarbeiten: die Bewegung einer linearen Form, die in der Nähe des Hinterteils eines anderen Hundes auftritt – ein Schanzwedeln. Die Fotorezeptoren machen sich an die Arbeit, um Kanten zu erkennen und Bewegungen zu erfassen, damit sie effiziente Signale an das Gehirn senden können, um eine schnelle Raum-Zeit-Mustererkennung zu ermöglichen.

Das Schwanzwedeln ist offenbar ein erlerntes Verhalten: Welpen wedeln erst im Alter von ein bis zwei Monaten. Studien zeigen, dass auch beim Wedeln eine Seitenpräferenz (Lateralität) existiert: Hunde bevorzugen die rechte Seite, wenn sie sich über etwas freuen, und die linke Seite, wenn die Gefühle negativ belegt sind[95]. Das ist etwas, was Menschen bis vor kurzem noch nicht kannten. Könnte es sein, dass die Asymmetrie des Links-Rechts-Wedelns schon immer ein subtiler Teil der Körpersprache zwischen Hunden war?

95 Siniscalchi, M., A. Quaranta: Wagging to the right or to the left: Lateralisation and what it tells of the dog's social brain. In: *The Social Dog*. Academic Press. (2014) S. 373–393

Fazit: Was passiert, wenn wir unseren Welpen nicht diese Möglichkeiten des Wachstums geben?

Wenn Ihr Welpe keine angemessenen, umweltangepassten Geräusche, Oberflächen, Gerüche, Menschen und neue Gegenstände kennenlernt, wird er weniger in der Lage sein, emotional und physiologisch mit und in der Welt zurechtzukommen. Welpen, die diese frühen Erfahrungen in diesen kritischen Stadien nicht machen, haben ein weniger entwickeltes axonales, dendritisches und synaptisches Verbindungsmuster in ihren neuronalen Schaltkreisen. Ohne diese frühen Erfahrungen ist der Hund weniger in der Lage, mit neuen Erlebnissen umzugehen, da die Abstimmung seines sensorischen Systems um Erregung und Hemmung keine adäquate Funktion erlernt hat – er wird also leicht erregt und/oder bleibt länger erregt, was bedeutet, dass er weniger in der Lage ist, mit Veränderungen im täglichen Leben umzugehen und immer ein höheres Stressniveau haben wird.

Es gibt viele Studien, die die Auswirkungen von Umweltanreicherung zeigen. Spielzeug, Farben, Formen, Tunnel, Materialien, Nester, Unterstände, Leitern, Räder, soziale Interaktion, also andere Tiere, mit denen man interagieren kann, mehr Platz und Bewegungsmöglichkeiten haben einen fundamentalen Einfluss auf die kognitive und physische Entwicklung eines Hundes. Alle diese Enrichment-Faktoren haben die Funktion, Veränderungen im Gehirn auf zellulärer, molekularer und genetischer Ebene anzuregen und zu stimulieren. Das Gehirn wird tatsächlich schwerer und größer.

Die Hunde erhalten so Fähigkeiten, sich kognitiv an ihre Umgebung anzupassen, also genau eine Zielsetzung, die wir in der tiergestützten Intervention unbedingt benötigen: Geistige Flexibilität, mit neuen Reizen umzugehen und darauf relativ stressarm zu antworten, was beinhaltet, dass die Hunde Strategien des Umgangs gelernt haben. Die Aufzucht eines Tieres in einer angereicherten Umwelt verbessert nicht nur das Gedächtnis und die kognitiven Prozesse, sondern erhöht auch die Erkundungsaktivität und die Bereitschaft der sozialen Interaktion.

Allerdings sollte jeder Welpe individuell physisch und psychisch angepasst kleinschrittig und in zeitlich ganz kurzen Intervallen diese neuen Reize kennenlernen! Auch hier gilt: Überforderung führt zu negativen Resultaten! Statt Höher, Schneller, Weiter sollten Sie besser Entschleunigung und die Konzentration auf das Wesentliche üben – Sie begleiten kleine Persönlichkeiten in der Entwicklung, weniger ist da oft mehr!

Das Wohlergehen des Therapiebegleithundes umfasst natürlich nicht nur den frühesten Zeitpunkt, zu dem unser Hund tierschutzgerecht mit eingesetzt werden darf oder sollte, sondern eben auch die Phase „nach der Arbeit" im Ruhestand.

Die Rente

Studien[96,97] untermauern die Auswirkungen des Alters auf das Wohlbefinden des Hundes. Es liegen keine Daten über das ideale Alter eines Hundes für die Teilnahme an therapeutischen Settings vor.

Wie wir wissen, sind die Hunde in ganz unterschiedlichen Funktionen tätig, manchmal in sehr anstrengenden und anspruchsvollen Umgebungen, die auf intensivem Training beruhen und mit hohen Erwartungen verbunden sind. Dadurch sind sie immens vielen Stressoren und verschiedenen Umweltreizen ausgesetzt. Ältere Tiere sind naturgemäß weniger belastbar, brauchen mehr Zeit, um sich von Stress zu erholen und sind daher möglicherweise nicht mehr so flexibel im Umgang mit sozialen Situationen. Daher ist es wichtig, dass sich Hunde zu einem angemessenen Zeitpunkt aus den TGI-Aktivitäten zurückziehen können, um negative Auswirkungen auf ihr Wohlbefinden zu vermeiden. Da die Komponenten des Ruhestands vielschichtig sind, müssen die Vor- und Nachteile abgewogen werden, denn eine plötzlich veränderte Lebensweise kann auch zu Verwirrung, Langeweile, Frustration oder einem Mangel an körperlicher und geistiger Stimulation für die Hunde führen. Natürlich betrifft der Ruhestand nicht nur das Tier, sondern auch seinen Menschen und bei langfristigen Beziehungen auch den Klienten. Herausforderungen können sich vor allem dann ergeben, wenn der Mensch nicht bereit ist, seinen Hund in den Ruhestand gehen zu lassen. Aus ethischen, gesundheitlichen und haftungsrechtlichen Gründen muss es jedoch eine notwendige Phase der „Verrentung" geben. Idealerweise wird dieser Prozess schrittweise und unter enger Begleitung eines Supervisors durchgeführt.

96 McCullough, A., M. Jenkins, A. Ruehrdanz, M.J. Gilmer, J. Olson, A. Pawar, L. Holley, S. Sierra-Rivera, D.E. Linder, D. Pinchette, et al.: Physiological and behavioral effects of animal-assisted interventions on therapy dogs in pediatric oncology settings. *Appl. Anim. Behav. Sci.* (2018) 200:86–95

97 Clark, S.D., J.M. Smidt, B.A. Bauer: Welfare consideration: Salivary kortisol concentrations on frequency of therapy dog visits in an outpatient hospital setting: A pilot study. *J. Vet. Behav.* (2019) 30:88–91

Alterungsprozesse beim Hund

In der nächsten Studie wird rasseunabhängig der Einfluss von Alterungsprozessen auf die kognitive Leistung von Hunden näher betrachtet.

Die Studie

Das Alter beeinflusst die kognitive Leistung von Hunden unabhängig von der durchschnittlichen Lebenserwartung der Rasse

Watowich, M.W., E.L. MacLean, B. Hare, J. Call, J .Kaminski, Á. Miklósi, N. Snyder-Mackler: Age influences domestic dog cognitive performance independent of average breed lifespan. Animal Cognition. (2020) 23:795–805

Bei allen Säugetieren steht eine größere Körpergröße in positivem Zusammenhang mit der Lebensspanne, also ein Elefant lebt länger als eine Maus. Innerhalb einer Art kehrt sich diese Beziehung jedoch um. Dies lässt sich gut an Hunden veranschaulichen, wo größere Hunde eine kürzere Lebensspanne aufweisen als kleinere: Sie altern schneller und sterben jünger. Auch einige altersassoziierte Merkmale (z. B. Wachstumsrate und physiologisches Alterungstempo) weisen bei größeren Rassen einen beschleunigten Verlauf auf. Es ist jedoch unbekannt, ob dies auch für die kognitive Leistung bei größeren Hunden gilt. In dieser Studie wurden die kognitive Entwicklung und Alterung in einer Querschnittsstudie mit über 4000 Hunden (66 Rassen) anhand von neun Gedächtnis- und Entscheidungsfindungsaufgaben gemessen. Es wurde getestet, ob die kognitiven Eigenschaften bei größeren Hunden einem komprimierten oder beschleunigten Verlauf folgen oder ob sie bei allen Rassen vergleichbar sind, was auf einen begrenzten kognitiven Rückgang bei größeren Rassen hinweisen würde. Watowich und Kollegen fanden heraus, dass alle Rassen unabhängig von ihrer Größe oder Lebensspanne tendenziell demselben Verlauf der kognitiven Alterung folgen – mit einer Phase der kognitiven Entwicklung in den ersten Lebensjahren und einem Rückgang im späteren Leben. Insgesamt deuten die Ergebnisse darauf hin, dass die kognitiven Leistungen bei allen Hunderassen einem ähnlichen altersbedingten Verlauf folgen, trotz bemerkenswerter Unterschiede bei den körperlichen Entwicklungsraten und der Lebenserwartung. Es gibt Hinweise darauf, dass die absolute Hirngröße mit rassespezifischen Unterschieden in den kognitiven Bereichen in Verbindung steht, die für die Hemmungskontrolle, die geistige Flexibilität und Entscheidungsfindung zuständig ist. Dazu gehören die Inhibition (d. h. Selbstkontrolle und selektives Gedächtnis), das Arbeitsgedächtnis und die kognitive Flexibilität. Beim Menschen hat man festgestellt, dass diese sogenannten exekutiven Funktionen, das Lernen und das Langzeitgedächtnis in der frühen

Lebensphase zunehmen und in der späten Lebensphase abnehmen. Ähnlich wie beim Menschen kommt es auch bei Hunden im Laufe des Lebens zu Veränderungen bei diesen kritischen kognitiven Funktionen.

In dieser Studie wurden neun verschiedene Tests durchgeführt und ausgewertet, die Gedächtnisleistung, logisches Denken, Entscheidungsfindung, Selbstkontrolle und soziale Kognition betrafen. Sechs dieser Aufgaben zeigten, dass kognitive Prozesse bei Hunden in den frühen Lebensjahren zunehmen, in der Lebensmitte ihren Höhepunkt erreichen und in den späten Lebensjahren abnehmen. Darüber hinaus zeigte sich, dass kognitive Leistungen bei Aufgaben des physikalische Denkens und dem Zeigegesten folgen, im Laufe des Alterns zunehmen. Bei Aufgaben, die direkt das Gedächtnis und die Selbstkontrolle testen, war der Rückgang am deutlichsten. Ein Rückgang dieser Funktionen hat erhebliche Auswirkungen auf das tägliche Leben, da die kognitive Leistungen in Bereichen wie Entscheidungsfindung, Gedächtnis und Selbstkontrolle abnehmen. Insgesamt deuten die Ergebnisse darauf hin, dass alle Hunderassen unabhängig von ihrer durchschnittlichen Lebenserwartung oder der Geschwindigkeit der physiologischen Alterung ähnliche kognitive Alterungsverläufe aufweisen, sodass größere Hunde am Ende ihres kürzeren Lebens möglicherweise einen begrenzten kognitiven Rückgang erleben. Obwohl das Tempo der physiologischen Alterung über die Lebensspanne hinweg variiert, gibt es Hinweise darauf, dass sich kognitive Alterungsprozesse nicht zwischen den Rassen unterscheiden. Demnach werden größere Rassen eine abnorm verkürzte Altersphase haben, während kleinere Rassen wahrscheinlich einen langwierigen Verfall erleben. Die Ergebnisse deuten auf ein ähnliches Muster bei der kognitiven Leistung hin und stimmen mit Arbeiten überein, die eine entsprechende Prävalenz von Hundedemenz bei Rassen unterschiedlicher Größe feststellten. Das kann bedeuten, dass die Pfade, die die kognitive Alterung beeinflussen, teilweise von den Pfaden entkoppelt sind, die die physiologische Alterung beeinflussen.

Fazit: Diese Resultate haben wichtige Auswirkungen für Hundebesitzer, die die Lebensqualität in der Seniorenzeit im Hinblick auf die kognitive und physiologische Gesundheit ihres Hundes erhöhen möchten. Was bedeutet das für die tiergestützte Arbeit? Einerseits, dass ein großer Hund physisch früher altert als ein kleiner Hund, also auch früher in Rente gehen sollte, wenn die Anzeichen des physischen Alterns erkennbar sind und der Hund somit eingeschränkt ist durch Arthrosen, Spondylosen, Verlust des Hör- und/oder Sehvermögens. Und eben auch Zipperlein, die zu Schmerzen führen, so dass der alte Hund sich vielleicht nicht mehr gerne anfassen lässt oder es ihm schwerfällt aufzustehen und er lieber länger schläft und alles etwas langsamer angehen lässt. Das ist ultimativ auch eine Frage der Haftung, denn wenn der Hund schnappt, weil er sich erschreckt da er nahende Personen einfach nicht mehr hört und/oder sieht, stellt er eine Gefahr dar. Und das sind die klassischen „Das hat er noch nie gemacht"-Situationen, in die keiner von uns kommen sollte, da wir achtsam und mit sachkundigem Blick auf die Befindlichkeiten des Hundes eingehen.

Rente heißt andererseits aber eben auch nicht, dass der Hund nun aufs Abstellgleis gestellt wird, denn wie wir gesehen haben, schreitet gerade bei den großen Rassen der physische Verfall schneller fort als der kognitive. Ändern Sie einfach die Inhalte: weniger physische Anstrengungen und mehr kognitive Herausforderungen! So bleibt auch Ihr Senior lange geistig aktiv!

8. Bindung

Die Entwicklungspsychologin Mary Ainsworth[98] untersuchte zusammen mit ihren Forscherkollegen die von John Bowlby[99] beschriebene Bindungstheorie, indem sie das Bindungsverhalten von einjährigen Kindern mit ihren Müttern beobachtete. Sie entwickelte eine standardisierte Verhaltensbeobachtung in einem Zimmer. Durch eine kurze Trennung von der Mutter, die für die Kinder in der unbekannten Umgebung eine Belastung darstellte, sollte Bindungsverhalten ausgelöst werden. In Anwesenheit der Mutter dagegen sollten die Kinder sich sicher fühlen und in der Lage sein, die Umgebung zu erkunden. Es zeigte sich, dass nicht alle Kinder den erwarteten Wechsel zwischen ausgeprägtem Bindungs- und Explorationsverhalten in der standardisierten Verhaltensbeobachtung mit ihren Müttern zeigten. Insgesamt fanden Mary Ainsworth und ihre Kollegen drei unterschiedliche Gruppen von Kindern.

Eine Gruppe zeigte genau das vorhergesagte Wechselspiel zwischen Nähe suchen und Erkundung, die Kinder nutzten ihre Mutter als „sichere Basis". Eine Gruppe von Kindern zeigte besonders ausgeprägtes Erkundungsverhalten, schien wenig unter der Trennung zu leiden und suchte beim Wiedersehen mit der Mutter kaum Nähe und Kontakt. Da diese Kinder den Körper- und Blickkontakt zur Mutter vermieden, wurden sie als „vermeidend" bezeichnet.

Die dritte Gruppe waren Kinder, die kaum Explorationsverhalten zeigten und vor allem damit beschäftigt waren, Nähe und den Kontakt zur Mutter aufrecht zu erhalten. Sie litten sehr stark unter einer Trennung und suchten nach einer Trennung engen Kontakt, während sie gleichzeitig Wut und Ärger gegen die Mutter zeigten. Bedingt durch das teilweise widersprüchliche Verhalten wurden diese Kinder als „ambivalent" bezeichnet.

98 Mary Dinsmore Salter Ainsworth (* 1. Dezember 1913 in Glendale, Ohio; † 21. März 1999 in Charlottesville, Virginia) war eine US-amerikanisch-kanadische Entwicklungspsychologin und mit John Bowlby und James Robertson Hauptvertreterin der Bindungstheorie.

99 Edward John Mostyn Bowlby (* 26. Februar 1907 in London; † 2. September 1990 auf Skye) war ein britischer Kinderarzt, Kinderpsychiater, Psychoanalytiker und mit James Robertson sowie Mary Ainsworth Pionier der Bindungsforschung.

Es wurde noch eine vierte Gruppe von Kindern entdeckt. Sie kam vor allem in Stichproben mit vielen Risikofaktoren vor und zeichnete sich dadurch aus, dass sie während der Beobachtung kurze Momente zeigten, in denen sie weder Bindungsverhalten noch Explorationsverhalten an den Tag legten. In diesen Momenten wirkten die Kinder wie erstarrt, führten begonnenes Verhalten nicht zu Ende oder zeigten gleichzeitig oder kurz hintereinander widersprüchliches Verhalten. Diese Gruppe wurde als „desorganisiert" bezeichnet.

Auch Hunde haben eine primäre Bindungsperson und ihr Bindungsmuster wird durch ein internes Arbeitsmodell generalisiert. Dieses beinhaltet die individuellen frühen Bindungserfahrungen sowie die daraus abgeleiteten Erwartungen, die der Hund gegenüber menschlichen Beziehungen hegt. Es ist zwar erwiesen, dass Hunde eine Bindung zu mehreren Bezugspersonen aufbauen können, doch bauen Hunde nicht zu jeder Person, mit der sie interagieren, eine Bindung, geschweige denn eine sichere Bindung auf. Daher ist es wichtig, die Art bzw. Qualität der Bindungsbeziehung zwischen Hund und Mensch zu berücksichtigen, nicht nur das Vorhandensein oder Fehlen einer Bindung.

Bindung des Mensch-Hund-Teams

Die frühkindliche Bindung, die der Mensch-Hund-Bindung vergleichbar ist, ist eine dynamische Beziehung zwischen zwei Individuen, einem abhängigen Individuum (Kind) und der Bezugsperson. Letztere fördert die Suche nach Kontakt und Nähe und dient dem Stressabbau, aber auch dem Ausleben von unabhängigem Verhalten (im Falle einer sicheren Bindung). Bindung kann den psychologischen und physiologischen Zustand des jeweils anderen beeinflussen. Die American Veterinary Medical Association (2020)[100] erweitert diese Definition, indem sie hinzufügt, dass diese Beziehung „beeinflusst wird durch Verhaltensweisen, die für die Gesundheit und das Wohlbefinden beider wesentlich sind. Dazu gehören emotionale, psychologische und physische Interaktionen von Menschen, Tieren und der Umwelt". Nach der Bindungstheorie von John Bowlby[101] sind dabei das Bindungsverhalten des Kindes und in unserem Fall des Hundes („attachment") und sein Gegenstück, das elterliche bzw. Fürsorgeverhalten der Bezugsperson („bonding") dem Hund gegenüber von besonderer Bedeutung. Ausgehend von einer angeborenen Bereitschaft des Hundes, bei ausgewählten Bezugspersonen Schutz und Trost zu suchen, entwickelt sich Bindung als äußeres Reaktionsmuster des Hundes auf den tatsächlichen oder den drohenden Verlust seiner Bezugsperson und deren mentale Repräsentation als inneres Arbeitsmodell. Die Bindungsqualität lässt sich nach John Bowlby und Mary Ainsworth[102] kategorisieren als sichere, unsicher-vermeidende, unsicher-ambivalente und desorientierte Bindungsbeziehungen. Der Test, der in diesem Zusammenhang benutzt wird, ist der Fremde-Situation-Test („strange situation test"); bei Erwachsenen werden diese Komponenten mit Hilfe des *Adult-Attachment-Interviews* erfasst.

Eine Beziehung wird als Bindung bezeichnet, wenn der Hund den Menschen erkennt (individuelle Unterscheidung), er ihn bei Erkundung und Gefahr als sichere Basis betrachtet *(secure base effect)* und bei der Begegnung nach stressbelasteter Trennung den Menschen begrüßt und entspannteres Verhalten zeigt. Das Bindungsverhalten des Hundes ist geprägt von inneren und äußeren Faktoren; diese bestimmen, inwieweit er die Nähe zu seiner Bezugsperson sucht und aufrechterhält und ob und in welchem Maße er erkundendes Verhalten zeigt.

Die folgende Tabelle beschreibt die unterschiedlichen Bindungstypen sowie das Verhalten des respektiven Menschen und Hundes.

100 https://www.avma.org/
101 Bowlby, J.: *Attachment and Loss. Vol. 1. Attachment, 2nd Edn.* New York, NY: Basic Books. (1982)
102 Ainsworth, M.D.: Attachments beyond infancy. *Am. Psychol.* (1989) 44:709–716. doi: 10.1037/0003-066x.44.4.709

Bindungstypen und Mensch-Hund-Verhalten

Bindungstyp	Hund	Mensch
Sicher	Hunde zeigen ein Wechselspiel zwischen Nähe zur Bezugsperson und Erkundung, das heißt die Hunde nutzen ihre Bezugsperson als „sichere Basis“. Im Falle objektiv vorhandener oder subjektiv erlebter Gefahr (Angst, Bedrohung, Schmerz) suchen sie Schutz und Beruhigung bei ihrer Bezugsperson. Nähe zur Bindungsperson mit Blick- und/oder körperlichem Kontakt über eine kurze Zeit beendet i. d. R. bindungssuchendes Verhalten	Bezugspersonen von Hunden mit „sicherer“ Bindung gehen einfühlsam und feinfühlig auf das Bindungsverhalten ihrer Hunde ein und gewähren ihnen Nähe und Schutz. Gleichzeitig unterstützen sie entwicklungsangemessen ihre Hunde beim Erkunden der Umwelt.
Unsicher-vermeidend	Hunde beschäftigen sich sehr stark mit der Erkundung ihrer Umgebung oder von Objekten. Sie scheinen wenig unter der Trennung von der Bezugsperson zu leiden und suchen beim Wiedersehen kaum Nähe und Kontakt. Oft vermeiden sie den Körper- und Blickkontakt. Sie suchen kaum Nähe oder Unterstützung und regeln Situationen selber. Sie entfernen sich von der Bezugsperson u.U. auch bei Stress.	Bezugspersonen wehren das Bedürfnis ihrer Hunde nach Nähe und Kontakt in neuen Situationen oder in Situationen, in denen sich ihre Hunde unwohl fühlen, häufig ab und geben selbst an, dass ihnen enger Körperkontakt eher unangenehm ist. Die Hunde scheinen sich dem anzupassen, indem sie ihre Aufmerksamkeit vermehrt auf ihre Umwelt und weniger auf den Kontakt zur Bezugsperson legen.
Unsicher-ambivalent	Hunde, die kaum Explorationsverhalten zeigen und vor allem damit beschäftigt sind, die Nähe und den Kontakt zur Bezugsperson aufrecht zu erhalten. Sie lassen sich kaum trennen, aber auch nicht beruhigen. Sie leiden sehr stark unter einer Trennung und suchen danach engen Kontakt, während sie gleichzeitig Wut und Erregung zeigen. Teilweise verhalten sie sich auch passiv. Diese Hunde sind kaum in der Lage, sich von der Bezugsperson zu lösen und die Umgebung zu erkunden oder zu spielen. Sie zeigen widersprüchliches Verhalten.	Bezugspersonen reagieren unterschiedlich. Mal gehen sie feinfühlig auf die Bedürfnisse des Hundes ein, mal weisen sie sie zurück. Da der Hund sich nie sicher sein kann, wie die Bezugsperson reagiert, richten sie vermehrte Aufmerksamkeit auf den Kontakt zu ihr und zeigen verstärktes Bindungsverhalten, um sich der Nähe zur Bezugsperson und deren Schutz im Notfall sicher sein zu können

Des-organisiert	Diese Hunde hatten oft im Vorfeld schon viele Risikofaktoren (Besitzerwechsel, körperlichen oder emotionalen Missbrauch, etc.) und zeichnen sich durch Momente aus, in denen sie weder Bindungsverhalten noch Explorationsverhalten zeigen. Sie wirken dann wie erstarrt, führen begonnenes Verhalten nicht zu Ende oder zeigen gleichzeitig oder kurz hintereinander widersprüchliches Verhalten. Sie haben keine organisierte Verhaltensstrategie.	Bezugsperson löst entweder bei den Hunden Angst aus (durch Verhalten wie Gewalt, Missbrauch) oder ist selbst in der entsprechenden Situation ängstlich. Das bringt Hunde, die sich schutzsuchend an sie wenden, in eine unlösbare Situation und führt so möglicherweise zu den Momenten desorganisierten Verhaltens, da sie keine Strategie haben, um damit umzugehen.

Wenn Ihr Hund eine sichere Bindung zu Ihnen hat, wächst damit auch seine Fähigkeit, mit neuen Reizen umzugehen. Es gibt weniger Neophobien, also Angst vor unbekannten Dingen und eine erhöhte Fähigkeit, potenziell traumatische Erfahrungen zu verarbeiten. Eine sichere Bindung formt das Gehirn und gibt dem Hund mehr Werkzeuge, um Schwierigkeiten und Herausforderungen des Lebens zu bewältigen und um physisch und psychisch gesund zu bleiben. Bindung ist ein lebensnotwendiges System!

Für Menschen und Hunde hängen erfolgreiche Beziehungen von der Entwicklung einer sicheren Bindung ab. Sie als Bezugsperson sollten deswegen eine adäquate Wahrnehmung der Bedürfnisse Ihres Hundes haben, die Bedürfnisse richtig interpretieren und mit positiv angemessenem Fürsorgeverhalten reagieren.

Auch der Erfolg einer tiergestützten Intervention (TGI) hängt stark von der Beziehung zwischen Mensch und Hund ab und das Bindungsgefüge ist ein wichtiger Schlüssel zur Erklärung, warum und wie tiergestützte Intervention funktioniert.

Bindung des Mensch-Hund-Teams im TGI-Setting

Die folgende Studie beschäftigt sich mit dem Thema, ob die Qualität der Bindung an eine Bezugsperson das Verhalten von TGI-Hunden beeinflusst.

Die Studie

Beeinflusst die Sicherheit der Bindung an eine menschliche Bezugsperson das Verhalten von TGI-Hunden?

Wanser, S.H., M.A.R. Udell: Does attachment security to a human handler influence the behavior of dogs who engage in animal assisted activities? Appl. Anim. Behav. Sci. (2019) 210:88–94.

Bei Hunden, die mit und bei Menschen aufgewachsen sind, ist bekannt, dass sie Bindungen zu ihrer Bezugsperson, aber auch anderen Menschen aufbauen können, zu denen sie eine stabile Beziehung haben. Der Bindungsstil variiert allerdings zwischen den Mensch-Hund-Teams. Sicher gebundene Hunde zeigen den Secure-Base-Effekt (Sichere Basis), das bedeutet, ihr Mensch bietet eine sichere Basis, von der aus der Hund die Welt mit ihren Gegenständen und Menschen erkunden und kennenlernen kann (siehe auch Exploration, Kapitel 10, S. 103 ff.). Es ist auch bekannt, dass der Sichere-Basis-Effekt die Interaktion mit unbekannten Personen also beispielweise neuen Empfängern erleichtert.

Hunde, die an tiergestützten Aktivitäten (TGI) teilnehmen, werden häufig aufgefordert, mit unbekannten Menschen in unbekannten Umgebungen in Kontakt zu treten und zu interagieren. Es ist daher möglich, dass Hunde mit einer sicheren Bindung besser auf diese Rolle vorbereitet sind. Wanser & Udell untersuchten das Verhalten von 16 Hunden, die an TGI teilnahmen. Mithilfe des Strange Situation Tests wurden die Hunde in sicher und unsicher gebundene Bindungsstile eingeteilt. Später nahmen die Mensch-Hund-Teams an einer simulierten tiergestützten Aktivität teil, um ihr Verhalten zu bewerten. Die Ergebnisse zeigten, dass TGI-Hunde unabhängig vom Bindungsstil deutlich mehr Zeit in der Nähe des Klienten verbringen und ihn öfter berühren als ihre eigenen Menschen. Allerdings verbrachten die TGI-Hunde mit einem unsicheren Bindungsstil im Durchschnitt deutlich mehr Zeit damit, ihren Menschen anzuschauen als den Klienten. Dies kann darauf hindeuten, dass diese Hunde den Blick nutzen, um den Kontakt zu ihrem Menschen aufrechtzuerhalten oder auch, um damit eine Suche nach Trost oder Hilfe durch die Bindungsperson auszudrücken. Das bedeutet, dass Hunde mit einem sicheren Bindungsstil mit den Klienten agieren, allerdings ohne sich ständig rückversichern zu müssen. Unsicher gebundene Hunde verhalten sich eher unsicher und suchen eine Rückversicherung durch ihren Bindungspartner.

In der hundgestützten Interaktion spielt es demnach für das Wohlbefinden des Hundes eine große Rolle, sicher gebunden zu sein. Der Klient wird die Unterschiede wahrscheinlich nicht wahrnehmen, da Hunde beider Bindungsstile den Kontakt suchten. Wobei die Studie zeigt, dass Hunde mit einer unsicheren Bindung während der Sitzung mehr Zeit damit verbrachten, ihren Menschen anzuschauen und folglich weniger Zeit damit, den Therapieteilnehmer anzuschauen, als Hunde mit einer sicheren Bindung. Solche Faktoren könnten die therapeutischen Ergebnisse beeinflussen und auch darauf hinweisen, dass sicher gebundene Hunde während einer TGI-Sitzung ein geringeres Stressniveau haben als Hunde mit einer unsicheren Bindung.

In der nächsten sehr spannenden Studie untersuchten Karl und Kollegen mithilfe eines multimethodischen Ansatzes das Bindungssystem von Hunden.

Die Studie

Erforschung der Hund-Mensch-Beziehung durch Kombination von fMRI, Eye-Tracking und Verhaltensmessungen

Karl, S., M. Boch, A. Zamansky, D. van der Linden, I.C. Wagner, C.J. Völter, C. Lamm, L. Huber: Exploring the dog-human relationship by combining fMRI, eye-tracking and behavioural measures. Scientific Reports. (2020) 10:22273 Scientific Reports.

Verhaltensstudien haben gezeigt, dass die Mensch-Hund-Beziehung der menschlichen Mutter-Kind-Bindung ähnelt, aber die zugrunde liegenden Mechanismen sind noch nicht ganz klar. Diese Studie berichtet über die Ergebnisse eines multimethodischen Ansatzes, der fMRI (funktionelle Magnetresonanztomographie, 17 Hunde), Eye-Tracking[103] (15 Hunde) und Verhaltenspräferenztests (24 Hunde) kombiniert, um die Aktivierung eines bindungsähnlichen Systems bei Hunden zu untersuchen, die sich unterschiedliche menschliche Gesichter auf Monitoren ansahen.

Es wurden sogenannte Morph-Videos vom Besitzer, einer vertrauten und einer fremden Person gezeigt, die entweder einen glücklichen oder einen wütenden Gesichtsausdruck hatten. Unabhängig von der Emotion zeigte das fMRI, dass die Betrachtung des Besitzers die Hirnregionen beim Hund aktiviert, die mit der Verarbeitung von Emotionen und Bindung beim Menschen in Verbindung gebracht werden. Im Gegensatz dazu löste die fremde Person eine Aktivierung vor allem in Hirnregionen aus, die mit visuellen und motorischen Verarbeitungen in Verbindung stehen, während die vertraute Person insgesamt relativ schwache Aktivierungen hervorrief. Während die Mehrzahl der glücklichen Reize zu einer erhöhten

103 Mit Eye-Tracking, auch Blickerfassung bezeichnet man das Aufzeichnen der aus Fixationen (Punkte, die man genau betrachtet), Sakkaden (schnellen Augenbewegungen) und Regressionen bestehenden Blickbewegungen.

Aktivierung des Nucleus caudatus führte, der mit der Belohnungsverarbeitung in Verbindung gebracht wird, führten wütende Reize zu Aktivierungen in limbischen Regionen.

Sowohl die Eye-Tracking-Daten als auch die Daten des Präferenztests untermauern die übergeordnete Rolle des Gesichts der Bezugsperson. Diese Ergebnisse deuten darauf hin, dass eine Untersuchung auf verschiedenen Ebenen – vom Gehirn bis zum Verhalten – übereinstimmende Erkenntnisse über die Beteiligung des Bindungssystems bei der Interaktion von Hund und Mensch liefern kann[104].

Die Beziehung zwischen (Haus-)Hunden und ihren menschlichen Bezugspersonen weist eine bemerkenswerte Ähnlichkeit mit der Bindung zwischen Säuglingen und ihren Müttern auf: Hunde sind von der menschlichen Fürsorge abhängig, und ihr Verhalten scheint speziell darauf ausgerichtet zu sein, das Fürsorgesystem ihres menschlichen Partners anzusprechen.

Um echte Bindung von anderen Beziehungsformen zu unterscheiden, sind vier Verhaltenskriterien benannt[105]:

A) Aufrechterhaltung der Nähe zur Bezugsperson und Widerstand gegen die Trennung von ihr (Aufrechterhaltung der Nähe);

B) das Gefühl der Verzweiflung bei unfreiwilliger Trennung von der Bindungsperson (Trennungsangst);

C) Nutzung der Bezugsperson als Basis für die angstfreie Erkundung der Umgebung (sichere Basis);

D) Aufsuchen der Bezugsperson für Kontakt und Sicherheit in Zeiten emotionaler Not (sicherer Hafen).

Forscher fanden bei Hunden eindeutige Hinweise auf alle vier Bindungskriterien[106]. Zudem ist der sichere Basis Effekt bei Hunden spezifisch auf die Bezugsperson abgestimmt[107].

104 Julius, H., A. Beetz, K. Kotrschal, K. Uvnäs-Moberg, D. Turner: *Attachment to Pets: An Integrative View of Human-Animal Relationships with Implications for Therapeutic Practice.* Oxford: Hogrefe Publishing. (2013)

105 Ainsworth, M.D.S., S.M. Bell: Attachment, exploration, and separation: Illustrated by the behavior of one-year-olds in astrange situation. *Child Dev.* (1970) 41:49–67

106 Topál, J., Á. Miklósi, V. Csányi, A. Dóka: Attachment behavior in dogs (Canis familiaris): A new application of Ainsworth's (1969) Strange Situation Test. *J. Comp. Psychol.* (1998) 112:219–229

107 Gácsi, M., K. Maros, S. Sernkvist, Á. Miklósi: Does the owner provide a secure base? Behavioral and heart rate response toa threatening stranger and to separation in dogs. *J. Vet. Behav.* (2009) 4:90–91

Dies stützt sich bisher hauptsächlich auf verhaltensbezogene und endokrine Erkenntnisse. Neuroimaging[108]-Studien an menschlichen Müttern, die ihre Kinder betrachten, haben gezeigt, dass emotionale Zustände zwischen Eltern und Kind mit funktionell spezialisierten Hirnarealen verbunden sind[109]. Dazu gehören in erster Linie Bereiche des sogenannten limbischen Systems einschließlich der Amygdala, des ventralen Striatums, des ventralen Tegmentalbereichs (VTA), des Globus pallidus (GP29) und der Substantia nigra sowie des Hippocampus[110].

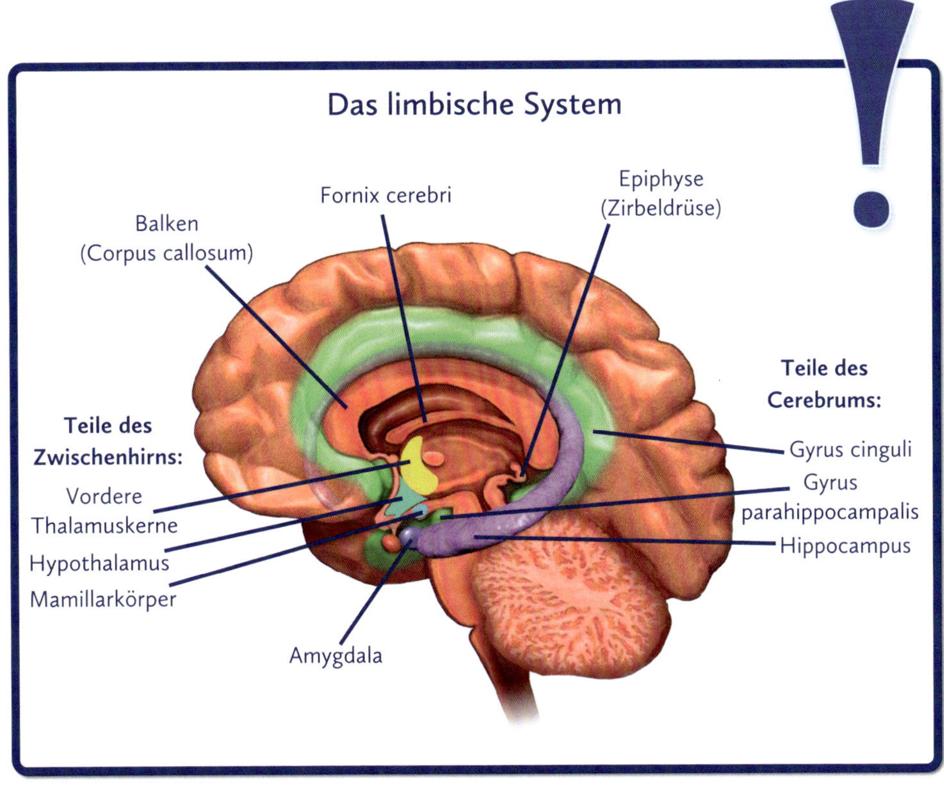

108 Neuroimaging ist ein bildgebendes Verfahren des zentralen Nervensystems und bezeichnet die medizinische Abbildung des Nervensystems beim einzelnen Menschen. Sowohl Anatomie, dynamische Vorgänge wie Durchblutung oder Liquorfluss und Gehirnaktivierungen sowie Funktion können bildhaft dargestellt werden.

109 Nitschke, J.B. et al.: Orbitofrontal cortex tracks positive mood in mothers viewing pictures of their newborn infants. *Neuroimage* (2004) 21:583–592

110 Noriuchi, M., Y. Kikuchi, A. Senoo: The functional neuroanatomy of maternal love: Mother's response to infant's attachment behaviors. *Biol. Psychiatry.* (2008) 63:415–423

Diese Bereiche sind beim Menschen, aber auch allgemein bei Säugetieren, mit emotionalen Prozessen verknüpft und unterstützen die Aktivierung der bindungsbezogenen Funktionen[111]. Insbesondere der Anblick des lächelnden Gesichts des eigenen Kindes führte bei den Müttern zu einer verstärkten Aktivierung dieser mesokortikolimbischen Belohnungshirnregionen[112]. Studien haben untersucht, wie Hunde den Menschen und insbesondere unsere Gesichter wahrnehmen[113]. Dabei zeigt sich, dass Hunde den Aufmerksamkeitszustand von Menschen einschätzen und ihre Bezugsperson von einer anderen vertrauten Person oder von einem Fremden unterscheiden können.[114] Besonders interessant ist die Fähigkeit des Hundes, zwischen positiven und negativen Gesichtsausdrücken von Menschen zu unterscheiden und entsprechend der Wertigkeit oder Wichtigkeit der Gesichter zu reagieren[115].

Die fMRI-Bildgebung bietet einen hervorragenden Einblick in die Arbeitsprozesse des menschlichen Gehirns während der Wahrnehmung und verbundener mentaler Prozesse, und dieser nicht-invasive Ansatz steht nun auch für die Untersuchung von Hunden zu Verfügung. Vor einem Jahrzehnt gelang es erstmals, Hunde darauf zu trainieren, während des Scannens ruhig, wach und aufmerksam liegen zu bleiben und schon bald wurde dies zur bevorzugten nichtinvasiven Forschungstechnik, um die neuronalen Verbindungen kognitiver Funktionen von Hunden zu untersuchen.

Die Sensibilität des Hundes für das menschliche Gesicht war der Ausgangspunkt für die Erforschung der neuronalen Verarbeitung der menschlichen Bezugsperson. Würden die Gehirnreaktionen von Hunden denen von Menschen ähneln, wenn sie Videos von ihrer Bezugsperson sähen?

Um dies herauszufinden wählten Karl und Kollegen einen Multimethodenansatz. Unter Verwendung der gleichen Stimuli und, soweit möglich, der gleichen Versuchspersonen, kombinierten sie Neuroimaging, also fMRI (Experiment 1), Eye-Tracking (Experiment 2) und Verhaltenstests (Experiment 3), um das Bindungssystem von Hunden auf mehreren Ebenen zu untersuchen. In allen drei Experimenten wurden den Hunden Videos präsentiert, die von einem neutralen zu einem glücklichen oder wütenden Gesichtsausdruck wechselten („Morph-Videos“ genannt). Und zwar jeweils von ihrer menschlichen Bezugsperson und einer unbekannten Person.

111 DeWall, C.N. et al.: Do neural responses to rejection depend on attachment style? An fMRI study. *Soc. Cogn. Affect. Neurosci.* (2012) 7:184–192

112 Stoeckel, L.E., L.S. Palley, R.L. Gollub, S.M. Niemi, A.E. Evins: Patterns of brain activation when mothers view their own child and dog: An fMRI study. *PLOS ONE.* (2014) 9(10):2

113 Müller, C.A., K. Schmitt, A.L.A. Barber, L. Huber: Dogs can discriminate emotional expressions of human faces. *Curr. Biol.* (2015) 25:601–605

114 Horn, L., F. Range, L. Huber: Dogs' attention towards humans depends on their relationship, not only on social familiarity. *Anim. Cogn.* (2013) 16:435–443

115 Huber, L., A. Racca, B. Scaf, Z. Virányi, F. Range: Discrimination of familiar human faces in dogs (Canis familiaris). *Learn. Motiv.* (2013) 44:258–269

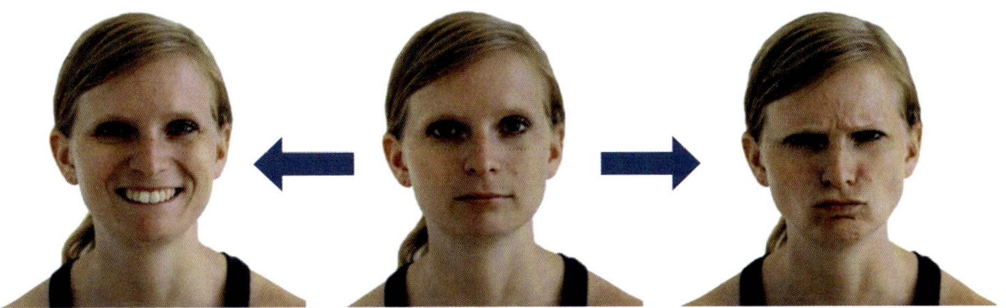

Das Portrait der Bezugsperson mit freundlichem, neutralem und wütendem Gesichtsausdruck wurde den Hunden als „Morphvideo" gezeigt. Hier sieht man den Inhalt des „Morphvideos": Gesichtsausdruck freundlich wechselt zu neutral und dann zu wütend.

Mit freundlicher Genehmigung: Karl, S. Quelle: Karl S., M. Boch, A. Zamansky, D. van der Linden, I.C. Wagner, C.J. Völter, C. Lamm, L. Huber: Exploring the dog-human relationship by combining fMRI, eye-tracking and behavioural measures. Scientific Reports. (2020) 10:22273

Bei den Videos wurde eine unterschiedliche Blickdauer der Hunde festgestellt, je nachdem, ob sie die Gesichter ihrer Bezugsperson oder einer vertrauten Person anschauten. Die Hunde schauten länger auf ihre Bezugsperson, aber nur, wenn ihr Gesicht auf der linken Seite des Bildschirms präsentiert wurde. Grundsätzlich schauten sich die Hunde Bilder auf der linken Seite des Bildschirms signifikant länger an als auf der rechten Seite. Emotion, Alter und Anzahl der Versuche hatten keinen signifikanten Einfluss auf die Blickdauer der Hunde. Bei der Auswertung der maximalen Pupillengröße fanden die Forscher heraus, dass die Hunde eine signifikant vergrößerte Pupille hatten, wenn sie die wütenden Gesichter der Bezugsperson und der vertrauten Person betrachteten, verglichen mit den glücklichen Gesichtern.

Sie finden die Morphvideos aus der Studie im Internet unter: https://www.nature.com/articles/s41598-020-79247-5#Sec15 oder hier:

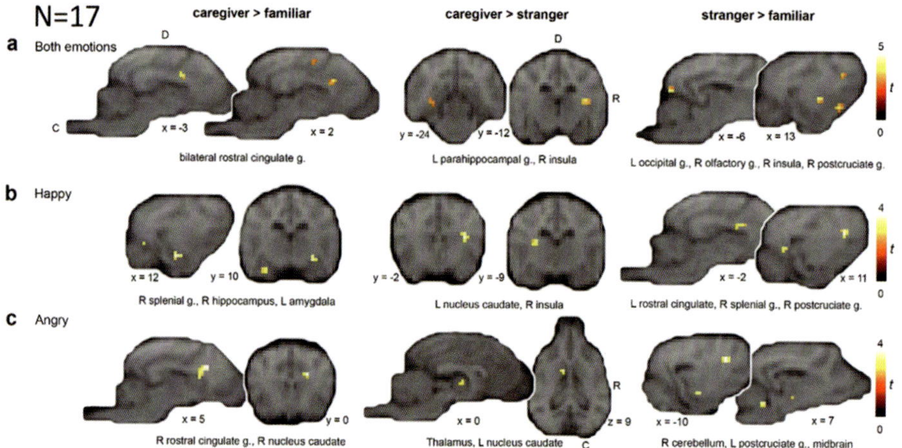

Die visuelle Darstellung der Bezugsperson (im Vergleich zur vertrauten Person oder einem Fremden; unabhängig vom emotionalen Gesichtsausdruck) löste eine erhöhte Aktivierung in Bereichen aus, die mit dem Bindungssystem assoziiert sind, während die visuelle Darstellung der fremden Person hauptsächlich motorische und visuell verarbeitende Regionen aktiviert. Die Bezugsperson löst eine Aktivierung in den Caudataregionen aus, sowohl für glückliche als auch für wütende emotionale Gesichtsausdrücke. Linke Spalte: Bezugsperson verglichen mit bekannter Person; Mitte: Bezugsperson verglichen mit fremder Person; rechts: Fremde Person verglichen mit bekannter Person. A = Beide Emotionen; b = Glückliche Emotionen; c = Wütende Emotionen.

Mit freundlicher Genehmigung: Karl, S. Quelle: Karl, S., M. Boch, A. Zamansky, D. van der Linden, I.C. Wagner, C.J. Völter, C. Lamm, L. Huber: Exploring the dog-human relationship by combining fMRI, eye-tracking and behavioural measures. Scientific Reports. (2020) 10:22273

Die visuelle Präsentation der Bezugsperson führte zu einer erhöhten Aktivierung der Bereiche, die mit der Verarbeitung von Emotionen und Bindung zu tun haben. Es fand eine Aktivierung des Nucleus caudatus bei der Wahrnehmung der Bezugsperson (sowohl bei glücklichen als auch bei wütenden Gesichtern) statt. Unabhängig von den gezeigten Emotionen wurden sowohl der Hippocampus als auch der rostrale cinguläre Gyrus verstärkt aktiviert, wenn die Hunde ihre Bezugsperson sahen. Der rostrale Gyrus cingulatus spielt vermutlich eine entscheidende Rolle für die Mutter-Kind-Bindung bei Säugetieren und für Hirnregionen, die für die Belohnungsverarbeitung verantwortlich sind[116]. Was die emotionalen Gesichtsausdrücke betraf, löste nur das Gesicht der Bezugsperson eine ähnliche Aktivierung aus, unabhängig davon, ob eine positive oder negative Emotion gezeigt wurde[117]. Die Darstellung glücklicher emotionaler Ausdrücke führte zu Aktivierungsänderungen im Nucleus caudatus, einer Hirnregion, die mit der Belohnungsverarbeitung und der

116 Sato, W., T. Kochiyama, S. Yoshikawa, E. Naito, M. Matsumura: Enhanced neural activity in response to dynamic facial-expressions of emotion: an fMRI study. *Cogn. Brain Res.* (2004) 20:81–91

117 Cuaya, L.V., R. Hernández-Pérez, L. Concha: Our faces in the dog's brain: Functional imaging reveals temporal cortex activation during perception of human faces. *PLoS ONE* (2016) 11:1–13

Wahrnehmung menschlicher Gesichter bei Hunden in Verbindung gebracht wird[118]. Bei negativen emotionalen Gesichtsausdrücken führte die Präsentation der wütenden Bezugsperson überraschenderweise zu einer verstärkten Aktivierung in Hirnregionen, die mit der Belohnungsverarbeitung in Verbindung stehen. Dies könnte darauf hindeuten, dass die Bezugsperson positiv wahrgenommen wird, unabhängig davon, welche Emotion sie zeigt, und die daraus resultierende Aktivierung könnte möglicherweise mit Mechanismen wie einer (erhöhten) Annäherungsmotivation zusammenhängen.

In Übereinstimmung damit berichten Studien mit menschlichen Müttern auch über eine erhöhte Aktivierung des Nucleus caudatus als Reaktion auf eine negative emotionale Darstellung ihrer eigenen Kinder, sodass die negative Darstellung eine noch stärkere Bindungsreaktion auslösen könnte[119]. Insgesamt löste der wütende Fremde die stärkste Aktivierung, hauptsächlich in motorischen und visuellen Verarbeitungsbereichen aus, was möglicherweise die erhöhte Aufmerksamkeit aufgrund einer Kombination aus Neuheit und einer bedrohlichen emotionalen Darstellung widerspiegelt.

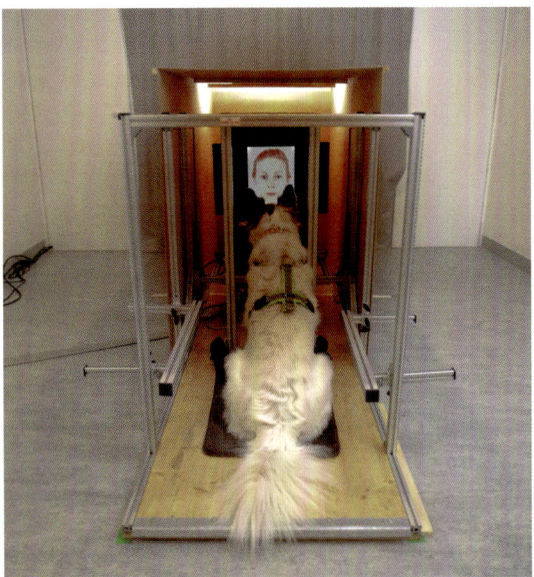

Hund im Eyetracker.

Mit freundlicher Genehmigung: Karl, S. Quelle: Karl, S., M. Boch, A. Zamansky, D. van der Linden, I.C. Wagner, C.J. Völter, C. Lamm, L. Huber: Exploring the dog-human relationship by combining fMRI, eye-tracking and behavioural measures. Scientific Reports. (2020) 10:22273

118 Cuaya, L.V., R. Hernández-Pérez, L. Concha: Smile at me! dogs activate the temporal cortex towards smiling human faces. *bioRxiv.* (2017) https://doi.org/10.1101/134080

119 Bartels, A., S. Zeki: The neural correlates of maternal and romantic love. *Neuroimage* (2004) 21:1155–1166

Mit Hilfe der Eye-Tracking-Methode (Experiment 2) wurden die individuellen Blickmuster der Hunde bestimmt, während sie verschiedene menschliche Gesichter und Gesichtsausdrücke anschauten. Interessanterweise zeigten die Hunde, wenn sie sich gleichzeitig die Präsentation der Bezugsperson und des Fremden anschauten, eine schnellere erste Fixierung auf das Gesicht des Fremden. Obwohl dies als Widerspruch zu einer Präferenz der Bezugsperson angesehen werden könnte, lässt es sich gut durch Neuheitseffekte erklären. Da sich Hunde im Allgemeinen zu neuen Objekten hingezogen fühlen und nicht zu vertrauten, liegt die Vermutung nahe, dass der Anblick des Gesichts einer unbekannten Person eine erste Aufmerksamkeitserfassung auslöst, und dass dies unabhängig von der gezeigten Emotion geschieht[120]. Dies ist aus evolutionärer Sicht sinnvoll, da es notwendig ist, eine potenzielle Bedrohung, wie z. B. einen Fremden, schnell zu erkennen und im Auge zu behalten.

Was die Gesichtsausdrücke betrifft, so hatten die wütenden Gesichter beider Menschen, nicht aber die fröhlichen, eine Wirkung auf die Pupillengröße der Hunde. Die Pupillengröße gibt nicht nur Aufschluss über die geistige Aktivität und Aufmerksamkeit, sondern Veränderungen der Größe während der Reizwahrnehmung spiegeln auch emotionale Erregung wider, die mit einer erhöhten Sympathikusaktivität einhergeht[121]. Zusätzlich zur emotionalen Erregung werden bedrohungs- und furchtrelevante Reize schneller erkannt und sie sind auch ablenkungsreicher als positive und neutrale Reize, was wahrscheinlich auf die unmittelbare Relevanz solcher Reize für das Überleben in der Evolutionsgeschichte zurückzuführen ist.

120 Kaulfuß, P., D.S. Mills: Neophilia in domestic dogs (Canis familiaris) and its implication for studies of dog cognition. *Anim. Cogn.* (2008) 11:553–556

121 Bradley, M.M., L. Miccoli, M.A. Escrig, P.J. Lang: The pupil as a measure of emotional arousal and autonomic activation. *Psychophysiology* (2008) 45:602–607

Kann die Bindung des Hundes zum Erwachsenen die Bindung zum Kind im hundgestützten Setting vorhersagen?

In der folgenden Studie wurde untersucht, ob die Bindung zwischen einem menschlichen Elternteil das Ergebnis der Bindung zwischen Hund und Kind bei tiergestützten Interventionen voraussagen kann.

Die Studie

Betrachtung der Bindung zwischen Familie und Hund: Sagt die Bindung zwischen Hund und einem Elternteil das Ergebnis der Bindung zwischen Hund und Kind bei tiergestützten Interventionen voraus?

Wanser, S.H., A.C. Simpson, M. MacDonald, M.A.R. Udell: Considering Family Dog Attachment Bonds: Do Dog-Parent Attachments Predict Dog-Child Attachment Outcomes in Animal-Assisted Interventions? Front. Psychol. (2020) 11:566910.

Es ist wenig darüber bekannt, wie Hunde Kinder in TGI-Settings wahrnehmen. Was wir wissen, ist, dass die Arbeit mit Kindern im Vergleich zu anderen Empfängergruppen den höchsten Stresslevel bei TGI-Hunden auslöst[122]. In dieser Studie, die TGI für Jugendliche mit Entwicklungsstörungen und ihrem Familienhund umfasste, sollte ermittelt werden, ob der Bindungsstil des Hundes zu einer erwachsenen Bezugsperson den Bindungsstil von Hund und Kind vor und nach der Intervention vorhersagen kann. Mit Hilfe des Secure-Base-Tests (SBT) wurde der Bindungsstil des Hundes gegenüber der erwachsenen Bezugsperson und der Bindungsstil des Hundes gegenüber dem teilnehmenden Kind vor und nach den hundegestützten Interventionen bewertet. Der Bindungsstil des Hundes gegenüber dem Kind wurde dann mit dem Bindungsstil mit der Bezugsperson verglichen.

Wenig erforscht ist, wie der Hund den menschlichen Teilnehmer oder die Interventionserfahrung wahrnimmt oder darauf reagiert. Dieser Faktor kann jedoch eine wichtige Rolle für die Wirksamkeit der Intervention und deren Auswirkungen auf das Wohlbefinden von Hund und Mensch spielen. Die Art und Weise, wie der Hund den menschlichen Teilnehmer wahrnimmt und auf ihn reagiert, kann bei TGI für Kinder besonders wichtig sein. Es ist bekannt, dass Hunde in der Gegenwart von Kindern weniger vorhersehbar reagieren, was zu einem erhöhten Risiko führen kann[123]. Dennoch werden Hunde häufig in therapeutischen Kontexten und bei Interventionen sowohl mit Kindern als auch mit Menschen mit Behinderungen

122 Jones, M.G., S.M. Rice, S.M. Cotton: Incorporating animal-assisted therapy in mental health treatments for adolescents: systematic review of canine assisted psychotherapy. *PLoS One.* (2019) 14:e0210761. doi: 10.1371/journal.pone.0210761

123 Yin, S.: Dog Bite Prevention: Dogs Bite When Humans Greet Inappropriately. Cattledog Publishing: The Art and Science of Animal Behavior. (2011) Available online at: https://drsophiayin.com/blog/entry/dog-bite-prevention-dogs-bite-whenhumans-greet-inappropriately/

eingesetzt. Es ist kaum erforscht, warum manche Hund-Kind-Dyaden nicht kompatibel (z. B. bestimmte Reize, eine belastete Interaktionsgeschichte usw.) und andere Beziehungen äußerst erfolgreich sind.

Ein Faktor, der auch hier von besonderer Wichtigkeit sein kann, ist die Bindung. Bindung ist die Beziehung zwischen zwei Individuen, einem abhängigen Individuum (Kind oder Tier) und seiner Bezugsperson. Bindungen können sowohl dem Hund als auch dem Menschen zugutekommen, wobei die Stärke und Qualität der Bindung (z. B. der Bindungsstil) als Vorhersagevariablen für psychische Gesundheit, Resilienz und Wohlergehen dienen[124]. Darüber hinaus ist es möglich, dass der Einfluss von TGI, die mit dem eigenen Hund eines Teilnehmers durchgeführt werden, durch die Art und Stärke der zuvor etablierten Bindung zwischen dem Teilnehmer und dem Hund beeinflusst werden kann oder dass die Teilnahme an einer TGI die Qualität der Bindungsbeziehung der Dyade verändert, möglicherweise sowohl in der TGI als auch im häuslichen Umfeld. Bei der Betrachtung der Bindungsqualität wurde eine Reihe verschiedener Bindungsstile identifiziert, die sich grob in sicher und unsicher unterteilen lassen. Individuen mit sicherer Bindung können ihre Bezugsperson effektiv nutzen, um Stress abzubauen und zeigen ein Gleichgewicht zwischen Kontakt und Exploration. Individuen mit unsicherer Bindung sind zwar immer noch an ihre Bezugsperson gebunden, aber diese Bindung erleichtert den Stressabbau oder die Rückkehr zu normalem Verhalten in neuen Kontexten nicht. Es gibt Hinweise darauf, dass der Bindungsstil eines Hundes zu seiner Bezugsperson seine Leistung in TGI-Settings beeinflusst[125].

Zudem hat sich gezeigt, dass das Gefühl der Verbundenheit des Teilnehmers mit dem Hund die Intervention fördert, einschließlich einer größeren Motivation zur Teilnahme und eines größeren pro-sozialen Engagements[126]. Ein Ziel hundgestützter Interventionen mit Kindern könnte daher darin bestehen, sichere Bindungen zwischen dem Hund und dem Kind aufzubauen oder zu fördern, da in Fällen mit stärkerer Bindungsbeziehung (subjektiv oder objektiv) die TGI zielgerichteter ist. Es ist zwar erwiesen, dass Hunde eine Bindung zu mehreren Bezugspersonen aufbauen können, jedoch nicht zu jeder Person, mit der sie interagieren, geschweige denn eine sichere Bindung[127]. Daher ist es wichtig, die Art bzw. Qualität der Bindungsbeziehung zwischen Hund und Kind zu berücksichtigen, nicht nur das Vorhandensein

124 Wanser, S.H., M.A.R. Udell: Does attachment security to a human handler influence the behavior of dogs who engage in animal assisted activities? *Appl. Animal Behav. Sci.* (2019) 210:88–94. doi: 10.1016/j.applanim.2018.09.005

125 Wanser, S.H., K.R. Vitale, L.E. Thielke, L. Brubaker, M.A.R. Udell: Spotlight on the psychological basis of childhood pet attachment and its implications. *Psychol. Res. Behav. Manag.* (2019) 12:469–479. doi: 10.2147/prbm.s158998

126 Jones, M.G., S.M. Rice, S.M. Cotton: Incorporating animal-assisted therapy in mental health treatments for adolescents: systematic review of canine assisted psychotherapy. *PLoS One.* (2019) 14:e0210761. doi: 10.1371/journal.pone.0210761

127 Thielke, L.E., M.A.R. Udell: Characterizing human-dog attachment relationships in foster and shelter environments as a potential mechanism for achieving mutual wellbeing and success. *Animals.* (2020) 10:67. doi: 10.3390/ani10010067

oder Fehlen einer Bindung[128]. Der Bindungsstil zwischen Hund und Bezugsperson könnte daher bei TGI-Anwendungen mit Kindern eine wichtige Rolle spielen, da die Qualität dieser primären Bindungsbeziehung möglicherweise (1) die therapeutische Leistung oder Intervention direkt und/oder (2) die Wahrscheinlichkeit einer sicheren Bindungsentwicklung zwischen Hund und Kind vorhersagen könnte. Da sich gezeigt hat, dass die Mensch-Hund-Bindung sowohl die therapeutischen Ergebnisse beim Menschen als auch das Verhalten des Hundes in TGI-Settings beeinflusst, kann es bei der Betrachtung von TGI mit Kindern und Hunden auch wichtig zu hinterfragen sein, wie bereits bestehende Beziehungen zwischen dem Hund und der Bezugsperson die Hund-Kind-Bindung und die TGI-Motivation und -Leistung beeinflussen und wie TGI diese Mensch-Hund-Bindung selbst beeinflusst[129].

In dieser Studie wurde der Secure-Base-Test (SBT) verwendet (siehe Abb., S.92), um das Bindungsverhalten des Hundes sowohl gegenüber dem Kind als auch gegenüber der erwachsenen Bezugsperson bei der Erst- und der Folgeuntersuchung zu bewerten. Die Beurteilungen wurden mit den Teilnehmer-Hund-Dyaden vor und nach der achtwöchigen TGI und sechs Monate später nochmals durchgeführt.

Die Untersuchungen erfolgten in einem Raum, der dem Hund und den Teilnehmern vor dem Test unbekannt war. Ein Stuhl befand sich innerhalb eines markierten Kreises mit einem Radius von einem Meter auf dem Boden, entlang einer Wand neben der Tür (siehe Abb., S.92). Drei Spielzeuge – ein Tennisball, ein Seilspielzeug und ein Plüsch-Quietsch-Spielzeug – befanden sich außerhalb des Kreises auf dem Boden. Zwei Experimentatoren (E1 und E2) führten den Test durch. E1 gab zu Beginn jeder Phase Anweisungen, um ein einheitliches Verhalten der Teilnehmer sicherzustellen (E1 blieb während aller Phasen außerhalb des Raumes). E2 stand neutral in einer Ecke des Raumes und kontrollierte die Videokamera (außer in der Alleinphase, in der die Kamera auf einem Stativ belassen wurde).

128 Wanser, S.H., K.R. Vitale, L.E. Thielke, L. Brubaker, M.A.R. Udell: Spotlight on the psychological basis of childhood pet attachment and its implications. *Psychol. Res. Behav. Manag.* (2019) 12:469–479. doi: 10.2147/prbm.s158998

129 Wanser, S.H., M.A.R. Udell: Does attachment security to a human handler influence the behavior of dogs who engage in animal assisted activities? *Appl. Animal Behav. Sci.* (2019) 210:88–94. doi: 10.1016/j.applanim.2018.09.005

Der Test war in drei zweiminütige Phasen unterteilt:

1) Basis-/Eingewöhnungsphase

Der Versuchsleiter führte den Hund und das Kind bzw. die Bezugsperson in den Raum und forderte sie auf, den Hund abzuleinen und sich auf den Stuhl zu setzen. Der Teilnehmer wurde dann angewiesen, mit dem Hund zu interagieren (d. h. zu sprechen, zu streicheln oder zu spielen), wenn der Hund den Kreis um seinen Stuhl betrat, aber wenn der Hund sich außerhalb des Kreises befand, musste der Mensch still, passiv und unbeweglich bleiben.

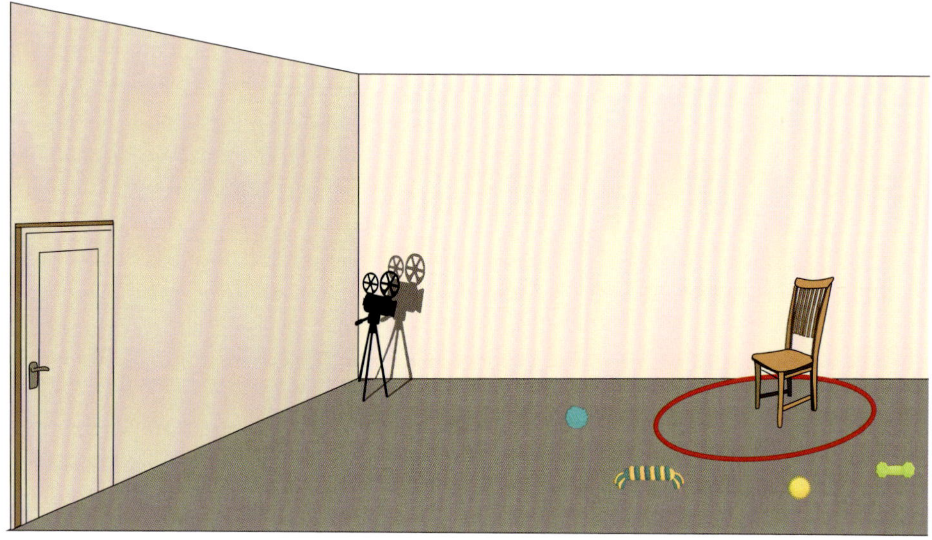

Im Secure-Base-Test (hier der Aufbau) wurde die Bindungsbeziehung des Hundes zu seiner Bezugsperson bzw. dem teilnehmenden Kind untersucht. Eine sichere Bindung würde sich durch ein Gleichgewicht zwischen sicherer Basis zur Exploration und sicherem Hafen bei Wiederkehr der Bezugsperson darstellen.

2) Phase des Alleinseins

E1 öffnet die Tür, um dem Teilnehmer zu signalisieren, den Raum zu verlassen. E2 lässt die Kamera auf dem Stativ und filmt in Richtung Tür, verlässt ebenfalls den Raum und lässt den Hund allein zurück. Die Alleine-Phase dient als leichter Stressor, der es ermöglicht, den Sichere-Basis-Effekt während der Rückkehrphase zu bewerten.

3) Rückkehr/Experimentelle Phase

E1 weist den Teilnehmer an, den Raum zu betreten und die gleichen Anweisungen wie in der Ausgangsphase zu befolgen. E2 folgt dem Teilnehmer beim Betreten des Raums und kehrt in die Ecke zurück, um die Kamera zu kontrollieren, ohne mit dem Hund zu interagieren.

Alle Sitzungen wurden gefilmt und es wurde ein Ethogramm erstellt, das die verschiedenen Bindungstypen unterteilte: sicher, unsicher-ambivalent, unsicher-vermeidend und unsicher-desorganisiert.

Der Bindungsstil zwischen Hund und Kind änderte sich in zwei Fällen von einem unsicheren Bindungsstil vor der Intervention zu einem sicheren Bindungsstil nach der Intervention. Zwei Hunde zeigten vor und nach der Intervention eine sichere Bindung zu dem Kind, während die übrigen drei Hunde sowohl vor als auch nach der Intervention eine unsichere Bindung zu dem Kind zeigten. Der Bindungsstil zwischen Hund und erwachsener Bezugsperson war ein starker Vorhersagefaktor dafür, ob ein sicherer Bindungsstil vorhanden war oder sich zwischen Hund und Kind während der TGI entwickeln würde. Vier Hunde wurden als Hunde mit einer sicheren Bindung zur erwachsenen Bezugsperson eingestuft, die bei der letzten Bewertung auch eine sichere Bindung zum Kind hatten oder entwickelten. Die verbleibenden drei Hunde zeigten eine unsichere Bindung zu der erwachsenen Bezugsperson und blieben während der gesamten Studie unsicher an das Kind gebunden. Es konnte auch gezeigt werden, dass TGI das Potenzial hat, den Bindungsstil zwischen einem Hund und einem Kind in Richtung einer sicheren Bindung zu verändern und dass der Bindungsstil zwischen Hund und erwachsener Bezugsperson signifikante Rückschlüsse darauf zulässt, welche Hunde im Laufe der TGI eine sichere Bindung zum Kind entwickeln würden. Darüber hinaus unterstützen die vorliegenden Ergebnisse Belege aus der Humanliteratur, dass der Aufbau eines sicheren Bindungsstils zur primären Bezugsperson die Stärke und Sicherheit von Bindungen zu anderen Personen beeinflusst.

Fazit: Insbesondere im Bereich der Kind-Hund-Interaktion sind in Deutschland Beißvorfälle sehr hoch. Ferner haben Studien gezeigt, dass insbesondere der Einsatz mit Kindern extrem stressbehaftet für den Hund ist. Das bedeutet, dass die Bindung zwischen TGI-Hund und Bezugsperson einen signifikanten Unterschied in der Qualität des TGI-Einsatzes macht.

Diese Studie von Wanser zeigt, dass eine sichere Mensch-Hund-Bindung eine breite Palette von Vorteilen bietet, darunter Stressabbau, verstärkte Exploration und Ausdauer, verbesserte exekutive Funktionen und weniger Verhaltensprobleme bei Hunden und Menschen. Ein sicher gebundener Hund interagiert sicherer mit Klienten, was sich auch in seinem eigenen Stresslevel, also Wohlfühlerleben der Situation niederschlägt. Unsicher gebundene Hunde sollten demnach nicht eingesetzt werden, bis eine sichere Bindung mit ihrem primären Bindungspartner aufgebaut ist. Hier zeigt sich wieder, wie wertvoll und unerlässlich auch der sachkundige Blick der Prüfer ist, denn ein unsicher gebundener Hund hat weder Freude an der Arbeit noch bringt er dieselbe Qualität in diese für den Empfänger mit. Siehe hierzu auch die Diskussion zur Qualität der Fortbilder Kapitel 11.

Und das bringt uns zur nächsten Studie: Was sind denn überhaupt die Faktoren, die Bindung beeinflussen?

Mensch-Hund-Bindungsfaktoren

Die Studie

Beziehung zwischen dem Verhalten beim Hundespaziergang und der Bindung zwischen Besitzer und Hund anhand der Lexington Attachment to Pets Scale

Foltin, S., U. Ganslosser: Relationship between Dog Walking Behaviour and Owner-Dog Attachment Using the Lexington Attachment to Pets Scale. Journal of Zoological Research. (April 2022) Volume 04, Issue 02

In dieser Studie wurde das Bindungsverhalten zwischen Halter und Hund mithilfe des LAPS (Lexington Attachment to Pets Scale (LAPS))[130] ermittelt[131]. Der LAPS-Fragebogen enthält 23 Fragen und misst den Gesamtwert der Halter-Hund-Bindung auf einer Skala von 0 bis 69. Der LAPS hat drei Unterbereiche: „Allgemeine Bindung", „Personenersatz" und „Tierrechte/Tierschutz".

Hundehaltung hat das Potenzial, die persönliche Entwicklung und das Wohlbefinden des Menschen zu fördern, da ein Hund viele psychologische Bedürfnisse seines Halters erfüllt, die sich auf verschiedenen Bindungsebenen widerspiegeln[132].

130 Johnson T.P., T.F. Garrity, L. Stallones: Psychometric evaluation of the Lexington Attachment to Pets Scale (LAPS). *Anthrozoös.* (1992) 5(3):160–175

131 Hielscher B., U. Ganslosser, I. Froboese: Attachment to Dogs and Cats in Germany: Translation of the Lexington Attachment to Pets Scale (LAPS) and Description of the Pet Owning Population in Germany. *Human-Animal Interaction Bulletin* 7. (2019) 2:1–18

132 Kanat-Maymon Y., A. Antebi, S. Zilcha-Mano: Basic psychological need fulfilment in human-pet relationships and well-being. *Personal Individual Differences.* (2016) 92:69–73

Die Zufriedenheit des Hundehalters mit seinem Hund schlägt sich in verschiedene Aspekte ihrer Beziehung nieder, z. B. die Bindungsstärke zwischen den beiden[133]. Problematisches oder unerwünschtes Verhalten des Hundes wirken sich negativ auf die Beziehung und die Bindungswerte aus,[134]während angepasstes und erwünschtes Verhalten sich positiv auswirkt[135]. Das subjektive Erleben des Verhaltens beeinflusst die Handlungen der Halter in interspezifischen Situationen und es besteht ein direkter Zusammenhang zwischen Wahrnehmung und Reaktion. So führt die subjektive Bewertung des Verhaltens ihrer Hunde, auch wenn sie nicht durch faktische Daten belegt ist, dazu, dass Hundehalter ihr Verhalten ändern. Ziel der Studie war es, den Wert der Reflexion subjektiver, emotionaler Reaktionen aufzuzeigen und den Einfluss des Urteils und der gleichzeitigen Verhaltensreaktion auf die Bindung zwischen Hund und Halter darzustellen.

Verschiedene Parameter wurden untersucht. Es zeigte sich, dass längere Spaziergänge (Zeit & Distanz) mit einem höheren LAPS-Ergebnis korrelierten, somit einer höheren Halterbindung an ihre Hunde. Bindung hängt mit der körperlichen Aktivität und der Motivation, mit dem Hund spazieren zu gehen, zusammen[136]. Ein Faktor, der Bindung beeinflusst, ist das Hormon Oxytocin, da es eine wichtige Rolle in der Beziehung zwischen Hund und Halter spielt. Ein höherer Oxytocinspiegel ist mit einer positiveren Beziehung verbunden[137]und Oxytocin spielt eine Rolle bei der Bindungsbildung, sodass häufige gemeinsame positive Interaktionen zwischen Hund und Halter deren Bindung stärken. Das kann eine physiologische Erklärung dafür sein, warum die Zeit, die Hund und Halter miteinander verbringen, einen entscheidenden Einfluss sowohl auf die Hundehaltung[138] als auch auf die funktionale Mensch-Hund-Beziehung[139] hat und sich in den LAPS-Werten widerspiegelt.

Die Bindungsstärke hängt zudem mit der Zufriedenheit des Halters mit seinem Hund zusammen[140]. Verschiedene hundebezogene Merkmale wirken sich auf diese Zufriedenheit und damit auf die Bindungsstärke aus. Die Zufriedenheit basiert auf

133 Serpell J.A.: Evidence for an association between pet behavior and owner attachment levels. *Applied Animal Behaviour Science.* (1996) 47(1–2):49–60

134 Bennett P.C., V.I. Rohlf: Owner-companion dog interactions: relationships between demographic variables, potentially problematic behaviours, training engagement and shared activities. *Applied Animal Behaviour Science.* (2007) 102:65–84

135 Bir C., N.J.O. Widmar, C.C. Croney: Stated preferences for dog characteristics and sources of acquisition. *Animals.* (2017) 7:59

136 Hielscher B., U. Ganslosser, I. Froboese: Impacts of Dog Ownership and Attachment on Total and Dog-related Physical Activity in Germany. *Human-Animal Interaction Bulletin.* (2021) 10(1):22–43

137 Kovács K., Z. Virányi, A. Kis, B. Turcsán, A. Hudecz, M.T. Marmota, J. Topál: Dog-owner attachment is associated with oxytocin receptor gene polymorphisms in both parties. A comparative study on Austrian and Hungarian border collies. *Frontiers in Psychology.* (2018) 9:435

138 Lefebvre D., C. Diederich, M. Delcourt, J.M. Giffroy: The quality of the relation between handler and military dogs influences efficiency and welfare of dogs. *Applied Animal Behavioural Science.* (2007) 104(1–2):49–60

139 Kotrschal K., I. Schöberl, B. Bauer, A.M. Thibeaut, M. Wedl: Dyadic relationships and operational performance of male and female owners and their male dogs. *Behavioural Processes.* (2009) 81:383–391

140 Serpell, J.A.: Evidence for an association between pet behavior and owner attachment levels. *Applied Animal Behaviour Science.* (1996) 47(1–2):49–60

Verhaltensmerkmalen der Hunde, und die Beschreibungen eines „idealen" Hundes umfassen Gehorsam, körperliche Nähe und Zuneigung[141], wobei Halter einen Hund bevorzugen, der ruhig, gefügig, treu und nicht aggressiv ist. Die Halterbindung hat Einfluss darauf, wie Verhalten des Hundes und mögliche Verhaltensprobleme bewertet oder wahrgenommen werden – ein subjektiver und oft nicht im objektiven Verhalten widergespiegelter Wert. So ist ein subjektiv bewertetes hohes Jagdverhalten negativ mit der Halterbindung korreliert, da in unserer Gesellschaft Jagdverhalten im Wesentlichen negativ empfunden wird und mit Stress und Angst des Halters einhergeht. Somit hat subjektiv wahrgenommenes negatives, problematisches oder unerwünschtes Verhalten des Hundes negative Auswirkungen auf die Mensch-Hund-Beziehung und deren Bindungswerte.

Auch das Geschlecht des Hundes spielt eine Rolle. Halter von Rüden hatten in den Unterkategorien Allgemeine Bindung, Tierrecht/Wohlbefinden und LAPS insgesamt höhere Werte als Halter von Hündinnen, was auf unterschiedliche Bindungsniveaus je nach Geschlecht des Hundes hindeutet. Dieses Ergebnis ist insofern interessant, als argumentiert wurde, dass Rüden tendenziell unabhängiger sind und oft weniger geschätztes Verhalten, wie z. B. Streunen, größere Distanzen laufen, Unabhängigkeit usw. zeigen[142]. Es wurde festgestellt, dass Rüden im Vergleich zu Hündinnen ein höheres Maß an Aggression und trennungsbedingtem Verhalten zeigen und weniger mit ihren Besitzern interagieren[143], was zu der Erwartung geführt hätte, dass Hündinnen höhere Bindungswerte erhalten würden.

Da in einigen Studien Verhaltensunterschiede auf der Grundlage des Reproduktionsstatus des Hundes argumentiert wurden, wurde die Bindung der Halter mit dem Reproduktionsstatus ihres Hundes gemessen. Es konnten signifikante Unterschiede in den Bindungswerten zwischen Haltern von intakten und Haltern von kastrierten Hunden nachgewiesen werden. Halter von intakten Hunden hatten höhere Werte bei der allgemeinen Bindung und niedrigere Werte bei den Unterkategorien Personenersatz und Tierschutz. Vermutlich waren die allgemeinen Bindungswerte bei Haltern von intakten Hunden höher, weil viele intakte Hunde reinrassig sind und von klein auf mit ihrem Besitzer zusammenleben, während adoptierte Hunde oft erst später im Leben zu ihrem Besitzer kommen. Ein Merkmal, das mit der Zufriedenheit der Besitzer zusammenhängt, ist das Alter des Hundes, wobei die

141 Diverio S.; B. Boccini, L. Menchetti, P.C. Bennett: The Italian perception of the ideal companion dog. *Journal of Veterinary Behaviour.* (2016) 12:27–35

142 Wells D.L., P.G. Hepper: Prevalence of behavior problems reported by owners of dogs purchased from an animal rescue shelter. *Applied Animal Behaviour Science.* (2000) 69:55–65

143 D'Aniello B., A. Scandurra, E. Prato-Previde, P. Valsecchi: Gazing toward humans: A study on water rescue dogs using the impossible task paradigm. *Behavioural Processes.* (2015) 110:68–73

Anschaffung eines Welpen sowie eines reinrassigen Hundes bevorzugt wird. Zudem sind Tierschutzthemen oft mit Kastrationsfragen verbunden.

Studien besagen, dass Halter, die eher extrinsisch motiviert sind, sich so verhalten, dass sie sich externe Belohnungen und soziale Anerkennung (d. h. Status) verdienen. Diese Hundebesitzer neigen dazu, sich ihren Hund eher als Teil der persönlichen Identität anzuschaffen, also eher „Designer"- und/oder reinrassige Hunde zu besitzen[144]. Besitzer, die eine intrinsische Motivation für die Hundehaltung haben, besitzen eher einen Mischling und achten mehr auf die Eigenschaften ihres Hundes als auf sein Aussehen oder seine Rasse. Auch in dieser Studie zeigten die Halter von Mischlingen und adoptierten Hunden höhere Bindungswerte.

Die physiologischen und emotionalen Vorteile, die sich aus einer positiven Mensch-Hund-Beziehung ergeben, erstrecken sich demnach auf beide Partner dieser Beziehung und haben ähnliche Qualitäten wie zwischenmenschliche Beziehungen, da beide wichtige Bezugspersonen für den jeweils anderen sein können. Halter sehen ihren Hund als akzeptierend, liebevoll, ehrlich und loyal – Eigenschaften, die das Grundbedürfnis nach Selbstwert befriedigen können[145]. Green und Kollegen beschreiben, dass Bindungsdimensionen mit liebevollem Verhalten verbunden sind, der Mensch fühlt sich z. B. ohne seinen Hund emotional weniger sicher oder er wendet sich dem Hund als Ersatz für menschliche Gesellschaft zu. Die Bindung an unsere Hunde ist ein weit verbreitetes Phänomen und wirkt sich nachweislich auf die Lebensqualität von Hundehaltern aus[146]. Der Besitz eines Hundes wird häufig mit körperlichen, geistigen und psychosozialen Vorteilen für die Gesundheit in Verbindung gebracht, z. B. einem höheren Maß an körperlicher Aktivität im Vergleich zu Nichthundebesitzern[147]. Hunde können in belastenden Momenten Trost spenden, indem sie als sicherer Hafen mit Bindungsfunktion dienen[148].

Fazit: Ähnlich wie bei Kindern ist es wahrscheinlich, dass Hunde unterschiedliche Bindungsstile gegenüber ihren Menschen haben wie auch umgekehrt, und je mehr Wissen wir über diese Bindungsstile erlangen, desto besser können Faktoren Aufschluss darüber geben, was den Erfolg bestimmter Mensch-Hund-Beziehungen

144 Holland, K.E.: Review Acquiring a Pet Dog: A Review of Factors Affecting the Decision-Making of Prospective Dog Owners. *Animals.* (2019) 9:124

145 Green J.D., A.E. Coy, M.A. Mathews: Attachment Anxiety and Avoidance Influence Pet Choice and Pet-directed Behaviors. *Anthrozoos A Multidisciplinary Journal of The Interactions of People & Animals.* (2018) 31(4):475–494. DOI:10.1080/08927936.2018.1482117.

146 Kanat-Maymon Y., A. Antebi, S. Zilcha-Mano: Basic psychological need fulfilment in human-pet relationships and well-being. *Personal Individual Differences.* (2016) 92:69–73

147 Hielscher B., U. Ganslosser, I. Froboese: Impacts of Dog Ownership and Attachment on Total and Dog-related Physical Activity in Germany. *Human-Animal Interaction Bulletin.* (2021) 10(1):22–43

148 Kovács K., Z. Virányi, A. Kis, B. Turcsán, A. Hudecz, M.T. Marmota, J. Topál: Dog-owner attachment is associated with oxytocin receptor gene polymorphisms in both parties. A comparative study on Austrian and Hungarian border collies. *Frontiers in Psychology.* (2018) 9:435

beeinflusst[149]. Dies würde auch das unterschiedliche Verhalten der Hunde eines Halters oder zwischen Hunden verschiedener Halter in dieser Studie erklären: Neben genetischen, rassespezifischen oder lernbedingten Unterschieden könnten die Halter den zweiten/dritten Hund anders behandeln, weil sie über mehr Wissen/Erfahrung verfügen oder weil sie aufgrund veränderter persönlicher Bedürfnisse eine andere Bindungsstruktur haben. Solche Ansätze sind möglicherweise zu vereinfachend, da die Bindungsdimensionen allein den Einfluss spezifischer Verhaltensweisen wie Zugehörigkeit und Wahrnehmung nicht erfassen. Unsere subjektive Bewertung spielt eine große Rolle in der Wahrnehmung von und Zufriedenheit mit unserem Hund. Das ist ein wichtiger Aspekt für die tiergestützte Arbeit. Gerade in diesem Bereich muss die eigene Erwartungshaltung immer wieder hinterfragt und reflektiert werden, um den eigenen Hund nicht unrealistischem Druck auszusetzen.

Eine weitere Komponente von Bindung ist die sogenannte Synchronisation, die wir uns im nächsten Kapitel anschauen werden.

149 Payne E., J. DeAraugo, P. Bennett, P. McGreevy: Exploring the existence and potential underpinnings of dog-human and horse-human attachment bonds. *Behavioural Processes.* (2016) 4(125):114–21

9. Mensch-Hund-Synchronisation

Synchronisation bedeutet, dass Vorgänge gleich ablaufen. In biologischen Systemen können Vorgänge 1) in einem Organismus (z. B. Muskeln für Bewegungsabläufe; Peristaltik), 2) zwischen mehreren Organismen (Schwarmverhalten, Vogelzug) und 3) zwischen Organismen und Umweltfaktoren synchronisiert werden. Durch auslösende unbelebte Faktoren wie Licht, Tageslänge oder Temperatur werden Entwicklungsstadien von Organismen oder Populationen mit den für sie günstigsten Umweltbedingungen synchronisiert. Verhaltenssynchronisation ist ein wichtiger Schutzeffekt für eine Gruppe und stärkt den Gruppenzusammenhalt und die Bindung. Verhaltenssynchronisation wird unterteilt in Aktivitätssynchronität, Ortssynchronität und zeitliche Synchronität. Hunde folgen zum Beispiel ihrem favorisierten Partner oder den erfahrenen Tieren einer Gruppe und die Bindungsparameter zwischen Hund und Hund oder Hund und Mensch basieren auf der Qualität der Beziehung, nicht auf der Spezies[150]. Synchronität stärkt die soziale Bindung zwischen den Partnern, und je enger die Bindung, desto höher die Synchronität[151]. Es gibt Studien, dass Hunde ihre Aktivität nicht mit allen Menschen gleichermaßen synchronisieren, was darauf hindeutet, dass andere Faktoren wie Lebenserfahrung, Kontext oder die Identität/Vertrautheit des menschlichen Partners eine wichtige Rolle spielen[152].

Die Studie

Haushunde synchronisieren ihr Lauftempo mit dem ihres Besitzers in der freien Natur

Duranton, C., T. Bedossa, F. Gaunet: Pet dogs synchronize their walking pace with that of their owners in open outdoor areas. Anim, Cogn. (2018) 21:219–226.

Verhaltenssynchronisation ist im Wesentlichen dadurch gekennzeichnet, dass Individuen zur gleichen Zeit und am gleichen Ort das Gleiche tun. Sie kann unterteilt werden in Aktivitätssynchronität und Ortssynchronität, d. h. der Aufenthalt am selben Ort zur selben Zeit. Aktive Verhaltenssynchronisation kann zu Kooperation

150 Cimarelli G., S. Marshall-Pescini, F. Range, Z. Virányi: Pet dogs' relationships vary rather individually than according to partner's species. *Sci Rep.* (2019) 9(1):3437

151 Duranton C., T. Bedossa, F. Gaunet: Pet dogs synchronize their walking pace with that of their owners in open outdoor areas. *Anim. Cogn.* (2018) 21(2):219–226

152 Duranton C., T. Bedossa, F. Gaunet: When walking in an outside area, shelter dogs (Canis familiaris) synchronize activity with their caregivers but do not remain as close to them as do pet dogs. *J. Comp. Psychol.* (2019) 133(3):397–405

führen, z. B. wenn zwei oder mehr Individuen ihre Handlungen bewusst synchronisieren, um gemeinsame Ziele zu erreichen, die sie alleine nicht erreichen könnten[153]. Oft synchronisieren Tiere jedoch ihr Verhalten, ohne sich dessen bewusst zu sein. Duranton und Kollegen zeigten, dass Hunde, wenn sie nicht angeleint sind und sich in einem geschlossenen Raum frei bewegen können, eine Verhaltenssynchronisation mit den Bewegungen ihres Menschen zeigen. Die Hunde zeigten dies unabhängig davon, ob ihr Halter einfach nur umherging oder auf die Begegnung mit einer unbekannten Person reagierte, indem er stehen blieb, sich näherte oder rückwärts ging. Die Studie legte dar, dass die Hunde unter allen Bedingungen ortssynchron sind (d. h. neben ihrem Halter bleiben) und dass die Aktivität von Hunden und ihren Haltern stark synchronisiert ist. Wenn die Halter ihr Lauftempo änderten, änderten die Hunde systematisch ihr eigenes Tempo entsprechend. Was die Aufmerksamkeit gegenüber dem Menschen betrifft, so wurde festgestellt, dass die Hunde ihre Halter länger ansahen, wenn diese sich bewegten. Es wurde vermutet, dass Hunde während des Spaziergangs ihre Besitzer umso weniger anschauen, je weniger Situationen der Unsicherheit sie begegnen. Es ist bekannt, dass Hunde in einer Vielzahl von Situationen, wie z. B. beim Ausruhen oder bei der gemeinsamen Bewegung, sowohl Standort- als auch Aktivitätssynchronität mit ihren Artgenossen zeigen, und je stärker die Bindung, desto stärker sind sie synchronisiert.

Fazit: Das bedeutet, das Lernen während der alltäglichen Lebenserfahrung die spontane Verhaltenssynchronisation zwischen Hund und Mensch beeinflussen kann. Hunde können lernen, dass es für sie vorteilhaft ist, ihr Gehen (Ort, Richtung, Geschwindigkeit) mit dem ihrer Halter zu synchronisieren. Auch für die tiergestützte intervention ist es vorteilhaft, wenn unser Hund sein Verhalten in Bezug auf Ort und Aufmerksamkeit synchronisiert, um so die Interaktion mit dem Empfänger zu erleichtern und auch non-verbal gemeinschaftlich im Rahmen einer TGI zu handeln.

Und wie ist das bei Kindern und Hunden?

153 Duranton C., Gaunet F.: Behavioral synchronization and affiliation: Dogs exhibit human-like skills. *Learn Behav.* (2018) 12(46):364–373

Die Studie

Verhaltenssynchronisation zwischen Hund und Mensch: Familienhunde synchronisieren ihr Verhalten mit den Kindern der Familien

Wanser, S.H., M. MacDonald, M.A.R. Udell: Dog-human behavioral synchronization: family dogs synchronize their behavior with child family members. Anim. Cogn. (2021). 24:747–752

Die Forschung über die soziale Kognition von Hunden konzentriert sich meist auf die Beziehungen zwischen Hunden und erwachsenen Menschen. Die Interaktionen zwischen Hunden und Kindern ist aus der kognitiven Perspektive kaum untersucht worden, obwohl die Art und Weise, wie Hunde Kinder wahrnehmen und sich mit ihnen sozial auseinandersetzen, von entscheidender Bedeutung für ein umfassendes Verständnis ihrer interspezifischen sozialen Kognition ist. Studien zeigen, dass Hunde eine Verhaltenssynchronität mit erwachsenen Haltern zeigen, die häufig mit einer erhöhten Zugehörigkeit und sozialer Reaktionsfähigkeit einhergeht[154]. Aus kognitiver Sicht ist es wichtig, wie Hunde Kinder (im Vergleich zu Erwachsenen) wahrnehmen und auf sie reagieren, um zu verstehen, inwieweit Hunde ihr soziales Reaktionsvermögen und ihre sozio-kognitive Leistung auf Menschen jenseits ihrer erwachsenen Halter verallgemeinern. Es wurde angenommen, dass Hunde in gewissem Maße Verhaltenssynchronität mit Kindern zeigen würden, jedoch in geringerem Maße als bei ihren erwachsenen Haltern, was auf Unterschiede in der primären Betreuungsverantwortung und Bindung zurückzuführen ist, die emotionale Reaktionen beeinflussen kann.

Die Studie zeigte, dass Hunde alle drei Komponenten der Verhaltenssynchronität auch bei den Kindern zeigten: Aktivitätssynchronität beim Laufen oder Spielen, Nähe und Orientierung. Die Feststellung, dass Hunde ihr Verhalten mit Kindern synchronisieren, kann Aufschluss darüber geben, wie Hunde vertraute Kinder wahrnehmen. Allerdings ist erwähnenswert, dass der prozentuale Anteil der Zeit, die Hunde mit dem Kind in synchroner Aktivität verbrachten, viel geringer war als zwischen Hunden und deren erwachsenen Bezugspersonen. In der Studie wurde beispielsweise festgestellt, dass Familienhunde während 41,2 % der Zeit, in der das Kind stationär war, Synchronisation zeigten, während Hunde während 81,8 % der Zeit, in der ihr erwachsener Besitzer stationär war, Synchronisation zeigten. Der prozentuale Anteil der Zeit ähnelte eher den Werten einer anderen Studie mit Tierheimhunden und Erwachsenen, die 49,1 % Synchronie zwischen diesen fand. Das gilt auch für die Nähe (d. h. lokale Synchronie). Die vorliegende Studie ergab, dass Familienhunde 27,1 % der Zeit eine lokale Synchronie mit einem Kind zeigten,

154 Duranton C., Bedossa T., Gaunet F.: Pet dogs synchronize their walking pace with that of their owners in open outdoor areas. *Anim. Cogn.* (2018) 21:219–226

während Duranton, Bedossa und Gaunet lokale Synchronisationsraten von 72,9 % bei Hunden und erwachsenen Haltern fanden und 39,7 % bei Tierheimhunden und erwachsenen Pflegern. Das bedeutet: Teilaspekte der Synchronisation mit erwachsenen Menschen scheinen auch auf mit ihnen zusammenlebende Kinder übertragbar zu sein.

Zum Beispiel können manche Hunde in der Vergangenheit Interaktionen mit dem Kind erlebt haben, die unvorhersehbar, unangenehm, beunruhigend oder übermäßig grob waren, was durch eine geringere Nähe zum Kind vermieden werden könnte und damit die Wahrscheinlichkeit bestimmter Arten von Verhaltenssynchronität unterbindet[155].

Fazit: Während Alter ein relevanter Faktor bei der Prävalenz von Hundebissen ist (höchste Rate bei Kindern zwischen 5 und 9 Jahren) [156], wie auch die Sachkenntnis über Hundesignale,[157] ist weitere Arbeit erforderlich, um zu bestimmen, inwieweit das Alter Aspekte der Hund-Kind-Beziehung vorhersagen könnte. Trotz Unterschieden in den Reaktionen der Hunde auf verschiedene menschliche Partner deutet die Hund-Kind-Verhaltenssynchronisation darauf hin, dass Hunde ihnen vertraute Kinder auf einer gewissen Ebene als soziale Partner wahrnehmen.

155 Burrows K.E., C.L. Adams, S.T. Millman: Factors affecting behavior and welfare of service dogs for children with autism spectrum disorder. *J. Appl. Anim. Welfare Sci.* (2008) 11:42–62

156 Overall K.L., M. Love: Dog bites to humans: Demography, epidemiology, injury, and risk. *J. Am. Vet. Med. Assoc.* (2001) 218(12):1923–1934

157 Meints K., V. Brelsford, T. De Keuster: Teaching children and parents to understand dog signaling. *Frontiers in Veterinary Science.* (2018) 5:257

10. Bindungs-Explorations-Balance: Die Wichtigkeit von Erkundung

Exploration bedeutet „Erkundung, Entdeckung, Erforschung" und meint bei der Entwicklung des Hundes das kleinschrittige, selbstbestimmte, freie, neugierige Entdecken der Welt mit allem, was dazu gehört: interessante Gegenstände, Artgenossen, Pflanzen und Menschen. Die Balance beinhaltet, dass das Verhalten des Hundes durch zwei bindungsrelevante Grundbedürfnisse gesteuert wird: Einerseits Schutz und Sicherheit (sicherer Hafen), andererseits Neugier und Erkundungsdrang, die Welt zu entdecken (sichere Basis). Der sicher gebundene Hund kann sich sorglos der Entdeckung der Umgebung hingeben und durch einen regelmäßigen Blickkontakt zur Bezugsperson schätzt er die Situation ein. Wirkt etwas gefährlich und die Bezugsperson signalisiert durch Mimik, Gestik oder Sprache, dass alles in Ordnung ist, traut er sich, seine Entdeckerreise fortzusetzen. Zeigt die Bezugsperson jedoch ebenfalls Besorgnis und warnt, hält der Hund inne bzw. wendet sich von diesem Gegenstand ab. Bei Angst oder Bedrohung versucht der sicher gebundene Hund, nahe bei seiner Bezugsperson zu sein.

Unsicher gebundene Hunde, die unter Stress stehen, explorieren und spielen oft oberflächlich und unkonzentriert. Das Stresshormon Kortisol hemmt die freie Exploration und bremst das Nervenwachstum, somit die Lernfähigkeit. Unsicher gebundene Hunde vertrauen weniger und reagieren oft unangemessen auf die Warnungen oder Ermutigungen der Bezugsperson und können Gefahrensituationen weniger gut einschätzen. Manche unsicher gebundene Hunde reagieren auf neue Dinge mit starker Angst und Ablehnung. Sie probieren weniger aus. Das schränkt sie in ihrem Erkundungsverhalten ein und behindert Entwicklungs- und Lernprozesse. Diese Hunde sind auch in der hundgestützten Intervention eher unsicher und ihr Wohlbefinden ist dadurch reduziert.

Exploration ist „das aktive Eindringen eines Tieres in zuvor nicht besuchte Areale als auch die Kontaktaufnahme zu neuen, unbekannten Gegenständen im bereits bekannten Umfeld"[158]. Erkundung findet mit allen Sinnen statt und durch den

158 www.wikipedia.erkundung

Erkundungsprozess erweitert der Hund seinen Aktionsraum, lernt Orientierungsverhalten, um räumliche Umgebungen zu erkunden und überhaupt Unbekanntes kennen.

Exploration erfordert von Hunden, dass sie Probleme lösen, ihre Umgebung analysieren und dementsprechend selbstständig angemessene Entscheidungen treffen. Die Fähigkeit, Entscheidungen zu treffen und autonom zu sein, ist für ihr Wohlergehen von zentraler Bedeutung!

Die Studie

Erkundungsverhalten freilaufender unangeleinter Hunde

Foltin, S., U. Ganslosser: Exploration Behavior of Pet Dogs During Off-Leash Walks. J. Veter. Sci. Med. (2021) 9(1):9

In dieser Studie wurde das Explorations- und Orientierungsverhalten von frei laufenden, also unangeleinten Haushunden auf vier Spaziergänge analysiert. Zwei Spaziergänge fanden in bekannten und zwei in unbekannten Gebieten statt (insgesamt 120 Spaziergänge). Ein Hund musste sich mindestens 20 m von seinem Halter entfernen, um als Lauf bewertet zu werden, und es wurden sieben verschiedene Laufmuster unterschieden (siehe Abb. 5, S. 109). 30 Hunde nahmen mit ihren Haltern teil, um zu analysieren, wie die Hunde sich bewegen, wenn sie auf einem Spaziergang nicht abgerufen werden (siehe Abb. 1, S. 106). Während der Spaziergänge trugen alle Hunde ein GPS-Halsband, sodass man immer wusste, wo sie sich befanden. Alle Laufdaten wurden aufgezeichnet. Ziel der Studie war es, Daten über das tatsächliche Erkundungsverhalten von Hunden zu erheben. Das ist wichtig, weil z. B. in Deutschland sehr restriktive Vorschriften bezüglich des Hundefreilaufs bestehen.

In zahlreichen Studien wurden die enge Bindung, das Vertrauen, die Kooperation und das daraus resultierende spezifische Verhalten von Hunden in Bezug auf ihre Halter nachgewiesen[159]. Daher ging man in dieser Studie davon aus, dass die Hunde aufgrund dieser starken Bindung eine hohe Motivation hatten, zu ihrem Halter zurückzukehren – unabhängig von Rasse, Gebiet oder äußeren Reizen. Der Großteil der aktuellen Literatur besagt, dass Hunde aufgrund der Domestizierung ihre Fähigkeit zur räumlichen Orientierung verloren haben oder diese im Vergleich zu Wölfen stark reduziert ist. Die Forscher hatten allerdings die Hypothese, dass Hunde, die frei laufen und nicht gerufen werden, auch in unterschiedlichen Umgebungen zu einem variierenden, sich bewegenden Ort (d. h. zu ihrem Halter, der weiterlief) zurückfinden würden. Und das auch, nachdem die Hunde eine gewisse Entfernung gelaufen waren, das heißt, gegebenenfalls auch außerhalb der Sicht- und/oder

159 Duranton C., T. Bedossa, F. Gaunet: Pet dogs exhibit social preference for people who synchronize with them: what does it tell us about the evolution of behavioral synchronization? *Anim. Cogn.* (March 2019) 22(2):243–250

Geruchsreichweite vom Halter waren. Das basiert auf ihrer Fähigkeit, kognitive Karten zu erstellen und räumliche Bezugssysteme zu nutzen[160].

Räumliche Orientierung findet allozentrisch oder egozentrisch statt. Allozentrisch bedeutet, dass der Hund sich an Landmarken orientiert, indem er sich bestimmte Orientierungspunkte (z. B. Straßen, Bäume, Gerüche usw.), Positionen und Standorte an bekannten Orten merkt[161] und dann seine Position in der Umgebung mithilfe dieser Landmarken bestimmt und über ein Referenzsystem aktualisiert. Hunde können sich aber auch egozentrisch, das heißt über körperbasierte Informationsquellen orientieren. So gibt es ein Referenzsystem der Eigenbewegung, wobei der Hund die eigene Position aktualisiert, indem er sie typischerweise durch die Referenzrichtungen vorne, hinten, rechts und links definiert. Also z. B. „ich bin 100 Schritte geradeaus gegangen und 10 Schritte rechts, also gehe ich jetzt 10 Schritte links und dann 100 Schritte zurück geradeaus, um wieder an den Ausgangspunkt zu gelangen."

Wenn wir nun über die Erkundung der Umgebung der Hunde sprechen, dann bedeutet dies ein *„aktives Eindringen des Hundes in zuvor nicht besuchte Areale als auch die Kontaktaufnahme zu neuen, unbekannten Gegenständen im bereits bekannten Umfeld…unter deutlich merkbarem Einsatz aller Sinnesorgane"*[162].Durch Erkundungsverhalten erweitert ein Hund seinen Aktionsraum, lernt die räumliche Umgebung und überhaupt Unbekanntes kennen und finden. Exploration gibt Umweltkontrolle, liefert Informationen und fördert Entscheidungsfindung. Der Prozess der Erkundung formt Erfahrungen, schult Lösungsfindung und das räumliche Denken sowie die Gedächtnis- und Merkfähigkeit des Hundes. Im Erkundungsprozess wird die Körperlichkeit durch Koordination- und Propriozeption entwickelt, Kognition und das Orientierungsvermögen werden gesteigert. Erkundung ist wichtig, damit Tiere Informationen über ihre Umgebung sammeln können, die sich direkt oder indirekt auf ihr Überleben und die Fortpflanzung auswirken können (z. B. Nahrungsquellen, Partner oder Fluchtwege). Studien haben gezeigt, dass ein Zusammenhang zwischen Lernen, Gedächtnis, Erkundungsverhalten und Genetik besteht[163].

In dieser Studie war es so, dass die Länge der Laufstrecken der Hunde stark variierte (siehe Abb. 2, S. 107), daher wurden drei Gruppen gebildet, um das Laufverhalten genauer zu bestimmen und Unterschiede zwischen den Hunden präziser zu beschreiben:

160 Fugazza C., P. Mongillo, L. Marinelli: Sex differences in dogs' social learning of spatial information. *Anim. Cogn.* (2017) 20:789–794

161 Bruna, E.A., J.W. Guthrie, S.A. Ellwood, R.J. Mellanby, D.N. Clements: Global positioning system derived performance measures are responsive indicators of physical activity, disease and the success of clinical treatments in domestic dogs. *PLoS One.* (2015) 10(2):e0117094

162 Quelle: https://de.wikipedia.org

163 Caston, J., C. Chianale, N. Delhaye-Bouchaud, J. Mariani: Role of the cerebellum in exploration behavior. *Brain Res.* (Oct. 19 1998) 808(2):232–7

Gruppe 1: Radius < 150 m maximale Entfernung vom Besitzer, die die Hunde zurücklegten;

Gruppe 2: 150 m < Radius < = 350 m maximale Entfernung vom Besitzer;

Gruppe 3: Radius > = 350 m Entfernung vom Besitzer, das heißt diese Hunde hatten mindestens einen Lauf weiter als 350 m vom Besitzer entfernt.

Alle Hunde fanden auf allen Läufen zu ihren Haltern zurück.

Abb. 1

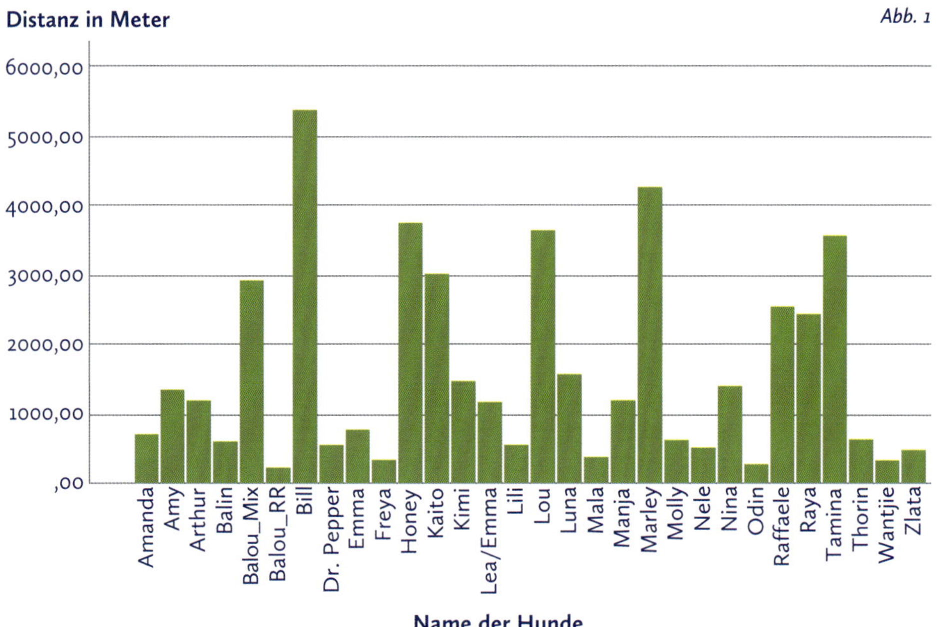

Man sieht die großen Unterschiede zwischen den gelaufenen Distanzen der einzelnen Tiere: Manche Hunde hatten lediglich einen Unterschied von 250 m auf allen vier Läufen zwischen ihrer Distanz und der ihres Besitzers (Mala), manche liefen bis zu 5100 m mehr (Bill).

Die Mehrheit der Hunde war in der Gruppe 1 zu finden. Das heißt sie hatten einen maximalen Abstand von weniger als 150 m vom Besitzer auf allen Läufen (13 von 30 Hunden = 43 %, Gruppe 1); acht (27 %) der Hunde zeigten einen Abstand zwischen 150 m von weniger als 350 m vom Besitzer (Gruppe 2); neun der 30 Hunde (30 %) hatten mindestens einen Lauf über 350 m vom Besitzer entfernt (Gruppe 3).

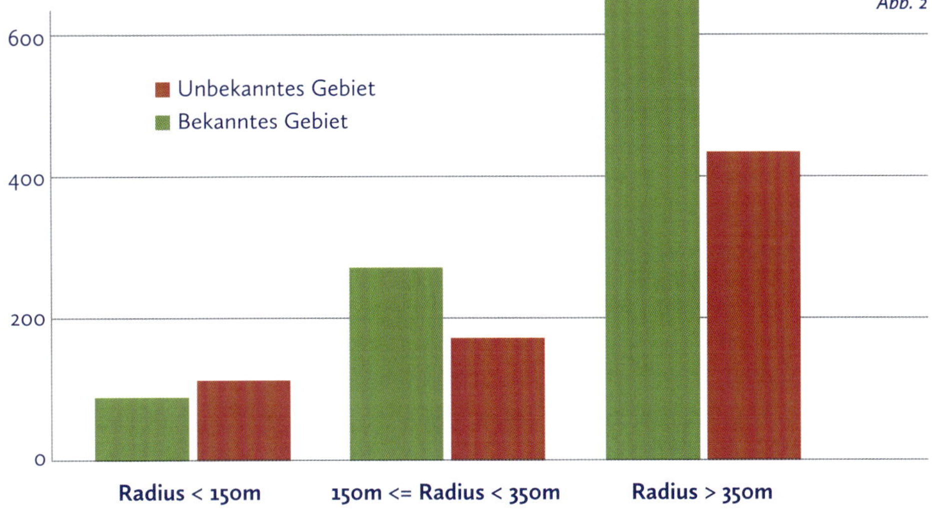

Die drei unterschiedlichen Gruppen (1,2 und 3) und deren durchschnittliche gelaufene Distanz in bekannten (grün) und unbekannten (rot) Gebieten.

Alle Gruppen zeigten längere Erkundungszeiten und größere Entfernungen von ihrem Besitzer in bekannten Gebieten im Vergleich zu unbekannten Gebieten (siehe Abb. 2).

Es zeigte sich zudem, dass Rüden signifikant länger und weiter liefen als Hündinnen (siehe Abb. 3) und zwar in bekannten wie auch unbekannten Umgebungen.

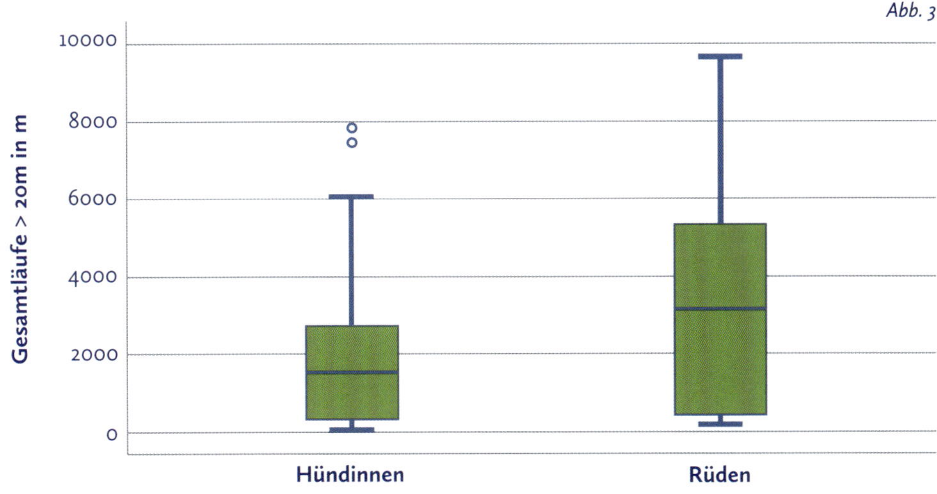

Rüden liefen signifikant längere Strecken als Hündinnen.

Es machte allerdings keinen signifikanten Unterschied, ob die Rüden oder die Hündinnen kastriert waren oder nicht (siehe Abb. 4).

Abb. 4

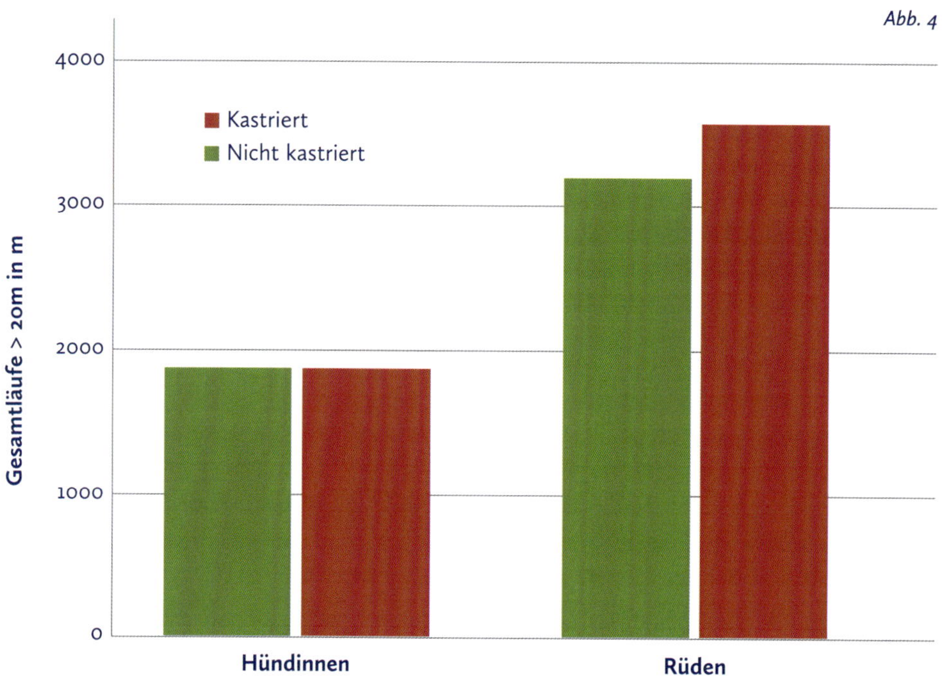

Hündinnen (grün = intakt; rot = kastriert) und ihre duchschnittlich gelaufenen Distanzen in Metern im Vergleich zu den Rüden (grün = intakt; rot = kastriert).

Die Hunde wiesen zudem verschiedene Laufmuster auf. Von allen Läufen > 20 m (n = 3145) zeigten die Hunde auf n = 1950 Läufe, d. h. 62 % das Laufmuster 1, dem Besitzer auf dem Weg vorauszulaufen und zu warten/zu folgen (siehe S. 109, Abb. 5, Laufmuster 1). Das Sternmuster zeigten Hunde auf n = 589 Läufen, d. h. in 19 % der Fälle kehrten die Hunde grundsätzlich auf dem gleichen Weg zurück. Ein Loop oder Halbkreis wurde auf n = 291 Läufe gezeigt (12 %). Parallele Läufe zum Besitzer wurden bei n = 192; 9 % der Läufe verwendet.

Abb. 5

Laufmuster 1: Der Hund läuft vor und wartet oder folgt dem Halter (62 %)

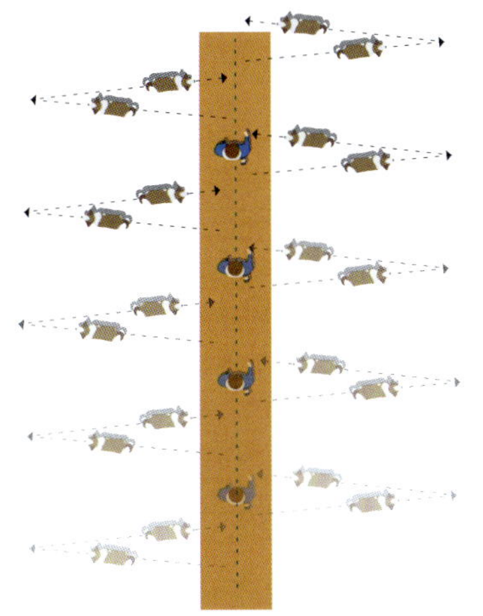

Laufmuster 2: Sternmuster (19 %).

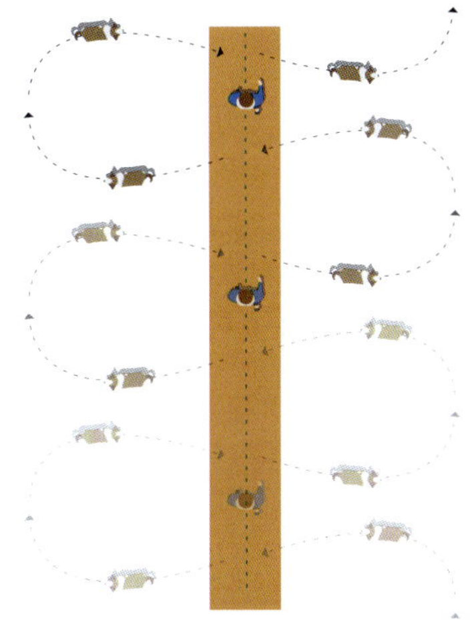

Laufmuster 3: Kreis oder Halbkreis (12 %).

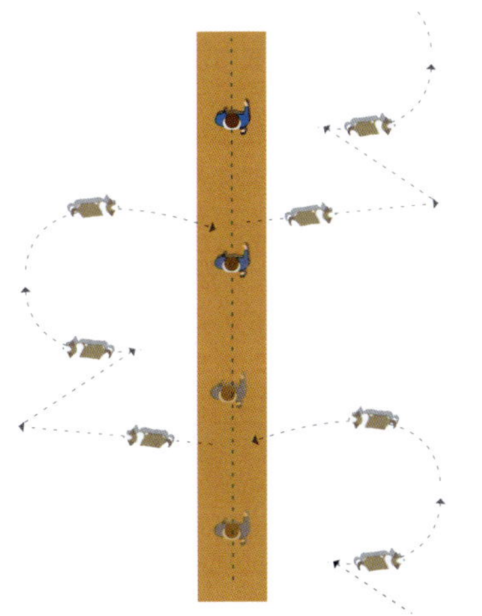

Laufmuster 4: Kreis und Stern gemischt.

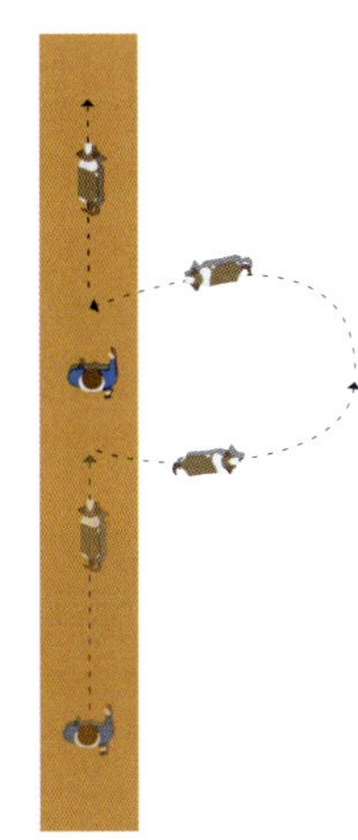

Laufmuster 5: gemischte Form: Läuft vor und Kreis.

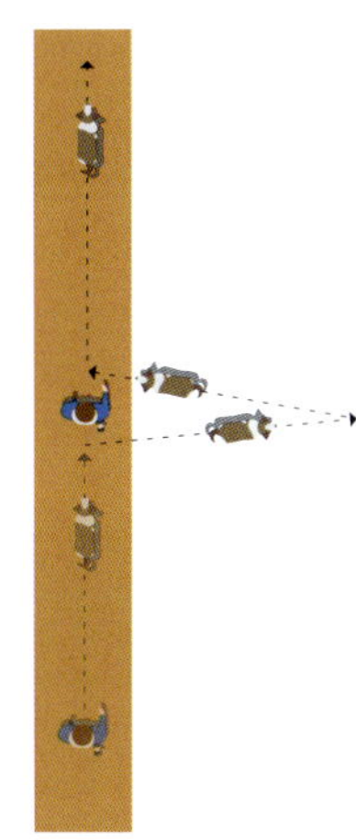

Laufmuster 6: Gemischte Form: Läuft vor und Stern.

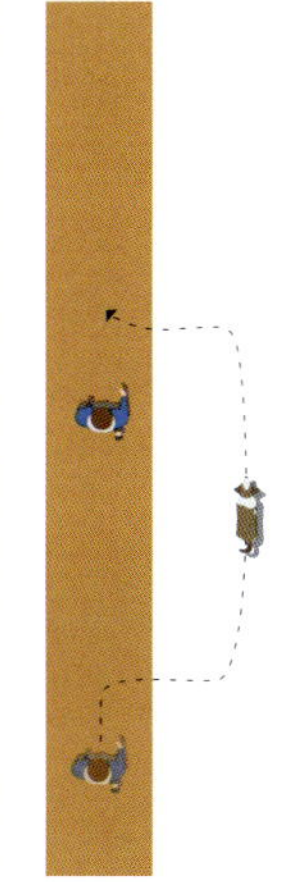

Laufmuster 7: Läuft parallel zum Besitzer (6 %).

Alle sieben Laufmuster

In Abb. 6 sieht man die Aufteilung aller Läufe (3145) in die verschiedenen Laufmuster. Hier erkennt man ganz klar, dass die meisten Hunde (62 %) auch im Freilauf, ohne Abruf, und ohne Leine in bekannten und unbekannten Gebieten entweder auf dem Weg vor dem Besitzer laufen oder diesem folgen.

Abb. 6

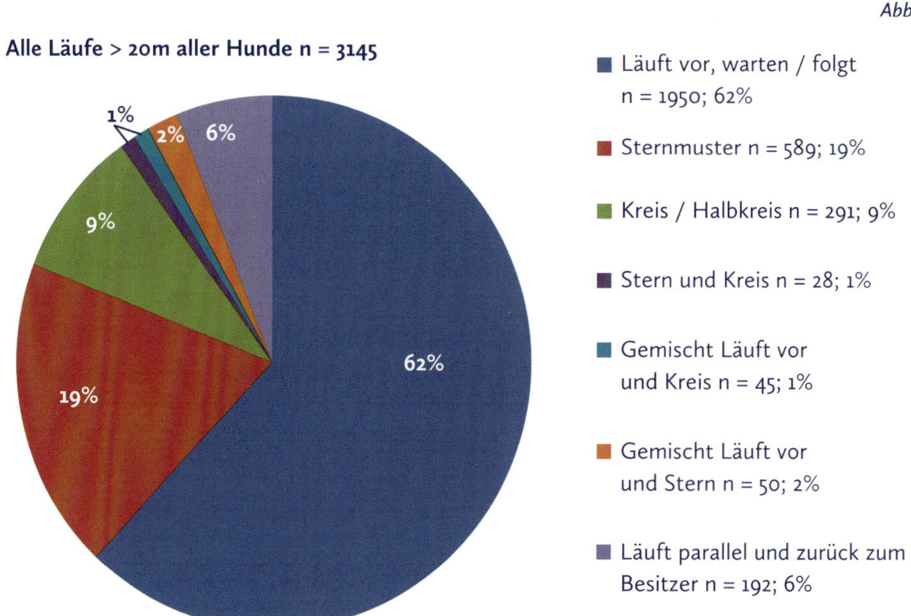

Alle Läufe aller Hunde in bekannten und unbekannten Gebieten und die Aufteilung in die sieben Laufstile.

Die meisten Hunde bleiben demnach immer in der Nähe ihres Besitzers, auch wenn es verschiedene Reize gibt. Das ist sehr interessant, weil die meisten Besitzer vermuten, dass ihre Hunde weiter weg laufen und sich von ihnen entfernen, bzw. sogar jagen gehen würden. Das kann durchaus ein Indikator dafür sein, dass das Verhalten des eigenen Hundes falsch eingeschätzt wird und der Mensch darauf unter anderem mit vermehrtem Anleinen somit reduzierter Möglichkeit des Hundes zu explorieren reagiert. Und verminderte Exploration reduziert auch den Aufbau einer sicheren Bindung.

Zudem zeigten die Ergebnisse, dass alle Hunde egal welcher Gruppe, Rasse, oder welchen Alters signifikant schneller liefen als ihre Besitzer, und zwar unabhängig von ihrer Größe (Abb. 7).

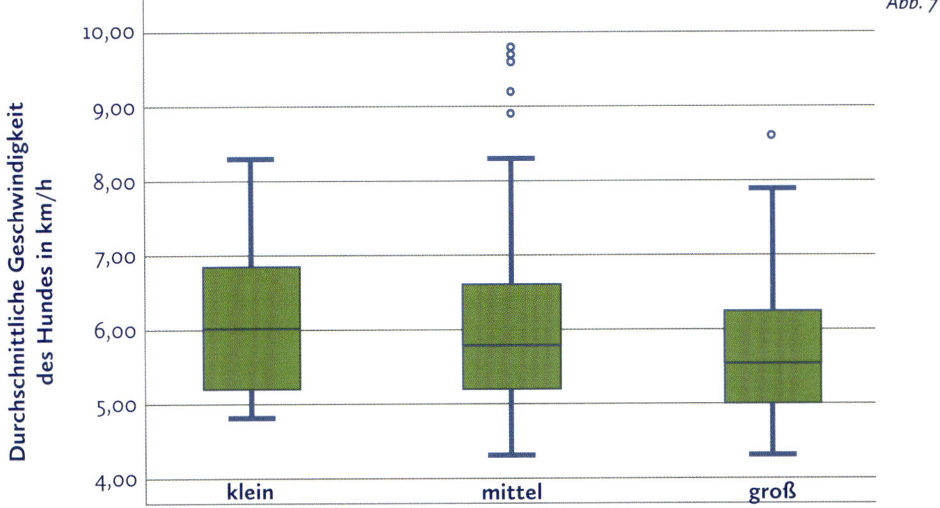

Durchschnittliche Laufgeschwindigkeit der Hunde im Vergleich zwischen kleinen Hunden (< 40 cm), mittelgroßen Hunden (zwischen 40 cm und 60 cm) und großen Hunden (> 60 cm) Schulterhöhe. Alle Hunde, egal welcher Größe, liefen signifikant schneller als ihre Besitzer.

Der Besitz eines Hundes ist keine Garantie dafür, dass die Besitzer regelmäßig mit ihrem Hund spazieren gehen. Olsen (2008) fand heraus, dass in Deutschland 43 % der befragten Besitzer (n = 300) regelmäßig mit ihrem Hund spazieren gingen und ihn von der Leine ließen. Im Vereinigten Königreich ergab eine auf einem Fragebogen basierende Studie, dass der Hund im Durchschnitt 17 Minuten pro Spaziergang von der Leine gelassen wird, maximal die Hälfte der Zeit des Spaziergangs, und einer von vier Besitzern gab an, den Hund nie von der Leine zu lassen, wobei 31 % der Besitzer dies für zu gefährlich hielten, weil das Spaziergebiet nicht sicher sei. Einer von zehn Hundebesitzern ging jeden Tag dieselbe Strecke mit seinem Hund.

Wie in dieser Studie zu erkennen, zeigt sich, dass jeder Hund je nach Größe, Rasse und Alter ein individuelles Gangbild hat, das durch Schrittfrequenz, Geschwindigkeit, Schrittlänge und -breite definiert wird. Der Gang wird durch komplexe Interaktionen zwischen dem Muskel-Skelett-System und dem zentralen und peripheren Nervensystem geformt, wobei die Fortbewegung eine ständige Anpassung an äussere (Gelände etc.) und innere Faktoren erfordert. Bedingungen wie das Gehen an der Leine, die den natürlichen Gang des Hundes einschränken, beeinträchtigen die Funktion des Nervensystems und/oder des Muskel-Skelett-Systems und stören ihre Interaktionen, was zu Gangstörungen führen kann. Das Führen an der Leine schränkt das normale Gangbild eines Hundes ein, da der Hund sein Gangbild dem seines Besitzers unterordnen muss.

Die Ergebnisse zeigen deutlich, dass sich die Geschwindigkeit zwischen Halter und Hund stark unterscheidet, unabhängig von der Gruppenzugehörigkeit der Hunde oder Faktoren wie Größe oder Explorationsverhalten. Gesunde Hunde laufen bei Spaziergängen ohne Leine signifikant weiter als bei Spaziergängen an der Leine (32 % größere Distanz) und zeigen dabei eine große Bandbreite an Schrittfrequenzen und eine große Varianz bei der Anzahl der Schritte. Hunde zeigen biomechanische Unterschiede im Vergleich zu ihrem Besitzer und passen sich an der Leine dem Laufmuster ihres Besitzers an, was im Grunde die Unfähigkeit widerspiegelt, natürlich zu gehen, was wiederum zu gesundheitlichen Problemen führen kann. Auch hier ist auf die zentrale Bedeutung von Freilauf hinzuweisen, nicht nur im Kontext der tiergestützten Arbeit.

Haushunde, die in unserer komplexen Umwelt aufwachsen, haben in der Regel reichlich Gelegenheit, zu lernen, wie sie mit Menschen interagieren und kommunizieren können, um so Erfahrungen zu sammeln, die ihre kognitiven Fähigkeiten verbessern – ein ontogenetischer[164] Prozess, der als „Enkulturation" bezeichnet wird. Studien gehen davon aus, dass sich die Domestizierung positiv auf die sozialen Fähigkeiten von Hunden bei kooperativ-kommunikativen Aufgaben ausgewirkt hat, zum Beispiel bei einem gemeinsamen Spaziergang mit dem Halter, was sich wiederum auf das Erkundungsverhalten niederschlägt; andererseits besagen Studien, dass die räumliche Gedächtniskapazität von Hunden infolge der Domestizierung verringert wurde. Was die Studie zeigte, waren große Unterschiede in den angewandten Laufstrategien (Abb. 8).

164 Die Entwicklung des Individuums betreffend.

Abb. 8

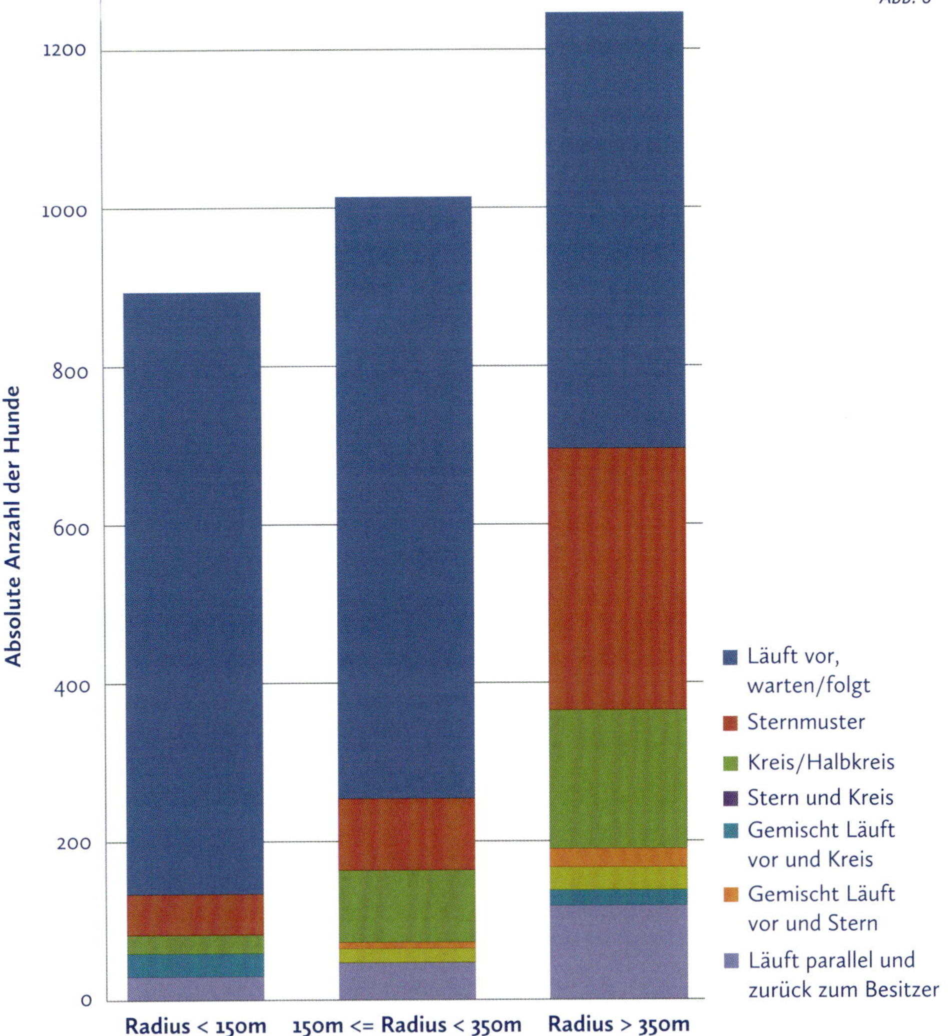

Verteilungsmuster der angewandten Laufmuster zwischen Gruppe 1, 2 und 3 Hunden.

Die Ergebnisse in dieser Studie spiegeln die Bandbreite an Laufmustern wider, die auch bei freilaufenden Straßenhunden gefunden wurde[165,166]. Hinsichtlich ihrer Erkundungsmuster wurden die Hunde hier in verschiedene Gruppen und Cluster unterteilt: Die Hunde, die am längsten und am weitesten (in bekannten und unbekannten Gebieten) liefen, wiesen die größte Vielfalt an Explorationsmustern auf, was auf kognitive Variabilität, Erfahrung und unterschiedliche Strategieverwendung (allozentrisch und egozentrisch) hinweist.

Ein weiterer wichtiger Faktor, der das Bewegungsverhalten beeinflusst, sind die Halter: Hunde bilden Bindungen mit bestimmte Menschen und treffen Entscheidungen, indem sie bevorzugt auf deren soziale Signale reagieren. Die Bindung ist in der Besitzer-Hund-Dyade am höchsten. Daher wurden in dieser Studie nur Hundehalter-Hund-Teams verwendet, da davon ausgegangen wurde, dass die Motivation zur Rückkehr am höchsten ist. Hunde zeigen Verhaltensweisen, die auf eine Bindungsbeziehung hindeuten, zum Beispiel die Suche nach Nähe, bei der der Hund den Besitzer als Mittel zur Stressbewältigung aufsucht und der Hund so in der Lage ist, weiter und selbstbewusster zu explorieren.

Bindung ist ein Verhaltenssystem, das darauf abzielt, Nähe zur Fürsorgepersonen aufzubauen und aufrecht zu erhalten, um Schutz und Versorgung zu gewährleisten. Basierend auf Erfahrungswerten, insbesondere der Feinfühligkeit und Effektivität des Halters, entwickeln Hunde ein inneres Arbeitsmodell von Bindung: das erlaubt ihnen, auf Basis ihrer Erfahrungen mit einem Menschen das eigene Verhalten zu planen. Hat der Hund beim Zurückkommen einer Erkundung Strafe erlebt, wird er dementsprechend agieren. Hunde explorieren nur, wenn sie eine sichere Bindung haben (wenn sie sich gewiss sind, dass die Bindungsperson jederzeit verfügbar ist, um Schutz zu bieten). Unsichere Strategien des Bindungsverhaltenssystems entwickeln sich als Anpassungsreaktion auf suboptimales Fürsorgeverhalten der Halter: Unsicher gebundene Hunde können den Kontakt zum Halter nur schlecht nutzen, um Stress und negative Emotionen zu regulieren. Zusätzlich können Bindungstraumata vorliegen, wie z. B. Verlust einer Bindungsfigur, oder generell angstauslösendes oder ängstliches Verhalten des Halters, sodass in Situationen, in denen das Bindungsverhaltenssystem aktiviert wird, keine klare Strategie mehr verfolgt und Stress nicht mehr adäquat reguliert werden kann.

Die Hunde der Gruppe 1 hielten sich am dichtesten bei ihrem Halter auf und waren am kürzesten unterwegs. Sie zeigten überwiegend das Erkundungsmuster 1

165 Hudson, E.G., V.J. Brookes, S. Dürr, M.P. Ward: Domestic dog roaming patterns in remote northern Australian indigenous communities and implications for disease modelling. *Prev. Vet. Med.* (Oct. 1 2017) 146:52–60

166 Hudson, E.G, V.J. Brookes, M.P. Ward, S. Dürr: Using roaming behaviours of dogs to estimate contact rates: the predicted effect on rabies spread. *Epidemiol. Infect.* (2019) 147:e135

(s. S. 107), vor dem Halter herzulaufen und zu warten oder ihm zu folgen. Dieses Laufmuster stellt die geringsten kognitiven Anforderungen an den Hund und erfordert keine großen Orientierungsfähigkeiten. Die Erkundungsdistanz und die Erkundungsmuster werden durch die Art der Bindung zwischen Hund und Besitzer beeinflusst. Furchtsamkeit oder Ängstlichkeit zum Beispiel, also ein Hemmschuh für die Erkundung, wurde mit mangelnder Erfahrung und aversiven Lernstrategien in Verbindung gebracht. Am Beispiel der Eltern-Kind-Beziehung wurde festgestellt, dass zwei Erziehungsdimensionen durchweg mit der Entwicklung von Angst bei Kindern in Verbindung gebracht werden: Überbehütung und angstbesetzte Erziehung. Überbehütung wird als elterliches Verhalten beschrieben, das darauf abzielt, die Kinder bei ihren täglichen Aktivitäten zu leiten und dadurch die Entwicklung von Autonomie zu verringern. Das Erkundungsverhalten (bzw. das Fehlen desselben) der Hunde der Gruppe 1 könnte somit durch ein Defizit in der kognitiven Entwicklung beeinflusst sein, da diese Hunde keine Gelegenheit hatten, zu erkunden, Orientierungsstrategien zu entwickeln und Erfahrungen zu sammeln. Die Hunde der Gruppe 3 hingegen zeigten ein breites Spektrum an Strategien. Da sie ein souveränes Erkundungsverhalten erlernen konnten und somit autonomer wurden, entwickelten sie eigenständige Bewegungsressourcen und größere kognitive Orientierungsanwendungen. Dies erforderte zudem das Einprägen der räumlichen und zeitlichen Beziehungen zwischen dem Hund und mehreren Zielen, zum Beispiel dem Halter und verschiedenen Landmarken.

Besitzer mit einem sicheren Bindungsstil haben Hunde, die ein ähnliches Verhalten wie sicher gebundene Kinder zeigen[167], während Hunde, die weniger soziale Unterstützung von ihren (unsicheren) Besitzern erhielten, übermäßig abhängig von ihnen wurden, d. h. näher am Besitzer blieben und weniger erkundeten. Schöberl und Kollegen [168] fanden heraus, dass physiologische Reaktionen bei Hunden durch das Bindungsprofil des Besitzers beeinflusst werden: Je höher die Bindungsangst des Besitzers war, desto höher war die Kortisolreaktivität des Hundes, was auf eine Stressreaktion hinweist. Sie zeigten außerdem, dass hohe Neurotizismuswerte des Besitzers mit Hundeverhalten korrelierte: diese Hunde näherten sich sehr oft ihren Besitzern und blieben lange in ihrer Nähe. Dodman und Kollegen[169] fanden heraus, dass ängstliche und neurotische Hundehalter ihre Hunde überbehüten und dadurch die Fähigkeit der Hunde einschränkten, sich mit neuen sozialen und nicht-sozialen Situationen und Reizen vertraut zu machen.

167 Siniscalchi, M., C. Stipo, A. Quaranta: „Like owner, like dog“: correlation between the owner's attachment profile and the owner-dog bond. *PLOSONE.* (2013) 8:e78455
168 Schöberl, I., A. Beetz, J. Solomon, M. Wedl, N. Gee, K. Kotrschal: Social factors influencing kortisol modulation in dogs during a strange situation procedure. *J. Vet. Behav.* (2016) 11:77–85
169 Dodman N.H., D.C. Brown, J.A. Serpell: Associations between owner personality and psychological status and the prevalence of canine behavior problems. *PLoS One.* (2018) 13(2):e0192846

Zum Thema jagende Hunde bleibt anzumerken: Nur wenige Hunde überleben ausschließlich durch die Jagd auf lebende Beutetiere, und es gibt keine Belege für Hundepopulationen, die sich ausschließlich durch diese Art der Nahrungssuche selbst erhalten[170]. Die primäre Form der Nahrungssuche von Hunden ist das Aasfressen. Die meisten Hunde auf der Welt ernähren sich von Nahrungsresten und selbst Haushunde, die direkt von Menschen gefüttert werden, sind technisch gesehen Aasfresser, da das ihnen gegebene Futter in erster Linie entweder den Bedarf des Menschen übersteigt oder aus „tierischen Nebenprodukten" hergestellt wird, d. h. aus Teilen von Fleischtieren, die der Mensch nicht essen möchte. Hunde sind in der Regel keine erfolgreichen Jäger, und es gibt nur wenige Hundepopulationen, die durch die Jagd überleben und ihren Bestand erhalten. Auch in dieser Studie konnte in den Videofrequenzen (die größeren Hunde trugen alle eine Videokamera während der Läufe) kein Jagd- oder Hetzverhalten beobachtet werden.

Intrinsische Motivation, Neugierde und Lernen beeinflussen Explorationsverhalten. Eine Vorliebe für Neues (Neophilie) wurde mit der Neurophysiologie von Temperamentsmerkmalen in Verbindung gebracht, die mit Verhaltensaktivierung, Extraversion und Ausdauer einhergehen[171]. Neophilie könnte eine adaptive Folge der Selektion während der Domestizierung von Tieren sein, die mit dem Menschen zusammenleben, da Neophilie mit einer erhöhten Tendenz zur Annäherung an neuartige Umgebungen und innovativerem Verhalten in Verbindung gebracht wird, und Hunde könnten von Natur aus für Neophilie prädisponiert sein[172].

Um Wissen zu sammeln, kann ein Hund seine Umgebung allein erkunden, durch soziales Lernen mit Artgenossen oder durch die Nutzung öffentlicher Informationen. Je nach Motivation des Hundes kann die Umwelt mit unterschiedlichen Latenzen und über unterschiedliche Zeiträume erkundet werden, die auch durch den sozialen Kontext beeinflusst werden können, zum Beispiel durch die Anwesenheit eines zweiten Hundes.

Zudem gibt es rassetypische genetische Prädispositionen,[173] die für einen Teil der zwischen Hunden beobachteten Variabilität bei der Exploration verantwortlich sind. Allerdings tragen Lebenserfahrung, physische Attribute und andere biologische oder psychologische Variablen zu diesem Effekt bei[174]. Einige Verhaltensmerkmale,

170 Coppinger, Raymond, and Mark Feinstein: „3. The shape of a dog is what makes it tick." *How Dogs Work*. University of Chicago Press. (2015) 37–54

171 Rao, A., L. Bernasconi, M. Lazzaroni, S. Marshall-Pescini, F. Range: Differences in persistence between dogs and wolves in an unsolvable task in the absence of humans. *PeerJ* (2018) 6:e5944

172 Kaulfuß, P., D.S. Mills: Neophilia in domestic dogs (Canis familiaris) and its implication for studies of dog cognition. *Anim. Cog.* (2008) 11:553–556

173 Sarviaho, R., O. Hakosalo, K. Tiira, S. Sulkama, E. Salmela, M.K Hytönen, et al.: Two novel genomic regions associated with fearfulness in dogs overlap human neuropsychiatric loci. *Translation Psychiat.* (2019) 9:18

174 Udell M.A., C.D. Wynne: Ontogeny and phylogeny: Both are essential to human-sensitive behaviour in the genus Canis. *Anim. Behav.* (2010) 79:e9–e14

die Rassen zugeschrieben werden, werden eher durch den Lebensstil und das Verhalten des Halters beeinflusst[175]. Umweltfaktoren wie mangelnde Sozialisierung, schlechte mütterliche Pflege und aversives Lernen sind bekannte Risikofaktoren für Angst bei Hunden und damit für eine erhöhte Neophobie und ein geringeres Erkundungsverhalten.

Fazit: Das bedeutet, dass Sie als Bezugsperson Ihren Hund in seinem Erkundungsverhalten unterstützen sollten und er Sie einerseits als sicheren Hafen und andererseits als sichere Basis ansieht, um ihm diese Möglichkeiten zu geben. Und bitte ermöglichen Sie Ihrem Hund so viel sicheren Freilauf wie möglich, da auch in der TGI die Arbeit ohne Leine geringeren Stress für Ihren Hund bedeutet!

Von allgemeinen Erkundungsprozessen, die wir mit unserem Hund auf jedem Spaziergang üben können, kommen wir nun zum spezifischen TGI-Setting: Die Erkundung der TGI-Umgebung.

Die Studie

Therapiehundewohlfahrt neu betrachtet: Ein Überblick über die Literatur
Glenk, L.M., S. Foltin: Therapy Dog Welfare Revisited: A Review of the Literature. Vet. Sci. (2021) 8:226.

Eine größere Vertrautheit mit dem Ort der TGI-Sitzung und den Klienten wurde in der Vergangenheit mit niedrigeren Kortisol[176]- oder Noradrenalinkonzentrationen bei Therapiebegleithunden nach einem Einsatz gezeigt. Ein niedriger Wert bedeutet, dass die Hunde weniger Stress hatten. Auch neue Daten[177,178] deuten auf einen geringeren Erregungslevel hin, wenn die Hunde regelmäßig in der gleichen Umgebung arbeiten. Das heißt, es ist sehr wichtig, dass die Hunde die jeweiligen Settings im Vorfeld kennen lernen, also erkunden können. Im TGI-Kontext wurden ungewohnte und neue Umgebungen mit einem Anstieg der Kortisolsekretion bei Therapiebegleithunden in Verbindung gebracht[179]. Das deutet darauf hin, dass eine Anpassungsphase und das Erkunden eines Raums dem Hund hilft, sich mit einer neuen Umgebung vertraut zu machen, was für sein Wohlergehen unerlässlich ist. Und zwar ohne Leine und in seiner eigenen Zeit!

175 Gladwell M.: Troublemakers. The New Yorker. (2006)

176 Glenk, L.M., O.D. Kothgassner, B.U. Stetina, R. Palme, B. Kepplinger, H. Baran: Salivary kortisol and behavior in therapy dogs during animal-assisted interventions: A pilot study. *J. Vet. Behav.* (2014) 9:98–106

177 Clark, S.D., F. Martin, R.T.S. McGowan, J.M. Smidt, R. Anderson, L. Wang, et al.: Physiological state of therapy dogs during animal-assisted activities in an outpatient setting. *Animals.* (2020) 10:819. doi: 10.3390/ani10050819

178 Pirrone, F., A. Ripamonti, E.C. Garoni, S. Stradiotti, M. Albertini: Measuring social synchrony and stress in the handler-dog dyad during animal-assisted activities: A pilot study. *J. Vet. Behav.* (2017) 21:45–52

179 Ng, Z.Y., B.J. Pierce, C.M. Otto, V.A. Buechner-Maxwell, C. Siracusa, S.R. Werre: The effect of dog-human interaction on kortisol and behavior in registered animal-assisted activity dogs. *Appl. Anim. Behav. Sci.* (2014) 159:69–81

Wenn die Hunde autonom agieren können, erzeugt Erkundung der Umgebung Sicherheit, Komfort, Vertrauen und ein Gefühl der Kontrolle. Die Erkundung und die daraus resultierenden grundlegenden intellektuellen Fähigkeiten des Hundes wirken sich auf seine Kompetenzen aus, in einer TGI-Umgebung positive Ergebnisse zu erzielen und negative zu verhindern. Wenn ein Hund die Möglichkeit erhält, seine Umgebung zu erkunden, wird für ihn das Element der Vorhersehbarkeit unterstützt und seine Freiwilligkeit, eine bestimmte Einrichtung oder Umgebung zu betreten, verstärkt.

Die Erkundung ist ein wesentlicher Bestandteil der Kognition und des Wohlergehens. Kognition ist der mentale Prozess, der einem Organismus hilft, Informationen zu erwerben, zu verarbeiten und zu nutzen[180]. Kognition ist eine Ursache und auch eine Folge des Wohlergehens, wobei letzteres selbst kognitive Funktionen beeinflusst[181]. Hunde sind motiviert, ihre kognitiven Fähigkeiten zu nutzen und zu verbessern, und können darunter leiden, wenn sie daran gehindert werden. Exploration im besten Sinne ermöglicht es Hunden, selbstbestimmt und aus eigenem Antrieb zu handeln[182]. Für Hunde ist es wichtig, dass sie Informationen über die jeweiligen Merkmale ihrer Umgebung sammeln können, um die Angst vor Unbekanntem zu bewältigen und zu reduzieren[183]. Neophobie oder die Angst vor neuen Objekten oder Situationen schränkt das Erkundungsverhalten ein und begrenzt somit die Möglichkeiten des Lernens und des geistigen Wachstums. Exploratives Verhalten wird als ein Aspekt der sensorischen Verarbeitung, der bei der Untersuchung neuer Reize eine Rolle spielt, gesehen und nicht als ein instinktives Verhalten[184]. Es hängt teilweise von den motorischen und räumlichen Fähigkeiten sowie der Motivation zur Erkundung ab[185]. Die Erkundung fördert auch kognitive Fähigkeiten, da sie Hunde in die Lage versetzt, Probleme zu lösen, ihre Umgebung selbst zu analysieren und darauf mit einem individuellen Verhalten zu reagieren – mit anderen Worten: Entscheidungen zu treffen. Der Abruf von gespeicherten Informationen ist kontextabhängig, das heißt es braucht die Nutzung früherer Erfahrungen für Entscheidungsprozesse und nachfolgende Verhaltensweisen.

180 Shettleworth, S.J.: *Cognition, evolution, and behavior* (2nd ed.). Oxford University Press. (2010)

181 Becca, F.: Cognition as a cause, consequence, and component of welfare. (2018) 10.1016/B978-0-08-101215-4.00001-8.)

182 Foltin, S., U. Ganslosser: Exploration Behavior of Pet Dogs During Off-Leash Walks. *J. Veter. Sci. Med.* (2021) 9(1):9

183 Moretti, L., M. Hentrup, K. Kotrschal, F. Range: The influence of relationships on neophobia and exploration in wolves and dogs. *Anim. Behav.* (2015) 9(107):159–173

184 Kelley A.E., M. Cador, L. Stinus: Exploration and its measurement: a psychopharmacological perspective. In: Boulton, A.A., G.B. Baker, eds.: *Psychopharmacology: Neuromethods.* Vol. 13. Clifton: Humana Press. 1989

185 Caston J., C. Chianale, N. Delhaye-Bouchaud, J. Mariani: Role of the cerebellum in exploration behavior. *Brain Res.* (Oct. 19 1998) 808(2):232–7

Fazit: Dies zeigt, wie wichtig es ist, Ihrem Hund frühzeitig Möglichkeiten zur Erkundung anzubieten damit er seine physischen, emotionalen und psychischen Fähigkeiten verbessern kann. Wie Ihr Hund in herausfordernden oder neuen Situationen Unterstützung sucht, wird von der Art der Bindung zwischen Ihnen beeinflusst. Furchtsamkeit oder Ängstlichkeit, also Hemmnisse für die Erkundung, wurden mit mangelnder Erfahrung und aversiven Lernstrategien in Verbindung gebracht[186]. Foltin (2021) postulierte, dass ein Halter, der die Versuche des Hundes, selbstständig zu erkunden unterstützt, zu selbstbewussteren, selbstständigen Hunden führt, die geistige Flexibilität zeigen und autonomer werden.

Im Rahmen der TGI sollte der Teampartner Mensch seinem Hund Gelegenheiten bieten, sich so zu verhalten, dass der Hund es als belohnend empfindet, wodurch seine Motivation gestärkt wird und er in die Lage versetzt wird, positive Wohlfühlzustände zu erleben. Die Animal Assisted Intervention International Standards (2019) of Practice[187] legen fest, dass die Beziehung zwischen dem menschlichen Partner und dem Hund eine sichere Bindung sein sollte, bei der sich der Hund auf seinen menschlichen Partner verlassen kann, um eine sichere Basis für die Befriedigung seiner Bedürfnisse und die Erkundung seiner äußeren Umgebung zu erhalten. Hunde sind häufig wechselnden Umgebungen ausgesetzt: verschiedenen Räumen, Menschen sowie Temperatur-, Geruchs- und visuellen Informationen. Als praktische Empfehlung sollten TGI-Menschen dazu ermutigt werden, ihrem Hund jedes Mal, wenn sie eine Umgebung betreten, Erkundungsmöglichkeiten zu bieten. Um die Kontrolle über die Situation zu erhöhen, die Autonomie, Vorhersehbarkeit und Struktur zu verbessern, sollten Hunde motiviert werden, jede Umgebung in ihrer eigenen Zeit zu erkunden. Die Menschen sollten sie nicht leiten oder in ihre Bewegungen oder Entscheidungen eingreifen.

Als **Fazit** lässt sich festhalten, dass Erkundungsverhalten ein Zeichen für ein emotional sicher gebundenes Tier ist. Der Hund sieht seinen Menschen als sicheren Hafen der Rückkehr und als sichere Basis, um eine Erkundung zu beginnen. Das wiederum begründet sich auch auf Ihrem Erziehungsstil und Ihrer Persönlichkeit (siehe Studien, Kapitel 11).

186 Tiira, K., S. Sulkama, H. Lohi: Prevalence, comorbidity, and behavioral variation in canine anxiety. *J. Vet. Behav. Clin. Appl. Res.* (2016) 16:36–44

187 Animal-Assisted Intervention International (AAII). Animal-assisted intervention international standards of practice. (2019) Retrieved from https://aai-int.org/wpcontent/uploads/2019/02/AAII-Standards-of-Practice.pdf

*Die **Risiko-Belohnungshypothese** besagt in Bezug auf Explorationsverhalten (Sih & Del Giudice, 2012)[188], dass aufgeschlossenere oder mutigere Hunde proaktiver und explorativer sind. Diese Hunde haben weniger Aversionen in Bezug auf Risiken oder Unbekanntes und suchen aktiv neue Interaktionen (auch sozial-kooperative), Gegenstände oder Situationen. Diese Hunde sind offen und interessiert an neuen Menschen und Situationen.*

188 Sih Andrew, Del Giudice Marco: Linking behavioural syndromes and cognition: a behavioural ecology perspective. *Phil. Trans. R. Soc.* (2012) 367:2762–2772

Wie Sie sehen, ist es sehr wichtig, dass Sie Ihrem Hund die Freiräume lassen, zu erkunden und die Zeit schaffen, dies auch vor jedem Setting zu gewährleisten. Dabei spielt auch Ihr Erziehungsstil eine wichtige Rolle, wie wir im nächsten Kapitel sehen werden.

11. Erziehungsstil

Die Studie

Hundeorientierte Erziehungsstile sagen verbale und Leinenführungsstil bei Hundebesitzern sowie die auf den Besitzer gerichtete Aufmerksamkeit der Hunde voraus

van Herwijnen, I.R., J.A.M. van der Borg, M. Naguib, B. Beerda: Dog-directed parenting styles predict verbal and leash guidance in dog owners and owner-directed attention in dogs. Applied Animal Behaviour Science. (2020) 232(105131).

Der Erziehungstil ist ein Aspekt der Hundehalter-Hund-Beziehung, der den übergreifenden emotionalen Bereich, in dem die Anleitung und Ausbildung des Hundes stattfindet, einschließt. Wie hundebezogene Erziehungsstile in spezifischen Halter-Hund-Interaktionen zum Ausdruck kommen, ist derzeit noch recht unbekannt. Dieses Wissen kann jedoch dazu beitragen, Halter über einen angemessenen Erziehungsstil zu beraten. Kindorientierte Erziehung wird als angemessen betrachtet, wenn sie sowohl sozial angepasstes Verhalten fördert als auch auf die Bedürfnisse des Kindes eingeht.

In dieser Studie wurden verschiedene Erziehungsstile mit Hilfe eines Online-Fragebogens erfragt.

Bei Hundebesitzern wurden bisher vier hundebezogene Erziehungsstile identifiziert: Der **autoritär-korrigierende Stil (AUC)** spiegelt eine hohe Anspruchs- oder Erwartungshaltung an den Hund, eine geringe Reaktionsfähigkeit in Bezug auf die emotionalen Befindlichkeiten oder Bedürfnisse des Hundes und die Verwendung von Korrekturmethoden, wie z. B. Anschreien, Leinenruck und Strafe, also physische und psychische Gewalt.

Der **autoritative Erziehungsstil** unterteilt sich in zwei Stile. Der **autoritativ-intrinsische Erziehungsstil (AUI)** kombiniert eine hohe Reaktionsfähigkeit mit einer Konzentration auf die Bedürfnisse und Emotionen des Hundes, z. B. indem man ihm erlaubt, zu knurren und seine Gefühle auszudrücken. Der **autoritative Erziehungsstil (AUT)** verbindet hohe Anforderungen mit hoher Reaktionsfähigkeit und konzentriert sich darauf, dem Hund soziales Verhalten beizubringen, indem der Halter den Hund lobt und ihm Schritt für Schritt neue Verhaltensweisen beibringt. Ein **permissiver Stil** wurde in dieser Studienstichprobe nicht gefunden.

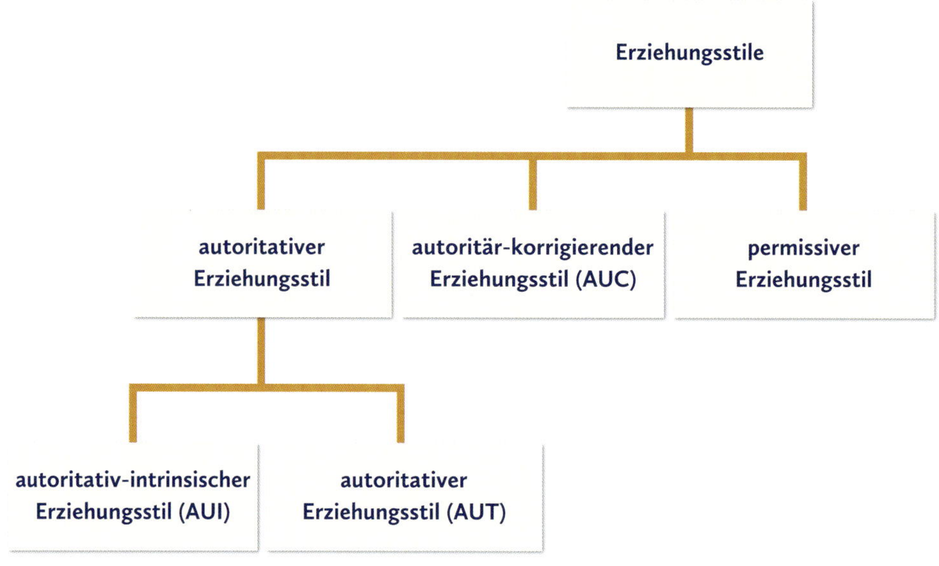

Übersicht der Erziehungsstile

Eine Kombination aus Anforderung und Reaktionsfähigkeit wird als autoritative Erziehung bezeichnet, die sich bei der Hundeerziehung auf zweierlei Weise äußert. Dem Hund sozial angepasstes Verhalten beizubringen, ist der Schlüssel zum autoritativen Erziehungsstil (AUT) und auf die wahrgenommenen Bedürfnisse und Emotionen des Hundes einzugehen ist der Schlüssel zum autoritativ-intrinsischen Stil (AUI). Ein dritter Erziehungsstil, der autoritär-korrigierende Stil (AUC), mit hohem Anspruchsdenken und geringem Reaktionsvermögen in Bezug auf die Bedürfnisse des Hundes, konzentriert sich auf die Korrektur des unerwünschten Verhaltens des Hundes.

Die beiden Tests, die mit Halter-Hund-Teams durchgeführt wurden, sollten feststellen, wie Halter und Hunde interagierten, wenn sie eine Aufgabe ausführten („Leckerchen-und-Ball"); einen Parcours mit Ablenkung durchliefen und während einer Pause zusammen in einem Warteraum waren. Es wurden zwei getrennte Räume verwendet. Für den Leckerchen- und Ballparcours wurden die Halter angewiesen, ihren angeleinten Hund ohne Unterbrechung durch einen 6,3 x 6,5 m großen Raum zu führen, in dem sich die Leckerchen- und Ballablenkungen befanden.

Die Laufstrecke wurde mit Klebeband auf dem Boden markiert: ein quadratischer Weg von sechzehn Metern. Die Positionen für die zwölf Leckerbissen und acht Tennisbälle wurden ebenfalls mit Klebeband markiert. Diese Positionen befanden sich 20 Zentimeter von der markierten Laufstrecke entfernt, wobei die Leckerlis und Bälle an gegenüberliegenden Seiten waren. Die Tests wurden den Haltern kurz vor dem Betreten des Raums erklärt. Sie wurden gebeten, den Hund daran zu hindern, die Leckerlis oder die Bälle zu berühren (oder die Leckerlis zu fressen) und zwar so, wie er/sie es im normalen Leben auch machen würden. Zu Beginn wurde dem Halter eine Standard-Zwei-Meter-Leine ausgehändigt, um die Leinenlänge zu standardisieren.

Für den zweiten Verhaltenstest – die Pausenbeobachtung – war das Verfahren einfach, denn hier ging es darum, spontane Interaktionen zwischen Halter und Hund in einer entspannten Situation zu untersuchen. Der Halter wurde in den Warteraum geführt und ihm wurde erklärt, dass der Hund von der Leine gelassen werden konnte, sobald die Forscherin den Raum verlassen hatte. Der Zweck der zehnminütigen Pause wurde dem Besitzer nicht erklärt, außer, dass sie dazu diente, Halter und Hund zu entspannen, und dass sie tun konnten, was sie wollten. Der Raum war 5 x 7 Meter groß und mit einem Stuhl und einem Tisch ausgestattet. Auf dem Tisch standen Kaffee, Tee und Zeitschriften. Neben dem Tisch lag eine Decke, auf die sich der Hund legen konnte, und auf dem Boden befanden sich mehrere Hundespielzeuge. In dem Raum befanden sich zwei Kameras, die in Sichtweite der Teilnehmer positioniert und auf die Stuhl-Tisch-Situation gerichtet waren.

Die Verhaltensweisen der Halter, die am meisten über die hundebezogenen Erziehungsstile aufzeigten, traten während des Leckerli-Parcours auf und waren verbale Korrekturen oder Lob des Hundes und der Zug an der Leine. Halter, die bei der AUC-Erziehung (autoritäre Korrektur) hohe Werte hatten, neigten dazu, den Hund verbal zu korrigieren/zu strafen, anstatt ihn zu loben und gingen mit relativ hoher Leinenspannung/Leinenruck durch den Parcours (und auch spazieren). Im Gegensatz dazu neigten Besitzer, die eine relativ hohe Bewertung für AUI (autoritativ-intrinsischer Wert) bekamen, dazu, ihren Hund verbal zu loben. Bei der Leinenspannung sind AUC und AUI gegensätzlich und AUI scheinen im Vergleich zu den flexibleren Erziehungsstilen der AUT eine eher starre Art des Umgangs mit dem eigenen Hund zu fördern. Da die AUT-Erziehung nicht mit den Verhaltensweisen zusammenhing, die die Halter während der Durchführung der Aufgabe zeigten, war dies ein Hinweis auf die Variabilität dieser Besitzer.

Erziehungsstile können sich auch auf die Aufrechterhaltung oder das Suchen des (Augen-) Kontakts zwischen Hund und Menschen auswirken. Augenkontakt wird als ein Bindungsparameter bewertet. Wenn der AUT-Erziehungsstil den Blick des Hundes zum Halter erhöht, kann dies den Hund empfänglicher für soziale Unterstützung und hilfreiche Kommunikation machen. Es wird angenommen, dass die Hunde durch diesen Blick die Unterstützung des Menschen erbitten und Hinweise erhalten, um Probleme zu lösen oder den Bedrohungsgrad von Neuem durch einen Mechanismus der sozialen Referenzierung zu bewerten[189]. Der Blick des Hundes auf den Halter ist mit Aufmerksamkeit verbunden, die erwünschte Verhaltensweisen erleichtern und/oder die Entwicklung unerwünschter Verhaltensweisen verhindern kann[190].

In dieser Studie standen neun von 49 Verhaltensbeobachtungen, wie z. B. verbales Loben oder Korrigieren des Hundes und Leinenruck, in signifikantem Zusammenhang mit den Erziehungsstilen. Die auf Selbstberichten basierenden Erziehungsstile für ihre Hunde standen in Zusammenhang mit der Art und Weise, wie die Halter tatsächlich in den Tests mit ihren Hunden interagierten, verbal und an der Leine. Die Erziehungsstile AUI und AUT standen in direktem Zusammenhang mit dem verbalen Loben des Hundes. AUC-Erziehungsstile standen in direktem Zusammenhang mit der verbalen Korrektur des Hundes und der Leinenführigkeit. Zudem standen die AUC-Erziehung in umgekehrtem und die AUT-Erziehung in direktem Zusammenhang mit dem häufigen Blickkontakt des Hundes zum Halter während der Parcoursübung. Van Herwijnen und Kollegen fanden Hinweise darauf, dass verbale Kommunikation und Leinenspannung Aufschluss über hundebezogene Erziehungsstile geben und sinnvolle Indikatoren darstellen, die in Erziehungsinterventionen für Hundehalter angesprochen werden sollten.

Ein angemessener Erziehungsstil verbindet ein gutes Sozialverhalten des Hundes mit dem Eingehen auf seine artspezifischen Bedürfnisse. Die Erziehungsstile umfassen den emotionalen Bereich, in dem die Interaktionen stattfinden, also zwischen einer Bezugsperson, hier dem Hundebesitzer, und einem Betreuungsempfänger, hier dem Hund. Die Kombination eines gewissen Leistungs- oder Anspruchsdenken, verbunden mit der Reaktionsfähigkeit auf die Bedürfnisse des Hundes einzugehen, charakterisiert den autoritativen Erziehungsstil. Dieser regt sozial angepasstes Verhalten bei den Hunden an, achtet aber auf das das Wohlbefinden des Hundes und fördert somit die Mensch-Hund-Beziehung.

189 Merola, I., E. Prato-Previde, M. Lazzaroni, S. Marshall-Pescini: Dogs' comprehension of referential emotional expressions: familiar people and familiar emotions are easier. *Anim. Cogn.* (2014) 17(2):373–385. https://doi.org/10.1007/s10071-013-0668-1.

190 McGreevy, P., M. Starling, E. Payne, P. Bennett: Defining and measuring dogmanship: A new multidisciplinary science to improve understanding of human-dog interactions. *Vet. J.* (2017) 229:1–5. https://doi.org/10.1016/j.tvjl.2017.10.015

Erziehungsstile bieten einen Rahmen für die Untersuchung langfristiger sozialer Interaktionsmuster, auch zwischen Halter und Hund, da ihre Beziehung der von Eltern und Kind ähnelt. So scheinen Hunde beispielsweise die Oxytocin-Rückkopplungsschleife anzuzapfen[191], die der Eltern-Kind-Bindung zugrunde liegt[192]. Ein weiterer Beleg dafür, dass die Beziehung zwischen Halter und Hund der Eltern-Kind-Beziehung ähnelt (aber nicht mit ihr identisch ist!), ergibt sich aus den Ähnlichkeiten in den Mustern der funktionellen Magnetresonanztomographie (fMRI)-Gehirnaktivierung und den Ähnlichkeiten in den Bewertungen von Erregung (Arousal) und Wohlgefühl (Valenz) bei vierzehn Müttern, die ihr eigenes Kind und ihren eigenen Hund im Vergleich zu einem fremden Kind und Hund betrachteten[193].

Es wäre ganz wunderbar, wenn unerwünschtes Verhalten und/oder die Unaufmerksamkeit eines Hundes einen Halter dazu bringt, sich für einen angemessenen Erziehungsstil zu entscheiden. Die Feststellung, dass die Betrachtung des Halters in umgekehrtem Verhältnis zu AUC und direkt zu AUT steht, deutet darauf hin, dass letzteres der effektivere Weg ist, um erwünschtes Hundeverhalten zu fördern. Auch da das Anschauen des Halters die Chance erhöht, die Aufmerksamkeit des Hundes zu gewinnen, um gewünschte Verhaltensweisen einzufordern und zu belohnen, was wiederum den Vorteil hat, dass der Hund von seinem Halter als kooperativer angesehen wird.

Für die AUI-Elternschaft gibt es in dieser Studie weniger eindeutige Hinweise auf ihre Relevanz für gewünschte Verhaltensweisen des Hundes. Besitzer mit einem relativ hohen AUI-Wert lobten ihren Hund häufig verbal und zeigten wenig Leinenruck und verbale Korrekturen, was mit diesem Erziehungsstil übereinstimmt, der sich auf die Bedürfnisse und Gefühle des Hundes richtet. Der AUI-Erziehungsstil stand jedoch nicht im Zusammenhang mit dem häufigen Blick des Hundes zum Halter. Dies wirft die Frage auf, ob dieser Erziehungsstil, z. B. durch mangelndes Fordern, eine geringere Chance in der Erziehung des Hundes darstellt.

Das **Fazit** lautet also: An unseren Hund können und sollten durchaus gewisse Forderungen und Aufgaben gestellt werden, aber individuell angepasst mit Blick auf die Bedürfnisse und Fähigkeiten des Hundes und untermauert durch verbales Lob und ohne physische oder psychische Strafmaßnahmen. Das alles in einer kooperativen Interaktion, mit Blickkontakt, Austausch und Gleichwertigkeit der Teampartner.

191 Nagasawa, M., S. Mitsui, S. En, N. Ohtani, M. Ohta, Y. Sakuma, T. Onaka, K. Mogi, T. Kikusui: Oxytocin-gaze positive loop and the coevolution of human-dog bonds. *Science.* (2015) 348(6232):333–336

192 Francis, D.D., L.J. Young, M.J. Meaney, T.R. Insel: Naturally occurring differences in maternal care are associated with the expression of oxytocin and vasopressin (V1a) receptors: gender differences. *J. Neuroendocrinol.* (2002) 14:349–353

193 Stoeckel, L.E., L.S. Palley, R.L. Gollub, S.M. Niemi, A.E. Evins: Patterns of brain activation when mothers view their own child and dog: An fMRI study. *PLoS ONE.* (2014) 9(10):e107205. https://doi.org/10.1371/journal.pone.0107205

12. Persönlichkeit des Hundemenschen

Ganz ähnlich sind auch die Resultate der aktuellen Studie von Shih und Kollegen (2021), die sich „die zwei Enden der Leine“ angeschaut haben. Auch hier lag das Augenmerk auf dem Menschen, da unsere Persönlichkeit die Art und Weise beeinflusst, wie wir mit Hunden (inter)agieren.

Die Studie

Zwei Enden der Leine: Beziehungen zwischen der Persönlichkeit von Freiwilligen im Tierheim und dem Verhalten beim Gassigehen mit Tierheimhunden an der Leine

Shih, H.Y., M.B.A. Paterson, F. Georgiou, L. Mitchell, N.A. Pachana, C.J.C. Phillips: Two Ends of the Leash: Relations Between Personality of Shelter Volunteers and On-leash Walking Behavior With Shelter Dogs. Front. Psychol. (2021) 12:619715.

Die Studie untersuchte die Verbindung zwischen der Persönlichkeit von Freiwilligen, die im Tierheim mit Tierheimhunden spazieren gingen, und ihrem Verhalten während der Spaziergänge mit den angeleinten Hunden. Videoaufzeichnungen und ein Leinenspannungsmesser wurden verwendet, um das Gehen an der Leine zu überwachen und zu messen. Die Persönlichkeit der Teilnehmer wurde in einem Fragebogen erfragt und in fünf Dimensionen unterteilt: neurotisch, extrovertiert, offen, sympathisch und gewissenhaft (NEO Fünf-Faktor Inventar (NEO-FFI[194]). Die Studie untersuchte 370 Spaziergänge mit 111 Tierheimhunden und 74 Freiwilligen.

194 McCrae, R.R., P.T. Jr. Costa: Brief versions of the NEO-PI-3. *J. Individ. Differ.* (2007) 28:116–128. doi: 10.1027/1614-0001.28.3.116

Bewertet wurde das folgende Hundeverhalten:

Ethogramm Hund	
Verhalten	***Beschreibung***
Track	Hund hat den Kopf gesenkt und benutzt seine Nase, um einem Geruch zu folgen
Schnüffeln	Hund orientiert sich mit der Nase innerhalb von 5 cm vom Objekt, Boden oder Gebüsch/Wand, um zu erkunden oder um Stress oder ein Beschwichtigungssignal auszudrücken
Markieren	Hund steht, sitzt oder hockt, um zu urinieren/koten
Schütteln	Hund schüttelt den Kopf und/oder Körper
Hecheln	Hund hat das Maul weit geöffnet und atmet stark
Schauen	Hund schaut den Menschen an
Lippenlecken	Teil der Zunge ist zu sehen und leckt über die Mauloberseite/Schnauze
Schwanzwedeln	Rute bewegt sich von Seite zu Seite
Rute erhoben	Rute wird aufrecht und angespannt über dem Rücken gehalten

Und für die freiwilligen Spaziergänger wurden die folgenden Verhalten ausgewertet:

Ethogramm menschlicher verbaler Signale	
Verhalten	***Beschreibung***
Sitz	Freiwilliger sagt dem Hund, sich zu setzen
Kommando	Freiwilliger spricht mit dem Hund und nutzt ein einziges Kommando (Bleib!, Komm!, Los!)
Aufmerksamkeit suchen	Freiwilliger versucht die Aufmerksamkeit des Hundes zu erhalten, indem er den Namen sagt oder eine Äußerung (Schau!) macht oder mit der Zunge schnalzt
Hohe Stimme	Freiwilliger spricht mit dem Hund in hoher Tonlage oder mit Babystimme
Lob	Freiwilliger spricht positiv mit dem Hund: Super! Klasse! Gut gemacht!
Negativer verbaler Ausdruck	Freiwilliger spricht negativ mit dem Hund: Nein! Lass das! Böser Hund! Pfui! Schluss damit!
Kommunikation	Freiwilliger versucht mit dem Hund zu kommunizieren oder stellt dem Hund Fragen: Wohin möchtest du gehen? Hast du etwas Interessantes Gefunden? Wollen wir weiter? Möchtest du trinken?

Ethogramm Mensch Körpersprache	
Verhalten	***Beschreibung***
Gesten	Freiwillige nutzen Handsignale (referenzielles Zeigen; auf den eigenen Oberschenkel klopfen; den Hund mit der Hand locken, den Hund mit Futter in der Hand locken)
Physischer Kontakt	Physischer Kontakt wird durch den Freiwilligen initiiert. Streicheln, Klopfen aber auch der Kontakt beim Leckerchen geben.
Futterbelohnung	Futterbelohnung wird dem Hund gegeben

Die „Fünf Faktoren" sind der internationale Standard zur Erfassung konstanter Persönlichkeitsmerkmale, werden in Wissenschaft und Forschung genutzt und können einen Großteil unserer Persönlichkeit beschreiben. Die fünf Eigenschaften sind: Extraversion, Offenheit für neue Erfahrungen, Verträglichkeit, Gewissenhaftigkeit, und Neurotizismus. Bei diesem Test werden jeweils 12 Aussagen zu einer Dimension vorgegeben. Der Teilnehmer bewertet diese auf einer Skala von 1 bis 5, wobei 1 für starke Ablehnung und 5 für starke Zustimmung steht. So kommt dann ein Wert für den jeweiligen Persönlichkeitstypen zustande.

Die fünf Persönlichkeitstypen im Überblick

Kürzel	Persönlichkeitstyp (englisch)	Persönlichkeitstyp (deutsch)	schwach ausgeprägt	stark ausgeprägt	Beschreibung
O	Openness to experience	Offenheit für Erfahrungen	konservativ, vorsichtig	erfinderisch, neugierig	Mit diesem Faktor wird das Interesse und das Ausmaß der Beschäftigung mit neuen Erfahrungen, Erlebnissen und Eindrücken beschrieben.
C	Conscientiousness	Gewissenhaftigkeit	unbekümmert, nachlässig	effektiv, organisiert	Dieser Faktor beschreibt in erster Linie den Grad an Selbstkontrolle, Genauigkeit und Zielstrebigkeit.
E	Extraversion	Extraversion	zurückhaltend, reserviert	gesellig	Dieser Faktor beschreibt Aktivität und zwischenmenschliches Verhalten.
A	Agreeableness	Verträglichkeit	wettbewerbsorientiert, antagonistisch	kooperativ, freundlich, mitfühlend	Ein zentrales Merkmal von Personen mit hohen Verträglichkeitswerten ist ihr Altruismus. Sie begegnen anderen mit Verständnis, Wohlwollen und Mitgefühl.
N	Neuroticism	Neurotizismus	selbstsicher, ruhig	emotional, verletzlich	Dieser Faktor spiegelt individuelle Unterschiede im Erleben von negativen Emotionen wider und wird von einigen Autoren auch als emotionale Labilität bezeichnet.

Welcher Typ sind Sie? Das können Sie testen z. B. im Internet unter:
http://www.typentest.de/limesurvey/index.php?sid=88114

Persönlichkeitstyp und Leinenspannung:

Es zeigte sich, dass der Persönlichkeitstyp Extraversion mit maximaler Leinenspannung durch den Hund und maximaler Leinenspannung durch den Menschen gekennzeichnet war. Der Persönlichkeitstyp Offenheit war verbunden mit einem häufigen Leinenzug des Menschen, der Persönlichkeitstyp Verträglichkeit im Gegensatz dazu mit wenig Leinenzug vom Menschen. Auch der Persönlichkeitstyp Gewissenhaftigkeit stand in Verbindung mit wenig Leinenzug durch den Menschen.

Persönlichkeit und menschliches Verhalten im Umgang mit dem Hund:

Der Persönlichkeitstyp Extraversions war mit häufigem Lob und der Nutzung einer hohen Stimme im Umgang mit dem Hund verbunden. Der Persönlichkeitstyp Offenheit war mit wenig verbalen Hinweisen dem Hund gegenüber verbunden. Der Hund suchte dabei oft die Aufmerksamkeit des Menschen und dieser lobte mit hoher Stimme. Der Persönlichkeitstyp Verträglichkeit war mit häufiger Aufmerksamkeitssuche des Hundes verbunden. Der Persönlichkeitstyp Gewissenhaftigkeit schließlich kommunizierte wenig und selten mit hoher Stimme.

Was die Körpersprache betraf, so zeigten Menschen mit hohen Neurotizismus-, Extrovertiertheits- und Verträglichkeitswerten diese öfter und setzen ihre Körpersprache insgesamt vermehrt ein. Persönlichkeitstypen Neurotizismus und Verträglichkeit nutzten oft Handgesten und viel Körperkontakt.

Persönlichkeit und Hundeverhalten:

Ein hoher Neurotizismuswert ging einher mit großer Häufigkeit des Schüttelns der Hunde, also einem Stressindikator. Bei extrovertierten Freiwilligen zeigten die Hunde oft Schwanzwedeln, aber schüttelten sich auch häufig. Bei Freiwilligen mit hohem Offenheitswert leckten die Hunde sich häufiger die Lippen, verbrachten aber weniger Zeit mit Schnüffeln, also beides Stressindikatoren. Ein hoher Wert für die Verträglichkeit der Freiwilligen ging mit einer hohen Häufigkeit von Blicken und Lippenlecken der Hunde einher.

Leinenspannung, menschliches Verhalten und Lauferfahrung:

Neurotische Freiwillige zogen stärker an der Leine und neigten dazu, mit den Hunden zu interagieren, indem sie viel Körpersprache verwendeten; Hunde, die von neurotischen Freiwilligen spazieren geführt wurden, zeigte mehr Lippenlecken und schüttelten sich häufig, was als potenzieller Stressindikator gewertet werden kann.

Darüber hinaus sind zum Beispiel Mütter mit erhöhtem Neurotizismus durchsetzungsfähiger und weniger anpassungsfähig und verwenden oft einen kontrollierenden oder energischen Stil in Disziplinierungskontexten. Die Freiwilligen bewerteten die Hunde eher als brav im Vergleich zu den anderen Persönlichkeitsgruppen. Diese Freiwilligen hatten durchweg eine hohe Leinenspannung und auf diese reagierten die Hunde auch mit maximaler Gegenspannung.

Extrovertierte Freiwillige wurden auch mit einer stärkeren maximalen Leinenspannung in Verbindung gebracht, sowohl am Menschen- als auch am Hundeende der Leine. Sie lobten den Hund oft, häufig mit hoher Stimme. Hunde dieser Freiwilligen zeigten Schwanzwedeln, aber auch Körperzittern. Hunde erhöhten die maximale Leinenspannung und zeigten maximale Körperspannung mit erhobenen Ruten, möglicherweise auch, weil sie durch das aufgeregte menschliche Lob und die hohe Stimme in diese Interaktion eingebunden waren. Extrovertierte Freiwillige waren toleranter gegenüber verschiedenen Hundeverhaltensweisen wie Leinenziehen. Sie neigten dazu, mit den Hunden zu kommunizieren, indem sie mehr Körpersprache einsetzten. Da extrovertierte Menschen soziale Anreize oft lohnend finden, können diese Verhaltensweisen als Mittel zur aktiven Teilnahme an den sozialen Interaktionen mit dem Hund interpretiert werden.

Extrovertierte Besitzer betrachten ihren Hund hauptsächlich als Begleiter für gemeinsame Aktivitäten, während Besitzer, die in Neurotizismus hoch punkten, ihre Hunde als soziale Unterstützung sehen und mehr Zeit mit ihnen verbringen[195]. Freiwillige mit hohen Werten bei Neurotizismus und Extraversion fühlten sich durch die Hunde unterstützt und wollten sich gerne in mehr Aktivitäten einbringen. Außerdem berichteten sie eher, dass die Hunde, mit denen sie interagierten, brav waren. Sie zeigen also auch eine andere oder offenere Bewertung des Hundeverhaltens als andere Gruppen.

Freiwillige mit Persönlichkeiten, die sich durch **„Offenheit für Erfahrungen“** auszeichnen, lenkten seltener verbal die Aufmerksamkeit der Hunde auf sich; sie lobten die Hunde und sprachen mit ihnen mit hoher Stimme; Hunde, die von diesen Freiwilligen geführt wurden, zogen jedoch eher an der Leine, zeigten mehr Lippenlecken und schnüffelten weniger. Beides sind Zeichen erhöhter Unsicherheit und Stress. Freiwillige mit erhöhter Offenheit gaben mehr gestische Hinweise. Offene Menschen schenken dem Gegenüber viel Aufmerksamkeit – sie neigen dazu, eher Zuhörer zu sein. Eine andere Erklärung könnte sein, dass offene Menschen die Autonomie der Hunde mehr respektierten und die Hunde ungern kontrollierten und befehligten. Das führt in manchen Situationen dazu, dass der Hund den Menschen nicht als Sicherheit vermittelnde Person wahrnahm.

195 Kotrschal, K., I. Schöberl, B. Bauer, A.-M. Thibeaut, M. Wedl: Dyadic relationships and operational performance of male and female owners and their male dogs. *Behav. Process.* (2009) 81:383–391. doi: 10.1016/j.beproc.2009.04.001

„Angenehme/verträgliche" Freiwillige reagieren stark auf soziale Hinweise. Diese Freiwilligen bevorzugten es, verbal die Aufmerksamkeit der Hunde zu erregen, nutzten häufig Handgesten und suchten viel Körperkontakt, wodurch die Hunde weniger zogen; Hunde in diesen Dyaden suchten viel Blickkontakt zu ihrem Menschen. Menschen in dieser Gruppe arbeiteten mit wenigen verbalen Korrekturen und bevorzugten Kooperation mit den Hunden. Sie neigten dazu, den Hund an der Leine gewähren zu lassen.

Gewissenhafte Freiwillige zogen am wenigsten häufig an ihrem Ende der Leine. Sie neigten dazu, viel Körperkontakt mit den Hunden zu haben, bevorzugten nonverbale Kommunikation und benutzten keine hohe Stimmlage. Die Hunde zogen hier wenig an der Leine. Eine mögliche Erklärung ist, dass die gewissenhaften Freiwillige als sensibel erfasst wurden, da sie stets prompt auf die Signale der Hunde reagierten. Diese Freiwilligen respektierten die Autonomie des Hundes und passten das eigene Verhalten an deren aktuellen Zustand oder dessen Bedürfnisse an, statt zu versuchen, den Hund zu korrigieren und zu dominieren.

Der Unterschied zwischen Männern und Frauen und ihren Hunden

Studien haben zudem gezeigt, dass Männer und Frauen auf unterschiedliche Weise mit Hunden umgehen, und auch Hunde reagieren unterschiedlich auf Männer und Frauen[196,197]. Frauen neigen dazu, mehr zu reden und eher mit einer aufgeregten, hohen Stimme zu sprechen und sie beginnen das Gespräch mit ihren Hunden nach einer kürzeren Wartezeit als Männer[198]. Darüber hinaus neigen weibliche Hundehalter eher dazu, ängstliche Hunde zu ermutigen[199]. Fürsorgliche Verhaltensweisen sind bei Frauen stärker ausgeprägt und werden mit einer engeren Bindung zwischen Mensch und Hund in Verbindung gebracht. Männer verwenden bei der Erziehung ihrer Hunde eher strafende als belohnende Methoden und neigen dazu, ihre Hunde körperlich einzugrenzen[200].

196 Wells D.L., P.G. Hepper: Male and female dogs respond differently to men and women. *Appl. Anim. Behav. Sci.* (1999) 61:341–349. doi: 10.1016/S0168-1591(98)00202-0

197 McGuire B., K. Fry, D. Orantes, L. Underkofler, S. Parry: Sex of Walker Influences Scent-marking Behavior of Shelter Dogs. *Animals.* (2020) 10:632. doi: 10.3390/ani10040632

198 Prato-Previde E., G. Fallani, P. Valsecchi: Gender Differences in Owners Interacting with Pet Dogs: An Observational Study. *Ethology.* (2006) 112:64–73. doi: 10.1111/j.1439-0310.2006.01123.x

199 Pirrone F., L. Pierantoni, S.M. Mazzola, D. Vigo, M. Albertini: Owner and animal factors predict the incidence of, and owner reaction toward, problematic behaviors in companion dogs. *J. Vet. Behav.* (2015) 10:295–301. doi: 10.1016/j.jveb.2015.03.004.

200 Blackwell E.J., C. Bolster, G. Richards, B.A. Loftus, R.A. Casey: The use of electronic collars for training domestic dogs: Estimated prevalence, reasons and risk factors for use, and owner perceived success as compared to other training methods. *BMC Vet. Res.* (2012) 8:93. doi: 10.1186/1746-6148-8-93

Hunde ihrerseits sind in der Lage, zwischen den menschlichen Geschlechtern zu unterscheiden und reagieren unterschiedlich auf Männer und Frauen[201], wobei sie auf Männer eher mit defensiver Aggression reagieren, was sich zum Beispiel durch vermehrtes Bellen und Anstarren zeigt.

In ihrer Folgestudie untersuchten Shih und Kollegen, ob das Geschlecht von Mensch und/oder Hund das Spaziergangsverhalten und das Leinenzugverhalten beeinflusst. Das Setting war identisch zu dem im Versuch oben. Nur die Fragestellung variierte. Hier die Resultate:

Die Studie

Wer zieht an der Leine? Auswirkungen des menschlichen Geschlechts und des Geschlechts des Hundes auf Mensch-Hund-Dyaden beim Gehen an der Leine

Shih, H.Y., M.B.A. Paterson, F. Georgiou, N.A. Pachana, C.J.C. Phillips: Who Is Pulling the Leash? Effects of Human Gender and Dog Sex on Human-Dog Dyads When Walking On-Leash. Animals (Basel). (2020) 10(10):1894. Published 2020 Oct. 16.

Männer/Frauen; Rüde/Hündin und Leinenführigkeit:

Rüden erzeugten eine höhere maximale Leinenspannung und zogen häufiger, unabhängig vom Geschlecht des Hundeführers. Die Hundeführer erzeugten eine höhere durchschnittliche Spannung und zogen häufiger, wenn sie mit männlichen Hunden spazieren gingen; es wurde jedoch kein Zusammenhang zwischen Frauen und Männern und der Leinenspannung festgestellt. Rüden zogen stärker und häufiger, was den Hundeführer dazu veranlasste, ebenfalls stärker und häufiger zu ziehen. Rüden zeigen ein höheres Aktivitätsniveau als Hündinnen[202]. Überraschenderweise erzeugten Männer keine höhere Spannung und zogen auch nicht häufiger während des Spaziergangs an der Leine als Frauen.

Männer/Frauen; Rüde/Hündin und Hundeverhalten:

Was das Verhalten der Hunde betrifft, so wurde weniger Schnüffeln, weniger erhobene Ruten und häufigeres Anstarren/Beobachten und Lippenlecken beobachtet, wenn die Hunde von Männern ausgeführt wurden. Dies stützt die Hypothese, dass Hunde mehr Stresssymptome zeigen und defensiver sind, wenn sie mit Männern interagieren. Außerdem könnte ein solcher Stress das Interesse der Hunde an der Erkundung der Umgebung verringern, was dazu beiträgt, dass sie beim Spaziergang mit Männern

201 Ratcliffe V.F., K. McComb, D. Reby: Cross-modal discrimination of human gender by domestic dogs. *Anim. Behav.* (2014) 91:127–135. doi: 10.1016/j.anbehav.2014.03.009

202 Kubinyi E., B. Turcsán, Á Miklósi: Dog and owner demographic characteristics and dog personality trait associations. *Behav. Process.* (2009) 81:392–401. doi: 10.1016/j.beproc.2009.04.004.

weniger häufig ziehen. Es wurde festgestellt, dass Hunde bei Männern aufmerksamer sind als bei Frauen, da sie die Männer stärker beobachten[203]. Physiologisch gesehen haben Hunde niedrigere Kortisolkonzentrationen, wenn sie mit Frauen interagieren, vermutlich, weil Frauen sich eher fürsorglich und freundschaftlich verhalten[204], was die Stressreaktion der Hunde abschwächt[205]. Es könnte aber auch sein, dass Männer aufgrund ihrer Körpergröße als einschüchternder empfunden werden oder dass Hunde sich an frühere schlechte Erfahrungen im Umgang mit Männern erinnern[206].

Männer/Frauen; Rüde/Hündin und menschliches Verhalten:

Im Vergleich zu Frauen verwendeten Männer weniger verbale Hinweise und insbesondere weniger hohe Stimmen, wenn sie mit dem Hund interagierten oder ihm Befehle gaben. Frauen neigen dazu, mehr zu sprechen und das in höheren Tonlagen. Männer hingegen setzten mehr Körpersprache ein und hatten mehr Körperkontakt mit den Hunden während des Spaziergangs. Alle Hunde zeigten mehr stressbedingte Verhaltensweisen, wenn sie mit Männern interagierten als mit Frauen, was sich u. a. darin äußerte, dass sie die Rute eher eingeklemmt hielten und häufiger beobachteten und die Lippen leckten. Schließlich neigten Frauen während des Spaziergangs eher dazu, Babysprache zu verwenden, während Männer eher dazu neigten, Körperkontakt mit den Hunden aufzunehmen. Shih und Kollegen gehen davon aus, dass ein höheres Stressniveau der Hunde zu einer geringeren Leinenzugfrequenz führt, wenn sie von Männern geführt werden.

Fazit: Diese Informationen können eine wichtige Rolle in Bezug auf die Klienten spielen. Im tiergestützten Einsatz sind Frauen immer noch überproportional repräsentiert, allerdings gilt dies nicht für die Klienten, mit denen das Mensch-Hund-Team interagiert. Es ist daher sicher hilfreich, die Unterschiede der Hunde in Bezug auf männliche und weibliche Klienten zu beachten, insbesondere bei den noch unerfahrenen Hunden am Anfang ihrer Karriere.

203 Yong M.H., T. Ruffman: Domestic dogs match human male voices to faces, but not for females. *Behaviour.* (2015) 152:1585–1600. doi: 10.1163/1568539X-00003294.

204 Buttner A.P., B. Thompson, R. Strasser, J. Santo: Evidence for a synchronization of hormonal states between humans and dogs during competition. *Physiol. Behav.* (2015) 147:54–62. doi: 10.1016/j.physbeh.2015.04.010.

205 Jones A.C., R.A. Josephs: Interspecies hormonal interactions between man and the domestic dog (Canis familiaris) *Horm. Behav.* (2006) 50:393–400. doi: 10.1016/j.yhbeh.2006.04.007.

206 Herzog H.A.: Gender Differences in Human-Animal Interactions: A Review. *Anthrozoös.* (2007) 20:7–21. doi: 10.2752/089279307780216687

13. Ein kurzer Exkurs in die Genetik

Ein spannender und noch recht neuer Bereich ist das Thema Genetik und Verhalten. Das Wechselspiel und der Zusammenhang zwischen komplexem Verhalten und den dazu genetisch erfassbaren Grundlagen ist in den letzten Jahren vermehrt untersucht worden und Forschungsergebnisse liefern Ansätze, die Grundlagen der genetischen Verankerung von Verhaltensweisen bei Hunden erklären. Da unsere Hunderassen, wie wir sie heute kennen, entwicklungsgeschichtlich sehr jung sind (ca. 250 Jahre) und deren Selektion und Weiterentwicklung durch gezielte Verpaarung vom Menschen bestimmt wird, ist die genetische Komponente von immenser Bedeutung auch für die Zuchthygiene – Krankheitsbilder (ob physisch oder psychisch) sowie Verhaltensprädispositionen sollten unbedingt mit in die Evaluation der Zuchttiere einfließen. Leider geben die gültigen Standards primär Körperbau und äußere Merkmale vor. Verhalten spielt jedoch eine große Rolle, somit auch die Frage, welcher Anteil des Verhaltens vererbt wird.

Wie wir gesehen haben, sollte ein Therapiebegleithund einige grundlegende Charaktereigenschaften mitbringen, um erfolgreich und vor allen Dingen zufrieden zu sein. Ein problematischer Bereich sind Ängste, ob sozial oder nicht sozial. In der folgenden Studie von Sarviaho und Kollegen geht es um die Frage, ob und wenn ja, wie Angstverhalten genetisch beeinflusst wird.

Die Studie

Zwei neue genomische Regionen, die bei Hunden mit Ängstlichkeit assoziiert sind, überschneiden sich mit menschlichen neuropsychiatrischen Orten

Sarviaho. R., O. Hakosalo, K. Tiira, S. Sulkama, E. Salmela, M.K. Hytönen, M.J. Sillanpää, H. Lohi: Two novel genomic regions associated with fearfulness in dogs overlap human neuropsychiatric loci. Translational Psychiatry. (2019) 9:18

Angstverhalten kann durch viele Faktoren hervorgerufen werden, auch durch genetische Prädispositionen. In dieser Studie wurde zwischen Ängstlichkeit in sozialen und nicht sozialen Situationen unterschieden. Die soziale Kategorie umfasst zum Beispiel Angst vor Fremden. Die nicht soziale Kategorie umfasst Angst vor Objekten, lauten Geräuschen, Höhenangst, Angst vor rutschigen Böden und Geräuschangst. Beides sind Faktoren, die auch im tiergestützten Einsatz eine große Rolle spielen, da unsere Hunde oft mit fremden Menschen interagieren und mit vielen neuen Gegenständen, Geräuschen und Gerüchen konfrontiert werden.

Angst vor Fremden und Angst vor neuen Situationen stehen in Zusammenhang und zeigen beide häufig Zeichen von generalisierter Angst. Hunde variieren in ihrer Reaktion, und Umweltfaktoren wie schlechte Sozialisierung, Aufzucht, Haltungsbedingungen und aversive Trainingsmethoden sind bekannte Faktoren, um diese Ängste auszulösen und zu verstärken. Zudem gibt es Studien, die hohe Erblichkeitswerte für diese Ängste zeigen, somit ist eine genetische Variable zu vermuten. Sarviaho und Kollegen untersuchten in ihrer Genomstudie bei 330 Schäferhunden Blutpräparate und machten eine DNA-Analyse. Es wurden zwei Faktoren unterschieden:

- Angst vor lauten Geräuschen (nicht sozial)

- Angst vor Fremden und neuen Situationen (sozial)

Sarviaho und Kollegen fanden zwei Orte (loki) für die beiden angstbezogenen Verhalten auf den Chromosomen 20 und 7. Diese ähneln den menschlichen neuropsychiatrischen Orten (loki) mit relevanten Genen von Neurotransmittern im Gehirn.

Von besonderem Einfluss waren ein Oxytocin-Rezeptorgen (OXTR), ein Rho-GTPase-Gen (SRGAP3) und ein Glutamat-Rezeptorgen (GRM7). OXTR steuert die Rezeptoren für Oxytocin, das Fürsorgeverhalten, Sozial- und Stressverhalten beeinflusst. Allerdings zeigen Studien, das Oxytocin und OXTR auch eine Rolle bei psychischen Erkrankungen spielen, z. B. bei Angststörungen und Autismus. Bei Hunden wurde OXTR bisher mit menschgerichtetem Sozialverhalten wie Nähe suchen und physischem Austausch verbunden.

SRGAP3 reguliert neuronale Entwicklungsprozesse und ist verantwortlich für normales kognitives Verhalten. SRGAP3 ist auch bekannt als das 'Mental disorder-associated GAP protein' und zeigt Verbindungen zu mentaler Retardation und Schizophrenie bei Menschen. Das Glutamatsystem, inklusive mGlu7, spielt eine wichtige Rolle in Bezug auf angstbezogenes Verhalten. Zudem ist GRM7 mit altersbedingtem Hörverlust gekoppelt. Studien zeigen, dass Gene in dieser Region verbunden sein können mit Depressionen und der Parkinsonschen Krankheit beim Menschen. Alle in dieser Studie bei den Schäferhunden gefundenen Genregionen sind den menschlichen vergleichbar. Beim Menschen haben Veränderungen dieser

Regionen unter anderem folgende Auswirkungen: Psychische Erkrankungen wie bipolare Störungen, Schizophrenie, Angststörungen und Depressionen. Das könnte bedeuten, dass extrem scheue, ängstliche und nervöse Hunde Symptomatiken ähnlich denen der menschlichen Krankheitsbilder zeigen könnten. Diese Hunde würden dann auch eher zu Depressionen und generalisierten Angststörungen neigen und wären somit für einen hundgestützten Einsatz nicht geeignet.

Als Fazit gilt hier festzuhalten, dass Zuchthygiene nicht nur physische Merkmale betrachten sollte, sondern mit zunehmenden Erkenntnissen auch psychische Krankheitsbilder oder Auffälligkeiten. Elterntiere, die diese Auffälligkeiten zeigen, sollten unbedingt aus der Zucht ausgeschlossen werden. Gerade für die hundgestützte Intervention ist dies ein wichtiger Faktor, da populäre Rassen wie die Border Collies oder Australian Shepherds vermehrt psychische Erkrankungen gerade auch im Bereich der Phobien und generalisierten Ängste zeigen.

Die Studie

Genomweite Assoziationsstudien zeigen neurologische Gene für Hüte-, Jagd-, Temperament- und Erziehungseigenschaften von Hunden

Shan, S., F. Xu, B. Brenig: Genome-Wide Association Studies Reveal Neurological Genes for Dog Herding, Predation, Temperament, and Trainability Traits. Front Vet Sci. (2021) 8:693290. Published 2021 Jul. 21.

Genomweite Assoziationsstudien (GWAS), bei denen Hunderassen als phänotypische Messgrößen verwendet werden, sind eine effiziente Methode zur Ermittlung von Genen, die mit morphologischen und Verhaltensmerkmalen gekoppelt sind. In dieser Studie wurden 268 Hunde-Genomsequenzen von 130 modernen Rassen verwendet, um Gene zu untersuchen, die dem Hüteverhalten, dem Jagdverhalten, dem Temperament und der Trainierbarkeit von Hunden zugrunde liegen.

Die Ergebnisse zum Hüteverhalten zeigten 44 wichtige Orte auf fünf Chromosomen. Diese Orte auf CFA7, 9, 10 und 20 befanden sich entweder in oder in der Nähe von neuropathologischen oder neuronalen Genen wie THOC1, ASIC2, MSRB3, LLPH, RFX8 und CHL1. Die Gene MSRB3 und CHL1 werden mit Angst bei Hunden in Verbindung gebracht. Beim Menschen sind diese Gene entweder an der Entwicklung des Nervensystems beteiligt oder werden mit psychischen Störungen in Verbindung gebracht.

Da es sich beim Hüten um ein nicht vollständig ausgeführtes Jagdverhalten handelt, bei dem vor dem Tötungshandlung die Handlungskette unterbrochen wird, wurden 36 Jagdhunde und 55 Hütehunde zur Analyse des Jagdverhaltens untersucht. Drei neuronal verwandte Gene wurden als Kandidaten für das Jagdverhalten identifiziert. Die signifikant verbundene Variante des Temperaments befand sich im ACSS3-Gen. Die am stärksten verknüpfte Variante bei der Trainierbarkeit befand sich auf CFA22.

Studien zeigen, dass Hundeverhaltensmerkmale in hohem Maße vererbbar sind, insbesondere für Anhänglichkeit und Aufmerksamkeitssuche, Jagen, fremdgerichtete Aggression und Trainierbarkeit[207]. Anhand von SNP-Datensätzen (Single-Nucleotide Polymorphism) und C-BARQ[208]-Daten verschiedener Rassen wurden die Merkmale Furchtlosigkeit und Aggression bei Hunden mit den Genorten GNAT3-CD36 und IGSF1 in Verbindung gebracht. Varianten in den Genen für die Körpergröße zeigten kennzeichnende Verknüpfungen mit Hundeverhalten wie Rivalität, Trennungsangst, Berührungsempfindlichkeit und Aggression[209]. Verhaltensmerkmale sind natürlich komplex, werden von mehreren Genen gesteuert und sind anfällig für Umwelteinflüsse. Und sie werden in Verbindung mit anderen Merkmalen vererbt; so sind beispielsweise Verhaltensmerkmale bei Hunden mit der Körpergröße gekoppelt[210].

So fanden Studien zwei Chromosomenregionen die beim Deutschen Schäferhund mit Ängstlichkeit verbunden sind (siehe S. 135), und einen Ort der mit Ängstlichkeit bei der Deutschen Dogge verknüpft ist[211]. Diese Regionen entsprechen den neuropsychiatrischen oder neuronalen Genregionen beim Menschen. Darüber hinaus weist die menschliche Zwangsstörung (OCD – Obsessive-Compulsive Disorder) ähnliche Merkmale wie die Zwangsstörung bei Hunden (CCD – Canine Compulsive Disorder) auf, z. B. repetitive und zeitintensive Verhaltensweisen[212]. Vier CCD-Gene wurden bei Dobermannpinschern gefunden[213]. Strukturelle Varianten in den CFA6-Genen könnten zu Verhaltensunterschieden (z. B. extreme Geselligkeit) zwischen Hunden und Wölfen beitragen und werden mit dem menschlichen

---

207 MacLean E.L., N. Snyder-Mackler, B.M. VonHoldt, J.A. Serpell: Highly heritable and functionally relevant breed differences in dog behaviour. *Proc Biol Sci.* (2019) 286:20190716. 10.1098/rspb.2019.0716

208 Canine Behavioral Assessment and Research Questionnaire. Ein Verhaltenstest für Hunde.

209 Zapata I., J.A. Serpell, C.E. Alvarez: Genetic mapping of canine fear and aggression. *BMC Genomics.* (2016) 17:572. 10.1186/s12864-016-2936-3

210 McGreevy P.D., D. Georgevsky, J. Carrasco, M Valenzuela., D.L. Duffy, J.A. Serpell: Dog behavior co-varies with height, bodyweight and skull shape. *PLoS ONE.* (2013) 8:e80529.

211 Sarviaho R., O. Hakosalo, K. Tiira, S. Sulkama, J. Niskanen, M. Hytönen, et al.: A novel genomic region on chromosome 11 associated with fearfulness in dogs. *Transl. Psychiatry.* (2020) 10:169.

212 Dodman N.H., E.K. Karlsson, A. Moon-Fanelli, M. Galdzicka, M. Perloski, L. Shuster, et al.: A canine chromosome 7 locus confers compulsive disorder susceptibility. *Mol. Psychiatry.* (2010) 15:8–10.

213 Tang R., H.J. Noh, D. Wang, S. Sigurdsson, R. Swofford, M. Perloski, et al.: Candidate genes and functional non-coding variants identified in a canine model of obsessive-compulsive disorder. *Genome Biol.* (2014) 15:R25. 10.1186/gb-2014-15-3-r25

Williams-Beuren-Syndrom in Verbindung gebracht, das sich durch Hypersozialität auszeichnet[214]. Vor allem das HS6ST2-Gen wird mit der Kontaktfreudigkeit von Hunden in Verbindung gebracht[215] und vor kurzem wurde festgestellt, dass dieses zudem signifikant mit menschlichen Neurotizismus zusammenhängt[216].

Hütehunde wurden gezüchtet, um den Menschen beim Treiben von Vieh zu helfen. Hütehunde zeigen Komponenten des Jagdverhaltens[217] wie Anstarren, Anpirschen und Hetzen ganz verstärkt, während andere Komponenten wie das Beißen und Töten der Beute unterdrückt sind[218]. Hütehunde werden als energetisch und arbeitsfreudig beschrieben. Bedeutsame neuroanatomische Unterschiede zwischen den Rassen mit ausgeprägten unterschiedlichen Verhaltensweisen, wie Hüten, Jagen, Bewachen und Begleiten sind wahrscheinlich auf die menschliche Selektion für dieses Verhalten zurückzuführen[219].

In dieser Studie wurden 268 Genomsequenzen (130 Hunderassen) von Hunden verwendet. Der Beutetrieb ist ein angeborenes Verhaltensmuster von Fleischfressern, und Beute zu hetzen, packen und töten ein grundlegendes Merkmal der Caniden. Durch selektive Züchtung ist es dem Menschen gelungen, das Beuteverhalten von Hütehunden zu reduzieren und gleichzeitig Teile des Jagdverhaltens zu erhalten[220]. Daher wurden in dieser Studie die genetischen Unterschiede zwischen Hüte- und Jagdhunden untersucht. Sechsunddreißig Hunde der Jagdhundegruppe und 55 Hunde der Hütehundegruppe wurden ausgewählt, um die Unterschiede im Jagdverhalten zwischen diesen beiden Gruppen zu erforschen.

Untersucht wurden vier Verhalten: Hüten, Jagdverhalten, Temperament und Trainierbarkeit. Von 55 Hütehunden wiesen vierundvierzig signifikant verbundene Varianten in fünf Chromosomenregionen (CFA6, CFA7, CFA9, CFA10 und CFA20) auf. Hüten ist ein komplexes Verhaltensmerkmal, das von den Hunden Furchtlosigkeit und Kühnheit verlangt. Der genetisch signifikante Ort für Furchtlosigkeit wurde

214 Shuldiner E., I.J. Koch, R.Y. Kartzinel, A. Hogan, L. Brubaker, S. Wanser, et al.: Structural variants in genes associated with human Williams-Beuren syndrome underlie stereotypical hypersociability in domestic dogs. *Sci. Adv.* (2017) 3:e1700398. 10.1126/sciadv.1700398

215 Zapata I., J.A. Serpell, C.E. Alvarez: Genetic mapping of canine fear and aggression. *BMC Genomics.* (2016) 17:572. 10.1186/s12864-016-2936-3

216 Luciano M., G. Davies, K.M. Summers, W.D. Hill, C. Hayward, D.C. Liewald, et al.: The influence of X chromosome variants on trait neuroticism. *Mol. Psychiatry.* (2021) 26:483–91.

217 Anpirschen – Orten – Fixieren – Hetzen – Packen – Töten – Zerreißen – Fressen: das sind die Sequenzen der Jagd nach Coppinger & Coppinger (2001)

218 Coppinger R., L. Coppinger: Chapter 6. Behavioral Conformation. In: *Dogs: A Startling New Understanding of Canine Origin, Behavior & Evolution*. New York, NY: Scribner. (2001) S. 189–224

219 Hecht E.E., J.B. Smaers, W.D. Dunn, M. Kent, T.M. Preuss, D.A. Gutman: Significant neuroanatomical variation among domestic dog breeds. *J. Neurosci.* (2019) 39:7748–7758

220 Siniscalchi M., D. Bertino, S. d'Ingeo, A. Quaranta: Relationship between motor laterality and aggressive behavior in sheepdogs. *Symmetry.* (2019) 11:233. 10.3390/sym11020233

auf CFA7:75-79 Mb und CFA20:8-11 Mb gefunden[221] und der für Kühnheit wurde auf CFA10:6,8-8,8 Mb entdeckt[222]. Nahegelegene Regionen werden mit mindestens zwei morphologischen (Ohrentyp und Körpergröße)[223] und zwei Verhaltensmerkmalen (Kühnheit und Angst)[224] in Verbindung gebracht. Diese Regionen stehen beim Menschen in Zusammenhang mit Taubheit[225] und der Alzheimer-Krankheit[226] sowie Stressresistenz.

Die Forscher fanden eine weitere Region, die mit dem Hüteverhalten in Verbindung gebracht wurde. Diese Region liegt nahe der Stelle, die mit dem Rivalitätsverhalten von Hunden verknüpft wird[227] und ist ein Gen, dem menschliche Neuroentwicklungsstörungen zugrunde liegen[228]. Es wird vermutet, dass es auch mit Intelligenz in Verbindung steht[229] und dies könnte eine Erklärung für die hohe Lernfähigkeit der Hütehunde sein. Es wurde festgestellt, dass die Region (CHL1) in wichtigem Zusammenhang mit der Angst bei Hunden und 3p-Behinderungen[230] beim Menschen steht[231]. Ein CHL1-Mangel kann das Erkundungsverhalten in neuen Umgebungen verändern[232] und wirkt sich auf die emotionale Reaktionsfähigkeit (Stress) und die motorische Koordination aus[233].

---

221 Sarviaho R., O. Hakosalo, K. Tiira, S. Sulkama, E. Salmela, M.K. Hytonen, et al.: Two novel genomic regions associated with fearfulness in dogs overlap human neuropsychiatric loci. *Transl. Psychiatry.* (2019) 9:18

222 Vaysse A., A. Ratnakumar, T. Derrien, E. Axelsson, G.R. Pielberg, S. Sigurdsson, et al.: Identification of genomic regions associated with phenotypic variation between dog breeds using selection mapping. *PLoS Genet.* (2011) 7:e1002316. 10.1371/journal.pgen.1002316

223 Plassais J., J. Kim, B.W. Davis, D.M. Karyadi, A.N. Hogan, A.C. Harris, et al.: Whole genome sequencing of canids reveals genomic regions under selection and variants influencing morphology. *Nat. Commun.* (2019) 10:1489

224 MacLean E.L., N. Snyder-Mackler, B.M. VonHoldt, J.A. Serpell: Highly heritable and functionally relevant breed differences in dog behaviour. *Proc. Biol. Sci.* (2019) 286:20190716. 10.1098/rspb.2019.0716

225 Ahmed Z.M., R. Yousaf, B.C. Lee, S.N. Khan, S. Lee, K. Lee, et al.: Functional null mutations of MSRB3 encoding methionine sulfoxide reductase are associated with human deafness DFNB74. *Am. J. Hum. Genet.* (2011) 88:19–29

226 Hibar D.P., H.H. Adams, N. Jahanshad, G. Chauhan, J.L. Stein, E. Hofer, et al.: Novel genetic loci associated with hippocampal volume. *Nat. Commun.* (2017) 8:13624. 10.1038/ncomms13624

227 MacLean E.L., N. Snyder-Mackler, B.M. VonHoldt, J.A. Serpell: Highly heritable and functionally relevant breed differences in dog behaviour. *Proc. Biol. Sci.* (2019) 286:20190716

228 Coe B.P., H.A. Stessman, A. Sulovari, M.R. Geisheker, T.E. Bakken, A.M. Lake, et al.: Neurodevelopmental disease genes implicated by de novo mutation and copy number variation morbidity. *Nat. Genet.* (2019) 51:106–116

229 Angeloni D., M. Wei, M. Lerman: Two single nucleotide polymorphisms (SNPs) in the CALL gene for association studies with IQ. *Psychiatr. Genet.* (1999) 9:165–7

230 Die distale Monosomie 3p ist eine seltene Chromosomenanomalie.

231 Angeloni D., N.M. Lindor, S. Pack, F. Latif, M.H. Wei, M.I. Lerman: CALL gene is haploinsufficient in a 3p-syndrome patient. *Am. J. Med. Genet.* (1999) 86:482–485

232 Montag-Sallaz M., M. Schachner, D. Montag: Misguided axonal projections, neural cell adhesion molecule 180 mRNA upregulation, and altered behavior in mice deficient for the close homolog of L1. *Mol. Cell. Biol.* (2002) 22:7967–7981

233 Pratte M., G. Rougon, M. Schachner, M. Jamon: Mice deficient for the close homologue of the neural adhesion cell L1 (CHL1) display alterations in emotional reactivity and motor coordination. *Behav. Brain Res.* (2003) 147:31–39

Neben den Anforderungen an den Mut zeigen Hütehunde Elemente des Jagdverhaltens, wie z. B. das Hetzen. Es handelt sich dabei um CCD[234]-ähnliche Verhaltensweisen, die sich darin äußern, dass die Hunde im Kreis laufen und kreisen, um die Herde zu kontrollieren. Einige pathologische CCD-Verhaltensweisen leiten sich vom Jagdverhalten ab, wie z. B. das eigene Schwanzjagen und Fliegenschnappen[235]. Hütehunde wurden selektiv so gezüchtet, dass sie geringfügige Unterschiede bei Pfeifsignalen aus einer Entfernung von fast einem Kilometer erkennen und darauf reagieren, und für Hüteaufgaben ist ein ausgezeichnetes Hörvermögen erforderlich und in der Analyse wurden Gene entdeckt, die für auditive Funktionen wesentlich sind.

Jagdhunde wiederum zeigen ein ausgeprägteres beuteorientiertes Verhalten in Bezug auf Orientierung, Verfolgung, Beutegriff und Tötungsbiss[236]. Sie zeigen bei der Jagd in der Regel mehr Erregung und Aggression. Hütehunde haben eine höhere Fähigkeit zum Starren und Hetzen, hemmen aber den Beutegriff, Beiß- und Tötungsinstinkt, um zu verhindern, dass sie Vieh verletzen[237]. Bei drei Hunderassen mit ausgeprägtem Jagdverhalten wurden unterschiedliche Neurotransmitter nachgewiesen und die Analyse ergab drei Gene für beuteorientiertes Verhalten.

In einer Studie wurde festgestellt, dass das Jagdverhalten von Hunden zudem signifikant mit der Schädelform verbunden ist. Insbesondere Jagd- oder Hütehunderassen neigen zu langen Schädeln, da ihre historische Rolle in der Verfolgung potenzieller Beutetiere oder des Viehs liegt, während Begleithunde wie z. B. die Toy Rassen eher kurze Schädel haben. Dies bedeutet, dass die Schädelform ein Indikator für jagdbezogenes Verhalten sein kann[238].

Beim Apportierverhalten von Hunden wurde ein Zusammenhang mit CFA22:32270336 festgestellt. Das Apportierverhalten war zudem ein Indikator für die Trainierbarkeit. Die Ergebnisse legen nahe, dass das ACSS3-Gen zur Entwicklung des Temperaments bei Hunden beitragen könnte. Studie zeigen, dass ACSS3 beim Menschen signifikant mit depressiven Symptomen und der Verstoffwechselung von Antidepressiva verbunden ist.

234 Canine cognitive dysfunction – Canines Kognitives Dysfunktionssyndrom (CCD) ist eine bei Hunden verbreitete Krankheit, die Symptome einer Demenz aufweist oder ähnlich der Alzheimer Erkrankung ist.

235 Dodman N.H., E.K. Karlsson, A. Moon-Fanelli, M. Galdzicka, M. Perloski, L. Shuster, et al.: A canine chromosome 7 locus confers compulsive disorder susceptibility. *Mol. Psychiatry.* (2010) 15:8–10

236 Mehrkam L.R., C.D. Wynne: Behavioral differences among breeds of domestic dogs (Canis lupus familiaris): current status of the science. *Appl. Anim. Behav. Sci.* (2014) 155:12–27

237 Early J., J. Aalders, E. Arnott, C. Wade, P. McGreevy: Sequential analysis of livestock herding dog and sheep interactions. *Animals.* (2020) 10:352. 10.3390/ani10020352

238 McGreevy P.D., D. Georgevsky, J. Carrasco, M. Valenzuela, D.L. Duffy, J.A. Serpell: Dog behavior co-varies with height, bodyweight and skull shape. *PLoS ONE.* (2013) 8:e80529

Fazit: Diese Studien zeigen den genetischen Aspekt von Verhalten und ein neuer Bereich ist der von psychischen, genetisch bedingten Verhaltensauffälligkeiten bei Hunden. Genetische Tests ermöglichen es heutzutage, frühzeitig Risiken für eine Reihe von Krankheiten zu erkennen. Auch bevor man eine aufwändige und teure Ausbildung eines Hundes im tiergestützten Bereich beginnt, könnte man rassespezifische genetische Prädispositionen ausschließen, die einen Einsatz des Hundes ab einem bestimmten Alter beeinflussen oder verhindern.

14. Teilen wir Empfindungen und Emotionen?

Die emotionale Ansteckung zwischen den Arten hat eine psychologische, eine physiologische und eine ethologische Grundlage. Mehrere Studien zeigen, dass die Übertragung von Emotionen von der Freisetzung bestimmter Hormone (z. B. Oxytocin), Veränderungen des Körpergeruchs beim Menschen, dem Feuern von Schlüsselneuronen bei Hunden und ihren Menschen und anderen physiologischen Faktoren abhängt. Die Forschung zeigt auch, dass das Ausmaß, in dem Hunde die Emotionen ihrer Besitzer spiegeln, von der Dauer ihrer Beziehung abhängt[239]. Das ist gerade jetzt ein besonders bemerkenswertes Phänomen, da Menschen und ihre Hunde während der Pandemie viel Zeit miteinander verbracht haben.

Neue Studien zeigen, wie Verhaltensweisen und chemische Signale ihrer Menschen Hunde so beeinflussen können, dass sie nicht nur zwischen Angst, Aufregung oder Wut ihrer Halters unterscheiden können, sondern die Hunde sich auch von ihren menschlichen Begleitern „anstecken lassen" können, was auch bedeutet, dass Stress und Angst des Halters auch zu Stress und Angst des Hundes werden können. Insbesondere im tiergestützten Bereich kann das ein hoher Belastungsfaktor für den Hund sein.

Die Studie

Langfristiger Stress bei Hunden hängt mit der Mensch-Hund-Beziehung und Persönlichkeitsmerkmalen zusammen

Höglin, A., E. Van Poucke, R. Katajamaa, et al.: Long-term stress in dogs is related to the human-dog relationship and personality traits. Sci. Rep. (2021) 11:8612. s41598-021-88201-y

In einer früheren Studie hatten Höglin und Kollegen herausgefunden, dass Hütehunde, die in den Studien zu den kooperativen Rassen zählen und explizit für die Zusammenarbeit mit dem Menschen ausgewählt wurden, ihr langfristiges Stressniveau mit dem ihrer Besitzer synchronisieren. Das Ziel dieser Studie war es, die Merkmale zu untersuchen, die das Langzeitstressniveau bei den sogenannten alten Hunderassen (siehe Kasten S. 146) beeinflussen sowie bei jagdlich geführten einzeln jagenden Jagdhunderassen. Vierundzwanzig Hunde alter Rassen und

239 Kikusui, T.: Emotional contagion from humans to dogs is facilitated by duration of ownership. *Front. Psychol.* (2019) 10:1678. https://doi.org/10.3389/fpsyg.2019.01678

18 Jagdhunde wurden ausgewählt, und sowohl von den Hunden als auch von den Besitzern wurden Haarproben entnommen, um die Kortisolkonzentration (HCC) als Stressindikator zu analysieren. Zusätzlich füllten die Besitzer den Monash Dog Owner Relationship Scale (MDORS), einen Fragebogen zur Mensch-Hund-Beziehung sowie Fragebögen zur Persönlichkeit von Hund und Halter (Dog Persönlichkeitsfragebogen und Big Five Inventory) aus[240].

Emotionale Ansteckung wurde bereits früher durch physiologische, endokrine und verhaltensbezogene Reaktionen zwischen Hund und Halter nachgewiesen und könnte eine Folge der Domestizierung unserer Hundes und ihrer Teilhabe an unserem Alltagsleben sein[241]. Die sogenannte emotionale Ansteckung kann auch durch Zuchtauswahl und die Arbeitsaufgabe der Rasse beeinflusst werden[242]. Sowohl Border Collies als auch Shetland Sheepdogs zeigten eine starke langfristige Stresssynchronisation mit ihren Besitzern[243]. Es wurde bereits in einer früheren Studie gezeigt, dass die Interaktionen zwischen Mensch und Hund und Aspekte der Mensch-Hund-Beziehung mit Veränderungen der Oxytocinkonzentration dieser verbunden sind[244]. Im Gegensatz zu Hütehunden sind die alten Rassen genetisch näher am Wolf und wurden nicht speziell für die Zusammenarbeit mit dem Menschen gezüchtet.

Höglin und Kollegen fanden heraus, dass unabhängig von der untersuchten Rassegruppe die Beziehung zwischen Halter und Hund mit der Kortisolkonzentration (HCC) des Hundes in Zusammenhang stand. Die Persönlichkeitsmerkmale der Halters beeinflussten die Jagdhunderassen stärker als die alten Rassen, aber es gab keine Hinweise auf eine langfristige Stresssynchronisation zwischen den Haltern und ihren Hunden. Stattdessen könnte die zwischen Hütehunden und ihren Haltern festgestellte langfristige Stressansteckung auf die Rasseselektion für eine enge Zusammenarbeit mit dem Menschen zurückzuführen sein, während die Kortisolkonzentration des Hundes je nach Rassegruppe in unterschiedlichem Maße mit der Persönlichkeit des Halters zusammenhängt[245]. Bei den alten Rassen wurde kein Zusammenhang zwischen den Persönlichkeitsmerkmalen der Besitzer und der Kortisolkonzentration der Hunde festgestellt. Die Kortisolkonzentration von Jagdhunderassen zeigte einen negativen Zusammenhang mit dem Persönlichkeitsmerkmal Verträglichkeit und einen positiven Zusammenhang mit Offenheit, was auf einen

240 Packer, R.M.A. et al.: What can we learn from the hair of the dog? Complex effects of endogenous and exogenous stressors on canine hair kortisol. *PLoS ONE.* (2019) 14:1–16. https://doi.org/10.1371/journal.pone.0216000

241 Sundman, A.-S. et al.: Long-term stress levels are synchronized in dogs and their owners. *Sci. Rep.* (2019) 9:7391

242 Sümegi, Z., K. Oláh, J. Topál: Emotional contagion in dogs as measured by change in cognitive task performance. *Appl. Anim. Behav. Sci.* (2014) 160:106–115

243 Sundman, A.-S., M. Johnsson, D. Wright, P. Jensen: Similar recent selection criteria associated with different behavioural effects in two dog breeds. *Genes Brain Behav.* (2016) 15:750–756

244 Handlin, L., A. Nilsson, M. Ejdebäck, E. Hydbring-Sandberg, K. Uvnäs-Moberg: Associations between the psychological characteristics of the human-dog relationship and oxytocin and kortisol levels. *Anthrozoos.* (2012) 25:215–228

245 Hoummady, S., et al.: Relationship between personality of human-dog dyads and performances in working tasks. *Appl. Anim. Behav. Sci.* (2016) 177:42–51

größeren Einfluss des Besitzers auf die Kortisolkonzentration der Jagdhunde im Vergleich zu den alten Hunderassen hindeutet.

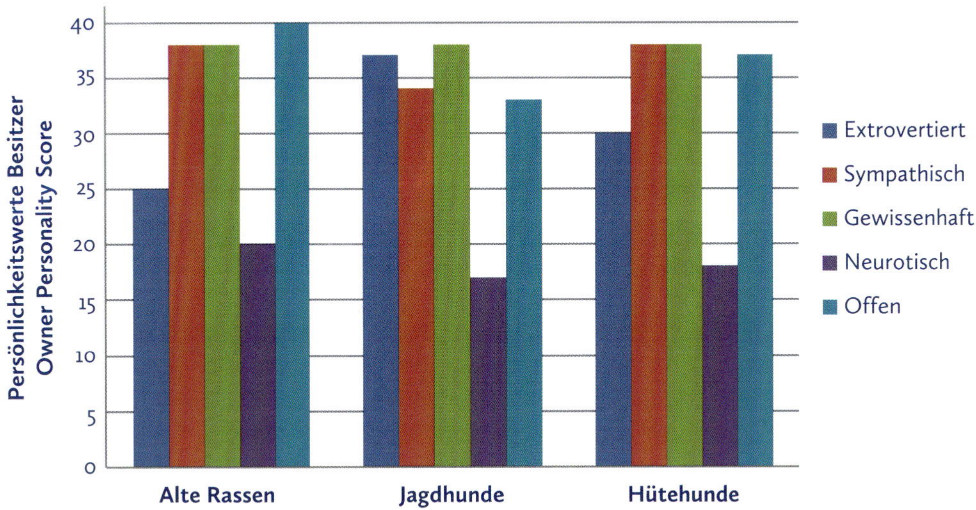

Hier sieht man die Ergebnisse der Besitzerpersönlichkeit: blau = extrovertiert; rot = sympathisch; grün = gewissenhaft; lila = neurotisch; türkis = offen und die Beziehung zu den verschiedenen Rassetypen: alte Rasse; Jagdhunde; Hütehunde.

Sowohl bei den alten Rassen als auch bei den Jagd- und Hütehunderassen wurde die Beziehung zwischen Halter und Hund mit der Kortisolkonzentration der Hunde in Verbindung gebracht, obwohl dies bei den alten Rassen weniger ausgeprägt war. Die Kortisolkonzentration von Hunden verschiedener Rassengruppen könnte in unterschiedlichem Maße durch den Besitzer und die Mensch-Hund-Beziehung beeinflusst werden. Erschwerend kommt hinzu, dass Persönlichkeitsmerkmale die Beziehung zwischen Hund und Halter beeinflussen können. In dieser Studie waren es vor allem die Persönlichkeitsmerkmale des Hundes, die mit MDORS in Verbindung gebracht wurden – und nur wenige Persönlichkeitsmerkmale des Halters – die Unterschiede hervorriefen.

Besitzer von Jagdhunden hatten weniger positive Interaktionen mit ihren Hunden, empfanden eine schwächere emotionale Bindung und schätzten ihre Hunde im Vergleich zu Besitzern von alten Rassen oder Hütehunden als kostenintensiver ein. Die Ergebnisse spiegeln auch den Verwendungszweck der Hunde wider. Während die Gruppe der alten Rassen im Allgemeinen als Begleithunde gehalten wurden, wurde die Gruppe der Jagdhunde primär zum Zwecke der Jagd gehalten, sie waren also tatsächlich Gebrauchshunde. Bei den Jagdhunderassen wurde eine Auswirkung des Geschlechts des Hundes auf die Kortisolkonzentration festgestellt: Hündinnen hatten eine höhere Kortisolkonzentration als Rüden.

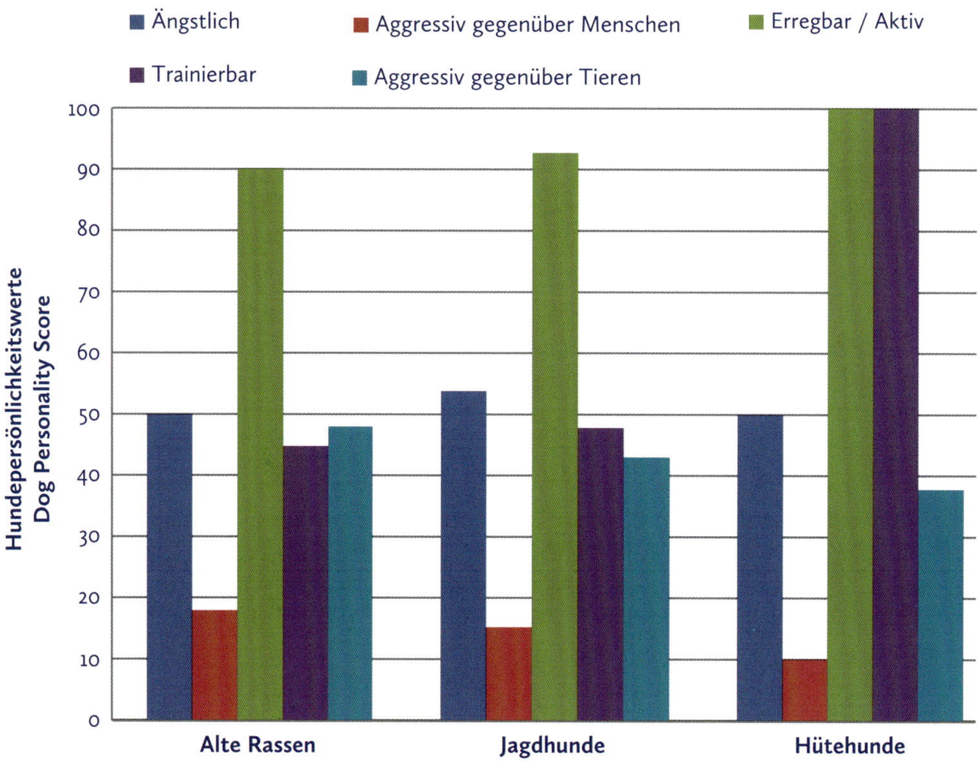

Hier sieht man die Ergebnisse der Hundepersönlichkeit: rot = Aggression ggü. Menschen; grün = Erregbarkeit; türkis = Aggression ggü. anderen Tieren/Hunden; blau = Ängstlichkeit; lila = Trainierbarkeit und die Beziehung zu den verschiedenen Rassetypen: alte Rasse; Jagdhunde; Hütehunde.

Vergleicht man die Kortisolkonzentrationswerte zwischen den einzelnen Rassegruppen, zeigt sich, dass die Gruppe der alten Rassen am wenigsten vom Halter und der Beziehung beeinflusst wird. Die Jagdhunde zeigen deutliche Verknüpfungen sowohl mit den Persönlichkeitsmerkmalen des Besitzers als auch mit der Beziehung zu ihm, aber nur die Hütehunde zeigen eine langfristige Stresssynchronisation zwischen Mensch und Hund[246].

246 Sundman, Ann-Sofie, Enya Van Poucke, Ann-Charlotte Svensson, Åshild Faresjö, Lina S.V. Roth: Long-term stress levels are synchronized in dogs and their owners. *Scientific Reports.* (2019) 9. 10.1038/s41598-019-43851-x

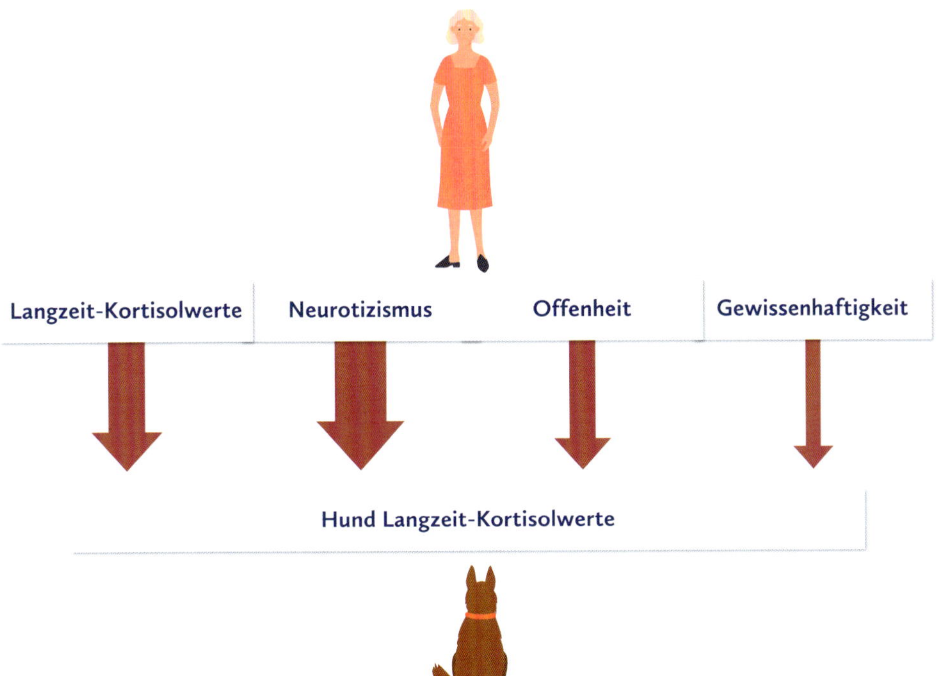

Die Kortisolkonzentration (HCC) im Hundehaar wurde von der Kortisolkonzentration des Besitzers und den Persönlichkeitsmerkmalen des Besitzers (Neurotizismus, Offenheit und Gewissenhaftigkeit) beeinflusst. Die Breite der Pfeile entspricht dem Einfluss jeder Variablen auf die Langzeit Kortisolkonzentration beim Hund.

Diese Ergebnisse deuten darauf hin, dass die langfristige Stresssynchronisation durch die Selektion für die Kooperation mit dem Menschen beeinflusst wird, dass aber die Mensch-Hund-Beziehung und Persönlichkeitsmerkmale wichtige Merkmale sind, die den Kortisol – und somit Stresswert des Hundes beeinflussen.

Fazit: Da viele Hunde im tiergestützten Bereich Hütehunde sind und eher nicht den alten Rassen angehören oder jagdlich geführt werden, ist dies dahingehend spannend, dass diese sogenannten kooperativen Rassen am ehesten den Stresslevel ihres Halters widerspiegelen. Fraglich ist, inwieweit auch die Stresskomponenten des Klienten hier eine Rolle spielen. Das bedeutet, dass auf Hunde dieser Rassen ganz vermehrt ein Augenmerk gelegt werden muss, um sicherzustellen, dass diese nicht langfristig hohe Stresswerte spiegeln. Denn auch genetisch (siehe oben) sind sie prädisponiert.

Was sind „alte Rassen"? Höglin und Kollegen beziehen sich auf die bahnbrechenden Publikationen von Parker und Kollegen (2017[247], 2007, 2004).

Laut Parker und Kollegen fand die älteste Abspaltung des Stammbaumes vom Wolf zu den Hunden bei den asiatischen Spitzartigen statt. Dabei spaltete sich den Genanalysen zufolge als erstes der Chinesische Shar-Pei ab, danach der Shiba Inu, gefolgt von einer Line, die sich in die alten Hunderassen Chow Chow und Akita aufteilte. Aus der zweiten Linie ging der Basenji hervor. Dieser Hundetyp ist die afrikanische Ur-Hunderasse. Von den Vorfahren des Basenji entwickelte sich der arktische Hund im Urtyp, der sich dann später in Siberian Husky und Alaskan Malamute spaltete. Die zweite Basenji-Vorfahren-Linie führt zu den alten Hunderassen aus dem Nahen Osten. Dort zählen Afghane und Saluki zu den urtümlichsten Hunderassen.

Das nachstehende Diagramm zeigt einen Teil der 85 getesteten Hunderassen und ihre Zugehörigkeit zu den vier genetischen Gruppen. Das Diagramm zeigt die 14 wolfsähnlichsten „alten Rassen" ganz links. Je weiter das Diagramm nach rechts geht, desto weniger „wolfsähnlich" sind die Rassen genetisch.

Abb.

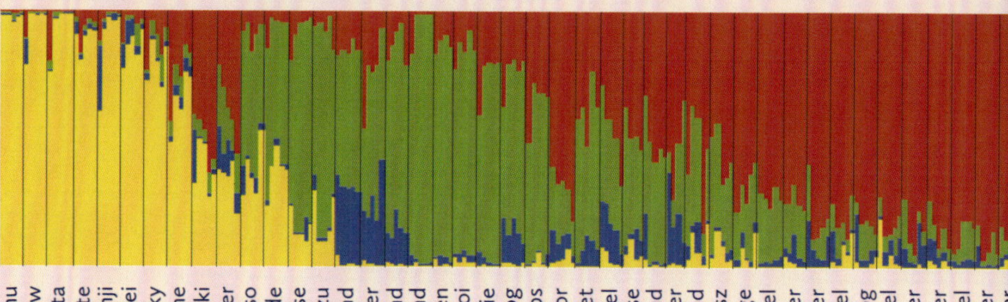

Hunderassen, die dem Wolf genetisch am ähnlichsten sind, auf der linken Seite (gelb). Der Wolf wäre eine volle gelbe Säule.

247 Parker, H.G., et al.: Genomic analyses reveal the influence of geographic origin, migration, and hybridization on modern dog breed development. *Cell. Rep.* (2017) 19:697–708

Parker und Kollegen zeigten verschiedene Mechanismen auf, durch die sich moderne Rassen entwickelt haben könnten, wie etwa geografische Trennung und Einwanderung, die Rolle der Hybridisierung in der Geschichte der Rassen und den zeitlichen Ablauf der Entstehung dieser. In der Studie wurden umfangreichen Datensätze ausgewertet, die Rassen aus verschiedenen Teilen der Welt umfasste und in einem dichten Maßstab gengetestet wurde. Durch die Anwendung von Stammbaum-Methoden und einer genomweiten Analyse des gegenwärtigen Haplotyp-Austauschs haben sie gemeinsame Populationsfaktoren für viele Rassen aufgedeckt. Parker und Kollegen schlugen deshalb einen zweistufigen Prozess der Rassenentstehung vor, der mit einer früheren Trennung durch funktionale Arbeitsmerkmale der Hunde beginnt, gefolgt von einer Selektion auf physische Merkmale.

Rasseabhängige Mutationen/Krankheitsdispositionen

Ein zweiter ungemein wichtiger Bereich, der erforscht wurde, waren Krankheiten: Die Daten und Analysen boten eine Grundlage zu erforschen, welche und warum zahlreiche, oft schädliche Mutationen in scheinbar nicht verwandten Rassen gemeinsam vorkommen (siehe unten Beispiele). Parker und Kollegen untersuchten die bisher größte Anzahl von Genomdaten vielfältigster Rassegruppen. Es handelt sich um Populationen mit sehr unterschiedlicher Rassehistorie, die von allen Kontinenten (Nordamerika, Europa, Afrika und Asien) stammen – mit Ausnahme der Antarktis. Insbesondere wurden Rassen einbezogen, die das gesamte Spektrum der phänotypischen Variation unter den modernen Hunden repräsentieren, sowie drei Rassen, die sowohl in den Vereinigten Staaten als auch in ihrem Herkunftsland beprobt wurden. Proben von 938 Hunden, die 127 Rassen und neun wilde Caniden repräsentieren, wurden genotypisiert.

150 Rassen, d. h. 93 % des Datensatzes, lassen sich in 23 Gruppen von jeweils 2 – 18 Rassen unterteilen, die zu mehr als 50 % identisch waren. Diese Multi-Rasse-Gruppen spiegeln gemeinsame Verhaltensweisen, physische Erscheinungen und/oder eine verwandte geografische Herkunft wider.

Abb. 2

Collie, Border Collie und Australian Shepherd leiden alle häufig unter der Collie-Augenanomalie (CEA), was auf einen gemeinsamen Vorfahr hinweist.

Auch genetische Krankheiten bei verschiedenen Rassen konnten so erklärt werden:
Ihre Hybridisierungsanalyse zeigt Hinweise auf gemeinsame Krankheiten zwischen den Gruppen. So beispielsweise die Collie-Augenanomalie (CEA), eine Krankheit, die die Entwicklung der Aderhaut bei mehreren Hütehunderassen beeinträchtigt, darunter der Collie, der Border Collie und der Australian Shepherd. Das Mutations- und Haplotypmuster zeigte sich bei allen betroffenen Rassen, und Parker und Kollegen spekulierten, dass alle einen gemeinsamen, offensichtlich betroffenen Vorfahren hatten. Sie waren jedoch nicht in der Lage, das Auftreten der Krankheit beim Nova Scotia Duck Tolling Retriever zu erklären, einem Sporthund aus Kanada, entstanden aus einer Mischung lokaler Rassen, der ebenfalls den gleichen Haplotyp aufwies. Diese verwirrende Beobachtung kann nun erklärt werden, da die Analyse zeigt, dass der Collie und/oder der Shetland Sheepdog stark zur Entstehung des Nova Scotia Duck Tolling Retrievers beigetragen haben und daher wahrscheinlich die Quelle der CEA-Mutation innerhalb dieser Rasse sind (siehe Abb. 3 A, S. 151).

Haplotypen, die zwischen den Rassen geteilt werden und Träger bekannter Mutationen sind. Rassen sind miteinander verbunden, wenn der Durchschnitt der gemeinsamen Haplotypengröße den Schwellenwert von 95 % einer gemeinsamen Klade teilt/überschreitet. Teilen die Rassen den Haplotypen mit Rassen, die bekanntermaßen Träger der Mutation sind, ist diese schwarz gefärbt. Sie sind farblich verbunden mit der anderen Rasse, die die Mutation trägt:

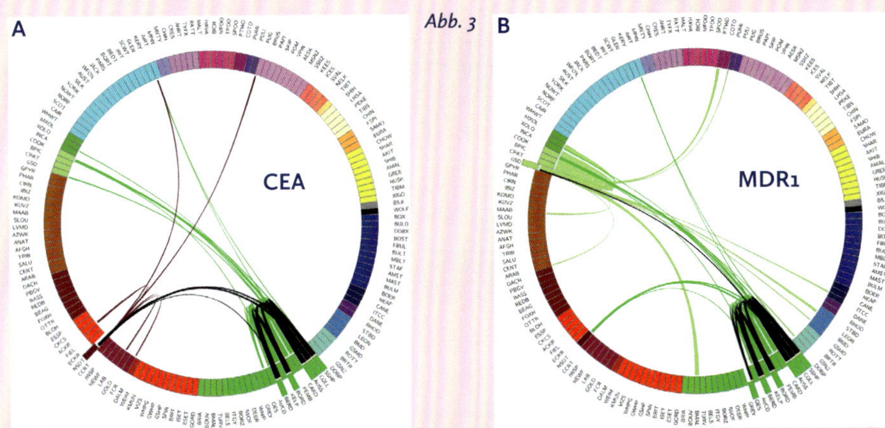

Abb. 3

A: *Collie-Augenanomalie (CEA), eine Krankheit, die die Entwicklung der Aderhaut bei mehreren Hütehundrassen beeinträchtigt.*

B: *Mutation im MDR1-Gen (Multi-Drug-Resistenz 1)*

In ähnlicher Weise wurde eine Mutation im MDR1-Gen (Multi-Drug-Resistenz 1), die bei vielen Rassen lebensbedrohliche Reaktionen auf mehrere Medikamente hervorruft, bei 10 % der Deutschen Schäferhunde festgestellt. Die Daten zeigen eine Verbindung zwischen dem Deutschen Schäferhund und den ländlichen Rassen des Vereinigten Königreichs über den Australian Shepherd und unterstreichen die unerwartete Rolle, die der Australian Shepherd oder sein Vorgänger bei der Entwicklung des modernen Deutschen Schäferhundes spielte. Zu Beginn des Jahres 2016 wurde die MDR1-Mutation beim Chinook mit einer Häufigkeit von 15 % identifiziert. Die Analyse zeigt eine Vermischung zwischen dieser Rasse und dem Deutschen Schäferhund sowie eine bisher unbekannte Beimischung von Collies, die beide Träger der MDR1-Mutation sind. Ein gemeinsamer Haplotyp mit denselben betroffenen Rassen wurde beim Xoloitzcuintle gefunden, was zu der Annahme veranlasst, dass diese seltene Rasse ebenfalls das schädliche Allel trägt.

Man sieht, dass viele Eigenschaften, die mit bestimmten Tätigkeiten verbunden sind (Hüten, Jagen, Wachen) wahrscheinlich mehr als einmal in verschiedenen geografischen Gebieten während der Geschichte des modernen Hundes entwickelt wurden.

Abb. 4

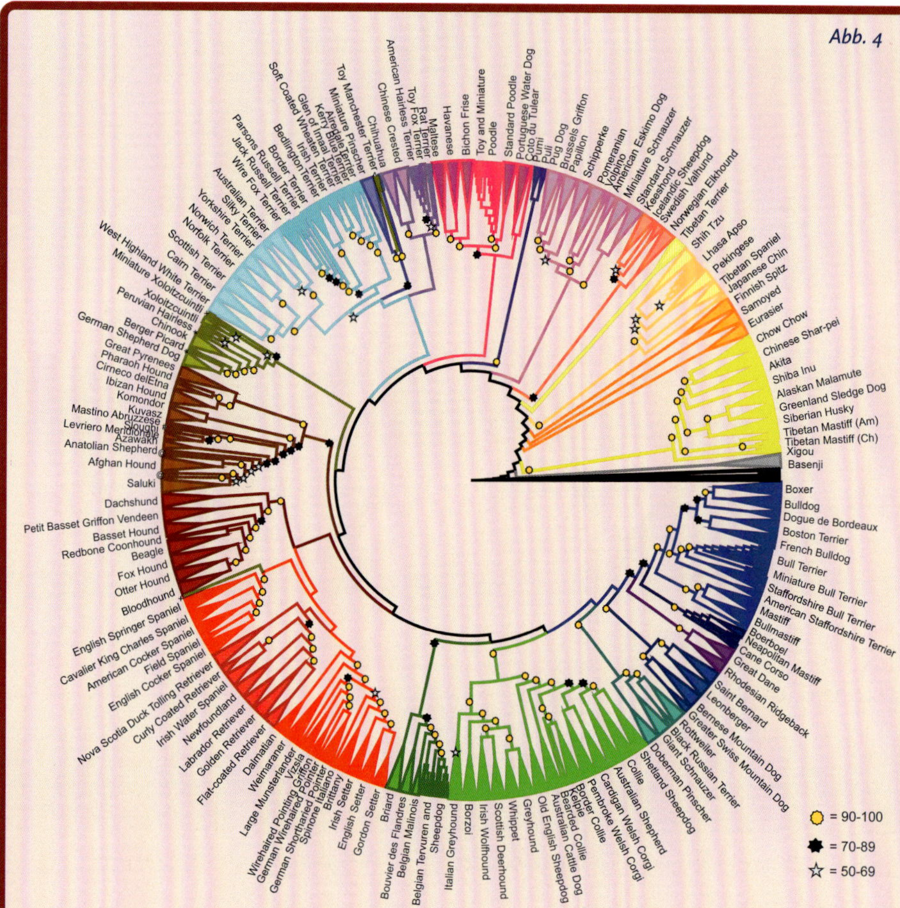

*Kladogramm von 161 Haushunderassen. Rassen, die eindeutige Kladen bilden, die von 100% der Bootstraps unterstützt werden, sind zu Dreiecken zusammengefasst. Für alle anderen Zweige gilt: goldener Stern = 90% oder besser, schwarzer Stern = 70% – 89%, silberner Stern = 50% – 69% Bootstrap-Unterstützung. Die Rassen sind am Rande des Kreises aufgeführt. Eine kleine Anzahl von Hunden, die nicht mit dem Rest ihrer Rasse geclustert sind, ist wie folgt angegeben: * - Cane paratore; + - Peruanischer Haarloser Hund; # - Sloughi; @ - Ursprungsland Salukis; ^ - Miniatur Xoloitzcuintli*

Quelle: Parker HG, Dreger DL, Rimbault M, Davis BW, Mullen AB, Carpintero-Ramirez G, Ostrander EA. Genomic Analyses Reveal the Influence of Geographic Origin, Migration, and Hybridization on Modern Dog Breed Development. Cell Rep. 2017 Apr. 25;19(4):697–708.

15. Geteilte Emotionen?

Kann ängstliches Verhalten von Menschen Angstprobleme beim Hund auslösen?

Die Studie

Bewertung der vermittelnden und moderierenden Effekte auf die Beziehung zwischen der Angst der Besitzer und der Angst der Hunde: Ein Instrument zum Verständnis eines komplexen Problems

Pereira, M., A. Lourenco, M. Lima, J. Serpell, K. Silva: Evaluation of mediating and moderating effects on the relationship between owners' and dogs' anxiety: A tool to understand a complex problem. Journal of Veterinary Behavior. Volume 44. (2021) S. 55–61

Ängstliches Verhalten lässt sich oft bei mehreren Menschen innerhalb einer Familie beobachten. Sind die Eltern eher ängstlich, haben sie oft auch ängstliche Kinder. Zu unseren Familien gehören zunehmend auch Hunde als Familienmitglieder. Auf Grundlage früherer Forschungen, die auf eine „Persönlichkeitsanpassung" zwischen Menschen und Hunden hinweisen, wurde in der Studie von Pereira und Kollegen der Zusammenhang zwischen der Angst des Halters und der Angst bzw. den angstbedingten Verhaltensproblemen ihres Hundes untersucht. Zwei Hypothesen wurden getestet: dass Hunde direkt auf die Angst ihrer Besitzer durch emotionale Ansteckung reagieren oder dass die Angst des Besitzers den Hund indirekt beeinflusst, und zwar (a) durch die Überfürsorglichkeit des Besitzers, die die Fähigkeit des Hundes einschränkt, sich mit neuen Situationen vertraut zu machen, oder (b) durch die Anwendung von Zwangsmethoden in der Hundeerziehung. Es wurde ein Online-Fragebogen verwendet, der dazu diente, die Ängstlichkeit der Besitzer und die angstbedingten Verhaltensprobleme der Hunde sowie das Schutzverhalten der Besitzer und die emotionalen Reaktionen der Hunde auf die Emotionen ihrer Besitzer (d. h. ihre „empathische Eigenschaft") zu messen. Die Daten von 1.172 Hundebesitzern wurden erhoben. Die Ergebnisse zeigten einen deutlichen Zusammenhang zwischen dem Angstverhalten der Hundehalter und dem Ausmaß der Angst bzw. dem Angstverhaltens ihrer Hunde. Das Ausmaß, in dem Hunde einen „empathischen Charakterzug" aufweisen, könnte zudem die Stärke dieses Zusammenhangs beeinflussen.

Die Studie

Eine Schulter zum Ausweinen: Herzfrequenzvariabilität und einfühlsame Verhaltensreaktionen auf Weinen und Lachen bei Hunden

Meyers-Manor, J.E., Botten, M.L.: A shoulder to cry on: Heart rate variability and empathetic behavioral responses to crying and laughing in dogs. Can. J. Exp. Psychol. (Sep. 2020) 74(3):235–243.

Studien haben gezeigt, dass Hunde unser Gähnen spiegeln, dass ihr Kortisolspiegel ansteigt, wenn sie ein Baby weinen hören[248] und dass unsere Hunde auf den emotionalen Ton unserer Stimme reagieren. Hunde verfügen somit über die sogenannte „affektive Empathie", die definiert ist als die Fähigkeit, die Gefühle eines anderen zu verstehen – und zwar gegenüber Menschen, die ihnen wichtig sind. Emotionale Ansteckung ist eine primitive Form der affektiven Empathie, die die Fähigkeit, Gefühle zu teilen, widerspiegelt.

Eine Schulter zum Ausweinen…

Meyers-Manor und Botten untersuchten, wie Hunde reagieren, wenn ihr Halter bzw. ein Fremder vorgab zu lachen respektive zu weinen. Der Hund schenkte der Person, die zu weinen vorgab, mehr Aufmerksamkeit, sowohl durch Blick- als auch durch Körperkontakt. Und wenn die fremde Person weinte, zeigten die Hunde höhere Stressreaktionen, die sich in einer niedrigeren Herzfrequenzvariabilität äußerte. Das deutet darauf hin, dass Hunde, die durch emotionale Ansteckung mehr Stress erfahren, mit größerer Wahrscheinlichkeit personenorientierte Verhaltensweisen gegenüber dem traurigen Menschen zeigen, was auf einen möglichen Mechanismus für Empathie-ähnliche Verhaltensweisen hinweist. Ein wichtiger Aspekt der emotionalen Ansteckung ist, dass ihre Stärke durch die Beziehung innerhalb einer Dyade moduliert wird. Wenn ein Paar eine emotionale Beziehung eingeht, wie z. B. in der Mutter-Kind-Beziehung, erhöht sich die emotionale Ansteckung. Der wichtigste Faktor, der die emotionale Ansteckung beeinflusst, ist jedoch die gemeinsam verbrachte Zeit. Darüber hinaus hat die Dauer, die der Mensch mit seinem Hund täglich verbringt, natürlich auch einen positiven Einfluss auf andere Bindungsparameter. Die emotionale Ansteckung hat sich wahrscheinlich durch das Teilen der gleichen Umgebung und des gleichen Lebensraums ergeben. Denn die genetische Verwandtschaft stellt zum Beispiel keinen großen Faktor in Bezug auf die emotionale Ansteckung dar. Zudem zeigen Hündinnen stärkere emotionale Ansteckung als Rüden. Studien zeigen auch hier, dass die Empathiefähigkeit bei allen weiblichen Tieren, einschließlich des Menschen, höher ist als bei den männlichen.

248 Yong M.H., T. Ruffman: Emotional contagion: dogs and humans show a similar physiological response to human infant crying. *Behav. Processes.* (Oct. 2014) 108:155–65. doi: 10.1016/j.beproc.2014.10.006. Epub 2014 Nov. 4. PMID: 25452080

Auch sensorische Faktoren können die emotionale Ansteckung zwischen Menschen und ihren vierbeinigen Begleitern beeinflussen. Zum einen verfügen Hunde über eine bemerkenswerte Fähigkeit, die Mimik und die Körpersprache von Menschen zu lesen. Während einige Untersuchungen ergaben, dass Hunde sich mehr auf den körperlichen Ausdruck von Emotionen konzentrieren als auf die reine Gesichtsmimik[249], sowohl bei Menschen als auch bei anderen Hunden, haben andere Studien gezeigt, dass Hunde menschliche Gesichtsausdrücke ähnlich wie Menschen verarbeiten. Siniscalchi und Kollegen fanden heraus, dass Hunde auf menschliche Gesichter, die die sechs grundlegenden Emotionen ausdrücken – Wut, Angst, Freude, Traurigkeit, Überraschung und Ekel – mit Veränderungen ihres Blicks und ihrer Herzfrequenz reagierten.

Die Studie

Orientierungsasymmetrien und physiologische Reaktivität bei der Reaktion von Hunden auf menschliche emotionale Gesichter

Siniscalchi, M., S. d'Ingeo, A. Quaranta: Orienting asymmetries and physiological reactivity in dogs' response to human emotional faces. Learn. Behav. (2018) 46:574–585

Aus der neueren wissenschaftlichen Literatur geht hervor, dass emotionale Signale, die durch menschliche Laute und Gerüche vermittelt werden, vom Gehirn des Hundes asymmetrisch verarbeitet werden. Die Fähigkeit, die Emotionen anderer Individuen zu erkennen, spielt bei Tieren, die in sozialen Gruppen leben, eine zentrale Rolle für den Aufbau und die Aufrechterhaltung von sozialen Beziehungen. Sie ermöglicht es ihnen, die Motivation und die Absichten eines anderen Individuums richtig einzuschätzen und ihr Verhalten bei Interaktionen entsprechend anzupassen. Für den Menschen ist die Mimik eine wichtige Informationsquelle, da sie Auskunft über Alter, Geschlecht, Aufmerksamkeitsrichtung und vor allem über den individuellen emotionalen Zustand des Gegenübers gibt. Da Hunde in engem Kontakt mit Menschen leben, haben sie einzigartige soziokognitive Fähigkeiten entwickelt, die es ihnen ermöglichen, effizient mit Menschen zu interagieren und zu kommunizieren. Die besondere Sensibilität von Hunden für menschliche Gesichter zeigt sich in einer Spezialisierung der Schläfenrindenregion des Gehirns auf deren Verarbeitung.

Hunde sind in der Lage, vertraute menschliche Gesichter zu unterscheiden, indem sie die visuellen Informationen sowohl der Gesichter als auch des Kopfes nutzen und alle Gesichtsmerkmale systematisch erfassen (z. B. Augen, Nase und Mund). Darüber hinaus konzentrieren Hunde, wie auch Menschen, ihre Aufmerksamkeit hauptsächlich auf die Augenregion und zeigen Beeinträchtigungen bei der

249 Correia-Caeiro C., K. Guo, D. Mills: Bodily emotional expressions are a primary source of information for dogs, but not for humans. *Anim. Cogn.* (2021) 24(2):267–279. doi:10.1007/s10071-021-01471-x

Identifizierung von Gesichtern, wenn diese maskiert sind. Interessanterweise variiert ihr Blickmuster auf die informativen Regionen von Gesichtern je nach ausgedrückter Emotion. Hunde neigen dazu, bei positiven Gefühlsausdrücken mehr auf die Stirnregion und bei negativen Gesichtsausdrücken mehr auf den Mund und die Augen zu schauen, während sie ihren Blick von wütenden Augen abwenden. Die Aufmerksamkeitsausrichtung auf die informativen Regionen menschlicher emotionaler Gesichter deutet darauf hin, dass Hunde menschliche Emotionen anhand von Gesichtshinweisen kodieren. Darüber hinaus stützen sich Hunde bei der Erkundung menschlicher Gesichter (nicht aber der Gesichtern von Artgenossen) ebenso wie Menschen mehr auf Informationen in ihrem linken Gesichtsfeld.

Obwohl symmetrisch, unterscheiden sich die beiden Seiten des menschlichen Gesichts in ihrer emotionalen Ausdruckskraft. Die Menschen nehmen die linke Gesichtshälfte als stärker gefühlsbetont wahr als die rechte, insbesondere bei negativen Emotionen. In Anbetracht der Tatsache, dass die Muskeln der linken Gesichtshälfte hauptsächlich von der gegenüberliegenden Hemisphäre gesteuert werden, deutet ein solcher Unterschied in der gezeigten emotionalen Intensität auf eine dominante Rolle der rechten Hemisphäre beim Ausdruck von Emotionen hin. Eine rechtshemisphärische Asymmetrie bei der Verarbeitung menschlicher Gesichter wurde auch bei Hunden festgestellt. Bei Hunden wurde diese Asymmetrie bei der Verarbeitung menschlicher emotionaler Stimuli mit unterschiedlicher Bedeutung auch für den Geruchssinn und das Gehör belegt. Insbesondere wurde eine Dominanz der rechten Hemisphäre als Reaktion auf menschliche Gerüche und emotionale Sprache mit einer negativen Emotion gezeigt (Kopfdrehung bevorzugt nach links als Reaktion auf Sprache von „Angst“ und „Traurigkeit“; Siniscalchi et al., 2018). Im Gegensatz dazu zeigte sich eine Dominanz der linken Hemisphäre bei der Analyse positiver Sprache (Kopfdrehung bevorzugt nach rechts als Reaktion auf „Glück“-Vokalisationen).

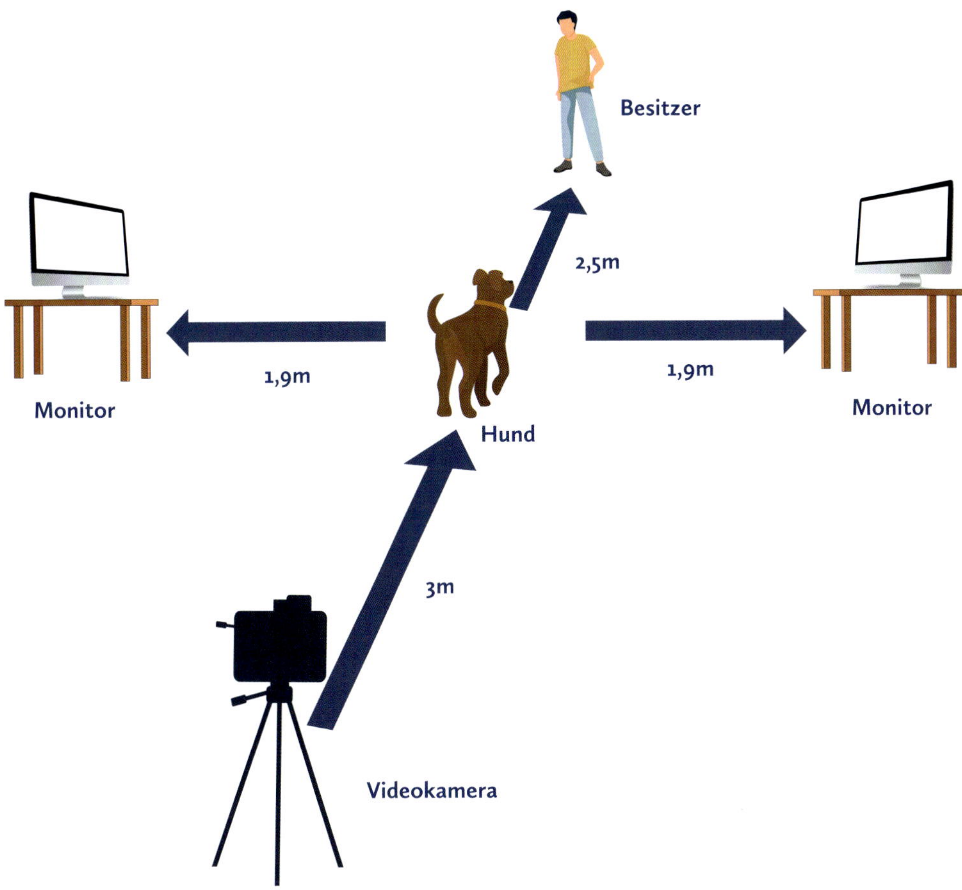

Aufbau der Studie: Die visuellen Stimuli wurden auf zwei Monitoren gleichzeitig angezeigt. Sie wurden zum selben Zeitpunkt auf der linken und rechten Seite des Hundes abgespielt. Der Hund befand sich in der Mitte, gleich weit entfernt von beiden Monitoren.

In dieser Studie wurden den Hunden Fotos von menschlichen Gesichtern präsentiert, die die sechs kulturübergreifend anerkannten Grundemotionen von Ekman ausdrücken (d.h. Wut, Angst, Glück, Traurigkeit, Überraschung, Ekel), und ihre Reaktion gezeigt durch das Kopfdrehen (Valenzdimension), ihre physiologische Aktivität (Herzaktivität) und ihr Verhalten (Erregungsdimension) bewertet.

Die sechs Ekmannschen Emotionen
(hier nachgezeichnet, den Hunden wurden im Versuch Fotos menschlicher Gesichter gezeigt)

Angst

Trauer

Freude

Überraschung

Ekel

Ärger

Neutral

Die Ergebnisse zeigten, dass es bei der Kopfausrichtung auf visuelle Reize, die die grundlegenden emotionalen Gesichtsausdrücke von Ekman darstellen, auch bei den Hunden zu einer Links-Rechts-Asymmetrie kommt. Insbesondere drehten die Hunde ihren Kopf nach links als Reaktion auf die emotionalen Gesichter Wut, Angst und Glück. Die linke Kopfdrehung deutet auf eine rechtshemisphärisch dominierte Aktivität bei der Verarbeitung dieser emotionalen Reize hin. Die rechte Hemisphäre bei der visuellen Analyse von Wut- und Angstreizen steht im Einklang mit der bei Wirbeltieren festgestellten Spezialisierung rechter neuronaler Strukturen auf den Ausdruck intensiver Emotionen, einschließlich Aggression, Fluchtverhalten und Angst. Die dominante Rolle der rechten Hemisphäre bei der Analyse von Wut-, Angst- und Glücksgesichtern wurde zudem durch eine höhere Herzaktivität der Hunde unterstrichen.

Obwohl Menschen und Hunde Ähnlichkeiten in der Wahrnehmung von Gesichtern präsentieren, die negative Emotionen ausdrücken, wie z. B. Wut und Angst, deuten die Ergebnisse zu „glücklichen" Gesichtern darauf hin, dass Hunde lächelnde menschliche Gesichter anders verarbeiten als Menschen. Eine mögliche Erklärung für die Beteiligung der rechten Hemisphäre an der Analyse eines emotionalen „Glücks"-Gesichts ist, dass aufgrund des Fehlens auditiver Informationen die offensichtlich gefletschten Zähne mit hochgezogenen Lippen, die das menschliche Lächeln charakterisieren, bei Hunden eine alarmierende Verhaltensreaktion auslösen könnte (Aktivität der rechten Hemisphäre).

Fazit: Insgesamt zeigen die Ergebnisse, dass Hunde empfindlich auf emotionale Signale von menschlichen Gesichtern reagieren, was die Existenz einer asymmetrischen emotionalen Bewertung des Hundehirns bei der Verarbeitung grundlegender menschlicher Emotionen belegt. Sie stimmen insbesondere mit dem Valenzmodell überein, da sie eine Hauptbeteiligung der rechten Hemisphäre bei der Verarbeitung von eindeutig erregenden Reizen (negative Emotionen) und eine dominante Aktivität der linken Hemisphäre bei der Verarbeitung positiver Emotionen zeigen.

Diese Hinweise sind von Bedeutung in der hundgestützen Intervention, da sie einerseits zeigen, wie wichtig wir die Wahrnehmung unserer Hunde in Bezug auf diese grundlegenden menschlichen Emotionen nehmen müssen. Zudem, dass sie nicht alle Gesichtsausdrücke bewerten bzw. verarbeiten wie wir, und, dass es bei Einschränkungen im Gesichtsbereich des Menschen/Klienten (zum Beipiel nach einem Schlaganfall, aber auch durch das Tragen einer Maske etc.) zu Fehlinformationen beim Hund kommen kann, da ihm wichtige Hinweise fehlen.

Apropos negative Gefühle... wie sieht es denn mit Eifersucht aus?

Dass Hunde eifersüchtig sein können, ist für viele Hundebesitzer nichts Neues. Eifersucht beinhaltet Gedanken oder Gefühle von Unsicherheit oder Besorgnis über einen Mangel an Sicherheit. Eifersucht setzt ein Subjekt und zwei Objekte voraus: das Objekt des „Anspruchs" auf Liebe oder der Verlustangst – die Bezugsperson – und das Objekt der Eifersucht, das die Zweierbeziehung als „Eindringling" bedroht. Insgesamt handelt es sich also in psychodynamischer Hinsicht um eine Dreierbeziehung[250]. Die Eifersucht richtet sich dann gegen die dritte Person oder eben auch den anderen Hund, der vermeintlich oder tatsächlich diese Zuneigung bekommen hat. Durch eine vermehrte Ausschüttung von Testosteron und Kortisol wird der Körper in einen Zustand versetzt, der dem Gefühl vor einem bevorstehenden Kampf ähnelt – eine Reaktion, die bereits bei den Vorfahren der Menschen und anderer Tiere zu beobachten ist.[251] Bleibt ein Kampf aus, kann der Hormonüberschuss zu schädlichem, chronischem Stress führen.[252]

Die Studie

Neuronale Reaktionen von Haushunden, die die positiven Interaktionen ihres Besitzers mit einem Artgenossen miterleben

Karl, S., R. Sladky, C. Lamm, L. Huber: Neural responses of pet dogs witnessing their caregiver's positive interactions with a conspecific: an fMRI study. Cerebral cortex communications. (2021) 2(3):tgab047

In der Studie von Karl und Kollegen wurden den Hunden während einer fMRI[253]-Untersuchung Videos vorgeführt, die verschiedene Interaktionen zwischen ihrer Bezugsperson und einem anderen Hund zeigten. Entweder positive soziale, d. h. die Bezugsperson streichelte den anderen Hund oder spielte mit ihm, oder sie bestanden aus einer neutralen, nicht-sozialen und nicht affektiven Interaktion und zwar einer kurzen klinischen Untersuchung („tierärztlicher Check") des anderen Hundes.

250 Verena Kast: *Neid und Eifersucht die Herausforderung durch unangenehme Gefühle.* Ungekürzte Ausg. Auflage. Deutscher Taschenbuch-Verlag, München 1998, ISBN 978-3-423-35152-2

251 Harris C.R., C. Prouvost: Jealousy in Dogs. *PLoS ONE.* (2014) 9(7):e94597. https://doi.org/10.1371/journal.pone.0094597

252 https://de.wikipedia.org/wiki/Eifersucht

253 Funktionelle Magnetresonanztomographie

Die Studie von Karl und Kollegen untersuchte, ob Hunde Eifersucht empfinden, wenn ihre Besitzer mit anderen Hunden interagieren.

Das Hauptinteresse dieser Studie galt der Frage, wie die Hunde auf die Interaktion ihrer Bezugsperson (im Vergleich zu einer fremden Person) mit einem anderen Hund reagieren, den sie als sozialen Rivalen einordnen könnten. Karl und Kollegen gingen davon aus, dass die Hunde während der positiven Interaktion zwischen der Bezugsperson und dem anderen Hund eine höhere Aufmerksamkeit und Erregung zeigen würden. Ihr Studiendesign geht auf Bowlbys Beobachtung zurück, dass „bei den meisten Kleinkindern der bloße Anblick der Mutter, die ein anderes Baby im Arm hält, ausreicht, um starkes Bindungsverhalten hervorzurufen".[254]

Verglichen wurden die Gehirnreaktionen der Hunde, wenn die Bezugsperson und danach eine unbekannte Person die gleiche Interaktion mit demselben Hund durchführte. Die Ergebnisse zeigten, dass die Hunde sensibel auf sozial positive Mensch-

254 John Bowlby war Kinderpsychiater, Psychoanalytiker und Pionier der Bindungsforschung. Bowlby, J.: *Attachment and Loss*. Basic Books. (1969) S. 215

Hund-Interaktionen reagierten (also das „Fremdstreicheln“) und eine höhere Aufmerksamkeit und Erregung in dieser Situation zeigten. Der Grund könnte sein, dass diese Situation möglicherweise als potenzielle Bedrohung für die Bindung zu ihrer Bezugsperson wahrgenommen wurde. Der Hypothalamus[255] der Hunde zeigte die stärkste Aktivierung, wenn ihre Bezugsperson eine positive soziale (Streicheln) Interaktion mit dem fremden Hund hatte, siehe Abbildung.

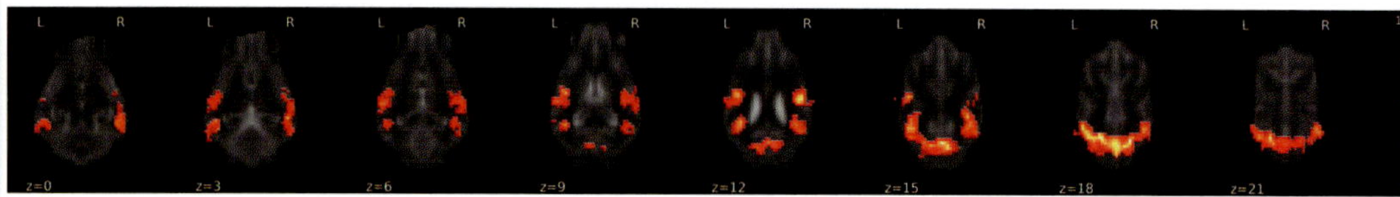

Betrachtung der Mensch-Hund-Interaktion. Im Vergleich zum Ausgangswert wurde eine Aktivierung in den Gyri ectomarginalis, splenialis, sylvius, ectosylvius und suprasylvius beobachtet.

Mit freundlicher Genehmigung von S. Karl. Quelle: Karl, S., R. Sladky, C. Lamm, L. Huber. Neural responses of pet dogs witnessing their caregiver's positive interactions with a conspecific: an fMRI study. Cerebral cortex communications. (2021) 2(3):tgab047

In einer ähnlichen fMRI-Studie an Hunden wurde eine erhöhte Amygdala[256]-Aktivität bei Hunden festgestellt, die ihre Bezugsperson dabei beobachteten, wie sie einem Stoffhund Leckerlis gaben und im Vergleich dazu, wie sie Leckerlis in einen Eimer gaben[257]. Die Studie kam zu dem Schluss, dass Hunde vergleichbare eifersuchtsähnliche Emotionen wie menschliche Kinder zeigen und in der Lage sind, diese auch emotional so zu erleben.

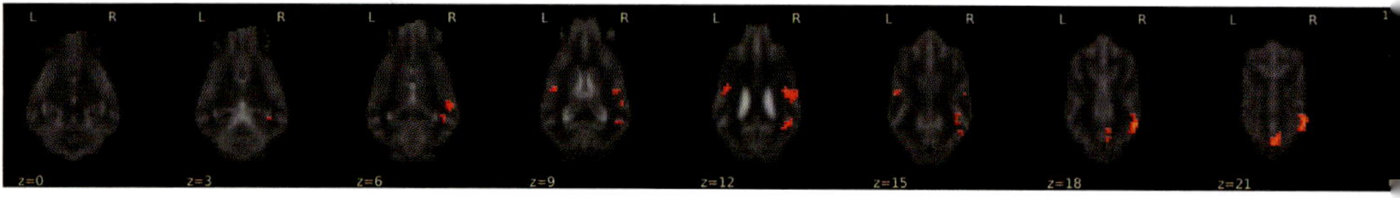

Soziale versus nicht-soziale Interaktionen. Die Aktivierung wurde in vier bilateralen Clustern beobachtet, die den Gyrus suprasylvius, den Gyrus sylvius rostralis und den Gyrus ectosylvius rostralis umfassen.

Mit freundlicher Genehmigung von S. Karl. Quelle: Karl, S., R. Sladky, C. Lamm, L. Huber: Neural responses of pet dogs witnessing their caregiver's positive interactions with a conspecific: an fMRI study. Cerebral cortex communications. (2021) 2(3):tgab047

255 Der Hypothalamus ist das wichtigste Steuerzentrum des vegetativen Nervensystems.

256 Die Amygdala ist an der Furchtkonditionierung beteiligt und spielt eine wichtige Rolle bei der emotionalen Bewertung und Wiedererkennung von Situationen und der Analyse potentieller Gefahren.

257 Cook, P., A. Prichard, M. Spivak, G.S. Berns: Jealousy in dogs? Evidence from brain imaging. *Animal Sentience.* (2018) 22(1). DOI: 10.51291/2377-7478.1319

Auch die erhöhte Amygdala-Aktivierung der Hunde kann eine Reaktion darauf sein, dass der andere Hund als eine Bedrohung für ihren exklusiven Zugang zu ihrer menschlichen Bezugsperson wahrgenommen wird und dass die Situation selber somit von großer Bedeutung ist. Die Konfrontation mit sozialen Herausforderungen wie sozialer Bindung und Beziehungspflege erfordert bestimmte emotionale Reaktionen, die untrennbar mit Sozialität verbunden sind. Soziale Beziehungen bieten sozial lebenden Tieren viele Vorteile, z. B. erhöhten Schutz, Wohlbefinden und Gesundheit für den Einzelnen und daher werden diese Beziehungen aufrechterhalten, gepflegt und geschützt und besitzen eine hohe Wertigkeit.

Fazit: Eifersucht ist eine negative Emotion, die innerhalb einer Mensch-Hund-Partnerschaft entstehen kann. Der Hund empfindet, dass er Zuneigung, Anerkennung, Aufmerksamkeit oder Liebe von seiner Bezugsperson nicht oder nur unzureichend bekommt, was z. B. eine starke Verlustangst oder Minderwertigkeitsgefühle sowie Unsicherheit, Angst, Traurigkeit und Wut auslösen kann. Das bedeutet für uns im Umgang insbesondere mit anderen Hunden im tiergestützten Einsatz große Achtsamkeit! Hunde zeigen eine vergleichbare Emotion zur Eifersucht und sie erkennen zudem durchaus ungerechtes oder ungleiches Verhalten, wie die nächste Studie zeigt.

Therapiehundewesen neu betrachtet: Ein Überblick über die Literatur

Glenk, L.M., S. Foltin: Therapy Dog Welfare Revisited: A Review of the Literature. Vet. Sci. (2021) 8:226.

Ungleichheit

An einigen TGI-Settings nehmen mehrere Mensch-Hund-Teams gleichzeitig teil, manchmal sogar in unmittelbarer Nähe zueinander. In solchen Fällen sollten sich die Menschen darüber im Klaren sein, dass Hunde empfindlich auf ungleiche Behandlung reagieren und möglicherweise weniger kooperieren, wenn sie beobachten, dass ein Artgenosse mehr Leckerlis, Lob oder Aufmerksamkeit für eine vergleichbare Leistung erhält. Ungleichheitsvermeidung wird als menschlicher Widerstand gegen ungleiche Behandlung bezeichnet[258]. Es wird angenommen, dass es sich um einen adaptiven Mechanismus zur Förderung kooperativer Interaktionen zwischen nicht verwandten Individuen handelt[259].

258 Fehr E., K.M. Schmidt: A Theory of Fairness, Competition, and Cooperation. *The Quarterly Journal of Economics.* (1999) 114(3):817–868

259 Brosnan, S.F., F.B.M. de Waal: Evolution of responses to (un)fairness. *Science.* (2014) 346(6207):1251776–1251776. doi:https://doi.org/10.1126/science.1251776

Die Forschung zur Ungleichheitsvermeidung bei Tieren wurde von Brosnan & De Waal (2003[260]; 2004[261]) begonnen. In ihren Experimenten untersuchten sie die Bedingungen, unter denen Kapuzineraffen und Schimpansen bereit waren, einen Token mit dem Experimentator gegen eine Futterbelohnung zu tauschen. Ihre Ergebnisse zeigten, dass die Tiere sich weigerten, mit dem Experimentator zusammenzuarbeiten, wenn sie sahen, wie ein Artgenosse bei gleicher oder sogar geringerer Anstrengung eine begehrtere Futterbelohnung erhielt. Eine ähnliche Versuchsanordnung wurde von Range und Kollegen[262] verwendet, um festzustellen, ob Hunde auch auf ungleiche Belohnung reagieren. Die Daten zeigten, dass ungleich belohnte Hunde die Teilnahme an einer Aufgabe früher verweigern, länger zögerten, auf menschliche Kommandos zu reagieren und mehr stressbedingte Verhaltensweisen zeigten. In einer Folgestudie unterstrichen Brucks und Kollegen[263] diese Ergebnisse, indem sie zeigten, dass ungleich belohnte Hunde selbst nach dem Experiment dazu neigten, den Versuchsleiter und den Artgenossen in einer neutralen Umgebung zu meiden.

Viele soziale Arten, die routinemäßig kooperative Verhaltensweisen wie kooperative Jagd oder Gruppenverteidigung auch mit nicht verwandten Individuen zeigen, scheinen negativ auf ungleiche Behandlung zu reagieren. Im Gegensatz dazu reagieren Arten, die zwar sozial sind, aber in solchen Kontexten nicht routinemäßig mit Nichtverwandten kooperieren, weniger negativ auf ungleiche Behandlung, was die Hypothese stützt, dass sich Ungleichheitsaversion und Kooperation gemeinsam entwickelt haben. Die Abneigung gegen Ungleichheit könnte eine entscheidende Rolle dabei spielen, ob sich Tiere auf langfristige gegenseitige Zusammenarbeit einlassen und mit welchen Partnern. Hunde sind eine besonders interessante Art, um sie im Zusammenhang mit der Ungleichheitsabneigung zu untersuchen, da sie wohl die einzige nicht-menschliche Tierart sind, für die die Tauschaufgabe mit Menschen sozial wichtig ist.

McGetrick & Range[264] gaben an, dass die bisherigen Studienergebnisse darauf hindeuten, dass die Reaktion der Hunde durch eine Sensibilität für Ungerechtigkeit bestimmt werden und nicht allein durch soziale Komponenten oder das Fehlen von Belohnungen. Essler & Kollegen[265] führten einen Vergleich der Ungleichheitsaversi-

260 Brosnan S.F., F.B.M. de Waal: Monkeys reject unequal pay. *Nature.* (2003) 425:297–299

261 Brosnan S.F., H.C. Schiff, F.B.M. de Waal: Tolerance for inequity may increase with social closeness in chimpanzees. *Proc. R. Soc. London Ser. B.* (2004) 1560:253–258

262 Range F., L. Horn, Z. Virányi, L. Huber: The absence of reward induces inequity aversion in dogs. *Proc. Natl. Acad. Sci.* (2009) 106(1):340–145. doi: 10.1073/pnas.0810957105 PMID: 19064923

263 Brucks D., J.L. Essler, S. Marshall-Pescini, F. Range: Inequity Aversion Negatively Affects Tolerance and Contact-Seeking Behaviours towards Partner and Experimenter. *PLoS ONE.* (2016) 11(4):e0153799. doi:10.1371/journal.pone.0153799

264 McGetrick, J., F. Range: Inequity aversion in dogs: a review. *Learn Behav.* (2018) 46:479–500. https://doi.org/10.3758/s13420-018-0338-x

265 Essler, J.L., S. Marshall-Pescini, F. Range: Domestication Does Not Explain the Presence of Inequity Aversion in Dogs. *Current Biology: CB.* (2017) 27(12):1861–1865. e3.

on bei im Rudel lebenden Haushunden und in Gefangenschaft lebenden Wölfen (die in ähnlicher Weise wie die im Rudel lebenden Hunde aufgezogen wurden) durch. In dieser Studie wurden sowohl Hunde als auch Wölfe mit einer ähnlichen Aufgabe wie in den Studien zur Pfotenaufgabe getestet; das Problem selbst unterschied sich jedoch. Anstatt die Pfote zu geben, wurden die Versuchstiere und der jeweilige Partner in benachbarten Gehegen aufgefordert, auf Kommando einen Buzzer zu drücken, um eine Futterbelohnung zu erhalten.

Abb. 4

Links: Pfotentest. Rechts: Statt die Pfote zu geben, sollten die Versuchstiere und der jeweilige Partner einen Buzzer drücken, um eine Futterbelohnung zu erhalten.

Quelle: https://link.springer.com/article/10.3758/s13420-018-0338-x/figures/1

Die Verteilung der Futterbelohnungen in dieser Studie entsprach der in Brucks und Kollegen. Der Versuchsleiter nahm die Belohnungen aus einer Schale, die sowohl die LVR („low value reward" z. B. ein Stück trockenes Brot) als auch die HVR („high value reward" z. B. Wurst) Bedingung enthielt, und reichte sie an den entsprechende Hund/Wolf. Die Ergebnisse folgten einem ähnlichen Muster wie die der beiden Studien zur Pfotenaufgabe: Hunde drückten den Buzzer in der RI (reward inequity – ungleiche Belohnung) Bedingung signifikant seltener als in der ET (equity condition – gleiche Belohnung) oder NR („no-reward" – keine Belohnung) Bedingung.

Darüber hinaus wiesen Essler und Kollegen zum ersten Mal nach, dass Wölfe wie Hunde negativ auf Ungleichheit reagieren. Die Wölfe in der Buzzer-Aufgabenstudie drückten den Buzzer in der RI (reward inequity) Bedingung auch weniger oft als in den ET (equity condition) und NR („no-reward") Bedingung. Es ist also unwahrscheinlich, dass die Aversion gegen Ungleichheit bei Hunden eine Folge der Domestikation ist.

Fazit: Bislang gibt es keine Studien zur Ungleichheitsvermeidung bei Therapiebegleithunden. Angesichts des Nachweises, dass Hunde Ungleichheit erkennen und ihr Verhalten entsprechend verändern, muss dieses Phänomen in der TGI-Praxis aber unbedingt berücksichtigt werden. Wenn mehrere Teams zusammen arbeiten, müssen auch die Klienten dementsprechend angewiesen werden, sodass alle Hunde im Raum grundsätzlich gleich(-zeitig und -wertig) belohnt werden.

16. Persönlichkeit des Hundes

Persönlichkeitsmerkmale werden definiert als Verhaltenstendenzen, die im Laufe der Zeit und über verschiedene Situationen hinweg konsistent sind. Sie können als ursächliche Zustände betrachtet werden: stabile Eigenschaften des Individuums, die sich unter bestimmten Umständen zeigen[266]. Merkmale können sich in ihrer Allgemeinheit unterscheiden und hierarchisch strukturiert sein, von sehr eng definierten Eigenschaften, die sich auf eine spezifische Verhaltenstendenz beziehen, bis hin zu breiten Persönlichkeitsbereichen, die auf Gruppen zusammenhängender Verhaltensweisen basieren, die das Verhalten in einer Reihe von Kontexten beeinflussen[267]. Viele der bei Hunden festgestellten Persönlichkeitsmerkmale werden nachweislich durch genetische Variationen beeinflusst.

Obwohl die Persönlichkeit als „zeit- und situationsunabhängige Verhaltensunterschiede" definiert wird, gibt es zahlreiche Studien, die belegen, dass sich Persönlichkeitsmerkmale im Laufe des Lebens verändern. Neben den Auswirkungen früher Erfahrungen und der Rasse sind die am häufigsten genannten Faktoren, die die Persönlichkeit von Hunden beeinflussen das Alter, das Geschlecht und der Fortpflanzungsstatus (die Ergebnisse zu den Auswirkungen des Geschlechts und des Fortpflanzungsstatus auf die Persönlichkeit sind allerdings sehr widersprüchlich). Was die Auswirkungen des Alters betrifft, so zeigen jüngere Hunde mehr Kühnheit oder Mut[268], sind geselliger, haben mehr Energie, sind leichter erregbar, sind verspielter und aktiver[269], sind extrovertierter[270] und aufmerksamer[271]. Ältere Hunde sind ruhiger[272] und zeigen weniger zerstörerisches Verhalten im Haus[273].

266 Roberts B.W., K.E. Walton, W. Viechtbauer: Patterns of mean-level change in personality traits across the life course: a meta-analysis of longitudinal studies. *Psychol. Bull.* (2006) 132:1–25. doi: 10.1037/0033-2909.132.1.1

267 Gartner M.C.: Pet personality: a review. *Pers. Individ. Dif.* (2015) 75:102–13. doi: 10.1016/j.paid.2014.10.042

268 Starling M.J., N. Branson, P.C. Thomson, P.D. McGreevy: Age, sex and reproductive status affect boldness in dogs. *Vet. J.* (2013) 197:868–72. doi: 10.1016/j.tvjl.2013.05.019

269 Henriksson J.: Scores on Dog Personality are Dependent On Questionnaire: A Comparison of Three Questionnaires. (2016). Available online at: http://urn.kb.se/resolve?urn=urn%3Anbn%3Ase%3Aliu%3Adiva-129821

270 Ley J.M., P.C. Bennett, G.J. Coleman: A refinement and validation of the Monash Canine Personality Questionnaire (MCPQ). *Appl. Anim. Behav. Sci.* (2009) 116:220–7. doi: 10.1016/j.applanim.2008.09.009

271 Wallis L.J., F. Range, C.A. Müller, S. Serisier, L. Huber, Z. Virányi: Lifespan development of attentiveness in domestic dogs: drawing parallels with humans. *Front Psychol.* (2014) 5:71. doi: 10.3389/fpsyg.2014.00071

272 Kubinyi E., B. Turcsán, Á. Miklósi: Dog and owner demographic characteristics and dog personality trait associations. *Behav. Proc.* (2009) 81:392–401. doi: 10.1016/j.beproc.2009.04.004

273 Kennett P.C., V.I. Rohlf: Owner-companion dog interactions: Relationships between demographic variables, potentially problematic behaviours, training engagement and shared activities. *Appl. Anim. Behav. Sci.* (2007) 102:65–84. doi: 10.1016/j.applanim.2006.03.009

Berührungsempfindlichkeit und Berührungsangst sowie Geräuschangst[274] und Angst vor Menschen und Objekten [275] nehmen im Alter zu. Zudem zeigen Studien, dass Aggressionen gegenüber anderen Hunden und gegenüber dem Besitzer mit dem Alter zunehmen[276]. Persönlichkeitsunterschiede wurden auch in Bezug auf die Fellfarbe festgestellt: schokoladenfarbene Labrador Retriever waren „aufgeregter, wenn sie ignoriert wurden" und zeigten mehr „Erregbarkeit" als schwarze Labradore und eine geringere „Trainierbarkeit" und eine höhere „Geräuschangst" als gelbe und schwarze Labradore. Zudem zeigten sich Persönlichkeitsunterschiede in Bezug auf die Körpergröße: je größer der Hund, desto geringer war der Neurotizismuswert und desto höher war der Wert für Freundlichkeit. Kleinere Hunde gelten als ängstlicher und weniger gesellig[277]. Andere Faktoren sind die Trainingsgeschichte des Hundes und die Sachkenntnis des Besitzers.

Die Studie

Altersunterschiede im Querschnitt bei den Persönlichkeitsmerkmalen von Hunden; Einfluss von Rasse, Geschlecht, früherem Trauma und Gehorsamsaufgaben für Hunde

Wallis. L.J., D. Szabó, E. Kubinyi: Cross-Sectional Age Differences in Canine Personality Traits; Influence of Breed, Sex, Previous Trauma, and Dog Obedience Tasks. Frontiers in Veterinary Science. (2020) 6:493

In ihrer Studie untersuchten Wallis und Kollegen die Persönlichkeit von insgesamt 1207 Hunden mithilfe des Dog Personality Questionnaires (DPQ). Sie zeigten, dass sich Hunde tatsächlich in ihren Persönlichkeitsmerkmalen verändern. Jüngere Hunde wiesen ein höheres Aktivitäts- und Erregbarkeitsniveau auf als ältere Hunde, während ältere Hunde eine geringere Reaktionsfähigkeit zeigten. Die Aggressivität gegenüber anderen Hunden nahm mit dem Alter zu und erreichte ihren Höhepunkt zwischen 6 und 10 Jahren. Das größte Ausmaß der altersbedingten Persönlichkeitsveränderung trat zwischen den Altersgruppen der späten Senioren und der Senioren auf, und zwar bei den Merkmalen Aktivität/Erregbarkeit und Trainingserfolge. Das ist wahrscheinlich auf Verhaltensänderungen infolge der biologischen Alterung

274 Blackwell E.J., J.W.S. Bradshaw, R.A. Casey: Fear responses to noises in domestic dogs: prevalence, risk factors and co-occurrence with other fear related behaviour. *Appl. Anim. Behav. Sci.* (2013) 145:15–25. doi: 10.1016/j.applanim.2012.12.004

275 Lofgren S.E., P. Wiener, S.C. Blott, E. Sanchez-Molano, J.A. Woolliams, D.N. Clements, et al.: Management and personality in labrador retriever dogs. *Appl. Anim. Behav. Sci.* (2014) 156:44–53. doi: 10.1016/j.applanim.2014.04.006

276 Hsu Y., L. Sun: Factors associated with aggressive responses in pet dogs. *Appl. Anim. Behav. Sci.* (2010) 123:108–23. doi: 10.1016/j.applanim.2010.01.013

277 McGreevy P.D., D. Georgevsky, J. Carrasco, M. Valenzuela, D.L. Duffy, J.A. Serpell: Dog behavior co-varies with height, bodyweight and skull shape. *PLoS ONE.* (2013) 8:e80529. doi: 10.1371/journal.pone.0080529

zurückzuführen[278] und könnte auch durch die Einstellung des Besitzers zu seinem alternden Hund beeinflusst werden: Geriatrische Hunde erhalten weniger Aufmerksamkeit und mit ihnen werden weniger Aktivitäten und Interaktionen durchgeführt als mit den andere Altersgruppen. Studien haben gezeigt, dass bei erwachsenen Hunden die kognitiven Veränderungen im Allgemeinen nach dem mittleren Alter parallel zu einem Rückgang der sensorischen und motorischen Systeme auftreten[279].

Die Angst vor Menschen erreichte bei Hunden im Alter von 3 bis 6 Jahren ihren Höhepunkt und war bei Hunden im Alter von über 10 Jahren am geringsten. Die nicht-soziale Angst (Geräuschangst, Angst vor Gegenständen) nahm im Alter zu, wobei Hunde im Alter von über 12 Jahren die höchsten Werte aufwiesen, was möglicherweise auf einen Rückgang der Stimulationsmöglichkeiten in der Umgebung und auf sensorische Defizite zurückzuführen ist. Da ältere Hunde häufiger an schmerzhaften Erkrankungen leiden (z. B. Arthrose), können auch Schmerzen, wenn diese nicht behandelt werden, zu Verhaltensänderungen wie erhöhter Angst und Geräuschempfindlichkeit führen. Zunehmende Ängstlichkeit ist zudem ein Symptom der Alzheimer-Krankheit[280] wie auch der kognitiven Dysfunktion bei Hunden[281]. Bei älteren Hunden ist die Wahrscheinlichkeit größer, dass sie an einer kognitiven Dysfunktion leiden, und zu den Anzeichen erhöhter Angst gehören die Entwicklung von Phobien, Trennungsangst, Lautäußerungen sowie Desorientierung und Veränderungen in den sozialen Interaktionen, z. B. veränderte Beziehungen zu Familienmitgliedern und anderen Haustieren[282].

In der aktuellen Studie nahm nur die nicht-soziale Angst mit dem Alter zu. Dieses Ergebnis könnte dadurch erklärt werden, dass dieselbe genomische Region wie beim Williams-Beuren-Syndrom (WBS) beim Menschen mit der Hyper-Sozialität von Haushunden in Verbindung steht[283] . Die Soziabilität gegenüber unbekannten Menschen variiert stark, bei einigen Rassen wird Hyper-Sozialität begünstigt, bei anderen ist sie nicht erwünscht. WBS ist eine angeborene Multisystemstörung, die durch hypersoziales Verhalten und häufig durch erhöhte nicht-soziale Ängstlichkeit

278 Roberts B.W., A. Caspi: The cumulative continuity model of personality development: striking a balance between continuity and change in personality traits across the life course. In: Staudinger U.M., U. Lindenberger, editors: *Understanding Human Development*. Boston, MA: Springer. (2003) S. 183–214. doi: 10.1007/978-1-4615-0357-6_9

279 Studzinski C.M., L.A. Christie, J.A. Araujo, W.M. Burnham, E. Head, Cotman C.W., et al.: Visuospatial function in the beagle dog: an early marker of cognitive decline in a model of human aging and dementia. *Neurobiol. Learn Mem.* (2006) 86:197–204. doi: 10.1016/j.nlm.2006.02.005

280 Seignourel P.J., M.E. Kunik, L. Snow, N. Wilson, M. Stanley: Anxiety in dementia: a critical review. *Clin. Psychol. Rev.* (2008) 28:1071–82. doi: 10.1016/j.cpr.2008.02.008

281 Fast R., T. Schütt, N. Toft, A. Møller, M. Berendt: An observational study with long-term follow-up of canine cognitive dysfunction: clinical characteristics, survival, and risk factors. *J. Vet. Intern. Med.* (2013) 27:822–9. doi: 10.1111/jvim.12109

282 Landsberg G.M., T. Deporter, J.A. Araujo: Clinical signs and management of anxiety, sleeplessness, and cognitive dysfunction in the senior pet. *Vet. Clin. North. Am. Small Anim. Pract.* (2011) 41:565–90. doi: 10.1016/j.cvsm.2011.03.017

283 vonHoldt B.M., D. Stahler, C.D.L. Wynne, E. Shuldiner, M.A.R. Udell, E.A. Ostrander, et al.: Structural variants in genes associated with human Williams-Beuren syndrome underlie stereotypical hypersociability in domestic dogs. *Sci. Adv.* (2017) 3:e1700398. doi: 10.1126/sciadv.1700398

gekennzeichnet ist. Der Faktor Aktivität/Erregbarkeit, der die Facetten Erregbarkeit, Verspieltheit, aktives Engagement und Geselligkeit umfasst, zeigte einen starken Rückgang mit zunehmendem Alter. In mehreren Studien wurde berichtet, dass das Aktivitätsniveau von Hunden in der häuslichen Umgebung mit dem Alter abnimmt. Die Reaktionsfähigkeit auf das Training nahm ebenfalls mit dem Alter ab, nachdem sie bei den 3 bis 6-jährigen Hunden ihren Höhepunkt erreicht hatte.

Die Aggressivität gegenüber anderen Hunden war in der ältesten Altersgruppe am höchsten. Diese Informationen sind besonders für Besitzer älterer Hunde, die in Mehrhundehaushalten leben, von Bedeutung. Wenn eine erhöhte Aggressivität gegenüber Hunden im selben Haushalt beobachtet wird, sollten zunächst Schmerzprobleme ausgeschlossen und Präventivmaßnahmen ergriffen werden, wie z. B. getrennte Schlaf- und Futterplätze, um Konflikte zu minimieren. Unabhängig von der Rasse stuften die Besitzer Rüden als aggressiver ein als Hündinnen. Hündinnen wurden in Bezug auf Ängstlichkeit und bessere Trainierbarkeit höher bewertet.

Es wurden keine Persönlichkeitsunterschiede zwischen intakten und kastrierten Hunden festgestellt. Hunde, die mehr als eine Stunde Freilauf ohne Leine hatten, erzielten bessere Werte in Bezug auf ihre Trainierbarkeit.

Hunde, die in der Vergangenheit ein oder mehrere traumatische Ereignisse erlebt hatten (z. B. Aufenthalt in einem Tierheim, Besitzerwechsel, traumatische Verletzungen/langwierige Krankheiten/Operationen, zeitweiliger Verlust oder Änderung der Familienstruktur), litten mit höherer Wahrscheinlichkeit an gesundheitlichen und/oder sensorischen Problemen. Die Ergebnisse zeigten, dass Hunde, die einem früheren Trauma ausgesetzt waren, eine höhere Ängstlichkeit und Aggressivität gegenüber Menschen und Tieren zeigten.

Fazit: Zusammenfassend lässt sich also festhalten, dass Faktoren, die die Persönlichkeitsmerkmale unserer Hunde beeinflussen, deren Alter und Geschlecht, aber eben auch Aktivitäten ohne Leine und die Zeit, die sie positiv (Spiel, Kuscheln etc.) mit uns verbringen sind! Hier können Sie schon früh kleine Persönlichkeiten positiv unterstützen, um Resilienz zu stärken und Entspannung zu fördern. Beides ungemein wichtige Faktoren für den hundgestützten Einsatz!

Ein weiterer ganz wichtiger Bereich sind die potentiellen Ängste unserer Hunde – und damit beschäftigt sich die nächste Studie.

Die Studie

Prävalenz, Komorbidität und Rassenunterschiede bei Angstzuständen von Hunden bei 13.700 finnischen Haushunden

Salonen, M., S. Sulkama, S. Mikkola, J. Puurunen, E. Hakanen, K. Tiira, C. Araujo, H. Lohi: Prevalence, comorbidity, and breed differences in canine anxiety in 13,700 Finnish pet dogs. Scientific Reports. (2020) 10:2962.

Salonen und Kollegen untersuchten das Vorkommen, die Komorbidität[284] und die Rassenspezifität von sieben Angststörungen bei Hunden: Lärmempfindlichkeit, Furcht, Angst vor verschiedenen Untergründen und Höhenangst, Unaufmerksamkeit/Impulsivität, Zwanghaftigkeit, trennungsbezogenes Problemverhalten und Angstaggression. Hundebesitzer beantworteten dazu einen Online-Fragebogen. Einbezogen in die Studie wurden die Daten von 13 700 finnischen Haushunden.

Die Ergebnisse zeigten, dass Angst vor lauten Geräuschen mit 32 % bei den Hunden am häufigsten zu finden war. Aufgrund des hohen Vorkommens von Lärmsensibilität und Angst waren dies auch die häufigsten Begleiterkrankungen. Die größten Risiken wurden zwischen Hyperaktivität und Unaufmerksamkeit; trennungsbezogenem Verhalten und zwanghaftem Verhalten sowie zwischen Angst und Aggression festgestellt.

Ängstliche Hunde sind möglicherweise anfälliger für Krankheiten und haben eine kürzere Lebenserwartung. Die Zufriedenheit mit dem Verhalten des Hundes erhöht die Bindung, wogegen problematische Verhaltensweisen, insbesondere Aggressivität, Zerstörungswut, Ängstlichkeit und Hyperaktivität ein häufiger Grund für die Abgabe eines Hundes sind und die Bindung und Zufriedenheit des Besitzers vermindern. Es wird vermutet, dass einige Verhaltensprobleme mit menschlichen Angststörungen vergleichbar sind, und die Untersuchung dieser Verhaltensprobleme, die in dem gemeinsamen Lebensumfeld der Menschen auftreten, könnte biologische Faktoren aufdecken, die vielen psychischen Erkrankungen zugrunde liegen. Etwa 20 – 25 % der Hunde zeigten Furcht vor Fremden, anderen Hunden oder neuen Situationen.

Insgesamt wiesen 72,5 % der Hunde problematisches Verhalten auf. Lärmsensibilität war das häufigste Angstmerkmal, wobei 32 % der Hunde vor mindestens einem Geräusch Angst hatten.

284 Eine **Komorbidität** ist ein weiteres, diagnostisch abgrenzbares Krankheitsbild, das zusätzlich zu einer Grunderkrankung vorliegt. Vor allem im Bereich der psychischen Störungen kommen Mehrfachdiagnosen oft vor. So zum Beispiel bei Abhängigkeitserkrankungen auch eine Depression, Angst- und Panikstörung. Es wird keine Aussage getroffen, ob und wie welche Störung für das Auftreten der anderen verantwortlich zu machen ist.

Viele Hunde wiesen Komorbiditäten zwischen verschiedenen angstbezogenen Merkmalen auf. Die häufigste Begleiterscheinung war Angst, insbesondere bei aggressiven und hyperaktiven/impulsiven Hunden, und die zweithäufigste war Geräuschempfindlichkeit, insbesondere bei ängstlichen Hunden. 53 % der hochgradig geräuschempfindlichen Hunde zeigten Geräuschempfindlichkeit gegenüber mehr als einem Auslöser. In ähnlicher Weise waren 38 % der hochgradig ängstlichen Hunde bei mehr als einem Auslöser ängstlich.

Lärmempfindlichkeit war mit einer Häufigkeit von 32 % die häufigste Angst von Hunden und hier spezifisch die Angst vor Feuerwerkskörpern. Furcht war die zweithäufigste Angst von Hunden mit einer Prävalenz von 29 %. 17 % der Hunde fürchteten sich vor anderen Hunden, 15 % vor Fremden und 11 % vor neuen Situationen. 23,5 % der Hundebesitzer gaben an, dass ihre Hunde Furcht vor verschiedenen Untergründen (glatte Böden etc.) und Höhen haben.

Die Ergebnisse zeigten, dass 20 % der Hunde ein hohes Maß an Unaufmerksamkeit und 15 % ein hohes Maß an Hyperaktivität/Impulsivität aufwiesen. Zwanghafte Verhaltensmuster wurden bei 16 % der Hunde beobachtet. Rüden zeigten ein höheres Auftreten von Aggressivität, trennungsbezogenem Problemverhalten, Unaufmerksamkeit und Hyperaktivität/Impulsivität. Hündinnen hingegen wiesen eine größere Häufigkeit von Ängstlichkeit auf. Bei jüngeren Hunden waren Zerstören von Gegenständen und Unreinheit im Haus (wenn sie allein sind), Unaufmerksamkeit, Hyperaktivität/Impulsivität, Schwanzjagen und Selbstverstümmelung zu beobachten. Bei älteren Hunden traten Aggression, Geräuschempfindlichkeit und Furcht vor unbekannten Untergründen häufiger auf. Ängstlichkeit war am häufigsten bei Hunden im Alter von vier bis acht Jahren zu beobachten.

Salonen und Kollegen dokumentierten zudem Verhaltensunterschiede zwischen den verschiedenen Rassen, die an der Studie teilnahmen. Geräuschempfindlichkeit war am häufigsten beim Lagotto Romagnolo, Wheaten Terrier und bei Mischlingen zu beobachten. Furcht war am häufigsten bei Spanischen Wasserhunden, Shetland Sheepdogs und Mischlingen anzutreffen. Im Gegensatz dazu waren Labrador Retriever selten ängstlich. Furcht vor Untergründen und Höhen wurde am häufigsten bei Rough Collies und Mischlingen beobachtet. Es ist möglich, dass die hohe Prävalenz von Trennungsangst und anderen Ängsten bei Mischlingen durch ein schlechtes frühes Lebensumfeld und ungünstige Lebenserfahrungen verursacht wurde, da viele der Mischlinge aus dem Tierschutz stammten.

Beim Vergleich der Risikoverhältnisse der zusammenhängenden Merkmale wurden die größten Risikoverhältnisse zwischen trennungsbezogenem Verhalten, Hyperaktivität/Impulsivität, Unaufmerksamkeit und zwanghaftem Verhalten sowie zwischen Angst und Aggression festgestellt. Ängstliche Hunde waren 3,2-mal häufiger aggressiv als nicht-ängstliche, was darauf hindeutet, dass Aggression oft durch Angst motiviert ist.

Interessanterweise enthält eine genomische Region, die mit der Lärmempfindlichkeit von Deutschen Schäferhunden in Verbindung gebracht wird, das Oxytocin-Rezeptor-Gen (OXTR). Das Gen wird mit sozialem Verhalten in Verbindung („Kuschelhormon") gebracht, und darauf wurde während der Domestikation höchstwahrscheinlich stark selektiert. Das könnte die hohe Prävalenz der Lärmempfindlichkeit in vielen Hundepopulationen erklären und ein Hinweis sein, dass züchterische Bemühungen zur Verringerung der Lärmempfindlichkeit sich als schwierig erweisen könnten.

Fazit: Verhalten hat eine wichtige genetische Komponente, und viele Merkmale sind sowohl phänotypisch als auch genetisch verbunden. So sind beispielsweise Verwandte von Hunden mit Zwangsstörungen häufig ebenfalls betroffen. Einige genomische Bereiche werden mit problematischem Verhalten in Verbindung gebracht, darunter Zwangsverhalten, Angst und Lärmempfindlichkeit. Darüber hinaus kann problematisches Verhalten durch viele Umweltfaktoren beeinflusst werden, darunter, wie wir bereits gesehen haben, schlechte mütterliche Fürsorge, keine sichere Bindung zum Halter, aversive Trainingsmethoden und mangelndes Erkundungsverhalten.

Im täglichen Sprachgebrauch wird oft nicht zwischen Furcht und Angst unterschieden. ***Angst*** *ist ein unbestimmtes Gefühl der Beklemmung oder Besorgnis, ausgehend von wenig spezifizierbaren Einflüssen, die als potenziell bedrohlich wahrgenommen werden.* ***Furcht*** *hingegen wird durch konkrete Reize, Objekte oder Situationen ausgelöst und resultiert in einer Furcht- oder Alarmreaktion. Wenn Tiere einer bedrohlichen Situation entfliehen, sprechen Psychologen von* ***Furcht. Furcht*** *gilt als klar auf eine äußere Gefahr hin ausgerichtet (also zum Beispiel ein Fressfeind). Handelt es sich hingegen um die Emotion* ***Angst,*** *kann diese eher unbestimmt sein. Individuelle Unterschiede von Furcht und Angst resultieren aus einem Wechselspiel zwischen genetischer Veranlagung, individuellen Erfahrungen und neurobiologischen Prozessen. Es zeigt sich ein hohes Maß an Ähnlichkeiten biologischer Strukturen der beteiligten Hirnregionen bei Menschen und anderen Säugetierspezies für die Verarbeitung von Furcht. Der Mandelkern (Amygdala) ist von zentraler Bedeutung für die emotionalen Komponenten unserer Erinnerung an ein unangenehmes Ereignis, das sogenannte Furchtgedächtnis. Der Hippocampus gibt komplexe Informationen über den Kontext, in dem das Ereignis stattfindet. Der Präfrontalkortex ist eine Art übergeordnete Instanz, die das Ereignis bewertet, mit Erfahrungswerten vergleicht und gegebenenfalls ein Umlernen vermittelt.*

Furcht	Angst
Unmittelbar drohende Gefahr	Unaufgelöste Furcht
Vermeidungs-Verteidigungsmotiv	Ort oder Ursache der Bedrohung ist undeutlich
	Ängstliche Stimmung, Vorahnung
Unangenehm empfundener Aktivierungszustand, der auf eine Bedrohung bezogen ist.	
Ängstlichkeit (trait anxiety) versus situativer Angst (state anxiety)	

Quelle: https://www.mps.uni-freiburg.de/lehre/medpsych/vorl/angst

Fazit: Diese Studie zeigt, wie viele Hunde von verschiedenen Ängsten betroffen sind! Das bedeutet für uns in der tiergestützten Intervention ein genaues Hinschauen, um ggfs. frühzeitig intervenieren zu können. Denn wie wir bereits gesehen haben ist Angst, Ängstlichkeit und Furcht im tiergestützten Setting ein Ausschlusskriterium, da es dem Wohlbefinden des Hundes und somit den ethischen Vorgaben widerspricht.

Lösen TGI-Hunde Probleme anders?

Die Studie

Persönlichkeit und kognitive Profile von TGI-Hunden und Haushunden bei einer unlösbaren Aufgabe

Piotti, P., M. Albertini, L.P. Trabucco, L. Ripari, C. Karagiannis, C. Bandi, F. Pirrone: Personality and Cognitive Profiles of Animal-Assisted Intervention Dogs and Pet Dogs in an Unsolvable Task. Animals. (2021) 11:2144.

Studien zeigen, dass Hunde auch genetisch prädisponiert sind, mit Menschen kooperativ zu interagieren. Kommunikative Aspekte und Lebenserfahrung verstärken diese kooperativen Fähigkeiten noch. Piotti und Kollegen untersuchten, welchen Einfluss die Persönlichkeit eines Hundes auf die kommunikative Veranlagung hat und ob TGI-Hunde Probleme anders lösen als beispielsweise untrainierte Haushunde. In der Studie wurden die TGI-Hunde und eine Gruppe von Haushunden mit einer sogenannten unlösbaren Aufgabe konfrontiert.

Die unlösbare Aufgabe ist ein kognitiver Test, der ursprünglich entwickelt wurde, um das Blickverhalten von Haushunden und Wölfen zu vergleichen[285]. Bei der Aufgabe erhalten die Hunde zunächst Zugang zu Futter, das sie in Anwesenheit eines menschlichen Partners aus einem Behälter fressen können. Nachdem sie den Zugang zum Futter gelernt haben, wird der Apparat so verändert, dass das Futter nicht mehr zugänglich ist. Damit ist die Aufgabe für die Hunde unlösbar. Nun wird untersucht ob, und wenn ja wie oft, die Hunde zu ihrem Halter schauen, da das Anschauen als Kommunikation und ggfs. als Fragen um Hilfe interpretiert wird[286].

Ein besonderer Kontext der Zusammenarbeit zwischen Mensch und Hund ist die Tiergestützte Intervention (TGI). Pirrone und Kollegen beobachteten, dass Blicksynchronität (Hund und menschlicher Partner schauen sich an) und gemeinsame Aufmerksamkeit (Hund und Mensch schauen beide auf dasselbe Ziel) während der TGI-Sitzungen zwischen Hund und Mensch gezeigt wurde. Zudem zeigten TGI-Hunde eine länger anhaltende Aufmerksamkeit gegenüber ihrem Menschen, aber weniger häufigen Blickkontakt im Vergleich zu untrainierten und Agility-Hunden. Außerdem schauten TGI-Hunde während einer unlösbaren Aufgabe den menschlichen Partner länger an als unerfahrene Hunde[287].

285 Miklósi, Á., E. Kubinyi, J. Topál, M. Gácsi, Z. Virányi, V. Csányi: A Simple Reason for a Big Difference: Wolves Do Not Look Back at Humans, but Dogs Do. *Curr. Biol.* (2003) 13:763–766. doi:10.1016/S0960-9822(03)00263-X

286 Lazzaroni, M., S. Marshall-Pescini, H. Manzenreiter, S. Gosch, L. Přibilová, L. Darc, J. McGetrick, F. Range: Why Do Dogs Look Back at the Human in an Impossible Task? Looking Back Behaviour May Be over-Interpreted. *Anim. Cogn.* (2020) 23:427–441. doi:10.1007/s10071-020-01345-8

287 Cavalli, C., F. Carballo, M.V. Dzik, M. Bentosela: Gazing as a Help Requesting Behavior: A Comparison of Dogs Participating in Animal-Assisted Interventions and Pet Dogs. *Anim. Cogn.* (2020) 23:141–147. doi:10.1007/s10071-019-01324-8

In einer modifizierten Version der unlösbaren Aufgabe, bei der keine Menschen anwesend waren, fanden Rao und Kollegen in einer anderen Studie heraus, dass die Dauer der Manipulation des Futterbehälters durch die Hunde (Persistenz in der Aufgabenorientierung), die Vielfalt der Handlungen, die sie zur Erlangung des Futters einsetzen (motorische Vielfalt), die Körperhaltung bei der Annäherung an den Behälter und die Bereitschaft zur Interaktion mit dem Behälter (Kontaktlatenz) wahrscheinlich ihre Persönlichkeitsmerkmale widerspiegeln[288]. Verschiedene Studien in diesem Bereich beschreiben einen proaktiven Hundepersönlichkeitstyp, der sich durch hohe Beharrlichkeit, hohe motorische Vielfalt, hohe Aktivität und geringe Neophobie auszeichnet[289]. Diese Merkmale spiegeln die Eigenschaften von Hunden wider, die für die Aktivierung des **Behavioural Approach System (BAS)** empfänglich sind.

Den Berichten der Halter zufolge zeigen Hunde mit hohem BAS häufige soziale Interaktionen, eine schnelle Auffassungsgabe und leichte belohnungsbasierte Erziehbarkeit. Rao und Kollegen beschrieben auch zwei andere Verhaltensweisen in ihrer Studie: eine unsichere Körperhaltung bei der Annäherung an den Behälter (was die Neophobie der Hunde widerspiegelt) und eine Latenzzeit bei der Annäherung an den Behälter. Diese beiden Verhaltensweisen spiegeln die beiden anderen Merkmale wider, die den Rahmen der „Reinforcement Sensitivity Theory" bilden: das **Fight-Flight-Freeze System (FFFS)** und das **Behavioural Inhibition System (BIS)**. Hunde mit höherem FFFS zeigen starkes körperliches Unbehagen, schlechtere

Test zu Persönlichkeitsmerkmalen der Hunde und Ihr Blickverhalten

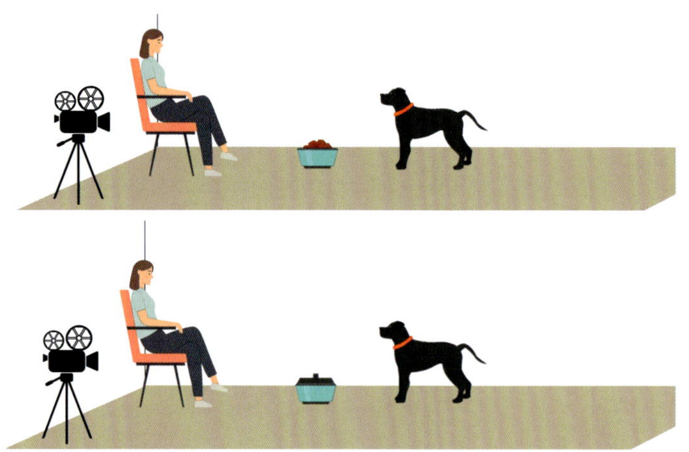

Aufbau: Der Besitzer sitzt auf einem Stuhl und der Behälter liegt vor ihm. Eine Kamera wird so positioniert, dass sie Besitzer und Behälter sieht und aufnehmen kann.

288 Rao, A., L. Bernasconi, M. Lazzaroni, S. Marshall-Pescini, F. Range: Differences in Persistence between Dogs and Wolves in an Unsolvable Task in the Absence of Humans. *PeerJ.* (2018) 6:e5944. doi:10.7717/peerj.5944

289 Gaunet, F., B.L. Deputte: Functionally Referential and Intentional Communication in the Domestic Dog: Effects of Spatial and Social Contexts. *Anim. Cogn.* (2011) 14:849–860

soziale Interaktionen mit ihrem Besitzer und eine starke Ausprägung passiver Meidung. Hunde mit hoher BIS-Sensitivität zeigen verstärkt Äußerung körperlichen Unbehagens und geringe Impulsivität. Daher kann angenommen werden, dass die Persönlichkeit auch individuelle Unterschiede der Hunde widerspiegelt, den Menschen während der unlösbaren Aufgabe anzusehen.

Die Ergebnisse zeigten, dass die Persönlichkeitsmerkmale der Hunde ihr Blickverhalten tatsächlich vorhersagbar machten. Hunde, die empfindlicher auf das Behavioural Inhibition System (BIS) reagierten, schauten ihren Besitzer häufiger an, sowohl referenziell als auch nicht-referenziell. Umgekehrt schauten Hunde, die empfindlicher auf das Behavioural Approach System (BAS) und das Fight-Flight-Freeze reagierten, ihre Besitzer kürzer und seltener an.

Die Teilnahme der Hunde an TGI war ein guter Vorhersageindikator für das Blickverhalten und die Häufigkeit der Aufgabenorientierung. Im Vergleich zu untrainierten Hunden blickten TGI-Hunde sowohl referenziell als auch nicht-referenziell häufiger und länger zu ihrem Besitzer, während sie weniger oft versuchten, die unlösbare Aufgabe selber zu lösen. Das bedeutet, die Hunde mit einer Persönlichkeit, die auf unsichere Situationen sensibler reagiert, schauen ihren Besitzer öfter an und versuchen seltener alleine die Aufgabe zu lösen, was darauf hindeutet, dass sie Anweisungen oder Hilfe von ihrem Besitzer erwarten[290]. Hunde, die sensibel auf die Erlangung von Belohnungen und Vermeidung von Strafen waren, schauten ihren Besitzer weniger oft an. Hunde mit einer hohen Tendenz zur Strafvermeidung sahen ihren Besitzer ebenfalls selten an und kehrten häufiger zu der Aufgabe zurück, um sie alleine zu bewältigen, möglicherweise als Zeichen von Frustration.

Fazit: Die Koordination von nonverbalem Verhalten (einschließlich Blickverhalten) zwischen den Partnern (soziale Synchronie) wird mit empathischen und kooperativen Verhalten in Verbindung gebracht, einschließlich der Mensch-Hund-Interaktionen während der tiergestützten Intervention. Dieses soziale Referenzieren, also Sich-versichern oder Anleitung vom Besitzer suchen, kann aber auch damit zusammenhängen, dass in den TGI-Settings oft emotional unklare oder neue Situationen entstehen und die TGI-Hunde durch diese Erfahrungswerte öfter den Blickkontakt und somit Anleitung bzw. Versicherung mit oder von ihrem Menschen suchen. Das bedeutet: TGI-Hunde haben gelernt, noch intensiver mit ihrem Menschen zu kommunizieren oder aber diese Hunde hatten schon im Vorfeld besondere genetische Eigenschaften, die sie dann dazu prädisponierten, im tiergestützten Einsatz erfolgreich tätig zu werden. Wie so oft spielen viele Faktoren eine Rolle!

290 Piotti, P., R.M. Spooner, H.-L. Jim, J. Kaminski: Who to Ask for Help? Do Dogs Form an Opinion on Humans Based on Skilfulness? *Appl. Anim. Behav. Sci.* (2017) doi:10.1016/j.applanim.2017.05.024

Individualdistanz

Das nächste wichtige Thema ist das der Individualdistanz aller beteiligten Parteien. In der tiergestützten Arbeit unterschreiten nicht nur die Hunde die Individualdistanz der Patienten oder Klienten, sondern auch die Menschen unterschreiten die Individualdistanz der Hunde. Bei der **Proxemik** geht es um den Raum, den man zwischen sich und anderen für notwendig hält und braucht. Es gibt nur wenig Forschung zur Proxemik bei Hunden, aber es gibt eine ganze Menge zur menschlichen Proxemik. Wir können davon ausgehen, dass auch Hunde diese Zonen besitzen[291]. Alle Rassen, unabhängig davon, ob sie zum Bewachen, Jagen oder Hüten gezüchtet wurden, sind soziale Wesen. Als Welpen haben sie kleine persönliche Zonen, da sie darauf angewiesen sind, dass die Mutter Futter bringt, sie putzt usw. Wenn sie älter werden, vergrößert sich dieser persönliche Raum je nach Rasse und Persönlichkeit unseres Hundes. Beim Menschen zeigt die Forschung, dass die Proxemik im Alter von zwölf Jahren voll entwickelt ist[292]. Auch beim Menschen gibt es jedoch große Unterschiede, wie viel Raum wir benötigen, um diesen als komfortabel im sozialen Umgang zu empfinden. Bei uns spielen neben Persönlichkeit auch Kultur sowie sozialer und emotionaler Hintergrund eine Rolle.

Umarmen ist zum Beispiel eine sehr persönliche Interaktion, die, wenn sie von der richtigen Person zur richtigen Zeit durchgeführt wird, tröstlich und eine Geste der Zuneigung ist. Wir können einen Hund nicht umarmen, ohne in seinen persönlichen Raum einzudringen (manche würden sagen, in seinen Intimbereich einzudringen oder seine persönliche Individualdistanz zu unterschreiten). Hunde, die bereitwillig zulassen, dass Menschen ihnen sehr nahe kommen oder sie berühren, sind entweder tolerant oder mögen diese Person. Die Zone des persönlichen Raums ist nicht für alle Hunde identisch. Für einige ist der Radius klein, für andere viel größer. In jedem Fall ist er wie eine unsichtbare Blase um den Hund herum. Ohne sich dessen bewusst zu sein, dringen Kinder und Erwachsene oft unaufgefordert in den persönlichen Raum eines Hundes ein. Die Folgen reichen von einem beschwichtigenden Blick, dem Abwenden oder Weggehen bis hin zu einer abwehrenden Aggression seitens des betroffenen Hundes. Jeder Teil der menschlichen Anatomie kann in den persönlichen Raum eines Hundes eindringen, sei es eine unwillkommene Hand oder ein Fuß oder – allzu häufig – das Gesicht einer Person.

291 M.F. MacNamara, K. Butler: Animal selection procedures in animal-assisted interaction programs. Editor(s): Aubrey H. Fine: *Handbook on Animal-Assisted Therapy* (Third Edition). Academic Press. (2010) S. 111–134. ISBN 9780123814531

292 Aiello, J.R., T. De Carlo Aiello: The development of personal space: Proxemic behavior of children 6 through 16. *Hum. Ecol.* (1974) 2:177–189. https://doi.org/10.1007/BF01531420

Für einen ersten Austausch mit Unbekannten gibt es den Ansatz, sich mit einem Hund anzufreunden, indem man dem Hund seine Hand hinhält, mit dem Gedanken, dass er zuerst daran schnuppern soll. Was bedeutet diese schwebende Hand? Hunde verstehen nicht unbedingt, was diese Geste beinhaltet, und es gibt Hunde, die aggressiv reagieren, wenn jemand seine Hand in ihren persönlichen Bereich drückt. Ein Hund kann seine persönliche „Raumblase" zu Ihnen bringen und Sie zur Vertrautheit einladen – aber Sie sollten nicht ohne Einladung in den persönlichen Raum eines Hundes eindringen. Viele Menschen machen diesen Fehler, manchmal mit katastrophalen Folgen. Ein weiteres unhöfliches Eindringen in den persönlichen Raum eines Hundes ist das Küssen. Stellen Sie sich ein Kind vor, das sich zu einem Hund hinunterbeugt, um ihn auf die Nase zu küssen. Dabei schaut das Kind dem Hund oft direkt in die Augen, beugt sich vor, umarmt ihn und legt seine Lippen auf die Schnauze des Hundes. Ein direkter Blick kann auf einen Hund bedrohlich wirken, das Eindringen in den persönlichen Raum ist oft unerwünscht, die Arme um den Hals sind eine übergriffige Geste und das Auflegen der Lippen auf die Schnauze ist in der Körpersprache von Hunden eine Art Tadel. Und wie oft sehen wir im Rahmen der tiergestützten Werbung genau dieses Bild? Hunde, eng angepresst an sie festhaltende Kinder oder ältere Menschen, oder eben sie gar auf die Schnauze küssend. Das ist KEIN Qualitätsmerkmal einer guten hundgestützten Interaktion!

Der persönliche Raum ist der engste und intimste Bereich um uns herum. Dies gilt es in der tiergestützten Arbeit zu beachten, zu erklären und lehren und zu respektieren. Aber es gibt auch andere Räume oder Distanzen. Der soziale Raum zum Beispiel ist der Bereich, in dem Bekannte akzeptiert und toleriert werden. In diesem Distanzbereich wollen wir uns aufhalten und mit dem Hund interagieren.

Die Persönlichkeit und insbesondere die persönliche Zone geht einher und entwickelt sich mit dem Reifungsprozess des Hundes, ebenso wie verschiedene Formen von Aggression oder Angst. Auch aus diesem Grund ist es empfehlenswert, dass Hunde voll ausgereift sein sollen, wenn sie an der TGI teilnehmen. Der Punkt, an dem ihre Persönlichkeit voll entwickelt ist, ist von Hund zu Hund unterschiedlich und Persönlichkeitsdimensionen sind keine festen Eigenschaften des einzelnen Hundes, sondern werden natürlich auch durch umweltbedingte und soziale Komponenten und Veränderungen beeinflusst. Eigenschaften werden häufig in Form von Persönlichkeitsdimensionen klassifiziert. TGI-relevante Persönlichkeitsdimensionen der Hunde wären Ängstlichkeit, Kontaktfreudigkeit, Trainierbarkeit, Aggressivität, Offenheit und Neugier.

Für Hunde, die in der TGI arbeiten, ist die wichtigste Eigenschaft die Ängstlichkeit – oder besser: fehlende Ängstlichkeit. Obwohl Angst ein emotionaler Zustand ist, der für alle Tiere überlebenswichtig ist, kann erhöhte Ängstlichkeit bei Hunden erhebliche Probleme verursachen. Ängstlichkeit kann in soziale und nicht-soziale Ängstlichkeit eingeteilt werden. Die soziale Kategorie umfasst die Angst vor unbekannten Menschen und Hunden (siehe Studie S. 171, Salonen et al., 2019). TGI-Hunde sollten keine Angst vor fremden Menschen oder anderen Hunden haben. Die nicht-soziale Kategorie umfasst die Angst vor verschiedenen Objekten und neuen Situationen, lauten Geräuschen, Höhen, glänzenden oder rutschigen Böden usw.[293]. Die Angst vor unbekannten Menschen und die Angst vor neuen Situationen hängen bei Hunden zusammen und werden gemeinsam als Zeichen einer generalisierten Angst angesehen. Natürlich sind Traumata oder mangelnde Sozialisierung, schlechte mütterliche Pflege und aversives Training bekannte Risikofaktoren für Angst bei Hunden, aber Studien zeigen auch eine genetische Komponente. Hunde reagieren unterschiedlich auf neue Situationen und unbekannte Menschen, wobei die Reaktionen von extremer Ängstlichkeit bis hin zu hoher Kontaktfreudigkeit und Neugier reichen. TGI-Hunde sollten in die letzte Kategorie fallen – offen, gesellig und neugierig.

Unter Kontaktfreudigkeit verstehen wir die Bereitschaft unseres Hundes, mit freundlichen unbekannten Personen unter verschiedenen Umständen freiwillig und freudig zu interagieren. Manche Hundebesitzer missverstehen unterwürfiges und unsicheres Verhalten und interpretieren einen Hund, der auf Menschen klettert und/oder sie permanent anspringt oder „freudig begrüßt", als sehr sozial (die 4 Fs![294]). Meistens suchen diese Hunde jedoch soziale Unterstützung, da sie sich unwohl oder unsicher und überfordert fühlen. Das heißt, sie sind eher ängstlich und nicht unbedingt sozial. Die Bereitschaft des Hundes, mit Fremden zu interagieren, ist bei der TGI natürlich sehr wichtig, und obwohl auch diese Eigenschaft genetisch prädisponiert ist, kann unser Hund lernen, positive Erwartungen an soziale Interaktionen mit unterschiedlichen Menschen zu haben.

Was uns zum nächsten Thema bringt …

293 Glenk, L.M.: Current perspectives on therapy dog welfare in animal-assisted interventions. *Animals.* (2017) 7:7

294 Stress kann sich in ganz unterschiedlichen Ausprägungen zeigen: in Verhaltenssymptomen wie Leinenbeißen („Fiddle") oder Schwanz- oder Schattenjagen, bis hin zu Stereotypien und Selbstverstümmelungen. Stressverhalten kann sich auch in Überreaktionen auf Situationen, Nervosität, Ruhelosigkeit und Hyperaktivität, Hypersexualität sowie erhöhter Ängstlichkeit („Flight") ausdrücken. Andere Hunde wiederum zeigen Passivität, Apathie („Freeze"), Hyposexualität oder Appetitlosigkeit. Wie Ihr Hund Stress verarbeitet und ausdrückt, ist somit sehr individuell und lässt sich weder pauschalisieren noch auf wenige Standardsymptome herunterbrechen.

17. Ist Ihr Hund eher ein Optimist oder Pessimist?

Eine weitere Komponente von Emotionen, die erst jüngst erforscht wird, ist die der emotionalen Grundhaltung. Der Grundgedanke ist, dass Emotionen auch unsere Erinnerung, unsere Aufmerksamkeit und unsere Wahrnehmung beeinflussen. Demnach fördert ein glücklicher Gemütszustand eine positive Wahrnehmung der Umgebung, während negative Gefühle das Gegenteil bewirken.

Optimismus und Pessimismus sind innere Eigenschaften von Tieren. In der Wildnis überleben pessimistischere Tiere länger, vermehren sich mehr und schützen ihre Jungen effektiver, was zur Aufrechterhaltung dieser Eigenschaft führt. Wie das? Nun, diese Tiere gehen davon aus, dass jedes ungewöhnliche Geräusch ein Beutegreifer sein könnte und flüchten natürlich! Der Optimist trifft in diesen Überlebenssituationen möglicherweise nicht die richtigen Entscheidungen und Optimismus wird in der Wildnis eher als Naivität denn als etwas Gutes angesehen!

In unserer menschgemachten Welt haben sich diese Wertigkeiten für den Hund wiederum verschoben. Hunde, die hoffnungsvoll und optimistisch sind, sind weniger anfällig für emotionale Notlagen als solche, die eher pessimistisch sind. Hunde mit einer negativen Denkweise verinnerlichen eher negative Reize, erinnern sich an negative Ereignisse und betrachten mehrdeutige Reize negativer als Hunde in einem positiveren emotionalen Zustand[295].

Ein optimistischer Erklärungsstil minimiert die Auswirkungen von Widrigkeiten oder Rückschlägen, während positive Situationen und deren Einfluss auf künftige Erkenntnisse und Verhaltensweisen betont werden. Interessant ist, dass ein Hund einen optimistischen Erklärungsstil lernen kann, indem wir versuchen, die Art und Weise zu ändern, in welcher der Hund positive und negative Ereignisse interpretiert[296].

Optimismus kann den Verlauf und das Erleben von negativen Situationen oder Empfindungen positiv beeinflussen. Optimismus führt zu einer geringeren Empfindlichkeit und einer besseren Anpassung, zu mehr Hoffnung und Akzeptanz sowie

295 Panksepp, J.: Emotional causes and consequences of social-affective vocalization. *Handbook behav. Neurosci.* (2010) 19:201–208

296 Mendl, M., O.H.P. Burman, R.M.A. Parker, E.S. Paul: Cognitive bias as an indicator of animal emotion and welfare: emerging evidence and underlying mechanisms. *Appl. Anim. Behav. Sci.* (2009) 118:161–181

zu besseren Bewältigungsstrategien. Optimismus hat eine schützende Wirkung, physisch und psychisch. Höherer Optimismus steht in Verbindung mit besserem Sozialverhalten und emotionaler Funktionsfähigkeit sowie körperlicher und geistiger Resilienz.

Der am weitesten verbreitete Test zur Untersuchung emotionaler Zustände bei Tieren ist die ***Judgement Bias Task (JBT)****, die Voreingenommenheitsaufgabe. Diese Aufgabe basiert auf der Vorstellung, dass ein Tier das Verhalten zeigt, das auf die Erwartung von entweder relativ positiven oder negativen Ergebnissen als Reaktion auf einen mehrdeutigen Reiz zeigt. So würden Hunde in einem negativen emotionalen Zustand einen mehrdeutigen Hinweis eher als Vorhersage eines negativen Ereignisses interpretieren („Pessimismus") und umgekehrt würden Hunde in einem positiven emotionalen Zustand die mehrdeutigen Hinweise eher als Vorhersage eines positiven Ereignisses („Optimismus") beurteilen. Dieser Entscheidungsprozess, d. h. die Reaktion auf mehrdeutige Signale, steht unter Einfluss des aktuellen emotionalen Zustands, der in experimentellen Settings durch Manipulation der Umweltbedingungen kontrolliert und modifiziert wird (z. B. Deprivation, um Furcht/Angst auszulösen, oder Anreicherung, um Freude/Zufriedenheit auszulösen).*

Auch Trainingsmethoden beeinflussen sehr stark, wie unsere Hunde ihr eigenes Leben bewerten, wie die nächste Studie darstellt.

Die Studie

Hunde sind pessimistischer, wenn ihre Besitzer zwei oder mehr aversive Trainingsmethoden benutzen

Casey, R.A., M. NajOleari, S. Campbell, M. Mendl, E.J. Blackwell: Dogs are more pessimistic if their owners use two or more aversive training methods. Scientific Reports. (2021) 11:19023

Die Hunde in dieser Studie wurden von ihren Besitzern mit unterschiedlichen Methoden trainiert, die sich grob in belohnungsbasierte (positive Verstärkung/negative Bestrafung) und aversive Methoden (positive Bestrafung/negative Verstärkung) einteilen lassen. In dieser Studie wurde die Judgement Bias Task (JBT), die Voreingenommenheitsaufgabe verwendet, um den zugrundeliegenden Gemütszustand der

Hunde zu vergleichen, deren Besitzer angaben, zwei oder mehr auf positiver Bestrafung/negativer Verstärkung basierende Techniken zu verwenden, mit solchen, die nur mit positiver Verstärkung/negativer Bestrafung trainiert wurden.

Trainingsmethode
Bellaktiviertes Zitronella-Sprühhalsband
Distanzaktiviertes (Fernbedienung) Zitronella-Sprühhalsband
Elektroschockhalsband bellaktiviert
Elektroschockhalsband distanzaktiviert (Fernbedienung)
Physische Strafe – schütteln oder schlagen, Alphawurf
Wasserpistole
Würgehalsband
Rütteldose oder andere geräusch- und schreckorientierte Maßnahmen

Ein relativ neuer Ansatz zur Bewertung des Wohlergehens von Tieren ist die Messung der „kognitiven Verzerrungen". Kognitive Verzerrungen werden beobachtet, wenn der emotionale Zustand die Reaktionen der Tiere auf Umweltreize beeinflusst, und zwar durch Unterschiede in der Art und Weise, wie sie sich an vergangene Ereignisse erinnern („Gedächtnisverzerrung"), mehrdeutige oder zukünftige Ereignisse bewerten („Urteilsverzerrung") oder die Aufmerksamkeit fokussiert wird („Aufmerksamkeitsverzerrung"). Es geht also darum, was wir in einer uns unbekannten Situation erwarten, die positiv oder negativ bewertet werden kann. Das heißt, erwarten wir eher etwas Positives, optimistisch, oder eher etwas Negatives, pessimistisch.

Man geht davon aus, dass ein Gemütszustand durch kumulative Erfahrungen beeinflusst wird. Hunde, die während ihres Trainings aversive Techniken, also Gewalt und Strafe erfahren haben, weisen einen negativeren Gemütszustand auf als Hunde, deren Training belohnungsbasiert war und sich auf die Belohnung erwünschter Verhaltensweisen konzentrierte.

Wenn ein Hund mit einem mehrdeutigen Stimulus konfrontiert wird, etwas Gutem oder etwas Schlechtem, werden die Wahrnehmung der Situation und sein Verhalten von emotionalen Zuständen beeinflusst. In einer neuen Situation führen positive emotionale Zustände zu optimistischen Reaktionen, negative emotionale Zustände zu pessimistischen Reaktionen.

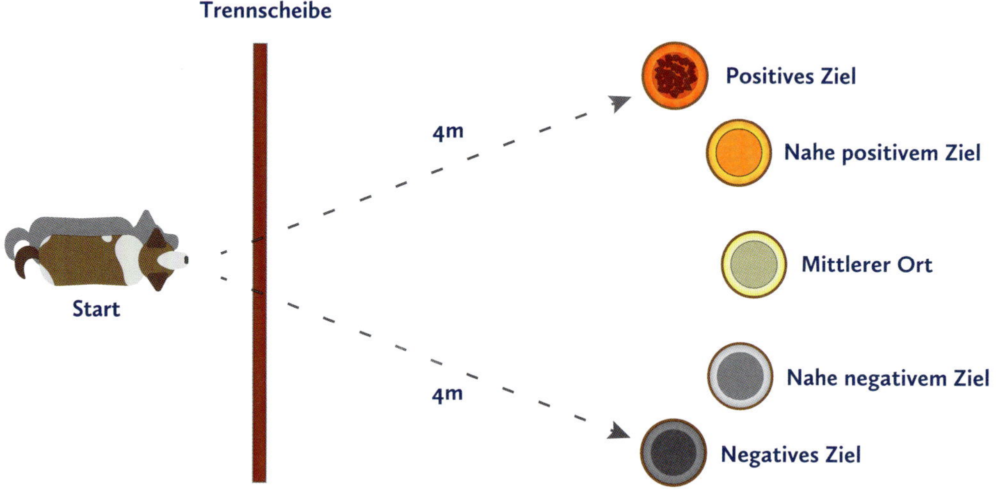

Der Hund wurde vor jedem Trainings- und Testversuch am Startort hinter einer undurchsichtigen Barriere (Trennscheibe) positioniert (Start). Dem Hund wurde beigebracht, zwischen einem einzelnen Futternapf zu unterscheiden, der sich entweder auf der rechten oder auf der linken Seite der Arena befand. Ein Napf enthielt Futter (positiv), der andere nicht (negativ). Die Zeit, die die Hunde benötigten, um jedes Ziel von der Ausgangsposition aus zu erreichen, wurde in Sekunden gemessen. Längere Zeiten in den Versuchen wurden so interpretiert, dass der Hund den Napf als weniger wahrscheinlich für gefüllt mit Futter einschätzte (und somit eine „pessimistischere" kognitive Voreingenommenheit zeigte), und eine schnellere Geschwindigkeiten als eine Erwartung von Futter (und somit eine „optimistischere" kognitive Voreingenommenheit).

Die Hunde wurden darauf trainiert, zwischen belohnten und unbelohnten Orten (voller Futternapf und leerer Napf) in gleicher Entfernung von einer Startbox zu unterscheiden, und die durchschnittlichen Zeiten, die sie brauchten, um dorthin zu laufen, wurden aufgezeichnet.

Den Hunden wurde beigebracht, dass ein Napf, der an einer standardisierten (positiven) Stelle auf der linken Seite der Testarena platziert war, eine Belohnung (Futter) enthielt. Auf der rechten Seite der Arena war ein weiterer Napf (negativ) platziert, der keine Belohnung enthielt.

Sobald die Hunde diese räumliche Unterscheidung gelernt hatten und bei Versuchen, bei denen sich der Napf auf der belohnten Seite befand, schneller liefen, wurden dann Versuche gemacht, bei denen Näpfe an einer von drei mehrdeutigen Stellen platziert war (z. B. auf halbem Weg zwischen der linken und rechten Stelle).

Die anschließende Latenzzeit des Hundes zu den dazwischen liegenden „zweideutigen“ Stellen wurde aufgezeichnet und als Hinweis darauf gesehen, ob der Hund die Stellen so bewertete, als ob sie wahrscheinlich Futter enthielten (positiv) oder nicht (negativ). Die Zeit für die Bewegung zum Napf wurde als Indikator dafür verwendet, ob der Hund das Vorhandensein von Futter erwartete: kurze Latenzzeit – positive („optimistische“) Interpretation der Zweideutigkeit als Hinweis auf einen relativ positiven Affekt) oder nicht (längere Latenzzeit – negative („pessimistische“) Interpretation der Zweideutigkeit als Hinweis auf einen relativ negativen affektiven Zustand).

50 Hunde, die mit zwei oder mehr aversiven Methoden trainiert wurden, machten eine Versuchsgruppe aus (AT-Gruppe), und 50 Hunde, die diese Trainingsmethoden nicht erfahren hatten die zweite Gruppe (RT-Gruppe).

Es zeigte sich in diesem Versuch, dass Hunde, die ohne aversive Methoden trainiert wurden (Belohnungstraining; RT), eine geringere Latenzzeit hatten (d. h. sie liefen schneller) zu den Näpfen als diejenigen, die mit zwei oder mehr aversiven Methoden trainiert wurden (Aversionstrainingsgruppe AT). Das bedeutet: Die Hunde der Gruppe, die mit aversiven Methoden trainiert wurde, waren „pessimistischer“ als die Hunde, die ohne diese Techniken trainiert wurden. Diese „pessimistische“ Tendenz deutet darauf hin, dass Hunde, die aversiveren Trainingsmethoden ausgesetzt waren, eine geringere Belohnungserwartung haben als Hunde, die diese Methoden nicht kennen. Das weist auf eine negativ verzerrte Verarbeitung mehrdeutiger Informationen hin, wie sie auch bei depressiven Menschen zu finden ist.

Trainingsmethoden

Verhalten tritt öfter auf, wenn 	Verhalten tritt seltener auf, wenn 
Positive Belohnung: *Etwas Angenehmes kommt dazu* Lob Leckerchen Spiel **Konsequenz** Freude, Spaß, Zufriedenheit, Motivation	**Positive Strafe:** *Etwas Unangenehmes kommt dazu* Leinenruck Sprühhalsbandstoß Schubsen, Wasserflasche **Konsequenz** Stress, Angst, Schmerz
Negative Belohnung: *Etwas Unangenehmes wird weggenommen* Hund darf auf Distanz gehen Leinendruck wird weggenommen Angstmachender Reiz wird weggenommen **Konsequenz** Erleichterung, Freude	**Negative Strafe:** *Etwas Angenehmes wird weggenommen* Keine Belohnung Spielzeug wird weggenommen Aufmerksamkeit wird entzogen **Konsequenz** Frustration, Enttäuschung, Wut

Lerntheorie Trainingsmethoden: Positive Belohnung und Negative Belohnung; Positive Strafe und Negative Strafe.

Nur die positive Verstärkung wird im Hundetraining empfohlen, weil

1. *sonst viele unerwünschte Verhaltensweisen entstehen, da die Anwendung von aversiven Methoden negative emotionale Zustände verstärken kann, was zu weiteren Problemen einschließlich Aggression führen kann.*
2. *Hunde können die Anwendung eines aversiven Reizes mit unbeabsichtigten und zufälligen Ereignissen in Verbindung bringen. So kann beispielsweise ein elektrischer Schock oder Leinenruck, also aversives Ereignis, dazu führen, das dieses mit einem sich nähernden Kind verknüpft und dieses aversive Ereignis fortan mit Kindern assoziiert wird!*
3. *Die Anwendung aversiver Methoden kann das Verhalten in dem Kontext, in dem die Bestrafung angewendet wird, hemmen, aber den zugrunde liegenden emotionalen Zustand nicht verändern, was dazu führen kann, dass das Problemverhalten oder alternative Reaktionen wieder auftreten, sobald der auslösende Reiz im anderen Kontext auftritt.*
4. *Die Anwendung aversiver Methoden kann bei Hunden zu Verwirrung und Frustration führen, da die Bestrafung eines unerwünschten Verhaltens den Hund nicht in die Lage versetzt, zu verstehen, was als angemessene Reaktion erforderlich ist.*

Fazit: Es ist nicht verwunderlich, dass Anzeichen für Stress und Konfliktverhalten umso stärker sind, je mehr unangenehme Konsequenzen im Training verwendet werden. Der Level des Stresshormons Kortisol ist nach aversiven Trainingseinheiten besonders hoch. Ebenso von Bedeutung ist allerdings, ob unser Hund vermeintlich angenehme Konsequenzen und Belohnungen auch wirklich als solche auffasst. Bitte achten Sie nicht nur im Training auf einen angemessenen Umgang, sondern auch in den hundgestützten Einsätzen! Negative Konsequenzen können langfristig das Wohlbefinden Ihres Hundes verschlechtern und sich negativ auf dessen Gefühlslage, somit auch den Einsatz, auswirken.

Was können wir noch tun, um unseren Hund zum Optimisten zu machen? Auch das Schnüffeln und Erkunden der Umwelt fördert Optimismus …

Die Studie

Lass mich schnüffeln! Nasenarbeit führt bei Hunden zu einer positiven Urteilsbildung

Duranton, C., A. Horowitz: Let me sniff! Nosework induces positive judgement bias in pet dog. Applied Animal Behaviour Science. Volume 211. (Feb. 2019) S. 61–66

Wenn ein Hund mit einem mehrdeutigen Stimulus konfrontiert wird, etwas Gutem oder etwas Schlechtem, werden die Wahrnehmung der Situation und sein Verhalten von emotionalen Zuständen beeinflusst. In einer neuen Situation führen positive emotionale Zustände zu optimistischen Reaktionen, negative emotionale Zustände zu pessimistischen Reaktionen. Kognitive Voreingenommenheit – auch Urteilsverzerrung genannt – wird definiert als der Einfluss emotionaler Zustände auf die Interpretation eines mehrdeutigen Stimulus durch ein Individuum und somit den Einfluss auf die Entscheidungsfindung und Verhaltensreaktion. Studien zeigen, dass Menschen in negativen emotionalen Zuständen auf bedrohliche Reize aufmerksamer reagieren, mehr negative Erinnerungen haben und zukünftige Ereignisse oder mehrdeutige Situationen negativer beurteilen als Menschen mit positiven emotionalen Zuständen. In dieser Studie wurde die Wirkung von Nasenarbeit auf die emotionale Verfassung von Hunden untersucht. Die meisten Hunde sind tagsüber oft allein und in einem begrenzten Raum eingesperrt[297] und können daher keine natürlichen Verhaltensweisen ausüben, die für ihr Wohlergehen wichtig sind, wie z. B. soziale Interaktion und Futtersuche. Bei der Nasenarbeit suchen Hunde nach versteckten Leckerlis oder Duftstoffen. In dieser Studie gab es zwei Gruppen: eine Nasenarbeitsgruppe und eine Gruppe, die nicht kognitiv angeregt wurde. Die Hunde der Gruppe „Nasenarbeit" war nach dem Training signifikant optimistischer als die Gruppe ohne.

297 Rehn, T., L.J. Keeling: The effect of time left alone at home on dog welfare. *Applied Animal Behaviour Science.* (2011) Volume 129. Issues 2–4, Pages 129–135

In einer Studie von Wells und Hepper[298] wurden Hunde auf ihre Pfotenpräferenz hin untersucht. Zudem wurde ihre Tendenz zu Optimismus oder Pessimismus bei einer Futtersuchaufgabe gemessen. Den Hunden wurde ein Standard-Kong-Test für Pfotenpräferenz vorgelegt, bei dem die Hunde dabei beobachtet werden, wie sie einen Kong mit ihren Pfoten manipulieren und stabilisieren, um Futter aus ihm herauszulecken. Es wird dann gezählt, wie oft jede Pfote – die linke oder die rechte – zu diesem Zweck benutzt wird. Auf diese Weise kann man feststellen, ob ein Hund eine Pfote der anderen vorzieht. Die Hunde wurden zudem trainiert, Futter zu finden, welches dann neu platziert wurde (siehe Test, S. 182). Indem die Forscher maßen, wie schnell die Hunde zu der neuen Futterstelle gingen, konnten sie feststellen, ob die Hunde eher erwartungsvoll und positiv oder langsamer und pessimistischer waren, was die Wahrscheinlichkeit anging, dort Futter zu finden. Die Ergebnisse der Studie zeigten, dass Hunde, die ihre rechte Pfote beim Kong-Test bevorzugen, zu mehr Optimismus neigen als Hunde, die beidpfötig oder mit der linken Pfote unterwegs sind.

Untersuchen Sie doch einmal, ob Ihr Hund eher ein Pfotenoptimist oder Pessimist ist – welche Pfoten benutzt er oder sie häufiger?

Fazit: Eine praktische Empfehlung aufgrund dieser Studie ist, dass wir alle unseren Hunden regelmäßig die Möglichkeit bieten, durch vielfältige Aktivitäten und Nasenarbeit den Spaß und die geistige Anregung beim Spaziergang zu erhöhen. Die Hunde sind bei der Nasenarbeit autonom und handeln aus eigenem Antrieb. Als Besitzer sollten wir ihnen folgen, sie aber nicht lenken und auch nicht in ihre Bewegungen oder Entscheidungen eingreifen. Die Nasenarbeit verlangt von den Hunden, Probleme zu lösen, sich selbst zu korrigieren und umzulenken, ihre Umgebung selbst zu analysieren – mit anderen Worten: selbst zu entscheiden, was sie tun wollen. Die Fähigkeit, eine Wahl zu haben, ist für das Wohlergehen der Tiere von entscheidender Bedeutung, ganz gleich, um welche Tierart es sich handelt. Und die kognitive Anregung und Entscheidungsfreiheit macht unsere Hunde optimistischer!

Auch Persönlichkeitsmerkmale (z. B. Ängstlichkeit, Furchtsamkeit) beeinflussen die kognitive Verarbeitung von Umweltreizen, wie die Beurteilung von mehrdeutigen Reizen (Urteilsverzerrung). Darauf geht die nächste Studie ein …

298 Wells, D.L., P.G. Hepper, A.D.S. Milligan, S. Barnard: Cognitive bias and paw preference in the domestic dog (Canis familiaris). *J. Comp. Psychol.* (Nov. 2017) 131(4):317–325. doi: 10.1037/com0000080. Epub 2017 May 18. PMID: 28517942.

Die Studie

Persönlichkeitsmerkmale, die sich auf die Situationsbewertung von Hunden auswirken

Barnard, S., D.L. Wells, A.D.S. Milligan, et al.: Personality traits affecting judgement bias task performance in dogs (Canis familiaris). Sci. Rep. (2018) 8:6660

In der Studie von Barnard und Kollegen wurde die Persönlichkeit von Hunden anhand zweier standardisierter Tests bewertet: dem Dog Mentality Assessment (DMA) und dem Canine Behavioral Assessment and Research Questionnaire (C-BARQ). Zudem wurde die Judgement Bias Aufgabe (siehe Kasten, S. 182) verwendet, um die Einstellung der Hunde, optimistisch oder pessimistisch, zu bewerten. Die Zeit der Hunde wurde gemessen, die sie brauchten, um sich jeweils einem Napf zu nähern, der sich in einer von drei mehrdeutigen Positionen (nahe positiv, Mitte, nahe negativ) zwischen einem gefüllten (positiv) und einem nicht gefüllten Futternapf (negativ) befand. Die Studie ergab, dass ein Zusammenhang zwischen Persönlichkeitsmerkmalen und kognitiver Voreingenommenheit bei Hunden besteht. Hunde, die bei dem Persönlichkeitsmerkmal Kontaktfreudigkeit eine höhere Punktzahl erreichten und Hunde, die von ihren Besitzern als erregbarer oder anfälliger für nicht-soziale Ängste eingestuft wurden, zeigten eher eine optimistische Beurteilung eines mehrdeutigen Stimulus, während Hunde, die höhere Werte in der Beurteilung von trennungsbezogenen Problemen und hundebezogenen Angst-/Aggressionsmerkmalen hatten, eher eine pessimistische Grundhaltung zeigten. Die Ergebnisse deuten darauf hin, dass ein höheres Maß an Ängsten zu einer pessimistischeren Beurteilung von mehrdeutigen Hinweisen führt.

Die Persönlichkeit ist ein Schlüsselelement bei diesen Entscheidungsprozessen. So wurde gezeigt, dass Tierheimhunde mit hohem trennungsbedingtem Stress grundsätzlich pessimistischer sind als Hunde mit weniger trennungsbedingtem Stress[299].

Fazit: Die Studien zeigen, eine optimistische Einstellung zum Leben kann viel mehr als Gläser füllen. Optimismus ist gesund. Ein optimistischer Hund betrachtet nicht nur die aktuelle Situation, sondern auch die zukünftige Entwicklung positiv. Hat Ihr Hund gelernt, dass er Aufgaben lösen kann, lernt er Selbstwirksamkeit. Optimisten leiden weniger unter Stress und haben ein besseres Immunsystem. Optimismus steigert die Resilienz und führt zu größerer psychischer Stabilität. Fördern Sie für Ihren Hund (und für sich) eine optimistische Grundhaltung – in der hundgestützten Intervention unbezahlbar!

299 Mendl, M. et al.: Dogs showing separation-related behaviour exhibit a „pessimistic" cognitive bias. *Curr. Biol.* (2010) 20:R839–R840

18. Lernen

Hochbegabte der Hundewelt …

Hunde mit einem großen Wortschatz von Objektnamen sind selten und gelten als einzigartig begabt. In einigen wenigen Fällen haben diese GWL-Hunde (Gifted Word Learner; begabte Wortlerner) kognitive Fähigkeiten gezeigt, die funktionell denen von Kleinkindern ähneln.

Die Studie

Erwerb und Langzeitgedächtnis von Objektnamen in einer Stichprobe von hochbegabten „Wortlerner" Hunden

Dror, S., Á. Miklósi, A. Sommese, A. Temesi, C. Fugazza: Acquisition and long-term memory of object names in a sample of Gifted Word Learner dogs R. Soc. open sci. (2021) 8210976210976

In dieser Studie wurde die Fähigkeit von sechs GWL-Hunden untersucht, sich die Namen neuer Objekte in kurzer Zeit anzueignen und diese zudem in ihrem Langzeitgedächtnis zu speichern. Während des Wortschatzspurts (vocabulary spurt), der als plötzlicher Anstieg der Wortlernrate definiert ist, lernen Säuglinge nicht mehr nur ein oder zwei neue Wörter pro Woche, sondern bis zu neun neue Wörter pro Tag. Nur wenige Studien haben die Fähigkeit von Hunden dokumentiert, Objektnamen zu lernen, und neuere Erkenntnisse deuten darauf hin, dass diese Fähigkeit nur bei einigen besonders begabten Hunden (Gifted Word Learner (GWL)-Hunden) vorhanden ist. Diese Fähigkeit wurde in der Studie mit sechs Border Collies mit Vorkenntnissen des Objektwortschatzes getestet. Sie sollten die Namen von 6 respektive 12 neuen Objekten in einer Woche lernen. Als die Studie begann, kannten alle Hunde über 26 Objektnamen. Die Ergebnisse zeigten, dass die hier getesteten GWL-Hunde nicht nur in der Lage waren, bis zu 12 neue Objektnamen in einer Woche zu lernen, eine Lernrate, die mit dem frühen Worterwerb bei Kleinkindern zu Beginn des Wortschatzspurts vergleichbar ist, sondern dass die meisten von ihnen die Objektnamen im Langzeitgedächtnis behielten. Und das, obwohl die Besitzer nur zwischen 30 Minuten und einer Stunde am Tag über einen Zeitraum von zwei Wochen mit ihnen übten!

Auch das Wie spielt natürlich eine wichtige Rolle bei den Lernprozessen:

Intermittierende Belohnung und Lernprozesse

Die Studie

Intermittierende Belohnung während des Clickertrainings verbessert die Lerngeschwindigkeit von Hunden nicht und führt zu einem pessimistischen affektiven Zustand

Cimarelli, G., J. Schoesswender, R. Vitiello, et al.: Partial rewarding during clicker training does not improve naïve dogs' learning speed and induces a pessimistic-like affective state. Anim. Cogn. (2021) 24:107–119

Clickertraining ist eine weit verbreitete Technik, um Hunden neue Verhaltensweisen beizubringen, indem zwei Formen des Lernens kombiniert werden: klassische und operante Konditionierung[300]. Bei einem solchen Training wird das Verhalten des Hundes verstärkt, indem eine bestimmte Reaktion mit einem beliebigen Reiz durch einen positiven Verstärker assoziiert wird, wie bei der operanten Konditionierung durch die Verwendung eines Geräusches (ein Klick, konditionierter Reiz und sekundärer Verstärker). Das Geräusch nimmt wie bei der klassischen Konditionierung die Belohnung (unkonditionierter Reiz und primärer Verstärker) vorweg. Die Gründe für die Verwendung eines Clickers sind vielfältig: Er ermöglicht es, die zeitliche Verzögerung zwischen der Reaktion und der Belohnungsabgabe zu überbrücken[301], auf Distanz zu arbeiten[302]und hat den Vorteil, dass er gut zu lernen ist. Der grundlegende Prozess des Clickertrainings ist einfach: Der Hund zeigt das gewünschte Verhalten, der Trainer klickt und dann gibt er eine Belohnung.

Clickertraining gilt als tierschutzfreundliche Methode, um Hunden neue Verhaltensweisen beizubringen, da es hauptsächlich auf positiver Verstärkung beruht. Die Trainer variieren jedoch stark in der Art und Weise, wie sie diese Trainingstechnik anwenden. Die meisten sind der Meinung, dass auf jeden Click eine Belohnung (z. B. Futter) folgen sollte[303], während andere behaupten, dass Hunde schneller lernen, wenn nach dem Click die Belohnung manchmal weggelassen wird (intermittierendes Lernen)[304]. Ein Argument gegen die Verwendung von intermittierenden Belohnungen ist, dass sie beim Hund Frustration hervorrufen kann und so Bedenken hinsichtlich des Wohlergehens des Hundes aufwirft[305]. Achtung: Intermittierende Belohnung ist nicht zu verwechseln mit intermittierender Verstärkung, bei der mit

300 Ferster, C., B.F. Skinner: Schedules of reinforcement. New York: Prentice-Hall, Inc. (1957)

301 Feng, L.C., T.J. Howell, P.C. Bennett: Practices and perceptions of clicker use in dog training: a survey-based investigation of dog owners and industry professionals. *J. Vet. Behav. Clin. Appl. Res.* (2018) 23:1–9

302 Pryor, K.: *Don't shoot the dog! The new art of teaching and training.* New York: Bantam Books. (1999)

303 McConnell, P.: Click and … Always Treat? Or Not? (2014) https://www.patriciamcconnell.com/theotherendoftheleash/click-and-always-treat-or-not.

304 Cecil, L.: Why you DON'T always need to feed after each click. (2016) 1–27. https://www.auf-den-hund-gekommen.net/-/paper5_files/paper5_v_1.1_printable.pdf. Last accessed 30 Apr. 2020

305 Berridge, K.C., T.E. Robinson, J.W. Aldridge: Dissecting components of reward: „liking", „wanting", and learning. *Curr. Opin. Pharmacol.* (2009) 9:65–73

zunehmendem Lernfortschritt nicht mehr nach jedem Versuch des Hundes geclickt wird, aber dennoch nach jedem Click auch eine Futterbelohnung folgt.

In dieser Studie wurde die Auswirkung von intermittierenden Belohnungen nicht nur auf die Trainingseffizienz (Lerngeschwindigkeit), sondern auch auf den emotionalen Zustand der Hunde untersucht.

Auch wenn eine Technik wirksam ist, kann sie sich dennoch emotional negativ auf den Hund auswirken. Ein klares Beispiel hierfür ist die positive Bestrafung (s. Abb. S. 186): Sie ist zwar wirksam (ein Tier verringert die Wahrscheinlichkeit, ein bestimmtes Verhalten zu zeigen), aber die Auswirkungen auf den emotionalen Zustand des Hundes sind negativ[306]. So kann beispielsweise das Ausbleiben einer Belohnung nach einem Click zu Frustration führen, was zu negativen Auswirkungen auf den affektiven Zustand des Hundes führen kann.

Individuelle Unterschiede spielen eine wichtige Rolle bei der Reaktion auf das Ausbleiben einer erwarteten Belohnung. So können die emotionale Reaktivität und ihre beiden Komponenten, die Sensibilität für Belohnungen (positive Aktivierung) und die Sensibilität für aversive Erfahrungen (negative Aktivierung) diese Reaktion beeinflussen[307]. Einerseits sollte das Ausbleiben einer erwarteten Belohnung eine stärkere Auswirkung auf Individuen mit einem höheren Wert bei der negativen Aktivierung haben, da sie das Ausbleiben der Belohnung als eine stärkere Bestrafung empfinden könnten[308], andererseits könnten Individuen mit einem hohen Wert bei der positiven Aktivierung empfindlicher gegenüber der Belohnung an sich sein und daher stärker auf das Ausbleiben der Belohnung reagieren als Tiere mit einer niedrigen positiven Aktivierung[309].

Cimarelli und Kollegen verglichen zwei Gruppen von Hunden, die mit dem Clicker trainiert wurden. Eine Gruppe wurde nach jedem Click belohnt, während die andere Gruppe nur nach 60 % der Clicks eine Belohnung erhielt. Sie maßen, wie viele Versuche nötig waren, um ein neues Verhalten zu erlernen. Um den emotionalen Zustand nach dem Training zu quantifizieren, verwendeten sie eine Aufgabe, die die Reaktion der Probanden auf eine mehrdeutige Situation misst (der so genannter „Judgement Bias Test“ siehe S. 182). Da die affektiven Reaktionen auf das Auslassen von Belohnungen durch persönlichkeitsbezogene Faktoren wie emotionale Reaktivität

306 Schilder, M.B., J.A. van der Borg: Training dogs with help of the shock collar: short and long term behavioural effects. *Appl. Anim. Behav. Sci.* (2004) 85:319–334

307 Cuenya, L.; M. Sabariego, R. Donaire, et al.: The effect of partial reinforcement on instrumental successive negative contrast in inbred Roman High- (RHA-I) and Low- (RLA-I) Avoidance rats. *Physiol. Behav.* (2012) 105:1112–1116

308 Gray, J.A.: Neural systems of motivation, emotion and affect. In: Madden, J. (ed): *Neurobiology of learning, emotion and affect.* New York: Raven Press. (1991) S. 273–306

309 Corr, P.J.: J.A. Gray's reinforcement sensitivity theory and frustrative nonreward: a theoretical note on expectancies in reactions to rewarding stimuli. *Pers. Individ. Dif.* (2002) 32:1247–1253

beeinflusst werden, wurde den Haltern zudem ein Fragebogen zur Messung von Persönlichkeitsmerkmalen ihres Hundes gegeben.

Die Ergebnisse bezüglich der Lerngeschwindigkeit bestätigten frühere Erkenntnisse, die keinen Unterschied in Bezug auf das Verhalten zwischen Hunden mit kontinuierlicher oder intermittierender Belohnung zeigten[310]. Beide Gruppen von Hunden lernten die neue Aufgabe mit vergleichbarer Geschwindigkeit. Das deutet darauf hin, dass eine kontinuierliche Belohnung nicht notwendig ist, um ein neues Verhalten zu erlernen, aber auch, dass sich die Trainingsgeschwindigkeit durch die Verwendung einer intermittierenden Belohnung nicht verbessert.

Es gab allerdings einen wesentlichen Unterschied zwischen den Gruppen in der Leistung der kognitiven Verzerrung. Intermittierend belohnte Hunde waren langsamer beim Erreichen des mehrdeutigen Ortes als kontinuierlich belohnte Hunde, was darauf hindeutet, dass das Fehlen von Futter nach jedem Click eine pessimistische Erwartungshaltung hervorruft. Diese Ergebnisse stimmen mit Studien überein, die besagen, dass Hunde Vermeidungs- und Stressverhalten zeigten, wenn sie intermittierend belohnt werden[311].

Darüber hinaus wurde eine Auswirkung der Persönlichkeit (insbesondere der emotionalen Reaktivität der Hunde) auf den affektiven Zustand gefunden, wobei reaktivere Hunde (entweder auf negative oder positive neue Ereignisse) eine optimistischere Tendenz zeigten als weniger reaktive Hunde.

Fazit: Die Kombination dieser drei verschiedenen Elemente (d. h. individuelle Unterschiede, Wirksamkeit der Trainingsmethode und Auswirkungen auf das Wohlergehen) ist von grundlegender Bedeutung für die Entwicklung von Trainingsmethoden, die auf den individuellen Hund zugeschnitten sind, um nicht nur die Leistung, sondern auch das Wohlergehen jedes Hundes zu verbessern. Obwohl einige Trainer den Einsatz von intermittierenden Belohnungen während des Clickertrainings befürworten und argumentieren, dass eine solche Technik die Motivation und Aufmerksamkeit des Hundes erhöht und die Trainingseffizienz verbessert[312], zeigen die vorliegenden Ergebnisse, dass die Lerngeschwindigkeit nicht verbessert wird und dass solche Methoden einen negativen Einfluss auf den emotionalen Zustand der Hunde haben können.

310 Tombaugh, T.N.: Secondary reinforcement and the partial reinforcement effect in the rat. *J. Comp. Physiol. Psychol.* (1970) 71:160–164

311 Barnard, S., D.L. Wells, A.D.S. Milligan, et al.: Personality traits affecting judgement bias task performance in dogs (Canis familiaris). *Sci. Rep.* (2018) 8:1–8

312 Cecil, L.: Why you DON'T always need to feed after each click. (2016) 1–27. https://www.auf-den-hund-gekommen.net/-/paper5_files/paper5_v_1.1_printable.pdf.

19. Soziales Lernen

Beim sozialen Lernen geht es um den Erwerb sozialer und emotionaler Kompetenzen und die Entwicklung von Wahrnehmungsfähigkeit, Kontakt- und Kommunikationsfähigkeit. Hunde nutzen dabei Informationen, die sie von Artgenossen, aber auch vom Menschen erhalten. Es handelt sich also um Lernen durch Beobachtung. Hier unterscheidet man verschiedene Arten: Zum Beispiel die „Ansteckung", eine allelomimetische[313] Verhaltensweise, das bedeutet eine Stimmungsübertragung (z. B. Gähnen). „Soziale Förderung" ist ein Verhalten, das gezeigt wird, wenn der Hund es vorher bei einem Sozialpartner gesehen hat. Es kann es sich um eine örtliche Verstärkung oder eine Reizverstärkung (Do as I do)[314] handeln. Zudem gibt es noch die Prozesse der Emulation und Imitation[315]. Das Imitationslernen wird auch „Lernen am Modell" genannt und gehört zur sozialen Lerntheorie. Die Vorteile sind, dass komplexe Inhalte oder Verhaltensweisen relativ schnell gelernt werden können. Grundlagen für die Imitation sind die sogenannten Spiegelneurone, die beim Beobachter einer Handlung die gleichen Aktivitäten auslösen, eine Aktion wird also „gespiegelt".

Die Studie

Selektive Überimitation bei Hunden

Huber, L., K. Salobir, R. Mundry, G. Cimarelli: Selective overimitation in dogs. Learning & Behavior. (2020) 48:113–123.

Hunde zeigen verschiedene Arten des sozialen Lernens: entweder sie lernen von Artgenossen oder von Menschen und das auf unterschiedliche Weise. Sie ahmen uns nach („Do As I do") und zeigen auch Handlungen, die keinen Sinn ergeben. Diese so genannte Übernachahmung (overimitation) ist beim Menschen weit verbreitet. Huber und Kollegen gingen davon aus, dass die Übernachahmung bei Hunden durch soziale Faktoren wie Zugehörigkeit oder Konformität motiviert sein könnte. Wenn menschliche Kinder beobachten, wie ein Erwachsener ein neues Objekt ineffizient bedient, wiederholen sie häufig und beharrlich die unnötigen Handlungen des Erwachsenen[316]. Nachdem sie beispielsweise einen Versuchsleiter

313 Handlungsangleichung (Tembrock, 1964) zwischen Tieren; eine Form der Nachahmung oder Imitation

314 Topál, J., R.W Byrne, Á. Miklósi, V. Csányi: Reproducing human actions and action sequences: „Do as I Do!" in a dog. *Anim. Cogn.* (2006) 9:355–367

315 Miller, H., R. Rayburn-Reeves, T.R. Zentall: Imitation and Emulation by Dogs Using a Bidirectional Control Procedure. *Behav. Processes.* (2009) 80:109–114

316 Hoehl, S., H. Miller, R. Rayburn-Reeves, T.R. Zentall: Imitation and Emulation by Dogs Using a Bidirectional Control Procedure. *Behav. Processes.* (2009) 80: 109–114
Keupp, S., H. Schleihauf, N. McGuigan, D. Buttelmann, A. Whiten: „Over-imitation": A review and appraisal of a decade of research. *Developmental Review.* (2019) 51:90–108

dabei beobachtet hatten, wie er einen Dinosaurier aus einem Plastikgefäß herausholte, indem er zuerst mit einer Feder an den Rand des Gefäßes klopfte und dann den Deckel abschraubte, wiederholten sie beide Handlungen[317]. Ursprünglich war man davon ausgegangen, dass Menschen nicht aus tiefgreifenden kognitiven Gründen überimitieren, sondern einfach, um soziale Motive zu befriedigen, als rein soziale Übung[318]. Frühere Untersuchungen zum sozialen Lernen bei Hunden zeigten, dass sie nicht nur davon profitieren, die Möglichkeit zu haben, von uns zu lernen, sondern dass sie tatsächlich etwas Relevantes lernen, z. B. sich der Richtung des Türdrückens anzupassen[319]. Darüber hinaus sind sie in der Lage, die Handlungen ihres Besitzers vorherzusehen, sodass sie ihr Verhalten mit dem ihres Besitzers synchronisieren können[320].

In dieser Studie nahm die Versuchsleiterin zu Beginn des Versuchs eine Position links vom Halter ein und wartete mit der Demonstration bis der Hund ruhig saß. Dann gab sie dem Hund ein Leckerli, um seine Aufmerksamkeit zu gewinnen und begann mit der Vorführung. Um dem Hund die Möglichkeit zu geben, ihr Verhalten zu imitieren, demonstrierte sie beide Aktionen auf hundeähnliche Weise, indem sie sich auf Händen und Knien zu den Zielobjekten bewegte und die Zielaktionen mit der Nase ausführte. Die relevante Handlung bestand darin, die Schiebetür mit der Nase nach links zu bewegen, und die irrelevante Handlung bestand darin, die Farbpunkte – zuerst den blauen und dann den gelben Punkt – mit der Nase zu berühren. Auf die relevante Handlung folgte ein Leckerchen: Die Versuchsleiterin nahm ein Stück Wurst und zeigte es dem Hund. Nachdem die Versuchsleiterin in die Ausgangsposition neben dem Halter zurückgekehrt war, wurde der Hund vom Halter von der Leine gelassen, und der Test begann.

Beim zweiten Setting führte dann der Halter das gleiche Verhalten vor, inklusive der „unnützen" Handlung, die beiden Farbkleckse zu berühren.

317 Lyons, D.E., D.H. Damrosch, J.K. Lin, D.M. Macris, F.C. Keil: The scope and limits of overimitation in the transmission of artefact culture. *Philosophical Transactions of the Royal Society B.* (2011) 366:1158–1167

318 Nielsen, M.: Copying actions and copying outcomes: Social learning through the second year. *Developmental Psychology.* (2006). 42:555–565

319 Miller, H.C., R. Rayburn-Reeves, T.R. Zentall: Imitation and emulation by dogs using a bidirectional control procedure. *Behavioural Processes.* (2009) 80:109–114

320 Duranton, C., T. Bedossa, F. Gaunet: Interspecific behavioural synchronization: Dogs present locomotor synchrony with humans. *Scientific Reports.* (2017) 7:12384

Testsituation für selektive Überimitation beim Nachahmungslernen: Der Hund sitzt neben seinem Frauchen und schaut dem Experimentator zu. Dieser geht auf die Wand mit dem blauen und dem gelben Kreis zu. Links davon ist die Tür, die sich öffnet.

Die Ergebnisse zeigten, dass die Tendenz der Hunde, diese „unnütze" Handlung zu imitieren, von ihrer Beziehung zum Vorführer abhing. Wenn die Versuchsleiterin es zeigte, berührte kein einziger Hund die Punkte. Als ihr Halter jedoch den Versuch vormachte, zeigten 22 von 45 Hunden die unnütze Handlung, die bunten Punkte zu berühren, um das Futter zu erhalten.

Bindung ermöglicht es Hunden wahrscheinlich, sich auf das Handlungssystem ihrer Bezugsperson einzulassen und verändert die Art und Weise, wie sie Objekte erkunden und kognitive Aufgaben ausführen. Auch achten Hunde mehr auf die Handlungen ihrer Besitzer als auf die Handlungen anderer (auch vertrauter) Menschen[321]. Das Verhalten unserer Hunden uns gegenüber wird auch durch erzieherische und normative Einflüsse bestimmt: Im menschlichen Haushalt bringt der Mensch dem Hund bei, was er zu tun und zu lassen hat. Dabei handelt es sich um Handlungen, die oft kausal für den Hund nicht nachvollziehbar sind, sondern rein willkürlich sein können.

Fazit: Also auch wie und was unser Hund lernt, hat ganz viel mit unserem Bindungsgefüge zu tun. Unser Hund lernt oder imitiert nicht einfach irgendwen, sondern ist auch in diesem Bereich auf uns fixiert! Schauen Sie doch einmal, welche „merkwürdigen" Menschendinge Ihr Hund bereits von Ihnen zu Hause gelernt hat!

321 Horn, L., F. Range, L. Huber: Dogs' attention towards humans depends on their relationship, not only on social familiarity. *Animal Cognition.* (2013) 16:435–443

Und es ist ein relevanter und zentraler Faktor der gegen eine Fremdausbildung, also die Ausbildung zum Therapiebegleit-, Schulbegleithund etc. durch eine andere Person spricht! Siehe dazu auch die Studie Qualität im Kapitel 22, S. 241.

Theory of Mind

Was wissen, wollen oder fühlen andere? Erfassen zu können, was im Gegenüber vorgeht, ist ein Schlüsselelement des menschlichen Sozialverhaltens. Diese als „Theory of Mind" beschriebene Fähigkeit entwickelt sich im frühen Kindesalter und nimmt dann immer komplexere Formen an. Lange galt sie als eine exklusive Leistung des Menschen. Mittlerweile wurden bei Menschenaffen und Rabenvögeln, aber auch bei Hunden Aspekte dieser kognitiven Begabung festgestellt. Forscher haben beleuchtet, inwieweit sich die Vierbeiner in uns hineinversetzen können. Die Versuchsergebnisse legen nahe, dass Hunde den Unterschied zwischen absichtlichen und unabsichtlichen Verhaltensweisen des Menschen erfassen – sie stellen sich also auf die jeweilige Absicht ein. Dabei handelt es sich um eine ausgesprochen komplexe Leistung ihrer sozialen Intelligenz.

Hunde unterscheiden zwischen beabsichtigtem und unbeabsichtigtem Handeln des Menschen

Schünemann, B., J. Keller, H. Rakoczy, et al.: Dogs distinguish human intentional and unintentional action. Sci. Rep.(2021) 11:14967.

Wir könnten uns kaum einen Reim auf die Handlungen anderer machen, wenn wir nicht wüssten, was der Handelnde geplant hat und ob er absichtlich oder versehentlich gehandelt hat. Das Konzept der Absicht ist ein zentraler Bestandteil unserer Theory of Mind, also der Fähigkeit, anderen und uns selbst mentale Zustände zuzuschreiben.

Sind Hunde in der Lage, zwischen absichtlichen und unabsichtlichen menschlichen Handlungen zu unterscheiden, selbst wenn das Ergebnis der Handlung dasselbe ist? Begreifen Hunde, wann Menschen absichtlich oder unabsichtlich handeln, und verfügen sie damit über diese grundlegende Komponente der Theory of Mind? Schünemann und Kollegen testeten die Fähigkeit von Hunden, diese Handlungskategorien zu unterscheiden, indem sie erstmals bei Hunden den sogenannten „Unable versus Unwilling"-Test nutzten (also nicht wollend versus nicht könnend). Der Test wird bei Kindern eingesetzt, um Reaktionsunterschiede zu erfassen, wenn sie mit einem Menschen konfrontiert sind, der entweder zu etwas nicht fähig (unable) oder nicht willens ist (unwilling). Hier wurden die Hunde mit drei Szenarien konfrontiert: In der „unwilligen" Bedingung wurde ihnen von einem Experimentator absichtlich eine Belohnung vorenthalten. In den beiden „unfähigen" Zuständen hielt ihnen die Versuchleiterin die Belohnung „unbeabsichtigt" zurück, entweder weil sie ungeschickt war (Leckerchen fiel auf den Boden) oder weil sie physisch daran gehindert wurde (Scheibe), dem Hund die Belohnung zu geben.

Hunde besitzen besondere Fähigkeiten, enge soziale Bindungen mit uns einzugehen[322]. In diesen engen Beziehungen werden sie regelmäßig mit verschiedenen Formen menschlicher Intentionalität konfrontiert, zum Beispiel mit kommunikativen Absichten, also ob ihr Mensch beabsichtigt oder eben nicht beabsichtigt, mit ihnen zu kommunizieren (z. B. sprechen ins Telefon und nicht mit dem Hund). Außerdem erleben Hunde, wie Menschen ihre Handlungen auf bestimmte Ziele ausrichten, und sie begegnen absichtlichen und unabsichtlichen Handlungen, z. B. wenn Menschen sich absichtlich auf den Boden legen verglichen damit, wenn sie stolpern und fallen.

Hunde registrieren den Aufmerksamkeitszustand des Menschen, wenn sie beispielsweise entscheiden, ob sie Futter stehlen[323], ihren Menschen anbetteln oder Befehle befolgen[324]. Bis zu einem gewissen Grad scheinen sie sogar in der Lage zu sein, die visuelle Perspektive des Menschen einzunehmen. Darüber hinaus übertreffen Hunde sogar Schimpansen, wenn es darum geht, angemessen auf menschliche Zeigegesten zu reagieren[325]. Hunde achten bei sozialen Interaktionen auf den referenziellen Charakter des menschlichen Blicks sowie auf die kommunikative Absicht des Menschen[326]. Sie berücksichtigen sogar kontextbezogene Informationen, anstatt einer Zeigegeste blindlings zu folgen. So verstehen sie zum Beispiel, dass ein Mensch nicht beabsichtigt, ihnen etwas mitzuteilen, wenn diese Person auf ihre Uhr schaut oder versehentlich oder eben nicht für den Hund bestimmt auf einen bestimmten Ort oder Gegenstand zeigt.

322 Bergström, A. et al.: Origins and genetic legacy of prehistoric dogs. *Science.* (2020) 370:557–564

323 Call, J., J. Bräuer, J. Kaminski, M. Tomasello: Domestic dogs (Canis familiaris) are sensitive to the attentional state of humans. *J. Comp. Psychol.* (2003) 117:257–263

324 Virányi, Z., J. Topál, M. Gácsi, Á. Miklósi, V. Csányi: Dogs respond appropriately to cues of humans' attentional focus. *Behav. Process.* (2004) 66:161–172

325 Bräuer, J., J. Kaminski, J. Riedel, J. Call, M. Tomasello: Making inferences about the location of hidden food: Social dog, causal ape. *J. Comp. Psychol.* (2006) 120:38–47

326 Kaminski, J., L. Schulz, M. Tomasello: How dogs know when communication is intended for them: How dogs know... *Dev. Sci.* (2012) 15:222–232

Der „Unable versus Unwilling“-Test wurde wie folgt durchgeführt. Hund und Versuchsleiter waren durch eine transparente Scheibe voneinander getrennt, die der Hund aber theoretisch umlaufen konnte. Die Hunde wurden zunächst damit vertraut gemacht, dass sie durch eine Öffnung in der Trennwand einzelne Futterstücke erhielten.

Aufbau des „Unable versus Unwilling“-Tests: Der Hund ist auf einer Seite der Trennwand, der Versuchsleiter auf der andern. Anfangs ist der Durchlass geöffnet. In der „unable“ Situation wird er dann durch eine Scheibe geschlossen.

Bei dem „Will nicht“-Versuchsansatz zog der Versuchsleiter das Futterstück in einer absichtlichen Bewegung zurück und legte es vor sich auf den Boden. In der „Kann nicht – Ungeschickt“-Variante versuchte die Person, das Futter durch die Öffnung dem Hund zu geben, scheiterte dann aber aus Ungeschicklichkeit: Die Belohnung fiel „aus Versehen“ auf den Boden – außerhalb der direkten Reichweite des Hundes. In einer weiteren „Kann nicht-Blockiert“-Version war die gewollte Übergabe hingegen nicht möglich, weil die Öffnung in der Trennwand plötzlich geschlossen worden war. Letztlich landeten die Futterstücke in allen drei Fällen auf dem gleichen Platz vor dem Experimentator. Die Frage war nun: Reagieren die Hunde auch immer gleich?

Wenn Hunde Menschen Absichtlichkeit zuschreiben können, würden wir unterschiedliche Reaktionen erwarten, sodass sie andere Reaktionen in der „Will nicht"- als in den beiden „Kann nicht"-Bedingungen zeigen. Und so war es auch – der Unterschied lag darin, wie lange die Hunde warteten, bevor sie sich der entgangenen Belohnung näherten, indem sie um die Absperrung herumliefen. Sie warteten länger in der „Will nicht"-Bedingung als in beiden „Kann nicht"-Bedingungen. Als Ursache sehen die Forscher dabei: Wenn die Hunde die Absichtlichkeit erkennen, zögern sie bei Handlungen, die dem Willen des Menschen widersprechen. Bei dem Futter, das die Versuchsleiterin ihnen eigentlich geben wollte, aber nicht konnte, gibt es hingegen keinen Grund zum Zögern, so die Interpretation.

Und: In der „Will nicht"-Bedingung setzten oder legten sich die Hunde häufiger hin – Handlungen, die als Beschwichtigungsgesten interpretiert werden[327]. Zudem stellten sie oft das Schwanzwedeln ein, wenn ihnen das Futter willentlich vorenthalten wurde.

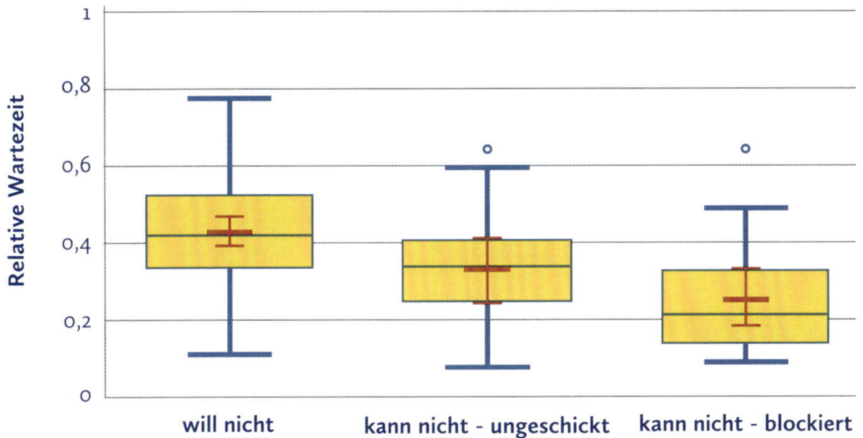

Relative Wartezeit der Hunde in den drei unterschiedlichen Situationen.

Das Verhalten der Hunde in den beiden Fällen, in denen das Futter nicht absichtlich zurückbehalten wurde, war auch differenziert. Das kann darauf hindeuten, dass sie je nach den Umständen der misslungenen Handlungen (fallengelassen oder es geht physisch nicht) unterschiedliche Erwartungen in Bezug auf die Beharrlichkeit des Menschen haben. Fällt das Lecker aus der Hand, könnte es aufgehoben werden und ein weiterer Versuch gemacht werden. Das physische Hindernis der Scheibe war für den Menschen nicht zu umgehen. Solche unterschiedlichen Erwartungshaltungen würden erklären, warum die Hunde in der ungeschickten Bedingung länger

327 Mariti, C. et al.: Analysis of the intraspecific visual communication in the domestic dog (Canis familiaris): A pilot study on the case of calming signals. *J. Vet. Behav.* (2017) 18:49–55

warteten als in der blockierten Bedingung, bevor sie um die Scheibe herumgingen. Sie hatten aber in allen Fällen ein Verständnis von der Absicht und dem Unterschied zwischen nicht fähig (unable) oder nicht willens (unwilling).

Fazit: Hunde, gerade auch im hundgestützten Setting, interpretieren die Absichten anderer Menschen und (re-)agieren darauf. Nachvollziehen, was wir Menschen vorhaben, denken, fühlen: Ohne Empathie und Theory of Mind wäre ein Miteinander sicher sehr erschwert. Ob und wie stark unsere Hunde auf jemanden reagieren, ist individuell unterschiedlich – und abhängig von Erfahrung und Persönlichkeit (und Erziehung?). Unsere Hunde haben ein Gefühl für Beziehungen und Stimmungen innerhalb einer Gruppe und ihre Reaktionen in der Interaktion mit Klienten sind wahrhaftig und authentisch.

Eigenwahrnehmung oder die Darstellung des Selbst

Hat unser Hund ein Körper-Bewusstsein? Und die Fähigkeit der Selbstwahrnehmung? Hunde sind vielleicht nicht in der Lage, sich selbst im Spiegel zu erkennen, aber das bedeutet nicht, dass sie nicht ein gewisses Maß an Selbstempfinden haben, wie die nächste Studie zeigt.

Dieser Hund passt nicht hinein: Körpergrößenbewusstsein bei Hunden

Lenkei, R., T. Faragó, D. Kovács, et al.: That dog won't fit: body size awareness in dogs. Anim. Cogn. (2020) 23:337–350.

Von wenigen Ausnahmen abgesehen gibt es für nicht-menschliche Arten kein eingängiges Modell zur Darstellung des Selbst. Lenkei und Kollegen gingen in ihrer Studie davon aus, dass das Verständnis des Selbst als Objekt auch bei einer Vielzahl von Tieren zu finden ist, darunter auch beim Hund.

Sie testeten über 100 Hunde in drei Experimenten, in denen die Hunde mit drei verschiedenen Variationen derselben physischen Herausforderung konfrontiert wurden: durch eine Öffnung in einer Wand zu gehen. Lenkei und Kollegen sagten voraus, dass Hunde in der Lage sind, ihre eigene Körpergröße wahrzunehmen und deswegen je nach Größe der Öffnung unterschiedlich reagieren würden. Ist die Öffnung groß genug für den eigenen Körper, würden sie hindurchgehen, wenn nicht, schon vorher anhalten.

Der Hund nimmt eine besondere Nische in unserer komplexen Umwelt ein und bildet mit uns soziale Gruppen. Darüber hinaus besitzen Hunde komplexe sozio-kognitive Fähigkeiten, die es ihnen ermöglichen, an einer Reihe von interspezifischen Interaktionen mit uns Menschen teilzunehmen. Noch wichtiger ist, dass diese Fähigkeiten von Hunden auch solche kognitiven Eigenschaften beinhalten, die für unterschiedliche Aspekte der Selbstdarstellung oder der Darstellung von Zielen und Absichten oder Emotionen anderer als wichtig angesehen werden[328]. Letzteres kann auch bei der Unterscheidung zwischen dem Selbst und anderen von Bedeutung sein. Es wurde gezeigt, dass Hunde zu sozialem Lernen fähig sind, einschließlich der Nachahmung[329] und der Überimitation (siehe S. 195).

Für Hunde, die sich aktiv in ihrer Umgebung fortbewegen müssen, ist es von entscheidender Bedeutung, dass sie physische Hindernisse überwinden oder vermeiden können. Bei verschiedenen Säugetieren spielen zum Beispiel die Vibrissen (Tasthaare) eine besonders wichtige Rolle bei der Fortbewegung[330]. Der nächste Evolutionsschritt hin zu einer stärker entwickelten Repräsentation des Selbst in einem Individuum wird als „objektives Selbst" bezeichnet, wobei das „Körperbewusstsein", d. h. „die Fähigkeit, Informationen über den eigenen Körper als explizites Objekt der Aufmerksamkeit im Verhältnis zu anderen Objekten in der Welt im Gedächtnis zu behalten"[331], als grundlegendster Baustein dient. Hunde, die sich ihrer eigenen Größe bewusst sind, werden länger zögern, wenn eine Öffnung scheinbar zu klein für sie ist, und sie werden schneller sein, wenn sie sich großen Öffnungen nähern als solchen, die „gerade groß genug" sind.

In Experiment 1 wurden die Hunde ähnlich wie im Paradigma der kognitiven Verzerrung (siehe Studie, S. 182) wiederholt entweder einer kleinen oder einer großen Öffnung ausgesetzt, und am Ende wurden sie mit einer mittelgroßen Öffnung konfrontiert (immer noch groß genug, um hindurchzupassen). Die Hunde näherten sich der zu kleinen Öffnung deutlich langsamer als der großen, und die Zeit für die Annäherung an die mittelgroße Öffnung lag dazwischen.

In Experiment 2 wurde die Öffnung allmählich von einer angenehm großen zu einer zu kleinen verkleinert. Es zeigte sich, dass sich die Hunde auf die ausreichend große Öffnung zubewegten und diese schneller erreichten als die Öffnung, die sich schließlich als zu klein erwies. Im letzten Versuch, bei dem die Öffnung auf

328 Fugazza, C., Á. Pogány, Á. Miklósi: Recall of others' actions after incidental encoding reveals episodic-like memory in dogs. *Curr. Biol.* (2016) 26:3209–3213

329 Gácsi, M., Á. Miklósi, O. Varga, J. Topál, V. Csányi: Are readers of our face readers of our minds? Dogs (Canis familiaris) show situation-dependent recognition of human's attention. *Anim. Cogn.* (2004) 7:144–153

330 Krupa, D.J., M.S. Matell, A.J. Brisben, L.M. Oliveira, M.A. Nicolelis: Behavioral properties of the trigeminal somatosensory system in rats performing whisker-dependent tactile discriminations. *J. Neurosci.* (2001) 21:5752–5763

331 Brownell, C.A., S. Zerwas, G.B. Ramani: „So big": the development of body self-awareness in toddlers. *Child Dev.* (2007) 78:1426–1440

die letzte gerade noch ausreichende Größe vergrößert wurde, versuchten deutlich mehr Hunde hindurchzugehen als im vorherigen Versuch (zu kleine Öffnung).

In Versuch 3 zeigte sich, dass anatomischen Merkmale, die sich hauptsächlich auf die Körperproportionen, nicht aber auf das Gewicht des Hundes beziehen, keinen Einfluss darauf haben, wie Hunde die Größe der Öffnung beurteilen. Wurde Hunden eine gleich große (ausreichend große) rechteckige Öffnung in vertikaler oder horizontaler Anordnung angeboten, war es nicht so, dass kurzbeinige Hunde sich der horizontalen (und damit für sie noch bequemen) Öffnung eher näherten als die langbeinigen Hunde.

Fazit: Die Erkenntnis: „Ich bin" (zu groß) ist bei unseren Hunden vorhanden. Körperbewusstsein ist die Fähigkeit, den eigenen Körper als Objekt in Bezug zu anderen Objekten zu sehen. Körpergrößenbewusstsein gilt als einer der einfacheren, aber grundlegenden Bausteine der Selbstrepräsentation[332], was besonders bei großwüchsigen Tieren, die in komplexen Umgebungen leben, von Bedeutung ist. Hunde sind in der Lage, ihre Körpergröße wahrzunehmen, sie verfügen also über ein kognitives Modell des Selbst.

332 Brownell C.A., S. Zerwas, G.B. Ramani: „So big": the development of body self-awareness in toddlers. *Child Dev.* (2007) 78:1426–1440

20. Die Sinne des Hundes

Zu dem umfassenden Thema der Sinne hier nur ein kurzer Diskurs zu den Grundlagen, die für die hundgestützte Intervention bedeutend sind: Unsere Hunde haben ein breites Repertoire von Sinnen: Hören, Riechen, Sehen (auch im Sinne von Gazing – schauen), Magnetfeldrezeption; Chemo- und Thermo-Kognition; taktile Reize und Propriorezeption. Wie Sie auch, kann Ihr Hund nie gleichzeitig zwei Reizwahrnehmung gleichwertig verarbeiten. Laut Forschung nutzt der Hund oft das Sehen oder Gazing als Erstaufnahme oder Auswertung von Informationen[333] und natürlich auch olfaktorische Informationen. Sie werden das kennen: Ihr Hund steht an der Tür zu einem Raum und schaut als erstes hinein und sich um. Danach schnüffelt er wahrscheinlich. Dies gilt nun auch im Einsatz mit Klienten (oder anderen Menschen oder uns). Der Hund wird nun visuelle Informationen sammeln – und nicht nur das: Hunde sammeln diese Informationen ganz spezifisch als erstes im Gesichtsbereich[334]. Dabei werden Gesichtszüge systematisch evaluiert: Die Augen sind der erste Fixpunkt und werden am längsten betrachtet (unabhängig vom Ausdruck). Dann folgen mittlerer Gesichtsbereich (nasolabial) und der Mund:

Hunde evaluieren Gesichtsausdrücke: Die weißen Kreise zeigen, wo sie zuerst hinschauen, die Linien, wo der Blick (verschiedene Farben für verschiedene Hunde) anschließend hinwandert: Von den Augen zur Nase und dann zum Mund. Sie tun das bei Artgenossen genau wie beim Menschen (Somppi et al., 2016).

333 Somppi, S., H. Törnqvist, M.V. Kujala, L. Hänninen, C.M. Krause, O. Vainio: Dogs Evaluate Threatening Facial Expressions by Their Biological Validity – Evidence from Gazing Patterns. *PLoS ONE.* (2016) 1(1):e0143047

334 Ekman, P.: *Emotion in the human face.* New York: Cambridge University Press. (1989)

Also hat Ihr Hund bereits vor einem verbalen Austausch mit dem Klienten dessen Gesichtsbereich „gescannt“, um Informationen über Befindlichkeiten und Laune des Gegenübers zu sammeln (und die olfaktorischen Informationen siehe Studie S. 234). Das ist wichtig für Ihren Hund, da ein aggressiver Gesichtsausdruck ein Gefahrensignal sein kann. Dementsprechend wird er beispielweise mit einem Beschwichtigungssignal reagieren[335].

Emotionale Inhalte menschlicher Gesichter werden asymmetrisch im Hundegehirn verarbeitet: Die rechte Gehirnhemisphäre verarbeitet Wut, Angst und Glück; die linke Überraschung[336]. Dies alles passiert innerhalb von Sekunden. Zusätzlich hat Ihr Hund olfaktorische and andere Reize gesammelt, die nun auch in sein „Bild“ vom Gegenüber mit einfließen. Meistens sind wir Menschen weit hinterher. Und auch deswegen: Nehmen Sie die Aktionen und Reaktionen Ihres Hundes ernst – er hat viel schneller viel mehr Informationen als wir, auf die er reagiert.

Zudem macht auch der „Typ“ Hund, den Sie haben, einen Unterschied: Denn auch die Kopfform und Rasse spielen eine Rolle bei der Aufnahme (und Umsetzung) visueller Signale und Informationen. Eine Studie zeigte, dass brachyzephale Hunde am längsten auf einen Reiz schauten, also möglicherweise länger für die kognitive Auswertung oder Einordnung brauchen[337] . Das bedeutet für uns: jeder Hund ist individuell in der Zeit, die er zur Aufnahme und Auswertung von neuen Informationen benötigt: werden Sie nicht ungeduldig, wenn Ihr Hund einfach noch etwas länger schauen möchte. Selbstverständlich spielen hier noch viele andere Komponenten eine Rolle wie Alter, Erfahrungswerte, Persönlichkeit usw.

dolichozephal (langschädelig)

mesozephal (mittellanger Schädel)

brachyzephal (kurzschädelig)

335 Kaminski, J., J. Hynds, P. Morris, B.M. Waller: Human attention affects facial expressions in domestic dogs. *Sci. Rep.* (2017) 7:12914

336 Siniscalchi, M., S. d'Ingeo, A. Quaranta: Orienting asymmetries and physiological reactivity in dogs' response to human emotional faces. *Learn. Behav.* (2018)

337 Bognár, Zsófia, Ivaylo Iotchev, Eniko Kubinyi: Sex, skull length, breed, and age predict how dogs look at faces of humans and conspecifics. *Animal Cognition.* (2018) 21(4):447–456. doi:10.1007/s10071-018-1180-4

Kopfformen beim Hund

Bei Hunden gibt es zwei grundlegend verschiedene Spektren der Kopfformen. Entweder einen langen Schädel mit langem Gesicht oder einen breiten Schädel mit breitem Gesicht. Dazwischen existieren mehrere Zwischenkopfformen.
Der Begriff Brachyzephalie kommt aus dem Griechischen und setzt sich aus den Begriffen „brachys“ für kurz und „kephale“ für Kopf zusammen. Brachyzephalie bedeutet also Kurzköpfigkeit bzw. Rundköpfigkeit und wir finden diese klassisch bei den Bulldoggen oder Boxern. Dolichozephalie, griechisch dolichos ‚lang‘; kephalē für Kopf ist die physiologische Schädelform, die beim Windhund oder Collie zu finden ist: im Vergleich zum Hirnschädel mit verlängerter Schnauze. Mesozephale Hunde haben im Vergleich zum Hirnschädel proportionale Schnauzenlänge, hier ist beipielhaft zu nennen der Golden Retriever.

Fazit: Geschlecht, Schädellänge und Form sowie Rasse und Alter beeinflussen, wie lange Hunde Gesichter von Menschen, aber auch Artgenossen anschauen und evaluieren. Was bedeutet dies für die hundgestützte Arbeit? Situationen wie die Corona-Pandemie und damit einhergehend die Maskenpflicht nehmen unserem Hund viele wichtige Informationsquellen. Aber das findet auch in anderen Settings statt: Sei es der Schlaganfallpatient oder die visuelle Beeinträchtigungen des Klienten – alles im Gesichtsbereich Verdeckte oder Verzerrte sendet weniger oder Fehlinformationen an unseren Hund.

Wobei sich die Frage stellt, ob „Coronahunde“, die uns nur mit Masken im Gesicht kennen, andere Wahrnehmungsstrategien entwickelt haben oder die anderen Sinne verstärkt einsetzen, um Information zu erhalten?

Und was bedeutet das für die hundeeigene Kommunikation?

Die Studie

Vergleichende morphometrische Studie der mimischen Gesichtsmuskeln von brachyzephalen und dolichozephalen Hunden

Schatz, K.Z., E. Engelke, C. Pfarrer: Comparative morphometric study of the mimic facial muscles of brachycephalic and dolichocephalic dogs. Anat. Histol. Embryol. (Nov. 2021) 50(6):863–875. Epub 2021 Aug. 27. PMID: 34448244.

Hunde besitzen eine hoch differenzierte Gesichtsmuskulatur, die ihnen als soziale Spezies feinste mimische Kommunikation erlaubt. Die Fähigkeit, diese subtilen Feinheiten im Gesichtsausdruck zu zeigen und lesen zu können, ist sehr wichtig für die innerartliche Kommunikation, um beispielweise Konflikte zu vermeiden und präzisteste Kommunikation zuzulassen, ohne viel Energie darauf zu verwenden[338]. Im Zuge der Domestizierung begannen die Menschen, Hunde für bestimmte Bedürfnisse wie Jagen, Bewachen oder Hüten zu züchten. Hunde mit brachyzephalen Merkmalen wurden gezüchtet, um zu gewährleisten, dass sie frei atmen konnten, wenn sie auf der Jagd Wildschweine oder Bären bissen und festhielten[339]. Heute haben diese Hunde diese Funktion nicht mehr und werden nur noch nach Aussehen und nicht auf Fähigkeiten selektiert.

Daher wird diskutiert, ob es ethisch vertretbar ist, brachyzephale Hunde weiterhin zu züchten, da sie inzwischen mit schweren gesundheitlichen Problemen belastet sind[340]. Ein zu kurzer und enger Rachenraum oder eine Hypoplasie der Luftröhre verursachen schwere Atemnot. Darüber hinaus leiden viele brachyzephale Rassen an Herzkrankheiten und Problemen mit der Wirbelsäule und sind oft nicht in der Lage, sich zu paaren oder auf natürlichem Wege Welpen zu gebären[341].

Dennoch ist die Nachfrage nach brachyzephalen Rassen wie der Französischen Bulldogge, der Englischen Bulldogge oder dem Mops ungebrochen – auch und gerade im Bereich der tiergestützten Intervention sieht man diese Rassen immer häufiger. Das Aussehen mag eine wichtige Rolle dabei spielen, warum Menschen immer noch brachyzephale Rassen kaufen, obwohl die Gesundheitsprobleme, die mit diesen Rassen einhergehen, in den letzten Jahren umfassend veröffentlicht wurden[342].

338 Feddersen-Petersen, D.: *Ausdrucksverhalten beim Hund: Mimik und Körpersprache, Kommunikation und Verständigung.* Kosmos. (2008)

339 Räber, H.: *Enzyklopädie der Rassehunde, Band 1: Ursprung, Geschichte, Zuchtziele, Eignung und Verwendung.* Franckh-Kosmos Verlags-Gmbh & Company KG. (2014)

340 Oechtering, G.U.: Wenn Menschen Tiere verformen – Ein Ruf nach mehr Qualitätskontrolle in der Hundezucht. *Deutsches Tierärzteblatt.* 1(2013) S. 18–23

341 Palmer, C.: Does breeding a bulldog harm it? Breeding, ethics and harm to animals. *Animal Welfare.* (2012) 21(2):157–166

342 Waller, B.M., K. Peirce, C.C. Caeiro, L. Scheider, A.M. Burrows, S. McCune, J. Kaminski: Paedomorphic facial expressions give dogs a selective advantage. *PLoS One.* (2013) 8(12):e82686

Studien besagen, dass es andererseits gerade diese Gesundheitsprobleme sind, die manche Menschen dazu veranlasst, sich bereitwillig solche Hunde anzuschaffen, obwohl oder gerade weil sie wissen, dass diese Hunde besondere Pflege und Behandlung benötigen[343]. Dies spricht bei manchen Menschen das sogenante Helfersyndrom an und erhöht somit den eigenen Selbstwert.

Eine weitere ungemein wichtige Beeinträchtigung der brachyzephalen Rassen ist eine Verringerung ihrer mimischen Kommunikationsfähigkeiten. Die Proportionen des Schädels brachyzephaler Hunde unterscheiden sich stark von denen meso- oder dolichozephaler Hunde, was eine veränderte mimische Muskulatur voraussetzt[344]. Die häufig hervortretenden Augen brachyzephaler Hunde und die faltige Haut, vor allem an Nase und Stirn, können zu Missverständnissen zwischen Hunden führen, da diese normalerweise Zeichen von Aggression sind. Schatz und Kollegen stellten die Hypothese auf, dass brachyzephale Rassen aufgrund ihrer Anatomie möglicherweise irreführende mimische Signale zeigen und verglichen die Proportionen des Schädels und der mimischen Muskulatur von brachy- und dolichozephalen Hunden. Zweifelsohne habe kurzschnäuzige Hunde aufgrund der stark veränderten Kopfform auch eine veränderte Mimik. Es ist allerdings bisher ungeklärt, inwieweit diese Veränderungen mit einer Umbildung der Muskelanatomie einhergehen.

343 Batson, C.D., A.A. Powell: Altruism and prosocial behavior. In: Millon, T., M.J. Lerner (Eds.): *Handbook of psychology.* John Wiley & Sons Inc. (2003) S. 474–475

344 Sturzenegger, N.: Veränderungen des Gesichts-/Gehirnschädelverhältnisses (S-Index) ausgewählter brachycephaler Hunderassen im Verlaufe der letzten 100 Jahre. (2011) https://doi.org/10.5167/uzh-164133

Dazu wurden verschiedene Gesichtsmuskeln von verstorbenen Tieren gemessen und jeweils proportional verglichen.

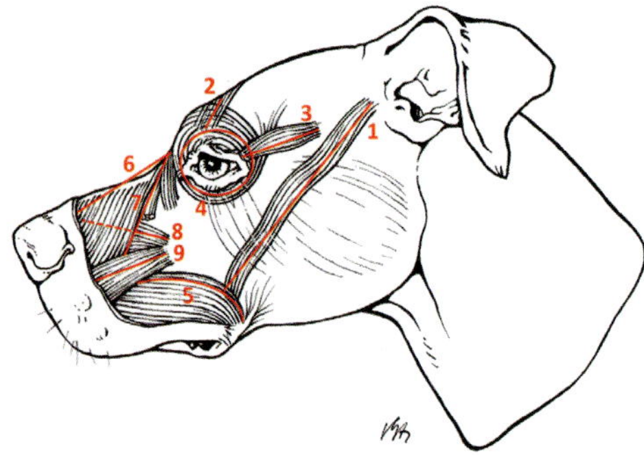

Angabe der gemessenen Abstände der mimischen Muskeln in der Seitenansicht des Kopfes eines dolichozephalen Hundes. m1: m. zygomaticus; m2: m. levator anguli oculi medialis; m3: m. retractor anguli oculi lateralis; m4: m. orbicularis oculi; m5: m. orbicularis oris; m6: m. levator nasolabialis, pars nasalis; m7: m. levator nasolabialis, pars labialis; m8: m. levator labii superioris; m9: m. caninus (verändert nach Nickel et al. 1992).

Mit freundlicher Genehmigung von Schatz et al., 2021, Figure 1 in deutscher Übersetzung.

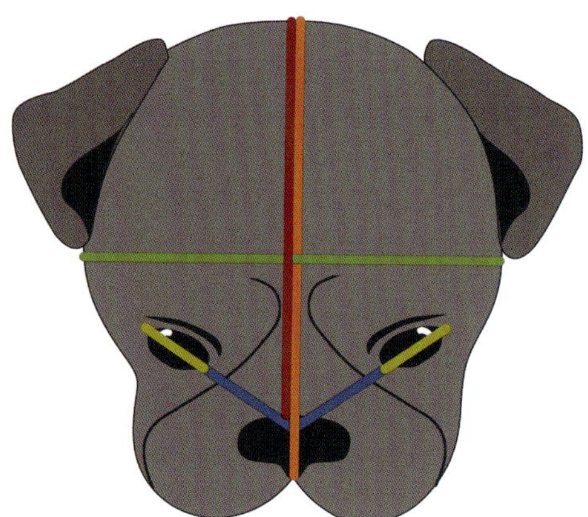

Die Breite des Kopfes wurde vom seitlichsten Punkt des Arcus zygomaticus einer Seite zur anderen Seite des Kopfes gemessen. Vorderansicht einer Englischen Bulldogge mit Linien, die die Abmessungen des Kopfes angeben. Grüne Linie: Breite; rote Linie: Länge des Kopfes; gelbe Linie: Angulus oculi medialis bis Angulus oculi lateralis; blaue Linie: Angulus oculi medialis bis Apex nasi; orange Linie: Protuberantia occipitalis externa bis zum hintersten Punkt des Kopfes.

In Anlehnung an Schatz et al 2021 Figure 2.

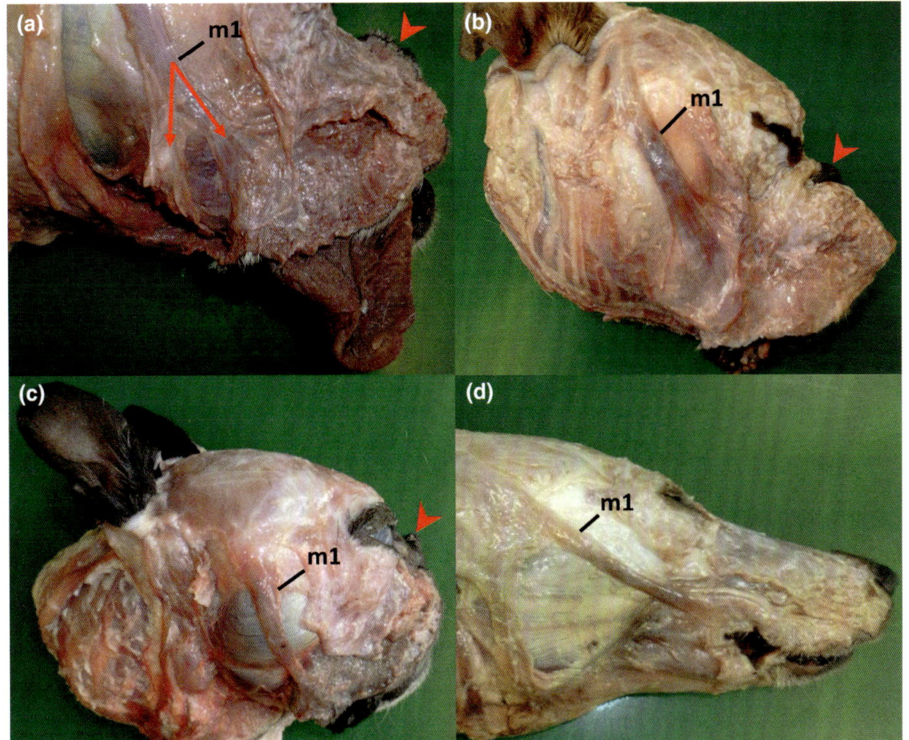

Rechte Seitenansicht von drei brachyzephalen Hunden und einem dolichozephalen Hund, die den unterschiedlichen Verlauf des M. zygomaticus zeigen. Der M. zygomaticus des Boxers (a) ist in seinem schnauzenwärts nach unten gerichteten Teil gespalten, wie durch die Pfeile angedeutet, während er bei der Englischen Bulldogge (b) in seinem schnauzenwärts nach unten gerichteten Teil aufgefächert ist, im Gegensatz zum geraden Verlauf beim Boston Terrier (c) und dem Collie-Mix (d). Die Verläufe des M. zygomaticus sind für diese Hunde spezifisch und nicht für die Rasse oder den Typ der Kopfform untersucht. Die Pfeilspitze zeigt zur Orientierung die Nase der brachyzephalen Hunde an.

Mit freundlicher Genehmigung von Schatz et al. 2021, Figure 4, in deutscher Übersetzung. https://onlinelibrary.wiley.com/doi/full/10.1111/ahe.12729

Die Ergebnisse zeigten, dass fast alle untersuchten Muskelgruppen bei brachyzephalen Hunden starken Veränderungen unterliegen. Nicht nur die mimische Muskulatur in ihren Proportionen zum Schädel unterscheidet sich deutlich, sondern es gab auch morphologische Unterschiede in der Muskulatur von brachyzephalen Hunden im Vergleich zu dolichozephalen Hunden. So ist die Hauptfunktion des M. zygomaticus[345] zum Beispiel das Zurückziehen des Mundwinkels. Der M. zygomaticus macht bei dolichozephalen Hunden im Durchschnitt 59 % der Kopflänge aus, bei brachyzephalen Hunden dagegen 86 %, sodass er bei einigen Individuen fast so lang ist wie der Kopf selbst.

In Bezug auf die Mimik kann dies ein Problem darstellen, da es den Hund daran hindert, fein abgestufte mimische Signale durch Bewegung der Lippen und des Mundwinkels zu zeigen.

Dies ist nicht das einzige anatomische Merkmal, das z. B. eine Bulldogge daran hindert, eine defensive Drohgebärde oder gar einen neutralen Gesichtsausdruck zu zeigen: Der M. levator nasolabialis[346] liegt über dem Nasenrücken und ist zudem mit einer dicken Schicht aus Fettgewebe und Haut bedeckt. Dies führt zu einer ständigen Faltenbildung des Nasenrückens, was normalerweise ein Teil der Drohgebärde ist. Darüber hinaus scheint eine absichtliche Faltung des Nasenrückens unmöglich, wenn man die anatomische Struktur des M. levator nasolabialis, pars nasalis betrachtet. Aufgrund der Kürze des Nasenbeins und der gefalteten Lippenteile (pars labialis), die auf dem entscheidenden Teil der Nasenteile (pars nasalis) liegt, ist eine absichtliche Faltung bei extremen Formen von Brachyzephalie kaum möglich. Dies führt zum Verlust eines wichtigen mimischen Signals, das Teil eines bedrohlichen Gesichtsausdrucks ist.

Die Berechnungen zeigten auch, dass die Größe des sichtbaren Auges bei brachyzephalen Hunden im Verhältnis zur Kopflänge viel größer ist als bei dolichozephalen Hunden. Man sollte meinen, dass große Augen große Augenmuskeln erfordern, aber das Gegenteil ist der Fall, und brachyzephale Hunde haben im Verhältnis zur Kopflänge deutlich kleinere Augenmuskeln als dolichozephale Hunde. Die Funktion des M. retractor anguli oculi lateralis[347] besteht darin, den seitlichen Augenwinkel beim Schließen des Auges zurückzuziehen, wodurch er für die Verengung des Auges wesentlich ist – ein weiterer wichtiger Teil des mimischen Ausdrucks. Der M. orbicularis oris[348] ist der Hauptmuskel, der für das Schließen und Verengen des Augenlids verantwortlich ist, und der M. levator anguli oculi medialis[349] hebt den mittleren

345 *Musculus zygomaticus major:* großer Jochbeinmuskel
346 *Musculus levator nasolabialis:* Nasenlippenheber
347 *Musculus retractor anguli oculi lateralis:* Zurückzieher des äußeren Augenwinkels
348 *Musculus orbicularis oris:* Mundringmuskel
349 *Musculus levator anguli oculi medialis:* Heber des innenseitigen mittleren Augenwinkels

Teil des oberen Augenlids an und richtet die Tasthaare auf. Eine verminderte Größe dieser Muskeln in Verbindung mit den vergrößerten Augen ist entscheidend für eine verminderte Kommunikationsfähigkeit dieser Hunde. Sehr große und weit geöffnete Augen mit starrem Blick sind in der Welt der Caniden in der Regel ein Zeichen von Bedrohung[350].

Aus diesen Erkenntnissen lässt sich schließen, dass brachyzephale Hunde geringere mimische Fähigkeiten haben und die Morphologie der Muskelstrukturen und des Schädels zu Fehlinterpretationen bei der Kommunikation mit Artgenossen und Menschen führen können. Der neutrale Ausdruck eines brachyzephalen Hundes: weit aufgerissene Augen, starrender Blick, Faltenbildung des Nasenrückens kann von einem anderen Hund als bedrohlicher Ausdruck gewertet werden. Aufgrund der Umgestaltungen sind beispielsweise Gesichtsausdrücke, die aktive oder passive Demut (schmale Augen, zurückgezogene, glatte Gesichtshaut, „Submissive grin") oder defensives Drohen (schmale Augen, Leftzen zurückgezogen, lange, spitze Mundwinkel, Fletschen aller Zähne) signalisieren für einen brachyzephalen Hund nicht möglich. Diese Veränderungen bedeuten für brachyzephale Hunde eingeschränkte mimische und ergo kommunikative Fähigkeiten.

Noch viel mehr zu diesem wichtigen Thema finden Sie auf dieser Seite https://qualzucht-datenbank.eu/

350 Fox, M.W.: A comparative study of the development of facial expressions in canids; wolf, coyote and foxes. *Behaviour.* (1970) 36(1):49–73. https://doi.org/10.1163/156853970X00042

Und was bedeutet das für die Mensch-Hund-Kommunikation?

Die Studie

Hunde mit kürzerem Kopf, visuell kooperative Rassen, jüngere und verspielte Hunde nehmen schneller Blickkontakt mit einem unbekannten Menschen auf

Bognár, Zsófa, Dóra Szabó, Alexandra Deés & Enikő Kubinyi. Shorter headed dogs, visually cooperative breeds, younger and playful dogs form eye contact faster with an unfamiliar human. Scientifc Reports. (2021) 11:9293

Menschen nutzen in erster Linie den Blickkontakt, um eine Kommunikation herzustellen, und Hunde reagieren sensibel auf visuelle Hinweise (z. B. folgen sie erfolgreicher dem Zeigen und Schauen des Menschen, wenn der Blickkontakt vor der Präsentation des Hinweises hergestellt wurde[351]). Die erhöhte Aufmerksamkeit der Hunde gegenüber dem Menschen verbessert die Effektivität der Mensch-Hund-Kommunikation und damit die Zusammenarbeit. Die Blickrichtung kann darüber hinaus als Indikator für den Aufmerksamkeitsfokus betrachtet werden. Der gegenseitige Blick spielt auch bei der Bindung zwischen Hund und Mensch eine wichtige Rolle. Die Dauer des gegenseitigen Blicks ist mit einem erhöhten Oxytocinspiegel sowohl bei Hunden als auch den menschlichen Partnern verbunden[352]. Da der Blickkontakt eine grundlegende Rolle in der Beziehung zwischen Hund und Mensch spielt, ist es wichtig zu wissen, welche Faktoren ihn beeinflussen.

Bognár und Kollegen stellten die Hypothesen auf, dass 1. Der cephalische Index (Erklärung siehe Abb. 216) positiv mit der Aufnahme von Blickkontakt mit einem Menschen verbunden ist, d. h. Hunde mit kleinerem Kopf, also höherem CI (cephalischem Index) nehmen schneller Blickkontakt auf und 2. das kooperative Rassen schneller Blickkontakt aufnehmen als nicht-kooperative Rassen und Mischlinge; 3. ältere Hunde den Blickkontakt langsamer herstellen als jüngere Hunde und 4. sozialere Hunde schneller Blickkontakt aufnehmen als weniger soziale Hunde.

Das Ausmaß der Kopfformvariation moderner Hunderassen ist einzigartig[353]. Es wurden bereits Zusammenhänge zwischen der Kopfmorphologie von Hunden, der Gehirnorganisation und ihren sensorischen Fähigkeiten festgestellt[354]. So gibt es

351 Téglás, E., A. Gergely, K. Kupán, Á. Miklósi, J. Topál: Dogs' gaze following is tuned to human communicative signals. *Curr. Biol.* (2012) 22:209–212

352 Nagasawa, M. et al.: Oxytocin-gaze positive loop and the coevolution of human-dog bonds. *Science.* (2015) 348:333–336

353 Drake, A.G., C.P. Klingenberg: Large-scale diversification of skull shape in domestic dogs: Disparity and modularity. *Am. Nat.* (2010) 175:289–301

354 Czeibert, K., A. Sommese, Ö. Petneházy, T. Csörgő, E. Kubinyi: Digital endocasting in comparative canine brain morphology. *Front. Vet. Sci.* (2020) 7:749

beispielsweise einen Zusammenhang zwischen der Kopfform und der Sehschärfe von Hunden[355].

Kopfform

Die Kopfform kann mit dem sogenannten cephalischen Index (CI) gemessen werden, einem Verhältnis zwischen der Breite und der Länge des Kopfes (siehe Bild S. 216)[356]. Der cephalische Index korreliert mit der Verteilung der retinalen Ganglienzellen der Augen. Diese Zellen sind für die erste Vorverarbeitung der visuellen Informationen aus den Photorezeptoren der Netzhaut verantwortlich. In Bezug auf die Verteilung der retinalen Ganglienzellen gibt es Unterschiede zwischen dolichozephalen Hunden mit niedrigem CI-Wert und brachyzephalen Hunden mit hohem CI-Wert. Bei dolichozephalen Hunden bilden die Zellen einen horizontal ausgerichteten Sehstreifen, während die Zellen bei brachyzephalen Hunden eine höhere Dichte in der Mitte des Gesichtsfeldes und eine geringere in der Peripherie aufweisen.[357]

Gesichtsfeld brachyzephaler Hunde im Vergleich zu dolichozephalen Hunden.

Das hat wahrscheinlich zur Folge, dass brachyzephale Hunde ihre Aufmerksamkeit besser auf Reize in der Mitte ihres Gesichtsfeldes richten können, wo sich ihr Kommunikationspartner befindet, da sie weniger durch andere visuelle Reize aus der Umgebung gestört werden. Infolgedessen könnten sie eine bessere visuelle Kommunikationsfähigkeit aufweisen. Bognár und Kollegen zeigten, dass brachyzephale Hunde bewegungslose, projizierte Gesichter sowohl von Hunden als auch von Menschen über einen längeren Zeitraum hinweg betrachten als dolichozephale Hunde. Die Unterschiede zwischen brachyzephalen und dolichozephalen Hunden deuten darauf hin, dass der Schädelindex mit Veränderungen in der Art und Weise, wie Hunde Reize wahrnehmen und Informationen verarbeiten, und somit auch mit Unterschieden im Verhalten und in der sozialen Kognition von Hunden verbunden sein könnte.

355 Evans, H.E., A. De Lahunta: *Miller's Anatomy of the Dog.* Vol. 54. Elsevier (2013)

356 https://cdn.citl.illinois.edu/courses/ansc207/week2/special_senses/web_data/file8.htm

357 McGreevy, P., Grassi, T. D., & Harman, A. M. (2004). A strong correlation exists between the distribution of retinal ganglion cells and nose length in the dog. *Brain, behavior and Evolution*, 63(1), 13-22.

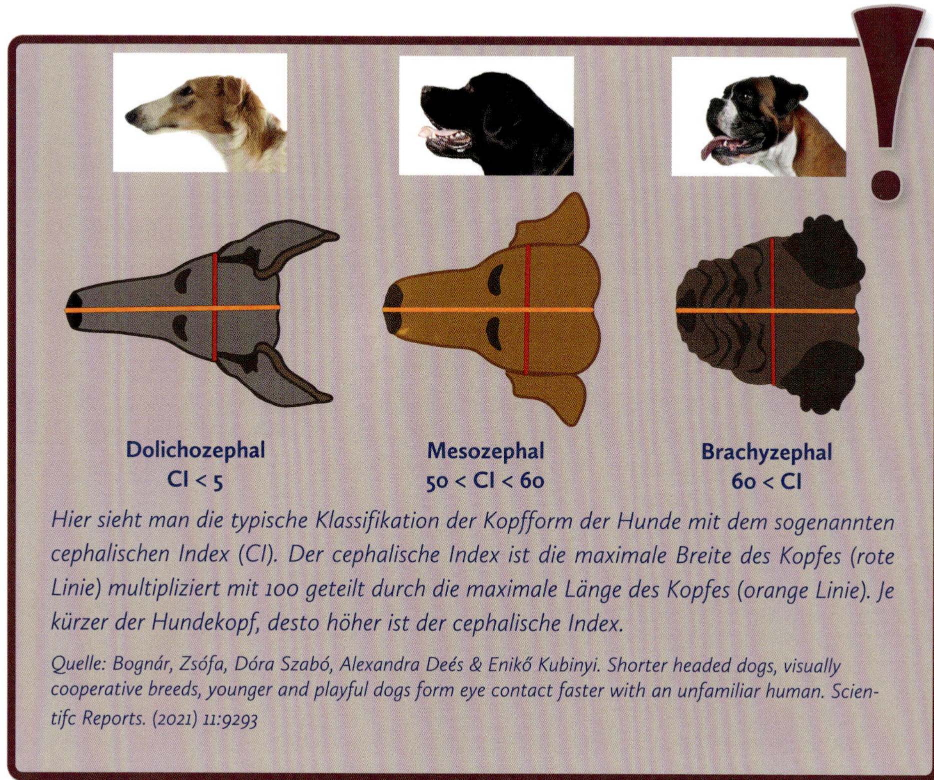

Hier sieht man die typische Klassifikation der Kopfform der Hunde mit dem sogenannten cephalischen Index (CI). Der cephalische Index ist die maximale Breite des Kopfes (rote Linie) multipliziert mit 100 geteilt durch die maximale Länge des Kopfes (orange Linie). Je kürzer der Hundekopf, desto höher ist der cephalische Index.

Quelle: Bognár, Zsófa, Dóra Szabó, Alexandra Deés & Enikő Kubinyi. Shorter headed dogs, visually cooperative breeds, younger and playful dogs form eye contact faster with an unfamiliar human. Scientifc Reports. (2021) 11:9293

Kooperation

Da morphologische Merkmale nicht unabhängig von der Funktion einer Rasse sind, wurden sie ebenfalls berücksichtigt. Hunde wurden für verschiedene Arten von Arbeit selektiert, was ihre Kommunikationsfähigkeiten verändert hat. Folglich achten nicht alle Rassen gleichermaßen auf menschliche visuelle Signale[358]. Eine Möglichkeit, Hunderassen zu gruppieren, ist die visuelle Kooperation bei der Zusammenarbeit mit dem menschlichen Partner. Visuell kooperative Rassen sind Rassen, die in ständigem Sichtkontakt bleiben, um in Interaktion zu arbeiten (z. B. Hütehunde). Im Gegensatz dazu stehen visuell nicht kooperative Rassen während ihrer Arbeit nicht in Sichtkontakt mit dem Menschen (z. B. Schlittenhunde und Jagdhunde). Frühere Untersuchungen haben ergeben, dass kooperative Rassen erfolgreicher sind, wenn es darum geht, menschlichen Zeigegesten zu folgen, als nicht-kooperative Rassen[359].

358 Jakovcevic, A., A.M. Elgier, A.E. Mustaca, M. Bentosela: Breed differences in dogs' (Canis familiaris) gaze to the human face. *Behav. Processes* (2010) 84:602–607

359 Gácsi, M., P. McGreevy, E. Kara, Á. Miklósi: Effects of selection for cooperation and attention in dogs. *Behav. Brain Funct.* (2009) 5:31

Alter

Die visuelle Aufmerksamkeit wird auch durch das Alter beeinträchtigt[360]. Eine allgemeine Verlangsamung der Informationsverarbeitung ist eine Erklärung für den altersbedingten Rückgang kognitiver Fähigkeiten[361]. Sowohl eine altersbedingte Verringerung der visuellen Verarbeitungsgeschwindigkeit als auch eine Abnahme der visuellen Kontrastempfindlichkeit wurden bei Menschen beschrieben[362], was auch die Wahrnehmung von Gesichtern beeinträchtigen kann. Eine verringerte visuelle Verarbeitungsgeschwindigkeit könnte dazu führen, dass die soziale Aufmerksamkeit älterer Hunde abnimmt, was die Kooperation und Kommunikation zwischen Hund und Mensch erschweren könnte. Mehrere Studien zeigen eine altersbedingte Abnahme der visuellen[363] und sozialen Aufmerksamkeit[364].

Drei Tests wurden gefilmt und ausgewertet: Der Test *Herstellung von Blickkontakt* (A), der *Begrüßungstest* (B), auf den unmittelbar der vom Menschen geleitete *Spieltest* (C) folgte.

Die Ergebnisse zeigten, dass die Kopfform (Cephalischer Index) Auswirkungen auf die Zeit der Hunde zur Herstellung des Blickkontakts hatte. Hunde mit höheren CI-Werten (brachyzephale Hunde) nahmen schneller Blickkontakt auf als Hunde mit einem niedrigeren CI-Wert (dolichozephale Hunde). Folglich waren Hunde mit kürzerem Kopf aufmerksamer gegenüber Menschen, was sie möglicherweise sozialer erscheinen lässt und den Umgang in der Empfindung des Menschen mit ihnen erleichtert.

Dies könnte wiederum die explosionsartige Zunahme der Beliebtheit dieser Rassen (wie Mops und Französischer Bulldogge) erklären. Ein weiterer Faktor, der die zunehmende Beliebtheit brachyzephaler Rassen erklärt, ist der „Babyschema-Effekt", da Säugetiere eine Vorliebe für pädomorphe[365] Gesichter haben[366]. Die Merkmale der Köpfe brachyzephaler Hunde entsprechen dem Babyschema, sodass die Besitzer dieser Hunde ihnen mehr Aufmerksamkeit schenken und eher dazu neigen, mit ihnen Augenkontakt zu suchen[367]. Daher haben diese Hunde

360 Rosado, B. et al.: Effect of age and severity of cognitive dysfunction on spontaneous activity in pet dogs – Part 2: Social responsiveness. *Vet. J.* (2012) 194:196–201

361 Salthouse, T.A.: The processing-speed theory of adult age differences in cognition. *Psychol. Rev.* (1996) 103:403–428

362 Chan, Y.M., M.J. Pianta, A.M. McKendrick: Older age results in difficulties separating auditory and visual signals in time. *J. Vis.* (2014) 14:13–13

363 Chapagain, D. et al.: Aging of attentiveness in border collies and other pet dog breeds: the protective benefits of lifelong training. *Front. Aging Neurosci.* (2017) 9:100

364 Wallis, L.J. et al.: Lifespan development of attentiveness in domestic dogs: Drawing parallels with humans. *Front. Psychol.* (2014) 5:1–13

365 Organismen mit Merkmalen von Jungtieren; welpenartiges oder kindchenhaftes Aussehen wird auch im Erwachsenenalter beibehalten.

366 Hecht, J., A. Horowitz: Seeing dogs: Human preferences for dog physical attributes. *Anthrozoos.* (2015) 28:153–163

367 Lorenz, K.: Die angeborenen Formen möglicher Erfahrung. *Z. Tierpsychol.* (1943) 5:235–409

möglicherweise mehr Gelegenheit, zu lernen, sich auf Menschen einzulassen und mit ihnen Blickkontakt aufzunehmen. Es ist auch möglich, dass die Selektion für Brachyzephalie mit der Selektion für die Suche nach Blickkontakt mit Menschen einherging. Es ist erwähnenswert, dass die Kopfform auch mit der Gehirngröße zusammenhängt: Der Schädelindex steht in gegensätzlichem Zusammenhang mit dem geschätzten Gehirngewicht (also hoher CI-Wert = niedriges Gehirngewicht), was auch das Verhalten und die Kognition dieser Rassen beeinflussen könnte[368].

Auch die Rassefunktion beeinflusste die Zeit der Hunde bei der Herstellung von Blickkontakt. Sogenannte nicht-kooperative Rassen waren langsamer und neigten dazu, weniger Blickkontakt mit dem Versuchsleiter aufzunehmen. Das Alter hatte in allen drei Tests einen negativen Einfluss auf die Leistung. Bei den Soziabilitätstests zeigte nur die Verspieltheit einen Zusammenhang mit der Neigung der Hunde, Blickkontakt mit dem Versuchsleiter aufzunehmen. Verspieltere Hunde nahmen schneller Blickkontakt auf.

Fazit: Die Ergebnisse zeigen, dass Hunde mit einem höheren cephalischen Index, also einem kürzeren Kopf, schneller Blickkontakt herstellen. Auch die Funktion der Rasse beeinflusst die Leistung der Hunde: Kooperative Rassen und Mischlinge nehmen schneller Blickkontakt auf als weniger kooperative Rassen. Zudem nehmen jüngere und verspieltere Hunde schneller Blickkontakt auf als ältere. Es beeinflussen demnach mehrere Faktoren die interspezifische Aufmerksamkeit von Hunden und damit ihre Fähigkeit zur visuellen Kommunikation.

Blickkontakte von Mensch zu Hund und umgekehrt sind in der hundgestützten Intervention wesentlich. Unsere Hunde lösen bei uns mit ihrem Augenausdruck starke neuronale Prozesse aus. Es kommt zu einer Ausschüttung des Bindungshormones Oxytocin: Dieses erzeugt ein Gefühl von sozialer Belohnung und verstärkt fürsorgliches Verhalten. Nun liegt es selbstverständlich an uns, den Blickkontakt unseres Hundes zu bemerken, ihn zu erwidern, etwas zu halten und natürlich dann auch mit weiteren Informationen zu beenden. Und der Blickkontakt im Rahmen einer Intervention sollte niemals auf Kosten der Hunde stattfinden: Duldung oder Förderung von Merkmalen wie Brachyzephalie, die mit Schmerzen, Leiden, Schäden oder Verhaltensstörungen für die Hunde verbunden sind, müssen auch in der TGI zu einem Umdenken führen und sollten ein Ausschlussmerkmal sein.

368 Horschler, D.J. et al.: Absolute brain size predicts dog breed differences in executive function. *Anim. Cogn.* (2019) 22:187–198

21. Wahrnehmung menschlicher Informationen

Wenn von sozialer Aufmerksamkeit gesprochen wird, ist die Frage, inwieweit ein Individuum, zum Beispiel unser Hund, unserem Verhalten Aufmerksamkeit schenkt und unsere Interaktionen beobachtet. Offensichtlich kann die soziale Aufmerksamkeit den Erfolg bei der Zusammenarbeit oder dem Wettbewerb mit anderen oder beim Sammeln zusätzlicher und relevanter Informationen aus ihrer Beobachtung erheblich erleichtern. Es ist wichtig, seinem Partner Mensch ausreichend Aufmerksamkeit zu schenken, um sich auf sein Verhalten einzustellen und somit zu kooperieren. Hunde haben sich bei vielen Aufgaben bewährt, von denen man annimmt, dass sie eine hohe Aufmerksamkeit gegenüber Artgenossen und Menschen erfordern, so auch im Bereich der hundgestützten Intervention.

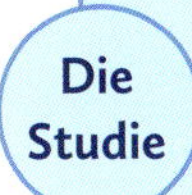

Verhaltensanpassungen von Hunden an eine vom Menschen dominierte Nische: Ein Überblick und eine neue Hypothese

Wynne, C.D.: Dogs' (Canis lupus familiaris) behavioral adaptations to a human-dominated niche: A review and novel hypothesis. Advances in the Study of Behavior (2021) 53: 97-162.

Die Rolle des Hundes hat sich im Laufe der Jahrtausende verändert, und doch war er immer in der Lage, sich an einer veränderten Nische anzupassen. Heutzutage sind Hunde in unseren Haushalten wahrscheinlich so wenig praktische Unterstützung wie nie zuvor, und dennoch ist das Ausmaß an Ressourcen, das wir ihnen zur Verfügung stellen, beispiellos (siehe Kapitel 2, S. 21 ff.). Der Preis, den die Hunde dafür zahlen, ist eine stark eingeschränkte Kontrolle über ihr Leben. In unserer Welt müssen Hunde über jeden Aspekt ihres Lebens verhandeln, von der Möglichkeit zu urinieren, was und wann sie fressen dürfen bis hin zur Auswahl ihrer Partner und der Frage, ob sie fortpflanzungsfähig sind.

Hunde haben sozusagen als Nebenprodukt der Domestikation „menschenähnliche soziale Fähigkeiten" entwickelt (die sogenannte „Domestikationshypothese")[369]. Hunde hätten demnach als direkte Folge der Selektion während der Domestikation Fähigkeiten zur Interpretation menschlicher Handlungen und Absichten entwickelt, die die aller anderen Tiere übertreffen und auf Aspekte der Theorie des Geistes (Theory of Mind, siehe S. 198) hinweisen. Eine menschenähnliche soziale Kognition kann anhand der sieben von Heyes (1998) umrissenen Bereiche der Theory of Mind dargestellt werden[370]. Heyes definierte in seiner Theorie „ein Tier, ... das glaubt, dass mentale Zustände eine kausale Rolle bei der Erzeugung von Verhalten spielen, und das auf das Vorhandensein mentaler Zustände bei anderen schließt, indem es deren Aussehen und Verhalten unter verschiedenen Umständen beobachtet" (S. 102). Fünf dieser sieben Theory-of-Mind-Methoden wurden bei Hunden nachgewiesen, darunter Imitation[371], Täuschung[372], Rollenübernahme[373] und das Verständnis der Auswirkungen dessen, was andere sehen können und was nicht[374]. Darüber hinaus gibt es in der Literatur zahlreiche Belege dafür, dass Hunde sensibel für menschliche Zeigegesten und Blicke sind[375].

Imitation

Die Fähigkeit, die Handlungen anderer zu imitieren, ist eine komplexere Form des Verstehens der Implikationen dessen, was man sieht[376]. Echte Imitation wird als eine Form des Verstehens der Theory of Mind betrachtet. Nachahmung muss von Imitation unterschieden werden, da die Aufmerksamkeit des Beobachters einfach nur auf ein Objekt oder einen Ort gelenkt wird (Stimulus bzw. lokale Verstärkung) sodass der Hund eher nachahmt als imitiert (d. h. er lernt das Ergebnis der Handlung, statt den Handlungsablauf selbst zu wiederholen).

369 Udell M.A., N.R. Dorey, C.D. Wynne: What did domestication do to dogs? A new account of dogs' sensitivity to human actions. *Biol. Rev. Camb. Philos. Soc.* (May 2010) 85(2):327–45. doi: 10.1111/j.1469-185X.2009.00104.x. Epub 2009, Nov. 24. PMID: 19961472.

370 Heyes, C.: Theory of mind in nonhuman primates. *Behavioral and Brain Sciences.* (1998) 21(1):101–114. doi:10.1017/s0140525x98000703

371 Bräuer, J., M. Bös, J. Call, M. Tomasello: Domestic dogs (Canis familiaris) coordinate their actions in a problem-solving task. *Animal Cognition.* (2013) 16(2):273–285

372 Heberlein, M.T., M.B. Manser, D.C. Turner: Deceptive-like behaviour in dogs (Canis familiaris). *Animal Cognition.* (2017) 20(3):511–520

373 Topál, J., Á Erdőhegyi, R. Mányik, Á Miklósi: Mindreading in a dog: An adaptation of a primate'mental attribution'study. *International Journal of Psychology and Psychological Therapy.* (2006) 6(3):365–379

374 Johnston, A.M., Y. Huang, L.R. Santos: Dogs do not demonstrate a human-like bias to defer to communicative cues. *Learning & Behavior.* (2018) 46(4):449–461

375 Kaminski J., M. Nitzschner: Do dogs get the point? A review of dog-human communication ability. *Learning and Motivation.* (2013) 44(4):294–302

376 Wynne, C.D.L., M.A.R. Udell: *Animal cognition: Evolution, behavior and cognition* (third, revised edition). Red Globe Press. (2020)

Fugazza und Miklósi haben die Anwendung des Do-as-I-Do-Paradigmas bei Hunden auf Warteintervalle von bis zu eineinhalb Minuten ausgedehnt und einen Zwei-Aktions-Test eingeführt[377]. Tests mit zwei Handlungen sind wichtig, weil sie die Möglichkeit ausschließen, dass die Hunde den Menschen nicht wirklich imitieren, sondern stattdessen einen Reiz, eine lokale Verstärkung oder Nachahmung zeigen.

Fugazza und Miklósi präsentierten zwei Formen des Zwei-Aktions-Kontrolltests. Bei der einen schaute der Mensch entweder in eine Schachtel oder berührte sie mit der Hand, beim zweiten lief der Mensch entweder um eine Röhre herum (was keine Wirkung hatte) oder stieß sie um. Sie stellten fest, dass die Hunde die menschliche Handlung auf hohem Niveau nachahmten. Weitere Tests mit der Do-as-I-Do-Methode wurden von Fugazza und Kollegen druchgeführt[378]. Bei diesen Tests öffnete der menschliche Vorführer ein Gerät. Die Hunde benutzten eher ihre Pfoten (was als Imitation der Hand-/Armbewegung des Menschen angesehen wurde), wenn es kein Ergebnis gab, als wenn es ein Ziel gab (in diesem Fall benutzten sie ihr Maul). Fugazza und Kollegen interpretieren diese Ergebnisse so, dass die Hunde, wenn es ein Ziel gab, dieses die Handlungen des Menschen überschattete; wenn es kein Ziel gab, erinnerten sie sich an die Handlungen des Menschen und imitierten diese genauer.

Täuschung

Täuschung, d. h. die Verwendung falscher Signale, um das Verhalten des Empfängers zu ändern, kommt in stabilen Signalsystemen relativ selten vor. Es kann zum Beispiel für untergeordnete Tiere von Vorteil sein, in Wettbewerbssituationen zu täuschen, um an Futter zu gelangen. Heberlein und Kollegen untersuchten in einer Drei-Wege-Wahlaufgabe, ob Hunde in der Lage sind, einen menschlichen Konkurrenten in die Irre zu führen, d. h. ob sie zu einer taktischen Täuschung fähig sind. Während des Trainings war der Besitzer immer kooperativ. Zudem gab es zwei unbekannte Teilnehmer, von denen einer immer „kooperativ“ handelte, indem er dem Hund Futter gab, und der andere „wettbewerbsorientiert“ war und das Futter für sich behielt. Während des Tests hatte der Hund die Möglichkeit, einen dieser Partner zu einem der drei möglichen Futterplätze zu führen: Einer enthielt ein bevorzugtes Futter, der andere ein nicht bevorzugtes Futter und der dritte Futterplatz war leer. Nachdem der Hund einen der Unbekannten geführt hatte, hatte er die Möglichkeit, seinen kooperativen Besitzer zu einem der Futterplätze zu führen. Daher hätte ein Hund in diesem Test einen direkten Nutzen davon, den

377 Fugazza, C., E. Petro, Á. Miklósi, Á. Pogány: Social learning of goal-directed actions in dogs (Canis familiaris): Imitation or emulation? *Journal of Comparative Psychology*. (2019) 133(2):244–251

378 Fugazza, C., Á. Pogány, Miklósi, Á.: Recall of others' actions after incidentalencoding reveals episodic-like memory in dogs. *Current Biology*. (2016) 26(23):3209–3213

konkurrierenden Menschen in die Irre zu führen, da er dann eine weitere Chance hätte, das bevorzugte Futter von seinem Besitzer zu erhalten. Am ersten Testtag führten die Hunde den kooperativen Menschen häufiger zum bevorzugten Futterplatz als zufällig zu erwarten gewesen wäre und häufiger als den konkurrierenden Menschen. Am zweiten Tag führten sie den konkurrierenden Menschen sogar signifikant seltener zum bevorzugten Futter und häufiger zur leeren Futterschale als den kooperativen Menschen. Diese Ergebnisse zeigen, dass die Hunde zwischen dem kooperativen und dem konkurrierenden Menschen unterscheiden können und zudem in der Lage sind, ihr Verhalten flexibel anzupassen und taktische Täuschungen anzuwenden.

Zeigen als eine Form der funktional-referenziellen Kommunikation

Hunde können auf den Menschen bezogene kommunikative Handlungen zeigen, die sowohl eine richtungsweisende als auch eine aufmerksamkeitssuchende Komponente beinhalten[379]. Diese auf den Menschen ausgerichteten sozialen Fähigkeiten sind bei Wölfen nicht in gleichem Maße zu finden, was auf eine genetische Komponente der kommunikativen Fähigkeiten hindeutet, auf die möglicherweise während der Domestikation selektiert wurde[380]. Darüber hinaus zeigen Studien Rasseunterschiede bei der Fähigkeit, menschlichen kommunikativen Hinweisen zu folgen. Normalerweise schauen Hunde den Menschen an und suchen zum Beispiel in unlösbaren Situationen Hilfe. Auch in anderen Situationen blicken Hunde zum Menschen, beispielsweise in einem Objektauswahlparadigma, bei einer Umleitungsaufgabe, wenn ein gewünschtes Objekt außer Reichweite ist und wenn sie einem potenziell angstauslösenden Objekt gegenüberstehen[381].

Miklósi und Kollegen zeigten in ihrer Studie, dass Hunde häufiger zu ihrem Besitzer schauen, wenn verstecktes Futter oder Spielzeug anwesend war, und sie schauten häufiger auf die Position des Futters (Spielzeugs), wenn der Besitzer anwesend war. Wenn sowohl das Futter (Spielzeug) als auch der Besitzer anwesend waren, trat ein neues Verhalten auf, der „Blickwechsel", der als Wechsel der Blickrichtung vom Standort des Futters (Spielzeugs) zum Besitzer (oder umgekehrt) innerhalb von zwei Sekunden definiert wurde. Sie argumentierten, dass Hunde in der Lage sind, mit ihrem Besitzer eine funktional referenzielle Kommunikation zu führen, und dass das Hundeverhalten als eine Form des „Zeigens" beschrieben werden kann.

379 Hare, B., M. Tomasello: Human-like social skills in dogs? *Trends in Cognitive Sciences*. (2005) 9(9):439–444

380 Mariti, C., B. Carlone, S. Borgognini-Tarli, S. Presciuttini, L. Pierantoni, A. Gazzano: Considering the dog as part of the system: Studying the attachmentbond of dogs toward all members of the fostering family. *Journal of Veterinary Behavior*. (2011) 6(1):90–91

381 Kaminski, J., J. Riedel, J. Call, M. Tomasello: Domestic goats, Capra hircus,follow gaze direction and use social cues in an object choice task. *Animal Behaviour*. (2005) 69(1):11–18

Zeigen und Verfolgen von Blicken

Zahlreiche Studien zeigen, dass Hunde einer Vielzahl verschiedener menschlicher Zeigegesten folgen, um versteckte Futterbelohnungen zu finden. Die meisten Hunde folgen menschlichen Gesten, die mit Händen und Armen sowie Beinen und Füßen gemacht werden[382]. Hunde folgen nicht nur offensichtlichen Hinweisen, sondern reagieren auch sensibel auf die Blickrichtung eines Menschen. Wallis und Kollegen berichteten, dass ein kurzes Training ausreichte, um eine Gruppe von 145 Border Collies dazu zu bringen, dem menschlichen Blick zu einem entfernten Punkt zu folgen[383]. Hunde können auch ihren eigenen Blickwechsel nutzen, um die Aufmerksamkeit des Besitzers auf ein verstecktes Spielzeug zu lenken[384] . Zusammenfassend lässt sich sagen, dass die Belege für die Fähigkeit von Hunden, menschlichen Zeigegesten und Blickrichtungen zu folgen und den Blickwechsel zu nutzen, um die Aufmerksamkeit des Menschen auf Dinge zu lenken, zweifellos auf ein hohes Maß an Sensibilität für diese Hinweise auf die menschliche Aufmerksamkeit hindeuten.

Verstehen der Auswirkungen dessen, was andere sehen können und was nicht

Ein weiterer Aspekt der Theorie des Verstandes ist die Erkenntnis, dass die Fähigkeit eines anderen Individuums, etwas zu sehen, die eigene Handlung beeinflusst. Bei der so genannten Bettelaufgabe muss der Hund eine von zwei ähnlich aussehenden Personen auswählen, auf sie zugehen und um Futter betteln[385]. Eine Person kann der Hund sehen und deren Augen sind für den Hund deutlich sichtbar, während die andere Person unaufmerksam ist und ihre Sicht verdeckt ist. Gácsi und Kollegen zeigten, dass Hunde eher bereit waren, bei der Person, deren Augen sie sehen konnten, um Futter zu betteln, als bei der Person, die abgelenkt war. Die Bettelaufgabe zeigt, dass Hunde sensibel sind für den visuellen Zugang des Menschen zur Welt und die Konsequenzen, die sich daraus für sie ergeben können.

Guesser-Knower

Eine noch etwas ausgeklügeltere Aufgabe, die einige der gleichen Aspekte wie die Bettelaufgabe untersucht, ist das Guesser-Knower-Experiment. Das Wesen dieser

382 Lea, S.E.G., B. Osthaus: In what sense are dogs special? Canine cognition in comparative context. *Learning & Behavior*. (2018) 46(4):335–363

383 Wallis, L.J., F. Range, C.A. Müller, S. Serisier, L. Huber, Z. Viranyi: Training for eye contact modulates gaze following in dogs. *Animal Behaviour*. (2015) 106:27–35

384 Persson, M.E., A.-S. Sundman, L.-L. Halldén, A.J.Trottier, P. Jensen: Socialitygenes are associated with human-directed social behaviour in golden and Labradorretriever dogs. *PeerJ*. (2018) 6:e5889

385 Gácsi, M., Á. Miklósi, O. Varga, J. Topál, V. Csányi: Are readers of our face readers of our minds? Dogs (Canis familiaris) show situation-dependent recognition of human's attention. *Animal Cognition*. (2004) 7(3):144–153

Aufgabe besteht darin, dass ein Hund mit zwei (menschlichen) Informanten konfrontiert wird[386]. Einer der Informanten weiß auf eine für den Hund offensichtliche Weise, wo sich etwas Begehrenswertes befindet. Die Person hat zum Beispiel beobachtet, wie eine andere Person ein Leckerli unter einen umgedrehten Behälter gelegt hat. Diese Person wird als „Wissender“ (engl. Knower) bezeichnet. Die andere Person, die als „Rater“ (engl. Guesser) bezeichnet wird, hat nicht gesehen, wo sich das Leckerli befindet – und ihre Unkenntnis wird dem Hund ebenfalls mitgeteilt. Beim ersten Test der Fähigkeiten von Hunden dieser Art berichteten Cooper und Kollegen[387] , dass 14 von 15 Hunden beim ersten Versuch den „Knower“ wählten, um das Leckchen zu finden.

Verstehen Hunde auch unsere Sprache?

Hockett[388] charakterisiert Merkmale, die die menschliche Sprache von der Tiersprache unterscheidet: So ihre Raum-Zeit-Unabhängigkeit, die Dualität, die Produktivität und die Übermittlung durch Tradition. Nach Hockett können Tiere zwar kommunizieren, erreichen jedoch nie die Fähigkeiten des Menschen, da ihnen die Komplexität und Kreativität fehlen.

Der Sprachbegriff ist jedoch vielschichtig und vieldeutig. Zum einen versteht man unter Sprache die „dem Menschen angeborene Fähigkeit, eine Sprache auszubilden“[389]. Das heißt, Sprache ist die gesprochene oder geschriebene Rede des Menschen, die unterschiedlichen soziokulturellen und dialektalen Einflüssen unterliegt. Sprache ist aber auch das Sprachsystem der nationalen Einzelsprachen wie beispielsweise Deutsch oder Englisch. Die menschliche Sprache kann auf drei Wegen umgesetzt werden: Als Gebärdensprache gestisch, als geschriebene Sprache schriftlich, oder als gesprochene Sprache phonetisch durch Laute[390]. Sprache ist ein Mittel zur (verbalen) Kommunikation. Denn auch Programmiersprachen und Tiersprachen können als Sprache bezeichnet werden.

Säuglinge lernen sehr früh die Grammatikregeln einer neuen Sprache. Forscher um die Neuropsychologin Angela Friederici spielten deutschen Babys italienische Sätze vor[391]. Wie Messungen mit dem Elektroenzephalografen (EEG) zeigten, speicherten

386 Maginnity, M.E., R.C. Grace: Visual perspective taking by dogs (Canis familiaris) in a guesser-Knower task: Evidence for a canine theory of mind? *Animal Cognition*. (2014) 17(6):1375–1392

387 Cooper, J.J., C. Ashton, S. Bishop, R. West, D.S. Mills, R.J. Young: Clever hounds: Social cognition in the domestic dog (Canis familiaris). *Applied Animal Behaviour Science*. (2003) 81(3):229–244

388 Hockett, C.F.: „The Origin of Speech.“ *Scientific American*. (1960) 203(3):88–96

389 Homberger, D.: *Sachwörterbuchzur Sprachwissenschaft*. Stuttgart: Reclam. (2000) S. 489

390 Schwitalla, J.: *Gesprochenes Deutsch. Eine Einführung*. Berlin: Erich Schmidt. (1997) S. 15–16

391 Friederici, A.D., J.L. Müller, R. Oberecker: Precursors to Natural Grammar Learning: Preliminary Evidence from 4-Month-Old Infants. *PLoS ONE*. (2011) 6(3):e17920. https://doi.org/10.1371/journal.pone.0017920

die Säuglinge innerhalb einer knappen Viertelstunde Abhängigkeiten zwischen verschiedenen sprachlichen Elementen in den Sätzen ab. Wurden ihnen dann Sätze vorgespielt, die von den erlernten Mustern abwichen, regierte ihr Gehirn darauf. Die Säuglinge hörten korrekte Sätze jeweils etwa drei Minuten lang. Dann wurden ihnen in zufälliger Reihenfolge richtige und falsche Hörbeispiele vorgespielt. „Das Gehirn filtert aus den Sätzen offenbar automatisch die syntaktischen Beziehungen heraus und erkennt dann die Abweichungen vom Erlernten", sagt Friederici.

Und können auch Hunde (Fremd-)sprachen und Fehler erkennen? Das verrät uns die nächste Studie:

Die Studie

Erkennung der Natürlichkeit von Sprache und Sprachrepräsentation im Hundegehirn

Cuaya, L.V., R. Hernández-Pérez, M. Boros, A. Deme, A. Andics: Speech naturalness detection and language representation in the dog brain. NeuroImage. (2021) 118811. ISSN 1053-8119.

Unsere Familienhunde sind ihr ganzes Leben lang einem ständigen Strom menschlicher Sprache ausgesetzt. Das Ausmaß ihrer Fähigkeit zur Sprachwahrnehmung ist weitgehend unbekannt. In dieser Studie untersuchten Cuaya und Kollegen mit Hilfe der funktionellen Magnetresonanztomographie (fMRI) die Spracherkennung und Sprachrepräsentation im Hundegehirn. Die Hunde hörten zwei natürliche Sprachen (Spanisch und Ungarisch: eine bekannte und eine unbekannte Sprache) und eine nichtexistente (scrambled) Sprache. 18 Hunde zwischen 3 und 11 Jahren nahmen teil: 5 Golden Retriever, 6 Border Collies, 2 Australian Shepherds, 1 Labradoodle, 1 Cocker Spaniel und 3 Mischlinge. Alle von ihnen waren darauf trainiert, im MRI Scanner ruhig zu liegen.

Jede Sprache zeichnet sich durch akustische Regelmäßigkeiten aus, wie prosodische Merkmale (Intonation, Sprechrhythmus und Akzent) oder die Verteilung von Sprachlauten. Der Mensch lernt diese lange vor den semantischen oder syntaktischen Phasen des Spracherwerbs. Bereits bei der Geburt sind Menschen in der Lage, Sprache von ähnlich komplexen nicht-sprachlichen Stimuli zu unterscheiden[392]. Diese Fähigkeiten vorsprachlicher Säuglinge deuten darauf hin, dass die Prozesse,

392 Dehaene-Lambertz, G., S. Dehaene, L. Hertz-Pannier: Functional neuroimaging of speech perception in infants. *Science.* (2002) 298(5600):2013–2015

die der Spracherkennung und Sprachunterscheidung zugrunde liegen, keine höheren sprachlichen Kompetenzen erfordern[393].

Funktionell hängt die Spracherkennung von der Verarbeitung der genauen zeitlichen Anordnung zeitlicher Merkmale ab[394], während die Sprachunterscheidung das Erlernen auditiver Regelmäßigkeiten (z. B. Sprachklanginventar, Silbenstruktur, Betonungsmuster, tonhöhenbezogene Merkmale) erfordert, die eine bestimmte Sprache charakterisieren. Neuroimaging-Studien haben gezeigt, dass der obere temporale Kortex für beide Prozesse bei erwachsenen Menschen eine zentrale Rolle spielt[395].

Hunde sind in ihrer natürlichen Umgebung ebenso wie Menschen permanent der menschlichen Sprache ausgesetzt[396]. Menschliche Stimmen im Allgemeinen und Sprache im Besonderen sind den Hunden nicht nur vertraut, sondern haben auch für sie eine großer Bedeutung. Dies macht Hunde zu einer guten Vergleichsspezies für die Erforschung der evolutionären Grundlagen der menschlichen Stimm- und Sprachwahrnehmung[397]. Verhaltensstudien deuten darauf hin, dass Hunde sowohl für Abschnitte als auch suprasegmentale[398] Hinweise in der Sprache[399] empfänglich sind[400]. Jüngste Neuroimaging-Ergebnisse zeigen, dass Hunde diese Hinweise nutzen, um die Identität des Sprechers[401], die emotionale Prosodie (z. B. Wort- und Satzakzent) und die Wortvertrautheit[402] oder sogar die Wortbedeutung[403] zu verarbeiten. Wie aus Verhaltensstudien hervorgeht, gibt es einige außergewöhnliche Hunde, die über einen großen Wortschatz verfügen und neue objektbezogene Wörter schnell lernen (siehe Hochbegabte, S. 191).

393 Vouloumanos, A., M.D. Hauser, J.F. Werker, A. Martin: The tuning of human neonates' preference for speech. *Child Dev.* (2010)

394 Price, C., G. Thierry, T. Griffiths: Speech-specific auditory processing: where is it? *Trends Cogn. Sci.* (2005) 9(6):271–276

395 Joly, O., C. Pallier, F. Ramus, D. Pressnitzer, W. Vanduffel, G.A. Orban: Processing of vocalizations in humans and monkeys: A comparative fMRI study. *Neuroimage* [Internet]. (2012) 62(3):1376–1389

396 Pongrácz, P., Á. Miklósi, V. Csányi: Owner's beliefs on the ability of their pet dogs to understand human verbal communication: A case of social understanding. (2001) 20:87–107

397 Andics A., Á. Miklósi: Neural processes of vocal social perception: Dog-human comparative fMRI studies Neuroscience and Biobehavioral Reviews. (2018) 85:54–64

398 Suprasegmentale Merkmale sind neben Intonation bestimmte Eigenschaften des Sprechaktes. Sie überlagern lautübergreifend die segmentalen Merkmale, sind jedoch zeitlich nicht auf diese begrenzt und kommen beispielsweise über Akzent, Intonation und Rhythmus zum Ausdruck.

399 Suprasegmentalia sind Merkmale, welche lautübergreifend (Laut) sind, sich also nicht an der sequentiellen Abfolge der Segmente von lautsprachlichen Äußerungen ausrichten. ... Bei der Prosodie wiederum verlaufen segmentale Ebene und suprasegmentale Ebene synchron und können unabhängig voneinander wirken.

400 Root-gutteridge, H., V.F. Ratcliffe, A.T. Korzeniowska, D. Reby: Dogs perceive and spontaneously normalize formant-related speaker and vowel differences in human speech sounds. *Biol. Lett.*(2019) 15

401 Boros, M., A. Gábor, D. Szabó, A. Bozsik, M. Gácsi, F. Szalay, et al.: Repetition enhancement to voice identities in the dog brain. *Sci. Rep.* (2020) 10(3989)

402 Andics, A., A. Gábor, M. Gácsi, T. Faragó, D. Szabó, A. Miklósi: Neural mechanisms for lexical processing in dogs. *Science* (2016) 353(6303): 1030-1032

403 Prichard, A., P.F. Cook, M. Spivak, R. Chhibber, G.S. Berns: Awake fMRI reveals brain regions for novel word detection in dogs. *Front Neurosci.* (2018) 12:737

Während fMRT-Studien darauf hindeuten, dass der temporale Kortex von Hunden an der Verarbeitung menschlicher Sprache beteiligt ist, gab es bisher keine Hinweise darauf, dass Hundegehirne Sprache von nicht-sprachlichen Reizen unterscheiden können. Und obwohl Hunde, wie auch Menschen, in der Regel einer bestimmten Sprache übermäßig ausgesetzt sind, blieb es bisher sowohl verhaltensmäßig als auch neuronal unerforscht, ob sie in der Lage sind, sprachspezifische Regelmäßigkeiten zu verstehen und eine bekannte Sprache von einer unbekannten zu unterscheiden.

Um die Fähigkeit von Hundegehirnen zur Spracherkennung und Sprachrepräsentation zu testen und die dabei ablaufenden neuronalen Prozesse aufzudecken, wurde in dieser Studie wachen Hunden während eines fMRT-Tests natürliche und nichtexistente (scrambled) Sprache in einer bekannten und einer unbekannten Sprache (Ungarisch und Spanisch) vorgesprochen. Die Forscher verwendeten eine multivariate Musteranalyse (MVPA) und stellten die Hypothese auf, dass sich die Spracherkennung in unterschiedlichen Gehirnaktivitätsmustern für gesprochene und scrambled Sprache widerspiegelt und dass sich die Sprachrepräsentation (d. h. die Sensibilität für sprachspezifische Regelmäßigkeiten im Sprachsignal) in unterschiedlichen Gehirnaktivitätsmustern für eine bekannte bzw. unbekannte Sprache zeigt.

Als Stimuli dienten Sprachproben aus dem Ungarischen und Spanischen. Ungarisch war die Sprache, die in dem Umfeld von 16 Hunden gesprochen wurde, Spanisch im Umfeld von 2 Hunden (vertraute Sprache); die andere Sprache war allen Hunden nicht vertraut (unbekannte Sprache). Das Material bestand aus einer Aufnahme des *Kleinen Prinzen*, der von zwei verschiedenen Muttersprachlerinnen gelesen wurde.

Die Ergebnisse zeigten, dass es im Hundegehirn unterschiedliche Regionen gibt, in denen Merkmale kodiert werden, die eine Spracherkennung oder Sprachrepräsentation ermöglichen[404]. Die Forscher fanden anatomisch unterschiedliche Beteiligungen der Hörrinde: Die Erkennung der Natürlichkeit von Sprache (differenzierte Verarbeitung von natürlicher und scrambled Sprache) erforderte die seitlichen primärnahe Hörrindenregionen, während Effekte der Sprachvertrautheit in den vorderen Teilen der Hörrinde gefunden wurden. Die Feststellung von Gehirnaktivitätsmustern für Sprach- und scrambled Sprachreize zeigt die allgemeine Fähigkeit von Hunden zur Spracherkennung.

404 Die Hirnregionen, die an der Sprachrepräsentation beteiligt sind, befanden sich hauptsächlich in sekundären auditorischen Kortikalregionen, in ventralen (vorderen) Teilen des temporalen Kortex, einschließlich des linken kaudalen ektosylvischen Gyrus (cESG), des linken rostralen suprasylvischen Gyrus (rSSG) und des rechten rostralen Sylvischen Gyrus (rSG), sowie in einer Region des frontalen Kortex, dem linken präkruziatalen Gyrus (PG).

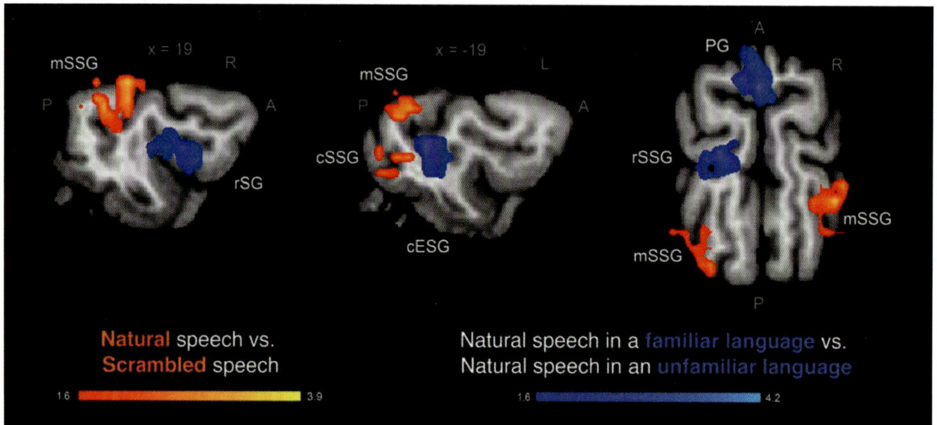

Die Studie von Cuaya und Kollegen zeigte, dass das Hundegehirn auf bekannte und unbekannte Sprachmuster unterschiedlich reagiert.

Die Ergebnisse spiegeln die Fähigkeit von Hundegehirnen wider, akustische Regelmäßigkeiten zu erkennen, die die zeitliche Organisation einer bestimmten Sprache charakterisieren. Hunde können dieses Wissen nutzen, um Repräsentationen für eine bestimmte Sprache aufzubauen, auch wenn keine explizite Sprachkompetenz vorhanden ist. In der Tat hat sich gezeigt, dass statistisches Lernen es nichtmenschlichen Spezies ermöglicht, Regelmäßigkeiten in komplexen akustischen Mustern zu erkennen, einschließlich Vogelgesang[405] und Sprache[406].

Die Studie ergab, dass verschiedene kortikale Regionen der Erkennung von Sprache und der Sprachrepräsentation im Hundegehirn dienen. Interessanterweise zeigt die Studie, ähnlich wie bei Studien an Säuglingen[407], dass sich bei Hunden unterschiedliche neuronale Muster herausbilden, wenn sie verschiedene Sprachen hören (bekannte vs. unbekannte Sprache – siehe Bild oben). Die Fähigkeit von Hundegehirnen, zwischen verschiedenen Sprachen zu unterscheiden, spiegelt die Fähigkeit wider, die für eine bestimmte Sprache spezifischen akustischen Regelmäßigkeiten zu erkennen.

Diese Hörregionen wurden bereits in anderen Studien mit Hunden aktiviert und waren sensibel für menschliche und hündische Emotionen[408]. Zudem zeigen Studien, dass Hunde dort Wortbedeutung[409] und Stimmzuordnung erkennen. Hunde

405 Chen, J., C. ten Cate: Zebra finches can use positional and transitional cues to distinguish vocal element strings. *Behav. Processes.* (2015) 117:29–34

406 Toro, J.M., J.B. Trobalon: Statistical computations over a speech stream in a rodent. *Percept. Psychophys.* (2005) 67(5):867–875

407 Nazzi, T., P.W. Jusczyk, E.K. Johnson: Language discrimination by english-learning 5-month-olds: Effects of rhythm and familiarity. *J. Mem. Lang.* (2000) 43(1):1–9

408 Andics, A., M. Gácsi, T. Faragó, A. Kis, Á. Miklósi: Report Voice-Sensitive Regions in the Dog and Human Brain Are Revealed by Comparative fMRI. *Curr. Biol.* (2014) 24:1–5

409 Gábor, A., M. Gácsi, D. Szabó, Á. Miklósi, E. Kubinyi, A. Andics: Multilevel fMRI adaptation for spoken word processing in the awake dog brain. *Sci. Rep.* (2020) 10(1):1–11

verarbeiten Sprachreize und akustische Informationen hierarchisch[410]. Ein Teil des Kortex zeigte eine stärkere Reaktion auf Pseudowörter im Vergleich zu trainierten Wörtern, was als Beleg für seine Rolle bei der Erkennung neuer Wörter gewertet wurde[411]. Es wird vermutet, dass das Fehlen von Überschneidungen zwischen den Ergebnissen der Spracherkennung und der Sprachrepräsentation darauf hindeutet, dass die Erkennung der Natürlichkeit von Sprache und die Sprachrepräsentation zwei separate Prozesse sind.

Die Ergebnisse zeigten auch, dass dolichozephale (also lange Köpfe) Hunde besser in der Verarbeitung menschlicher akustischer Hinweise sind. Für das Sehen wurde das gegenteilige Muster festgestellt, nämlich ein Vorteil für visuelle Hinweise bei brachyzephalen Hunden (Bognár et al., 2018, siehe oben). Zusammengenommen deutet dies auf Effekte der Kopfform auf die Fähigkeit von Hunden hin, kommunikative Hinweise auszuwerten. Zudem wurde festgestellt, dass das Gehirn älterer Hunde einen größeren Unterschied zwischen der Repräsentation der beiden Sprachen aufweist, was wahrscheinlich durch einen Lerneffekt erklärt werden kann.

Fazit: Zusammenfassend zeigt die Studie, dass das Hundegehirn die Fähigkeit besitzt, die Natürlichkeit von Sprache zu erkennen und zwischen zwei Sprachen zu unterscheiden. Es wurde gezeigt, dass diese Prozesse in verschiedenen kortikalen Gehirnregionen ablaufen. Die Spracherkennung bei Hunden wird durch die Empfindlichkeit der Hörrinde für die Natürlichkeit des akustischen Signals unterstützt und nicht durch neuronale Prozesse, die wie beim Menschen auf Sprache abgestimmt sind. Dolichozephale Hunde haben eine größere akustische Sensibilität für die Natürlichkeit von Sprache, was auf Rassenunterschiede bei der Verarbeitung menschlicher Sprache hindeutet. Eine ausgeprägtere Sprachrepräsentation bei den älteren Hunden zeigt, dass die Dauer der Sprachexposition eine Rolle spielt.

Das bestätigt mich darin, dass ich bei meinen Tierschutzhunden immer zuerst in deren „Muttersprache“ kommuniziert habe, wenn diese nicht Deutsch war – es macht also doch einen Unterschied!

Und für die hundgestützte Arbeit bedeutet es unter Umständen, dass bei Empfängern, die wenig deutsch sprechen oder vielleicht mit starkem Akzent, dies eine Unterschied in der Verständigung und im Verstehen für unserer Hunde machen kann!

410 Boros, M., A. Gábor, D. Szabó, A. Bozsik, M. Gácsi, F. Szalay, et al.: Repetition enhancement to voice identities in the dog brain. *Sci. Rep.* (2020) 10(3989)
411 Prichard, A., P.F. Cook, M. Spivak, R. Chhibber, G.S. Berns: Awake fMRI reveals brain regions for novel word detection in dogs. *Front Neurosci.* (2018) 12:737

Das Lesen des Gegenübers

Das Lesen von Körpersprache hat viel mit Intuition zu tun. Es ist eine erste Einordnung, die es uns erleichtert, mit neuen Begegnungen umzugehen. Die Körpersprache spielt in der Kommunikation eine entscheidende Rolle: Körperhaltung, Gestik und Mimik verraten unserem Gegenüber viel darüber, was wir denken oder fühlen. Gestik und Mimik sind schwer zu kontrollieren und gelten daher als echter und wahrer in der Kommunikation. Die meisten Probleme zwischen Mensch und Hund entstehen bei der Kommunikation. Viele Menschen sind der Überzeugung, dass Hunde menschliche Emotionen lesen können – welche Faktoren spielen dabei eine Rolle? Und lesen wir Emotionen gleich?

Die Studie

Körperliche Emotionsausdrücke sind eine primäre Informationsquelle für Hunde, aber nicht für Menschen

Correia-Caeiro, C., K. Guo, D. Mills: Bodily emotional expressions are a primary source of information for dogs, but not for humans. Anim. Cogn. (2021) 24:267–279.

Hunde haben die bemerkenswerte Fähigkeit, ihr Verhalten dem von Menschen anzupassen, aber wie Hunde im Vergleich zu Menschen emotionale Signale aus dem Gesicht und dem Körper lesen, ist noch unklar. Beide Arten teilen sich die gleiche ökologische Nische, sind sehr sozial und ausdrucksstark. Das macht sie zu einem idealen Vergleichsmodell für die Wahrnehmung von Emotionen innerhalb und zwischen den Spezies. In dieser Studie wurden Eye-Tracking-Daten von Menschen und Hunden beim Betrachten dynamischer und natürlicher emotionaler Ausdrücke bei Menschen und Hunden gesammelt und ausgewertet.

Correia-Caeiro und Kollegen fanden heraus, dass die Hunde zusätzlich auf die Körpersprache anstatt ausschließlich auf die Gesichtsmimik von Menschen und Hunden achteten, im Gegensatz zu Menschen, die sich bei beiden Arten mehr auf das Gesicht konzentrierten. Die Ergebnisse deuten auf eine artspezifische evolutionäre Anpassung der Emotionswahrnehmung hin. Diese Ergebnisse haben wichtige Auswirkungen auf das Risikomanagement bei Mensch-Hund-Interaktionen, bei denen Ausdrucks- und Wahrnehmungsunterschiede entscheidend sind.

Es gibt immer mehr Hinweise auf ein Zusammenspiel zwischen dem Lesen von Verhalten und einer breiten Palette von emotionalen, verhaltensbezogenen, kognitiven, pädagogischen und sozialen Vorteilen (z. B. erhöhte soziale Kompetenz, soziale Netzwerke und soziale Interaktion)[412]. Gesichts- und Körperausdrücke gelten im Allgemeinen als die wichtigsten Kanäle des emotionalen Ausdrucks (zumindest) beim Menschen und erregen bei uns schnell visuelle Aufmerksamkeit. Menschen reagieren äußerst sensibel auf die Mimik des Gegenübers, da wir eine angeborene Veranlagung zur Verarbeitung ausdrucksstarker Gesichtsreize haben. Auch bei Tiergesichtern neigen wir Menschen zu einer ähnlichen stereotypen Blickzuweisung mit längeren Betrachtungszeiten[413]. Dieser Gesichts „Magnetismus" ist nicht nur auf den Menschen beschränkt. Hunde reagieren auch hochsensibel auf menschliche Gesichtsausdrücke und können diese Gesichtsmerkmale nutzen, um ihre Handlungen zu lenken[414]. Sie können ein Lächeln von neutralen Gesichtern und ein glückliches von angewiderten Gesichtern unterscheiden[415].

In dieser Studie zeigten die teilnehmenden Menschen die gleiche Blickverteilung, d. h. längere Betrachtungszeit des Gesichts im Vergleich zu Körperregionen bei der Betrachtung von Menschen- und Hundegefühlen. Bei den verschiedenen Ausdrücken konzentrieren sie sich vornehmlich auf die mimischen Ausdrucksmerkmale um menschliche und auch hündische emotionale Zustände zu beurteilen, obwohl die körperlichen Hinweise mitunter klarer waren.

Bei der Untersuchung verschiedener Kategorien von menschlichen und hündischen Gesichtsausdrücken blicken menschliche Betrachter häufiger und länger auf die Augen von menschlichen Gesichtern, aber länger auf das Maul[416] oder gleich lang auf die Augen und das Maul von Hundegesichtern[417]. Das Fehlen von Gemeinsamkeiten in der Mimik und der Blickzuordnung beim Betrachten von Gesichtern zwischen diesen beiden Arten wirft die Frage auf, inwieweit Menschen und Hunde den emotionalen Zustand des jeweils anderen allein aufgrund der Mimik angemessen interpretieren können.

Der menschliche Körper ist eine Quelle wichtiger Hinweise, der die Erkennung von Emotionen beeinflussen kann[418]. Körper können emotionale Zustände aus der Ferne

412 Hall, S., L. Dolling, K. Bristow, et al.: The economic impact of companion animals in the UK. In: *Companion animal economics.* CABI. (2016)

413 Kujala, M.V., J. Kujala, S. Carlson, R. Hari: Dog experts' brains distinguish socially relevant body postures similarly in dogs and humans. *PLoS ONE.* (2012) 7:e39145

414 Merola, I., E. Prato-Previde, S. Marshall-Pescini: Dogs' social referencing towards owners and strangers. *PLoS ONE.* (2012) 7:e47653

415 Buttelmann, D., M. Tomasello: Can domestic dogs (Canis familiaris) use referential emotional expressions to locate hidden food? *Anim. Cogn.* (2013) 16:137–145

416 Guo, K., Z. Li, Y. Yan, W. Li: Viewing heterospecific facial expressions: an eye-tracking study of human and monkey viewers. *Exp. Brain Res.* (2019) 237:2045–2059

417 Correia-Caeiro, C., K. Guo, D.S. Mills: Perception of dynamic facial expressions of emotion between dogs and humans. *Anim. Cogn.* (2020) 23:465–476

418 Gelder, B.: Towards the neurobiology of emotional body language. *Nat. Rev. Neurosci.* (2006) 7:242–249

effektiver vermitteln, indem sie größere und dynamischere Hinweise geben[419]. Auch menschliche Handgesten und Körperhaltungen sind wichtige Elemente in der Mensch-Hund-Kommunikation[420].

Zudem ist es wichtig zu wissen, ob sich Alter und Geschlecht auf die Präferenz von Menschen und Hunden auswirken, auf unterschiedliche emotionale Hinweise zu achten. Solche Effekte könnten das geschlechts- und altersabhängige Verständnis von Emotionen beim Menschen und die altersabhängigen Risikoprofile im Zusammenhang mit Mensch-Hund-Interaktionen erklären[421].

Die Menschen in dieser Studie zeigten die gleiche Blickverteilung (d.h. längere Betrachtungszeit des Gesichts im Vergleich zum Körper) bei der Betrachtung emotionaler Ausdrücke von Menschen und Hunden, was darauf hindeutet, dass Menschen sich bevorzugt auf Hinweise im Gesicht konzentrieren, um den emotionalen Zustand von Menschen und Hunden zu beurteilen.

Das heißt auch, dass Menschen keine flexible Betrachtungsstrategie haben, die je nach Art des Gegenübers variiert. Der Hund wird genau so betrachtet wie ein anderer Mensch. Die zusätzliche Betrachtung von Körperteilen und deren Stellung, die der Hund jedes Mal mit hoher Wertigkeit prüft, fehlt dem Menschen. Dies erklärt teilweise die schlechte menschliche Leistung bei der Identifizierung emotionaler Ausdrücke und Verhaltensweisen von Hunden.[422]

Es ist nicht klar, ob die Auswirkungen des Alterns nur auf den kognitiven Abbau zurückzuführen sind oder auf Veränderungen der Emotionsregulationsstrategien. Gefühlsregulationen werden durch Faktoren wie Lebenserfahrung, motivationale Ziele und/oder strukturelle Veränderungen des Gehirns beeinflusst. In dieser Studie wurde die menschliche Aufmerksamkeitspräferenz für das Gesicht durch das Altern verändert und Aufmerksamkeit mit zunehmender Alterung verstärkt auch auf den Körper gerichtet. Gesichtshinweise gelten beim Menschen als entscheidender für die Emotionsklasse, während Körperhinweise für die Emotionsstärke ausschlaggebend sind[423]. Daher könnte diese altersbedingte Veränderung eine verstärkte Konzentration auf die Intensität der Emotion bedeuten.

419 Martinez, L., V.B. Falvello, H. Aviezer, A. Todorov: Contributions of facial expressions and body language to the rapid perception of dynamic emotions. *Cogn. Emot.* (2016) 30:939–952
420 D'Aniello, B., A. Scandurra, A. Alterisio et al.: The importance of gestural communication: a study of human-dog communication using incongruent information. *Anim. Cogn.* (2016) 19:1231–1235
421 Sullivan, S., A. Campbell, S.B. Hutton, T. Ruffman: What's good for the goose is not good for the gander: age and gender differences in scanning emotion faces. *J. Gerontol. Ser. B.* (2017) 72:441–447
422 Horowitz, A.: Disambiguating the „guilty look": salient prompts to a familiar dog behaviour. *Behav. Proc.* (2009) 81:447–452
423 Ekman, P., W.V. Friesen: Head and body cues in the judgement of emotion: a reformulation. *Percept. Mot. Skills.* (1967) 24:711–724

Es ist wenig darüber bekannt, wie Hunde den ganzen Körper in einem emotionalen Kontext wahrnehmen. Diese Studie zeigt, dass unser Körper nicht nur wichtige Elemente sozialer Hinweise für Hunde gibt, sondern auch im Kontext mit dem Gesicht zu bewerten ist. Die körperlichen emotionalen Ausdrücke waren in dieser Studie für die Hunde eine primäre Informationsquelle, während Gesichtsausdrücke sekundär waren, was im Gegensatz zu anderen Studien steht, wonach gesichtszentrierte Interaktionen zwischen Mensch und Hund am wichtigsten sind[424].

Auch das Blickmuster des Hundes steht im Gegensatz zum Blickverhalten von Menschen, die sich bei emotionalen Ausdrücken fast ausschließlich auf das Gesicht konzentrieren. Darüber hinaus wurde die Blickzuordnung bei Hunden durch die betrachtete Art und die Emotion beeinflusst, was auf eine größere Flexibilität des Blickverhaltens bei Hunden im Vergleich zum Menschen hindeutet.

Auch bei Hunden war die Blickzuordnung durch das Alter beeinträchtigt, wobei das Gesicht, nicht aber der Körper, weniger häufig betrachtet wurde. Dieser altersbedingte Effekt könnte mit altersbedingt geringerer Aufmerksamkeitsspanne, aber auch mit Erfahrungseffekten zusammenhängen.

Eine mögliche Erklärung für die körperzentrierte Aufmerksamkeit der Hunden kann mit der relativen Position in sozialen Interaktionen zwischen Mensch und Hund zusammenhängen, d. h. Körper sind größer als Köpfe und befinden sich näher an der Augenhöhe von Hunden. Ein weiterer Grund könnte im Verhaltensrepertoire der Hunde liegen: Wenn Hunde mit Artgenossen interagieren, verbringen sie nicht viel Zeit von Angesicht zu Angesicht, sondern stellen sich eher seitlich zueinander[425] und inspizieren den Körper des anderen (vor allem zur Geruchserkennung), aber nicht das Gesicht. Zudem ist bei Hunden das Anstarren Teil agonistischen Verhaltens. Hunde könnten demnach ihre soziale Bewertungsstrategie eines Artgenossen für den Umgang mit Menschen angepasst haben.

Dazu gibt es ein anschauliches Video:
https://link.springer.com/article/10.1007/s10071-021-01471-x

424 Jakovcevic, A., A. Mustaca, M. Bentosela: Do more sociable dogs gaze longer to the human face than less sociable ones? *Behav. Proc.* (2012) 90:217–222

425 Rooney, N.J., J.W.S. Bradshaw: An experimental study of the effects of play upon the dog-human relationship. *Appl. Anim. Behav. Sci.* (2002) 75:161–176

Fazit: Während es daher scheint, dass Menschen andere Arten so lesen, als wären sie Menschen, zeigen Hunde je nach beobachteter Art unterschiedliche Wahrnehmungsstrategien. Menschen und Hunde unterschieden sich auch signifikant in ihrer Gesamtbetrachtungszeit: Menschen beobachteten die Reize viel länger als die Hunde. Es erscheint plausibel, dass Hunde schneller bei der Verarbeitung von Informationen sind oder weniger Informationen aufnehmen oder benötigen. Auch das ist im hundgestützten Setting von Bedeutung: wenn Hunde weniger Zeit (oder Informationen) benötigen, um den Empfänger einzuschätzen, kann ihre Reaktion auch schneller erfolgen – unter Umständen lange, bevor wir einen „ersten" Eindruck haben.

Hören, Sehen, Riechen... Mitfühlen

Hunde nehmen Emotionen mit allen Sinnen wahr. Experten sind sich einig, dass Hunde außergewöhnlich begabt darin sind, Gesichtsausdrücke und Körpersprache von Menschen zu lesen. Hunde beobachten ihre Menschen genau. Nicht nur, indem sie unseren Blick und unsere Körpersprache wahrnehmen, sondern auch, indem sie auf die Laute hören, die wir machen und unseren Geruch deuten. Hunde reagieren äußerst sensibel auf Körpergerüche und in der nächsten Studie wurde untersucht, ob Hunde drei verschiedene Proben menschlicher Körpergerüche – Angst, Freude und einen neutralen Geruch – unterscheiden können.

Die Studie

Übertragung emotionaler Informationen über Chemosignale zwischen verschiedenen Spezies: Vom Menschen zum Hund

D'Aniello, B., G.R. Semin, A. Alterisio, et al.: Interspecies transmission of emotional information via chemosignals: from humans to dogs (Canis lupus familiaris). Anim. Cogn. 21:67–78 (2018).

Die Studie befasst sich mit der Frage, ob eine Übertragung von Emotionen zwischen verschiedenen Arten über Körpergerüche (Chemosignale) möglich ist. Liefern menschliche Körpergerüche, die unter Bedingungen von Glück und Angst erzeugt wurden, Informationen, die von Hunden erkannt werden können? Die Forscher dieser Studie führten ein Experiment durch, bei dem Labradore und Golden Retriever Proben von drei menschlichen Körpergerüchen ausgesetzt wurden: Angst, Freude und einer neutralen Emotion. Die Emotionen waren vorher bei den männlichen Teilnehmern ausgelöst und dann Geruchsproben aus ihren Achselhöhlen entnommen worden. Diese Geruchsproben wurden dann in einem Raum, in dem sich die Hunde frei bewegen konnten, durch einen speziellen Sprüher ausgebracht. Im Raum selber waren die Hundebesitzer und eine fremde Person.

Die drei Geruchsproben wurden den Hunden nach dem Zufallsprinzip zugewiesen. Beobachtet und analysiert wurden die relevanten Verhaltensweisen der Hunde (z. B. Annäherung, Interaktion und Anstarren), die auf die drei Ziele (Besitzer, Fremder, Schweißspender) gerichtet waren, sowie die Stress- und Herzfrequenzindikatoren der Hunde.

Die Ergebnisse zeigten, dass die Hunde unter den drei Geruchsbedingungen unterschiedliche Verhaltensweisen zeigten. In der „Glücksgeruchsbedingung" zeigten sie weniger und kürzere auf den Besitzer gerichtete Verhaltensweisen und mehr auf den Fremden gerichtete Verhaltensweisen als in der Angstgeruchs- und Kontrollbedingung. Waren sie dem Geruch von Angst ausgesetzt, zeigten sie starke Anzeichen von Stress und ihre Herzfrequenz erhöhte sich. Lag ein Geruch von Freude in der Luft, waren die Hunde entspannter und zeigten größeres Interesse an der fremden Person. Die Herzfrequenzdaten waren in der Kontroll- und der Glücksbedingung deutlich niedriger als in der Angstbedingung. Ein Anstieg der Herzfrequenz spricht für eine stressauslösende Belastung. Die schnellere Herzfrequenz ist mit einem Aktivieren des sogenannten sympathischen Nervensystems verbunden und der Körper befindet sich dann in einem erhöhten Spannungszustand, um schneller auf tatsächliche oder gefühlte Bedrohungen reagieren zu können.

Die Ergebnisse deuten also darauf hin, dass eine emotionale Kommunikation zwischen Mensch und Hund auch durch Chemosignale, also Geruchsquellen, stattfindet.

Fazit: Was bedeutet das für die hundgestütze Arbeit? Unser Körpergeruch enthält zahlreiche Informationen. Die Zusammensetzung des Geruchs kann auch Auskunft über den emotionalen Zustand des Klienten geben. Gerüche steuern somit auch die Emotionen und Reaktionen der Hunde. Keine Sinneswahrnehmung beeinflusst ihre Gefühlswelt so unmittelbar wie das Riechen. Bei Hunden könnten Duftstoffe auch dazu führen, den Gefühlszustand innerhalb einer Gruppe anzugleichen. Den Daten der Studie zufolge könnte der Geruch von verängstigten Menschen tatsächlich Stress bei Hunden auslösen. Dabei besteht die Gefahr, dass die gestressten, aufgeregten Vierbeiner impulsiver reagieren und schneller Angst- und Aggressionsverhalten zeigen. Diese geruchlich übertragenen Botschaften können das Verhalten unseres Hundes im Einsatz beeinflussen!

Die Studie

Geschlechtsunterschiede in den Verhaltensreaktionen von Hunden, die menschlichen Chemosignalen von Angst und Glück ausgesetzt sind

D'Aniello, B., B. Fierro, A. Scandurra, C. Pinelli, M. Aria, G.R. Semin: Sex differences in the behavioral responses of dogs exposed to human chemosignals of fear and happiness. Anim. Cogn. (Mar. 2021) 24(2):299–309. Epub 2021, Jan 18. PMID: 33459909; PMCID: PMC8035118.

In einer Folgestudie untersuchte das Forscherteam, ob es Geschlechtsunterschiede in den Verhaltensweisen der Hunde auf die menschlichen Chemosignale gab. Sie fanden heraus, dass Rüden und Hündinnen ähnliche Bewältigungsstrategien zeigten, indem sie sich ihren Besitzern zuwandten (Safe Haven Effekt) und erhöhte Stresssignale zeigten, wenn sie dem Chemosignal „Angst" ausgesetzt waren. Allerdings zeigten die Hündinnen in der Angstbedingung häufiger ein auf die Tür gerichtetes Verhalten (sie wollten den Raum verlassen). Die Forscher interpretieren dieses türgerichtete Verhalten als eine höhere ängstliche Reaktion der Hündinnen im Vergleich zu den Rüden, die dieses Verhalten nicht zeigten. Auch waren die Reaktionen auf die fremde Person geschlechtsabhängig. Während Rüden in allen Geruchsbedingungen keine Unterschiede in Bezug auf die fremde Person machten, zeigten Hündinnen in der Glücksbedingung eine Kontaktaufnahme und -suche zu der fremden Person. Hündinnen nahmen viel mehr Körperkontakt auf und initiierten Kontakt mit der fremden Person. Das ging so weit, dass sie mehr Interesse am Fremden als am Besitzer beim „Glücksgeruch" zeigten. Bei den Rüden war dies nicht der Fall. Es ist also möglich, dass Hündinnen häufiger soziale Kontakte mit Fremden aufnehmen, wenn diese „glückliche" menschliche Gerüche aussenden. In allen Situationen zeigten Hündinnen deutlichere emotionale Reaktionen: sowohl auf die Angst- als auch auf die Glückschemosignale als Rüden. Dieses Ergebnis stimmt mit menschlichen Studien überein, die über eine höhere emotionale Reaktivität bei Frauen berichten.

Fazit: Hunde können also in einem tiergestützten Setting die Gefühlsregungen des Gegenübers lesen und nicht nur anhand des Verhaltens ihres Menschen dessen Gefühle wie Angst, Aufregung und Freude erkennen – sie lassen sich auch von ihnen anstecken. Diese emotionale Übertragung birgt auch Risiken – so kann der Partner Hund auch den Empfänger mit seinen Emotionen spiegeln, was durchaus auch eine große emotionale Belastung darstellen kann.

Zudem können die Hunde über Chemosignale die Befindlichkeit nicht nur ihres eigenen, sondern eben auch des fremden Menschen – also beispielsweise des Klienten – lesen und darauf reagieren. Sie erhalten also unter Umständen nicht nur viel mehr, sondern auch ganz andere Infomationen als wir!

Auch das sollten wir bei jeder tiergestützten Interaktion bedenken.

Das Verständnis von Sprache

Und wie sieht es aus mit dem Sprachempfinden? Macht die Art, wie wir sprechen, der Tonfall, also auch die oft benutzte hohe Tonlage oder auch Babysprache, für den Hund einen Unterschied?

Die Studie

Geht es nur um die Tonhöhe? Akustische Determinanten der hundebezogenen Sprachpräferenz bei Haushunden

Gergely, A., K. Toth, T. Farag, J. Topál: Is it all about the pitch? Acoustic determinants of dog-directed speech preference in domestic dogs, Canis familiaris. Animal Behaviour. (2021) 176:167e174

Ähnlich wie bei Kleinkindern hat sich gezeigt, dass Hunde für menschliche Sprache empfänglich sind, insbesondere, wenn diese an sie gerichtet ist. Welche wesentlichen akustischen, sprachbegleitenden und lexikalischen[426] Merkmale von an Hunde gerichteter Sprache für diese Präferenz bei Hunden verantwortlich sind, ist jedoch weitgehend unbekannt. In der vorliegenden Studie wurden verallgemeinerte Hunde- (**DDS** – dog directed speech – hundgerichtete Sprache), Kind- (**IDS** – infant directed speech – kleinkindgerichtete Sprache, Babysprache) und Erwachsenen- (**ADS** – adult directed speech – erwachsenengerichtete Sprache) untersucht. Diese wurde vorher aufgezeichnet und war von mehrerern Sprecherinnen erstellt worden. Die zusammengesetzten Sätze wurden dann verändert, um den Inhalt zu kontrollieren und ihren mittleren Grundfrequenzwert anzugleichen. Alle drei möglichen paarweisen Kombinationen dieser akustischen Reize wurden dann erwachsenen Hunden vorgespielt. Es wurde eine zweiseitige Auswahlaufgabe präsentiert, bei der zwei identische Schallquellen verwendet wurden (siehe Abb., S. 239).

Die akustischen und sprachlichen Merkmale von Erwachsenen hängen stark vom Adressaten und dessen Sprachverständnis ab. Menschen neigen dazu, ein bestimmtes Register zu verwenden, wenn sie mit einem Säugling sprechen (infant-directed speech, **IDS**). Dies ist gekennzeichnet durch eine übertriebene Betonung der Grundfrequenz (Tonhöhe/Pitch), sehr hohe Tonhöhen, einem größeren Tonhöhenbereich, einer veränderten Dauer der Aussprache und der Pausen, mehr Wiederholungen, und einer besonderen Betonung der Vokale sowie einer vereinfachten Syntax[427]. Die prosodischen[428] Eigenschaften von Babysprache haben zwei wichtige

426 Zum Wortschatz/Lexikon gehörig

427 Burnham, D., C. Kitamura, U. Vollmer-Conna: What's new, pussycat? On talking to babies and animals, *Science*. (2002) 296(5572):1435

428 Eigenschaft sprachlicher Äußerungen, die nicht an einzelne Laute/Phoneme gebunden sind

Funktionen: (1) die akustischen Merkmale dienen dazu, die Aufmerksamkeit zu erregen und aufrechtzuerhalten, während (2) die sprachbegleitenden Merkmale (z. B. Vokal-Hyperartikulation, Wiederholung, langsameres Tempo) das Spracherlernen erleichtern[429].

Studien zeigen, dass eine höhere Tonlage von Hunden bevorzugt wurde und ihre Aufmerksamkeit höher war[430]. Andere akustische Parameter wie Intonationskontur (d. h. die Differenz zwischen der End- und der Anfangstonlage) und Harmonizität schienen jedoch keine Auswirkungen auf die Aufmerksamkeit von erwachsenen Hunden zu haben. Eine andere Studie fand einen Zusammenhang zwischen Tonlage und Aufmerksamkeit nur bei Welpen, nicht aber bei erwachsenen Hunden und kam zu dem Schluss, dass erwachsene Hunde eine geringere Bereitschaft zeigten, auf verbale Spielsignale des Menschen zu reagieren[431]. Neben prosodischen und sprachlichen Merkmalen von DDS ist auch die Identität des Sprechers für Hunde wichtig[432]. Es gibt Hinweise darauf, dass sich DDS nicht nur von ADS, sondern auch von IDS unterscheidet. Natürliches DDS (d. h. an den eigenen Familienhund gerichtet) ist durch höhere Tonfrequenzen als IDS gekennzeichnet[433].

429 Song, J.Y., K. Demuth, J. Morgan: Effects of the acoustic properties of infant-directed speech on infant word recognition. *Journal of the Acoustical Society of America*. (2010) 128(1):389–400

430 Jeannin, S., C. Gilbert, M. Amy, G. Leboucher: Pet-directed speech draws adult dogs' attention more efficiently than Adult-directed speech. *Scientific Reports*. (2017) 7:4980

431 Ben-Aderet, T., M. Gallego-Abenza, D. Reby, N. Mathevon: Dog-directed speech: Why do we use it and do dogs pay attention to it? Proceedings of the Royal Society B: *Biological Sciences*. (2017) 284(1846)

432 Benjamin, A., K. Slocombe: „Who's a good boy?!" Dogs prefer naturalistic dog-directed speech. *Animal Cognition*. (2018) 21(3):353–364

433 Gergely, A., T. Faragó, Á. Galambos, J. Topál: Differential effects of speech situations on mothers' and fathers' infant-directed and dog-directed speech: An acoustic analysis. *Scientific Reports*. (2017) 7:13739

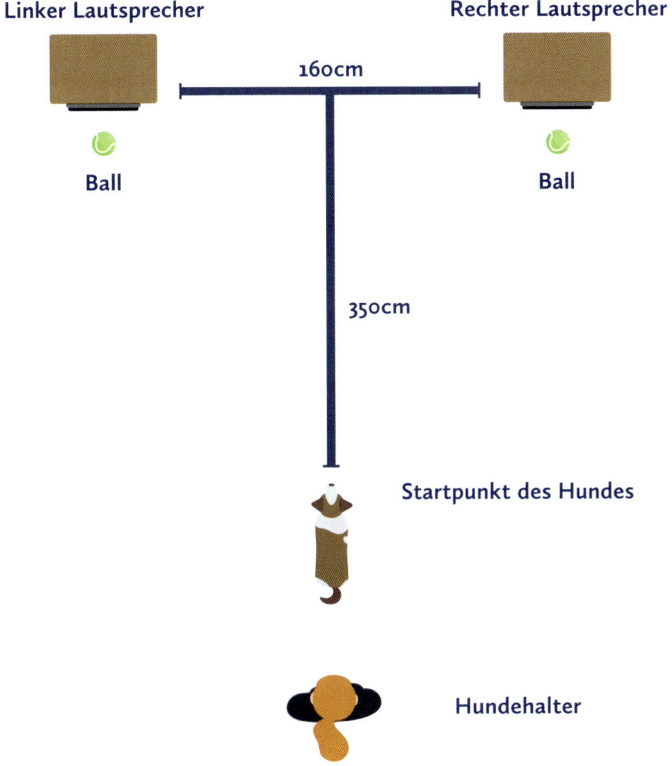

Aufbau des Versuchs zu Tonhöhe und Aufmerksamkeit des Hundes: Vor jedem Lautsprecher wurde in gleichem Abstand zum Hund ein gelber Tennisball platziert.

Das Experiment wurde in einem Laborraum (5 × 2,5 m) durchgeführt, in dem Klebeband auf dem Boden die standardisierten Orte des Experiments markierte. An jeder Wand waren Videokameras angebracht, deren Ausgangssignale auf dem Computer aufgezeichnet wurden. Zwei identische Lautsprecher, die für die Wiedergabe der Audiostimuli verwendet wurden, wurden so weit wie möglich voneinander entfernt aufgestellt (160 cm), damit der Hund leicht unterscheiden konnte, ob der Ton aus dem linken oder dem rechten Lautsprecher kam. Als Zielobjekte wurden zwei identische gelbe Tennisbälle verwendet.

Für die drei Versuchsbedingungen wurden drei Klangstimuluspaare erzeugt: DDS versus ADS (DDS-ADS); DDS versus IDS (DDS-IDS); IDS versus ADS (IDS-ADS). Während der Testphase kam ein Stimulus des Paares aus einem Lautsprecher (z. B. links), der andere aus dem anderen Lautsprecher (z. B. rechts).

Im Experiment bevorzugten die erwachsenen Hunde spontan den Tennisball mit DDS gegenüber einem identischen Tennisball mit ADS. Interessanterweise zeigten auch diese Ergebnisse, dass Hunde eher den Ball am linken Lautsprecher wählten. Es ist bekannt, dass es eine Linkspräferenz gibt, da die emotionale Verarbeitung eine rechtshemisphärische Dominanz aufweist[434]. Eine ähnliche Asymmetrie wurde sowohl auf der Verhaltens- als auch auf der neuronalen Ebene bei Hunden nachgewiesen.

Gergely und Kollegen fanden auch heraus, dass Hunde ihre Wahl schneller trafen, wenn der prosodische Reiz zuerst gegeben wurde, was darauf hindeutet, dass Hunde den Unterschied nicht nur zwischen DDS und ADS, sondern auch zwischen IDS und ADS und zwischen IDS und DDS wahrnehmen können. Hunde können also durchaus zwischen akustischen, sprachbegleitenden und lexikalischen Merkmalen unterscheiden!

Fazit: Hunde können demnach zwischen einzelnen Wörtern unterscheiden – ihr Gehirn verarbeitet Sprache ähnlich wie unseres. Unsere Hunde können einzelne Wörter unabhängig von ihrer Aussprache erfassen und ihre Bedeutung erkennen. Sie verarbeiten die Tonlage unabhängig vom Wort in der rechten Gehirnhälfte – wie wir auch. Für die hundgestützte Intervention bedeutet dass: Unsere Vierbeiner reagieren am besten auf Lob, wenn positive Worte und ein fröhlicher Tonfall kombiniert werden!

434 Seydell-Greenwald, A., C.E. Chambers, K. Ferrara, E.L. Newport: What you say versus how you say it: Comparing sentence comprehension and emotional prosody processing using fMRI. *NeuroImage*. (2020) 209:116509

22. Qualität der Fortbildungen

Tiergestützte Fortbildungen sind inzwischen allerorts zu finden. Die Qualität, Dauer und Inhalte der Ausbildungen unterscheiden sich allerdings immens. Die Grundlagen jeder guten Fort- und Ausbildung müssen ein fundiertes methodisches, theoretisches und fachliches Wissen für die Ausbildung, Interaktion und Arbeit mit Klient und Hund beinhalten. Zudem sollten tierethische Überlegungen im Vordergrund stehen. Strukturqualität, Prozessqualität, Ergebnisqualität und Planungsqualität müssen gewährleistet sein. Im Wirkgefüge der Triade Klient – Hund – Bezugsperson kann sich eine positive Wirkung nur ergeben „wenn eine dauerhafte, intensive, positive und partnerschaftliche Beziehung zwischen Tier und Bezugsperson vorliegt und für Klienten erfahrbar wird“[435].

Die Studie „In den Warenkorb“ – die neuen Ausbildungsanbieter der tiergestützten Intervention des Mensch-Hund-Teams *Foltin, S.: Tiergestützte. (2021) 10:18–25*

Die Anzahl der Fortbildungsanbieter, die tier- und hier besonders hundgestützte Interventionen im Bereich Therapiebegleithund und anderen hundgestützten Formen (Pädagogikbegleithund/Schulbegleithund/Besuchshund) offerieren, hat sich in den letzten Jahren extrem erhöht. Viele dieser Anbieter haben ihre eigenen Richtlinien und Verfahren für die Aufnahme, die Bewertung und die Ausbildung des Mensch-Hund-Teams. Nur wenig ist über das Spektrum der unterschiedlichen Praktiken bekannt, die landesweit existieren. Ziel dieses Forschungsprojekts war es, eine nationale Stichprobe von Therapie(begleit)hunde-Ausbildungsanbietern in Deutschland zu sammeln, um Gemeinsamkeiten und Unterschiede der angewandten Praktiken zu untersuchen und diese mit den Empfehlungen der europäischen Richtlinien (ESAAT & ISAAT) zu vergleichen.

Es zeigte sich eine große Bandbreite an Anbietern mit unterschiedlichen Inhalten, Ausbildungsumfang, Dozenten und Qualifikationen. Bedenklich waren besonders mangelnde Praxis- und Theoriestunden in Bezug auf Klienten, aber auch das unsachgemäße Training der Hunde sowie die Angebote bereits „ausgebildeter Therapiehunde“ und die zunehmende Anzahl reiner Online(!)-Fortbildungen. Klare

435 Wohlfarth, R., E. Olbrich: Qualitätsentwicklung und Qualitätssicherung in der Praxis tiergestützter Interventionen. Eigenverlag ESAAT & ISAAT, Wien /Zürich (2014) S. 8

Definitionen und Richtlinien sind von entscheidender Bedeutung für den Schutz von Klienten und Hunden und gewährleisten gleichzeitig die klinische Anwendbarkeit, Wirksamkeit und Validität der tiergestützen Interventionen[436]. In den letzten Jahrzehnten haben zahlreiche Organisationen (z. B. ISAAT, ESAAT, Pet Partners, Society for Companion Animal Studies) versucht, standardisierte Definitionen zu etablieren. Tiergestützte Therapie ist demnach eine zielgerichtete, geplante und strukturierte, therapeutische Intervention[437]. Die tiergestützte Therapie kann sich „auf die Verbesserung der körperlichen, kognitiven, verhaltensbezogenen und/oder sozio-emotionalen Funktionen der Klienten konzentrieren"[438]. Die Fortschritte der Klientinnen sollten gemessen und dokumentiert werden[439]. In diesem Bereich verorten wir das ausgebildete Mensch-Hund-Team.

Die International Association of Human-Animal Interaction Organizations (IAHAIO) veröffentlichte detaillierte Definitionen im Jahr 2018 mit wichtigen Informationen über das Wohlergehen und Wohlbefinden der teilnehmenden Klientinnen und Tiere. Es wird betont, dass die Personen, die tiergestützte Intervention durchführen, eine vorherige Ausbildung in Tierverhalten erhalten müssen, um in der Lage zu sein, subtile Anzeichen von Stress und Unbehagen zu erkennen und die Grenzen der Fähigkeiten des Tieres zu verstehen. AAII (2019) hat detaillierte Praxisstandards für Gesundheit und Wohlbefinden von Therapiebegleithunden herausgegeben. Die ethische Praxis tiergestützter Interventionen erfordert demnach eine angemessene Qualifikation, Erfahrung und Ausbildung aller Beteiligten.

Anbieter tiergestützter Ausbildungen sind inzwischen flächendeckend in Deutschland zu finden. Eine enorme Zunahme von Anbietern, die Therapiebegleithunde (und andere) ausbilden sowie anderer Interessenverbände, die auf den (lukrativen) Zertifizierungs- und Eignungstest-Markt drängen, ist seit Jahren zu beobachten[440]. Die Unterschiede bezüglich der Inhalte, Dauer, Dozentenanzahl und Qualität sind allerdings eklatant. Die Gesamtzahl aller Anbieter ist unbekannt – es existierten keine Statistiken. Parallel zum Anstieg der (Neu-)Anbieter hat sich allerdings kein Anstieg der Umsetzung vorhandener Richtlinien und Qualitätsstandards in dieser Recherche gezeigt.

436 Bert, F., M.R. Gualano, E. Camussi, G. Pieve, G. Voglino, R. Siliquini: Animal assisted intervention: A systematic review of benefits and risks. *European Journal of Integrative Medicine*. (2016) 8(5):695706

437 Otterstedt, C.: *Tiergestützte Intervention: Methoden und tiergerechter Einsatz in Therapie, Pädagogik und Förderung. 88 Fragen & Antworten*. Schattauer Verlag. (2016)

438 International Association of Human-Animal Interaction Organizations. (2018). IAHAIO white paper: The IAHAIO definitions for animal assisted intervention and animal assisted activity and guidelines for wellness of animal involved. (2014) S. 4. https://iahaio.org/wp/wp-content/uploads/2019/07/iahaio-white-paper-2014_18-german_final.pdf

439 Animal-Assisted Intervention International. AAII Standards of Practice. (2019). Retrieved from https://aai-int.org wp

440 Foltin, S.: Rezension zur Studie „Der Schulbegleithundetest". In: *tiergestützte*. (2017) 2:18–24

Die Therapie(begleit)hunde-„Industrie" ist weitgehend selbstreguliert, und obwohl es anerkannte Akkreditierungsagenturen (ESAAT/ISAAT) gibt, bestehen keine allgemein anerkannten Standards oder Verpflichtungen, die ihre Aktivitäten regeln. In Ermangelung verbindlicher Prozesse zur Überprüfung der Auswahl, Ausbildung und Zertifizierung stellt sich die Frage, inwieweit eine qualitativ hochwertige Arbeit für das Mensch-Hund-Team und dessen Klientinnen gewährleistet werden kann und was diese beinhalten sollte. Je mehr Neuanbieterinnen auf den Markt drängen, desto weniger scheint bekannt oder transparent über das Spektrum der unterschiedlichen Praktiken, die existieren.

Problematisch in Bezug auf das Wohlergehen der Hunde sind das oft mangelnde Verständnis und die Unkenntnis von Verhaltensweisen und Entwicklungsprozessen sowie der Einsatz unangemessener Trainingsmethoden. Ausrüstung, Einsatzorte und schlecht ausgebildete/r Halter/Teampartnerinnen, die unrealistische Erwartungen an das Tier stellen, sind ein weiterer herausfordernder Bereich[441]. Der unregulierte Markt stellt zudem Risiken der Ausbeutung der Hunde dar, da es kaum Informationen über die Zahl, die Rassen, den Einsatzbereich, die Herkunft und Qualifikationen sowie die Eignungstests gibt[442]. Besorgniserregend ist auch die Anzahl von Organisationen, die von Therapiebegleithunde über Begleit-, Besuchs-, Reha-, Schulhund bis hin zum Assistenzhund alles „ausbilden".

Um eine adäquate Grundgesamtheit für die Auswahl der Anbieter zu haben, wurden zehn Anbieter, die die Kriterien erfüllten, pro Bundesland ausgewählt (das war in allen Bundeländern möglich mit Ausnahme von Sachsen-Anhalt: dort wurden nur sieben Anbieter gefunden). Deutschland hat 16 Bundesländer. Es gab eine hohe Dichte an Fort- oder Ausbildungsanbieter im Westen Deutschlands, weniger im Osten. Es fanden sich in allen Bundesländern Anbieter, allerdings nicht immer zehn. Somit ergaben sich in toto 137 Anbieter, die in diese Recherche einflossen.

Zwischen den Anbietern gab es eklatante Unterschiede: Angefangen von einem Wochenende Fortbildung mit Zertifikat oder gar reinen Fernausbildung mit Abschluss bis hin zu einer kleinen Gruppe von Anbietern, die die Vorgaben von ESAAT/ISAAT sehr transparent erfüllte. Ausbildungen umfassten eine(n) Dozentenin, der/die alles unterrichtet (meist ein(e) Hundetrainerin) bis hin zu Ausbildungen, die für alle Bereiche qualifizierte Fachdozentinnen anbieten. Zudem fanden sich, wahrscheinlich auch coronabedingt, vermehrt Fernstudien oder Webinare, sodass

441 Serpell, J.A., K.A. Kruger, L.M. Freeman, J.A. Griffin, Z.Y. Ng: Current Standards and Practices Within the Therapy Dog Industry: Results of a Representative Survey of United States Therapy Dog Organizations. *Frontiers in Veterinary Science*. (February 2020) 7:112. https://doi.org/10.3389/fvets.2020.00035

442 Walther, S., M. Yamamoto, A.P. Thigpen, A. Garcia, N.H. Willits, L.A. Hart: Assistance Dogs: Historic Patterns and Roles of Dogs Placed by ADI or IGDF Accredited Facilities and by NonAccredited U.S. Facilities. *Frontiers in Veterinary Science*. (2017) 4:1

keine Praxisarbeit angeboten wurde oder per Video erstellt und eingereicht werden sollte.

Auch Theoriestunden variierten stark – von acht Stunden bis hin zu 225+ Stunden Theorieunterricht. Ähnlich zeigten sich die Praxisstundenangebote. Manche Anbieterinnen boten nur Theorie an und Praxismodule mussten zugekauft werden. Auch bei den Hospitationen präsentierten sich starke Variationen – von null Hospitationen über 2 – 5 Hospitationen in verschiedenen Settings bis hin zu festgelegten Stundenzahlen (40 Stunden oder mehr).

Die Praxis ließ sich inhaltlich nicht immer bestimmen. Manche Anbieter veröffentlichen alle Inhalte auf ihrer Homepage, bei anderen gab es nur Eckdaten oder gar keine Informationen. Manche Anbieter machten Aussagen zum gewaltfreien Training oder Training mit positiver Verstärkung. Einige Anbieter machten zudem Angaben zum Alter des Hundes zu Beginn der Ausbildung.

Dozenteninformationen; Angaben zu Dauer, Inhalt und Umfang der Fortbildungen

Dozenten	**Anzahl (total n = 137)**	**Dauer/Umfang**	**Anzahl (total n = 137)**	**Inhalt**	**Anzahl (total n = 137)**
Keine Angaben/nicht erkennbar/zuordenbar	33 = 24 %	Keine Angaben	34	ESAAT/ISAAT	9
1 Dozent	26 = 19 %	2 – 3 Tage Bis 36 Stunden	6	In Anlehnung	31
2 Dozenten	20 = 15 %	Individuell – Einzelstunden buchbar	4	Keine Angaben	42
3 – 6 Dozenten	24 = 18 %	3 – 6 Module; 6 – 14 Tage; Bis 60 Stunden	42	Teilweise angelehnt aber sehr reduziert	22
7 – 9 Dozenten	5 = 4 %	60 – 100 Stunden 7 – 10 Module, 6+ Monate	38	Eigene Module	21
10+ Dozenten	15 = 11 %	12+ Monate oder 200 Stunden +	13	Schon trainiert & andere	12
Alle Bereiche abgedeckt nach Vorgaben ESAAT/ISAAT	14 = 10 %				

Es zeigte sich, dass knapp 25 % der Anbieter keine Angaben zur Anzahl oder Qualifikation ihrer Dozenten auf ihren Homepages machten und fast 20 % der Anbieter nur einen Dozenten für alle Fächer hatte, meist einen Hundetrainer. Zehn Prozent der Anbieter hatten Dozenten für jeden Fachbereich aufgeführt und weitere 10 % folgten den Vorgaben von ESAAT/ISAAT. In Bezug auf Dauer und Umfang der Fortbildung zeigt sich, dass fast 30 % dieser im Bereich bis 60 Stunden lagen und weitere 30 % bis zu 100 Stunden. Knapp 10 % entsprechen den ESAAT/ISAAT Vorgaben (600/1500 Stunden).

In Bezug auf die Inhalte der Fortbildungen gaben neun Anbieter an, nach Vorgaben von ESAAT/ISAAT auszubilden. Fast ein Viertel bildet in Anlehnung an die Vorgaben der Dachverbände, wenn auch in etwas reduzierter oder veränderter Form, aus. Ungefähr 30 % hatten eigene Inhalte und/oder nur noch ansatzweise die Inhalte von ESAAT/ISAAT in ihren Fortbildungen.

In Bezug auf die Theorie- und Praxisvorgaben gemäß ESAAT hatten n = 14, d. h. 10 % der Anbieterinnen diese erfüllt. Vergleichbar den Vorgaben, allerdings mit Abweichungen bilden n = 14 Anbieterinnen, also weitere 10 % aus. Keine Angaben machten n = 34 Anbieterinnen, d. h. ca. 25 %. Nur Theorie vermittelten n = 2 Anbieter (große gewerbliche Anbieter, die in jedem Bundesland vertreten sind); Praxismodule werden als „fakultativ ergänzend" angeboten und müssen kostenpflichtig zugebucht werden.

Ausgebildete Therapiehunde (sic) wurden von n = 12 Anbietern angeboten. Diese offerieren zudem ein breites Spektrum ausgebildeter Hunde: Assistenzhund; Diabeteswarnhund; Schulhund; Therapiehund usw. Per Fernstudium (Online-Kurs; Fernlehrgang (E-Learning) buchbar und durchführbar („in den Warenkorb") wurden sechs Ausbildungen vermerkt. Ein Anbieter bietet auch einen „Leihhund" an. Vier Anbieter sind gleichzeitig Züchter, die ihre Hunde als Therapiehunde anbieten und verkaufen.

Erkennbar waren 32 Anbieter, die in allen Bereichen Fort- und Weiterbildung anboten: Therapiehund-Team; Ausbildung von Servicehunden z. B. Diabetikerwarnhund, Behindertenbegleithund, Familienbegleithund, Besuchshund, Jagdgebrauchshund sowie Reitbegleithund. Oft gab es dazu entweder auch noch eine Zuchtstätte oder einen Zubehörshop und meist waren diese Anbieter Hundetrainer.

Zertifikate wurden bei allen Anbietern (39 ohne Angabe) ausgestellt – sie tragen unterschiedlichste Titel. Auch Teilnehmer von Wochenendseminaren sind dann zertifizierte Teams. Das gilt auch für die Online-Angebote.

Im Fazit lässt sich sagen, dass wenig Transparenz in Bezug auf die verschiedenen Praktiken der hundgestützten Intervention existiert. Ob diese Praktiken angemessen sind, um die Gesundheit, die Sicherheit und das Wohlergehen sowohl der Klienten als auch der teilnehmenden Hunde und ihrer Menschen zu gewährleisten, ist fraglich.

Bei manchen Anbietern können Praxiseinheiten per Video von Teilnehmern erstellt werden. Auch Praxisprüfungen wurden per Video abgenommen. Die Richtlinien von ESAAT/ISAAT verlangen, dass die Hunde formell auf geeignetes Verhalten und Temperament geprüft werden. Es werden Tests durchgeführt, die Umstände und Situationen simulieren, in denen die Hunde eingesetzt werden. Das praktische Prüfungen per Zoom abgenommen wurden, widerspricht diesen Vorgaben und ist rechtlich zudem äußerst bedenklich. Diese Anbieter widersprechen klar den Vorgaben, der Idee und den ethischen sowie qualitativen Grundlagen der Dachverbände und tierschutzrelevante Bedenken müssen hier geäußert werden. Besorgniserregend im Hinblick auf das Wohlergehen der Hunde war zudem, dass die meisten der Anbieter trotz Empfehlungen sowohl in der Literatur als auch in den Richtlinien keine zeitliche Begrenzung für die Dauer der Besuche vorschreibt oder erwähnt. Formale Richtlinien für akzeptable Trainingsmethoden und Schulungen/Informationen über Körpersprache und das Wohlergehen der Hunde waren nicht immer erkennbar bzw. fehlten. Der fehlende Konsens über die Notwendigkeit eines strikt belohnungsbasierten, positiv verstärkenden Trainings und Kontrollmethoden für Therapiebegleithunde ist ebenfalls ein Grund zur Sorge.

Inhärent dem Gedanken der tiergestützten Intervention und dem hundbegleiteten Einsatz ist das Element des eng verbundenen Mensch-Hund-Teams, welches gemeinsam, nach fundierter Ausbildung und Sachkenntnis mit Drittpersonen interagiert. Der Bereich der Fremdausbildung sowie Fernausbildungen weisen grundsätzliche ethische und inhaltliche Problematiken auf, die diskutiert werden sollten. Buchungen von Serviceleistungen im Bereich der Therapiebegleithundeausbildung, ohne dass Mensch oder Hund überhaupt in irgendeiner Form evaluiert worden sind, widersprechen den Qualitätsvorgaben der Dachverbände.

Fazit: Es zeigt sich die Notwendigkeit für Einrichtungen und interessierte Teams, sich der großen qualitativen Diskrepanzen zwischen den Anforderungen der Ausbildungsanbieter bewusst zu sein. Dies unterstreicht, wie wichtig es ist, dass Einrichtungen Fragen stellen, um sicherzustellen, dass Therapiebegleithunde-Ausbilder und einzelne Mensch-Hund-Teams angemessene Standards erfüllen, um die Gesundheit von Mensch und Hund zu schützen und das Wohlbefinden der Tiere zu gewährleisten. Die Resultate dieser Studie können dazu beitragen, das Bewusstsein in Bezug auf die Therapiebegleithundeprogramme zu schärfen und die Entwicklung zukünftiger Best Practices in der Ausbildung zu unterstützen.

23. Social Distancing in der Tiergestützten Arbeit: TGI online

Und wie sieht es denn mit der Arbeit des Mensch-Hund-Teams während der Pandemie aus? Eine erste Studie berichtet über Vorteile, Herausforderungen und auch Grenzen des tiergestützten Angebots über verschiedene soziale Medien und Kanäle.

Hier geht es selbstverständlich nicht um Fortbildungen, sondern um die Gewährleistung eines kontinuierlichen Kontakts mit den Empfängern.

Die Studie

Kommentar zu Lessons Learned: Online-Umstellung eines Therapiehundeprogramms während der COVID-19-Pandemie

Dell, C., L. Williamson, H. McKenzie, B. Carey, M. Cruz, M. Gibson, A. Pavelich: Commentary about Lessons Learned: Transitioning a Therapy Dog Program Online during the COVID-19 Pandemic. Animals. (2021) 11:914

In diesem Beitrag werden die Erfahrungen vorgestellt, die ein TGI-Team bei der Umstellung des Therapiebegleithundeprogramms einer Universität von der persönlichen Betreuung auf ein Online-Format während der COVID-19-Pandemie gemacht hat[443]. Durch die virtuelle Verbindung von Therapiebegleithundeteams mit den Programmteilnehmern sollten die Teilnehmer weiterhin Gefühle der Liebe, des Trostes und der Unterstützung erfahren, wie dies bei den persönlichen Programmen der Fall war, und Wissen über aktuelle Erkenntnisse im Bereich der psychischen Gesundheitspflege während der Pandemie gewinnen.

Geteilte Liebe/Komfort wurde verstanden als „gegenseitige Liebe zu den Hunden und positive Gefühle durch den Besuch bei ihnen“[444] und Unterstützung wurde verstanden als „Stressabbau und Entspannung durch die Interaktion mit den Hunden“.

443 The PAWS Your Stress Therapy Dog program is a partnership between the University of Saskatchewan and St. John Ambulance, an international humanitarian organization. Typically, therapy dogs visit the campus in-person during 1-h sessions every two weeks throughout the academic year.

444 Dell, C.A., D. Chalmers, J. Gillett, B. Rohr, C. Nickel, L. Campbell, R. Hanoski, J. Haugerud, A. Husband, C. Stephenson, et al.: PAWSing student stress: A pilot evaluation study of the St. John Ambulance Therapy Dog Program on three university campuses in Canada. *Can. J. Couns. Psychother.* (2015) 49:332–359

Die Teilnehmer berichteten insbesondere, dass das Programm ihnen die Möglichkeit bot, ganz im Moment zu sein (z. B. ihre Alltagssorgen zu vergessen), soziale Kontakte zu knüpfen (z. B. mit den Hunden, TGI-Menschen und anderen Teilnehmern) und ihre vorhandenen Bewältigungsstrategien zu verbessern (z. B. eine Pause einzulegen)[445].

Dell und Kollegen erkannten zu Beginn der Pandemie, dass Studierende, Mitarbeiter und Lehrkräfte an der Universität Unterstützung ihrer psychische Gesundheit benötigten, insbesondere im Hinblick auf die Herausforderungen der Isolation und Einsamkeit durch die Pandemie. Als Reaktion darauf ging das TGI-Team von einem Präsenz- zu einem Online-Format über. Sie entwickelten Online-Inhalte, die es den Teilnehmern ermöglichten, erstens mit Therapiebegleithunden in Kontakt zu treten bzw. zu bleiben und Gefühle der Liebe, des Trostes und der Unterstützung zu erleben, wie es bei den persönlichen Programmen der Fall war, und zweitens pandemiespezifisches, evidenzbasiertes Wissen zur psychischen Gesundheit zu erlernen. Der Ansatz hob hervor, was Hunde den Menschen durch ihre eigene Pflege und ihre täglichen Aktivitäten über Gesundheit beibringen können. Die Live- und aufgezeichneten Videos zeigten die Therapiebegleithunde und ihre Menschen bei verschiedenen Aktivitäten, die sie regelmäßig ausüben, und verknüpften diese Aktivitäten mit einem evidenzbasierten, pandemiespezifischen Tipp zur Selbstfürsorge für die psychische Gesundheit, z. B. einem Spaziergang.

Die wichtigsten Erkenntnisse aus der Online-Umstellung

Die wichtigsten Erkenntnisse betrafen die Bereiche Personalbedarf (z. B. benötigte Zeit für das Personal, Sicherstellung der Teilnahme der TGI-Menschen), Ausbildung der TGI-Menschen und Anforderungen an die Unterstützung (z. B. technische Herausforderungen, Online-Erwartungen an die Therapiebegleithunde, Entwicklung von Tipps für die psychische Gesundheit und eines Ressourcenleitfadens) und Voraussetzungen für die Online-Programmierung (z. B. Wiedereinführung bekannter Plattformen, Verwendung von YouTube als Lernleitfaden, Umgang mit sozialen Medien, Schwierigkeiten bei der Analyse, Verwendung „traditioneller" Medien wie z. B. Fernsehen).

445 Lalonde, R., T. Claypool, C. Dell: PAWS Your Stress: The Student Experience of Therapy Dog programming. *Can. J. New Scholar. Educ.* (2020) 11:78–90

Online-Inhalte

Verschiedene Plattformen und Medien wurden genutzt. Die Facebook-Live-Besuche dauerten im Durchschnitt 15 Minuten und spiegelten damit die typische Dauer eines persönlichen Therapiehundebesuchs der Teilnehmer wider. Die voraufgezeichneten Videos variierten in ihrer Länge, einige waren nur zwei Minuten lang und hatten eher den Charakter einer Begrüßung. Diese „Check-Ins" erfolgten in Form von Bildern und Geschichten darüber, was die Hunde taten, während sie nicht persönlich zu Besuch kommen konnten. Dies wurde von den Followern positiv aufgenommen. Es wurden auch aufgezeichnete Kindergeschichten gepostet, die den Therapiebegleithunden von ihren TGI-Menschen vorgelesen wurden. Im Programm PAWS wurde zwischen dem 22. April und dem 31. Juli 2020 veröffentlicht:

- 39 pandemiespezifische Videos zur psychischen Gesundheit;
- 10 Videos zum Vorlesen von Märchenbüchern (Englisch oder Französisch);
- 28 Facebook-Live-Videos und 11 vorab aufgezeichnete Videos mit pandemiespezifischen Tipps zur Selbstfürsorge für die psychische Gesundheit;
- Eine Podcast-Episode;
- Eine Infografik mit dem Titel Coping with Stress, Anxiety, and Substance Use During COVID-19.

Über einen Zeitraum von drei Monaten wurde eine Prozess-/Ergebnisbewertung mit anschließender Bedarfsanalyse durchgeführt, um festzustellen, ob die Aktivitäten des Teams zur Erreichung der Programmziele beigetragen hatten: (1) die Menschen erfuhren Gefühle der Liebe, des Trostes und der Unterstützung; und (2) sie lernten pandemiespezifisches Wissen über die Selbstfürsorge für die psychische Gesundheit. Der erste Fragebogen zur Bewertung des Prozesses und des Ergebnisses wurde entwickelt, um die Meinung der Teilnehmer und ihre Erfahrungen mit dem Online-Programm zu bewerten. Die meisten Teilnehmer waren Studenten (26 %), 18 – 25 Jahre alt (23 %) und weiblich. Die Mehrheit der Teilnehmer stimmte vollständig oder einigermaßen zu, dass sie sich von den Therapiebegleithunden getröstet (90 %), geliebt (63 %), verbunden (86 %) und/oder unterstützt (83 %) fühlten. In Bezug auf das zweite Ziel gaben die meisten Teilnehmer (68 %) an, dass sie von den TGI-Menschen und den Therapiebegleithunden online Tipps zur Selbstfürsorge für die psychische Gesundheit in der Pandemie erhalten hätten. Die

Mehrheit der Teilnehmer stimmte zu, dass sie die pandemiespezifischen Tipps zur psychischen Selbstfürsorge aus den Online-Therapiebegleithundevideos nun besser kennen (83 %) und anwenden (85 %). Die Tipps wurden als einfach, klar erklärt, anwendbar und umsetzbar angesehen.

Mit dem zweiten Fragebogen zur Bedarfsermittlung wurden die Bedürfnisse und Präferenzen der Teilnehmer in Bezug auf die Programmdurchführung ermittelt, um Informationen für die künftige Programmgestaltung zu erhalten. Die Teilnehmer besuchten die Therapiebegleithunde hauptsächlich online, um Stress abzubauen (48 %), um etwas über das Leben der Therapiebegleithunde zu erfahren (37 %) und weil sie die Therapiebegleithunde vermissten (29 %).

Die TGI-Menschen im Online-Modus

Es wurden den TGI-Menschen vorgeschlagen, eine angenehme Routine mit und für ihren Hund zu entwickeln, während sie vor der Kamera standen. Je nach TGI-Mensch und Hund konnte dies z. B. aus Streicheleinheiten, Leckerlis und/oder Clickertraining bestehen. Viele der TGI-Menschen berichteten, dass die Hunde die Routine während der Online-Besuche wiederzuerkennen und zu schätzen begannen. Die Berücksichtigung der Hundeperspektive steht im Einklang mit der Beachtung des Tierschutzes, der Ethik und der Bedürfnisse in der neuen E-Ressource Alternatives to Traditional Animal Assisted Interventions: Expanding Our Toolkit (2020)[446]. Es wurde ein Handbuch für TGI-Menschen entwickelt, das Beispiele für Tipps zur psychischen Gesundheit von Hunden und Menschen, Aktivitäten und Skripte für Facebook-Live-Veranstaltungen und Zoom-Buchlesungen enthielt. Facebook, Twitter, Instagram und Flipgrid wurden genutzt, weil davon ausgegangen wurde, dass diese Plattformen am beliebtesten sind und weil das Team mit ihnen bis zu einem gewissen Grad vertraut war. Jede Plattform hatte jedoch auch ihre Nachteile. Ein Nachteil der Verwendung von YouTube als Videodrehscheibe war zum Beispiel, dass die Konvertierung der Videos für die Speicherung auf dieser Plattform viel Zeit in Anspruch nahm. Darüber hinaus wurde Twitter vom Publikum nur begrenzt genutzt und wurde daher beendet, Instagram zeigte Live-Videos, speicherte sie aber nicht, Flipgrid war schwierig zu bedienen und nicht alle TGI-Menschen waren bereit, sich ein Facebook-Konto zuzulegen.

Das Team suchte auch auf YouTube nach Videos, um mehr über die verwendeten Social-Media-Plattformen zu erfahren. Dazu gehörte auch, dass sie lernten, wie man auf mehreren Plattformen cross-postet, um Zeit zu sparen und verschiedene

446 Human-Animal Interaction Section and Animal-Assisted International. Alternatives to Traditional Animal-Assisted Interventions: Expanding Our Toolkit. (2020) Available online: https://www.smashwords.com/books/view/1052187

Zielgruppen zu erreichen (z. B. zwischen Facebook und Instagram). Die Nutzung mehrerer Plattformen war wichtig, da sie eine unterschiedliche Reichweite und verschiedene Formen der Publikumsbeteiligung (z. B. Kommentare, Likes/Reaktionen, Shares) ermöglichte. Die besten Zeiten für die Veröffentlichung von Inhalten wurde recherchiert (z. B. Montag bis Donnerstag am frühen Nachmittag auf Facebook, zweimal pro Woche auf YouTube). Aufgezeichnetes Facebook-Live-Video mussten oft vor der Veröffentlichung (d. h. nach einer Live-Veranstaltung) bearbeitet werden, um z. B. politische Inhalte oder die fälschlicherweise gezeigte Privatadresse eines Betreuers zu entfernen. Die Technologie, einschließlich YouTube und anderer sozialer Medien, unterlag einem ständigen Wandel, was insbesondere während der Pandemie der Fall war, als die Plattformen um die Nutzer konkurrierten.

Das Team lernte, dass die Verwaltung sozialer Medien sehr zeitintensiv ist. An den Wochenenden oder in den Abendstunden waren sie nur selten in den sozialen Medien aktiv. Dies müsste überdacht werden, da die Teilnehmer in den Umfragen angaben, dass sie die Therapiebegleithunde sowohl an Wochentagen als auch am Wochenende besuchen möchten[447]. Eine weitere wichtige Erkenntnis war, dass auf den Social-Media-Websites regelmäßig ein Moderator benötigt wurde, um sicherzustellen, dass Kommentare usw. angemessen waren. Ein Moderator half auch dabei, den TGI-Menschen während der Facebook-Live-Streams Fragen aus dem Online-Chat zu stellen. Das Team lernte, dass die Interpretation von Social-Media-„Analysen" oder „Erkenntnissen" nicht einfach ist und meist nicht plattformübergreifend verglichen werden kann. Zu den Videos mit den meisten Aufrufen auf YouTube gehörten „Anna-Belle, der Therapiebegleithund, liest Birthday Party Pandemonium" (330 Aufrufe), „Kisbey, der Therapiebegleithund, liest Three Easy Steps to Getting a Dog" (221 Aufrufe) und „Murphy, der Therapiebegleithund, liest Murphy Mondays!", ein Buch, das über ihn geschrieben wurde (148 Aufrufe). Es wurde versucht, die bevorzugten Formate (z. B. Fotos, Videos, Infografiken) und die Kultur des Publikums zu berücksichtigen. In den Beiträgen in den sozialen Medien wurde regelmäßig eine informelle Sprache verwendet und mit Humor gearbeitet, um alle Zielgruppen anzusprechen.

Fazit: Zusammenfassend lässt sich sagen, dass die Menschen gerne online mit den Therapiebegleithunden in Kontakt traten. Obwohl es kein Ersatz für die „echte" Berührung und Interaktion mit den Therapiebegleithunden war, berichteten die Teilnehmer, dass sie es genossen, die Hunde zu sehen, mit ihnen in Kontakt zu treten oder die Verbindung aufrechtzuerhalten, etwas über sie zu lernen und kognitive/emotionale Vorteile zu erzielen (z. B. Stressabbau). Viele Teilnehmer berichteten in den Online-Bewertungen auch von Gefühlen des Wohlbefindens, der Liebe, der

447 Williamson, L. Connecting Amidst COVID-19: A Role for USask PAWS Your Stress Therapy Dogs; USask PAWS Your Stress and Saskatchewan Health Research Fund (SHRF): Saskatoon, SK, Canada, 2020; pp. 1–64.

Verbundenheit und der Unterstützung durch die Therapiebegleithunde, ähnlich wie bei den Präsenzveranstaltungen. Die meisten Teilnehmer wollten gerne mehr über das Leben der Hunde und die Therapiebegleithundeausbildung im Allgemeinen erfahren. Einige schlugen eine stärkere Publikumsbeteiligung vor, wobei der Fokus weniger auf den TGI-Menschen und mehr auf den Hunden liegen sollte. Instagram, Facebook und YouTube waren die bevorzugten Plattformen für den Zugriff auf Videos und Fotos von Therapiebegleithunden. Videos sollten kurz sein (zwischen 1 und 5 Minuten), und wenn Online-Sitzungen über Zoom angeboten werden, sollten sie maximal 20 Minuten dauern.

Die Einbeziehung von Hunden in Online-Therapiesitzungen kann sich auch positiv auf die therapeutische Beziehung zwischen Therapeut und Klient auswirken, da bestehende Untersuchungen gezeigt haben, dass die Einbeziehung von Tieren in therapeutische Settings den Aufbau einer stärkeren therapeutischen Verbindung erleichtern kann[448]. Auch andere Studien haben die Wirksamkeit von Online-Therapien nachgewiesen[449] , die sich als zusätzliche Unterstützung zur konventionellen Beratung von Angesicht zu Angesicht entwickelt und insbesondere aufgrund der COVID-19-Pandemie an Bedeutung gewonnen haben. Während das Programm PAWS aus der Notwendigkeit heraus online umgestellt wurde, hat die Erfahrung das Potenzial für Online-Engagement mit TGI über die Pandemie hinaus hervorgehoben: zum Beispiel, um Personen zu erreichen, die in ländlichen und abgelegenen Gegenden leben, Personen, die immungeschwächt sind, und Personen, deren Allergien sie vielleicht daran hindern, sich im selben Raum mit bestimmten Tieren aufzuhalten.

Es zeigt sich also, dass der online Einbezug der TGI-Teams und kurze online Settings durchaus ein sinnvolles und ein **zusätzliches** Angebot in bestimmten Situationen darstellen kann.

448 Bachi, K., N. Parish-Plass: Animal-assisted psychotherapy: A unique relational therapy for children and adolescents. *Clin. Child Psychol. Psychiatry.* (2017) 22:3–8

449 Zeren, S.G., S.M. Erus, Y. Amanvermez, A.B. Genc, M.B. Yilmaz, B. Duy: The effectiveness of online counseling for university students in Turkey: A non-randomized controlled trial. *Eur. J. Educ. Res.* (2020) 9:825–834

24. Ethische Aspekte und Wohlfahrt des Hundes

Angesichts der immer größer werdenden Beliebtheit von TGI-Programmen und zunehmenden Ausbildungsprogrammen müssen Tierschutzaspekte unbedingt berücksichtigt werden. Das Wohlergehen der Hunde kann durch die Teilnahme an TGI gefährdet sein, entweder durch übergriffige und unsachgemäße Behandlung und Interaktion durch Empfänger oder Mitarbeiter[450], unangemessenes Training[451] oder extensive Einsatzzeiten. Laut dem „IAHAIO White Paper" sollten die teilnehmenden Hunde sowohl körperlich als auch seelisch gesund sein. Trainer, Fortbilder und Betreuer, die im weitesten Sinne mit den Hunden arbeiten, müssen die grundlegenden, artbezogenen und individuellen Bedürfnisse der Tiere verstehen, um deren Sicherheit und Wohlbefinden zu gewährleisten. Unangemessene Behandlungen und Umgangsweisen mit dem Hund, die auch eine Gefahr für die Empfänger darstellen, sind inakzeptabel. Der Wohlfahrtsgedanke umfasst alle Lebensbereiche der Hunde vor, während und nach den Sitzungen. Mariti und Kollegen[452] berichten, dass nur 10 % ihrer Studienteilnehmer die subtilen Anzeichen von Stressverhalten wie Nasenlecken, Gähnen, Pfotenheben, Schütteln, Abwenden oder exzessivem Trinken erkannten. Diese Ergebnisse unterstreichen, wie wichtig es ist, dass Hundemenschen vor der Teilnahme an einer TGI eine fundierte praktische und theoretische Ausbildung in der Hundeethologie erhalten. Zamir[453] schlug bereits 2006 vor, dass die Integration von Tieren in TGIs nur dann ethisch vertretbar ist, wenn auch sie von diesen Interaktionen profitieren.

Wie sehen die ethischen Grundlagen der tiergestützten Arbeit 16 Jahre später aus?

Heutzutage sollten wir beim Einsatz unserer hundlichen Partner nicht mehr von einer anthropozentrischen Tierethik ausgehen, also einem menschenorientierten Ansatz, sondern von einem pathozentrischen Ansatz sprechen. Das bedeutet, die Interessen unserer Hunde als empfindungsfähige Lebewesen werden berücksichtigt, wertgeschätzt und geschützt. Die Erkenntnis, dass Tiere denkende und

450 Hatch, A.: The view from all fours: a look at an animal-assisted activity program from the animals' perspective. *Anthrozoös.* (2004) 20:37–50

451 Hiby, E.F., N.J. Rooney, J.W.S Bradshaw: Dog training methods: their use, effectiveness and interaction with behaviour and welfare. *Anim. Welf.* (2004) 13:63–66

452 Mariti, C., A. Gazzano, J.L. Moore et al.: Perception of dogs' stress by their owners. *J. Vet. Behav.* (2012) 7:213–21

453 Zamir, T.: The moral basis of animal-assisted therapy. *Soc. Anim.* (2006) 14(2):179–199

fühlende Wesen sind, ist noch nicht sehr alt. Immer noch werden Hunde oft nicht als Lebewesen mit einer individuellen Persönlichkeit und eigenen Gefühlen betrachtet. Dies wird sowohl im Alltag als auch in den neuen Medien und sozialen Netzwerken leider vielfach deutlich. Als Fachmensch sollte man versuchen, auf fragwürdige und unethische Formen von Interaktionen zu reagieren, die beispielweise von Trainern im Fernsehen propagiert werden („Dog Whisperer with Cesar Millan“[454]).

Die gleichwürdige Interaktion von Hunden und Menschen

Eine gleichwürdige Interaktion von Hunden und Menschen beschreibt eine Gestaltung der Mensch-Hund-Beziehung, in der der Hund in seiner Persönlichkeit ernst genommen und in seinem Selbstwertgefühl bestärkt wird. Er muss auch, soweit es möglich ist, autonom handeln und seine Bedürfnisse verwirklichen können. Grundlegend wichtig ist die bedürfnisgerechte Haltung und Arbeit des Hundes, die seinen Tagesrhythmus und seine individuellen Fähigkeiten und Vorlieben oder Antipathien berücksichtigt. Ein ängstlicher, unsicherer oder angespannter Hund ist für den Einsatz nicht geeignet und ein Einsatz unter Zwang ist unethisch und widerspricht dem Konzept der tiergestützten Intervention. Auch der Einsatz von Welpen entspricht nicht einem psychisch und kognitiv hundgerechten Umgang! Nur ein entspannter, freiwillig unterstützender, sicherer und kognitiv gereifter Hund wird eine beruhigende Atmosphäre schaffen und eine sinnvolle und zielgerichtete Arbeit ermöglichen. In der TGI sind unterschiedliche Konzepte von zentraler Bedeutung, um den Ansatz der Interaktion zu erklären. So beispielsweise das Konzept der Du-Evidenz, [455]das eine entscheidende Rolle spielt und unumgängliche Voraussetzung dafür ist, dass Hunde uns therapeutisch und pädagogisch unterstützen können.

Und obwohl wir sie gerne als „Partner“ in der TGI beschreiben, haben unsere Hunde weder das gleiche Privileg noch die gleiche Macht, um frei und in Kenntnis der Sachlage ihre Zustimmung zur Erfüllung der ihnen zugewiesenen Aufgaben zu geben. In der tiergestützten Dyade, oder besser Triade müssen Hunde immer noch als die am wenigsten kontrollierenden Teilnehmer angesehen werden. Im Rahmen

454 Millan, C., M.J. Peltier: Cesar's way: The natural, everyday guide to understanding & correcting common dog problems. *Three Rivers Press.* (2007)

455 DU-EVIDENZ {Greiffenhagen, Buck-Werner: *Tiere als Therapie. Neue Wege in Erziehung und Heilung.* (5. Aufl.) Kynos. (2015) S. 22–25} Wenn ein Mensch mit einem Tier in Interaktion geht, in dessen Lebens- und Gefühlsäußerungen er sich wieder zu erkennen glaubt, nimmt er sein Gegenüber als individuelles „Du“ wahr. Dies ist dadurch begründet, dass Menschen und höhere Tiere miteinander Verbindungen eingehen können, die den Beziehungen von Menschen bzw. Tieren untereinander gleichen. Diese können genauso gut funktionieren wie im zwischenmenschlichen Bereich und zeichnen sich durch gegenseitige Vertrautheit, Nähe und Zuneigung aus. Durch die Namensgebung, die der Mensch üblicherweise vornimmt, wird das Tier individualisiert und ragt aus der restlichen Masse der Artgenossen heraus. Die Du-Evidenz basiert also auf Erleben und Emotionen und ist die „unumgängliche Voraussetzung, dass Tiere therapeutisch und pädagogisch helfen können“ (vgl. Greiffenhagen & Buck-Werner, S. 24). Den Tieren werden Bedürfnisse und Rechte zugesprochen, die ähnlich denen von menschlichen Interaktionspartnern sind.

der Einsätze oder Ausbildungen von TGI-Hunden werden sie oft nicht als Individuen wahrgenommen, sondern objektiviert, obwohl der Begriff „Partner" eher auf eine Beziehung auf Augenhöhe hinweist. Die aktuelle Perspektive auf den Tierstatus von TGI ändert sich dahingehend, dass sie nicht als „weniger als" oder „Werkzeuge", sondern als Individuen mit Vorlieben, Abneigungen und Einschränkungen gesehen werden sollten und dies inzwischen auch in den aktuellen Vorgaben weniger Organisationen und einigen Studien so benannt und vorgeschlagen wird[456]. Die Gründe für diesen Paradigmenwechsel scheinen eher praktischer und ethischer Natur, da das Wohlergehen der Hunde mit dem Wohlergehen der Empfänger/Klienten zusammenhängt (siehe Kapitel 28, S. 327 ff., One Health). Der Mensch des Teams muss sich dieses Ungleichverhältnisses innerhalb der triadischen Beziehung bewusst werden, es erkennen und versuchen, das optimale Wohlergehen des eigenen Hundes zu gewährleisten, ungeachtet der eigenen Vorlieben oder denen des Empfängers.

Das Bewusstsein für die vielfältigen Beziehungen, die der TGI innewohnen, und die Fähigkeit, diese auszuhandeln, sollte sich darin widerspiegeln, dass der TGI-Mensch versucht, dem Hund jederzeit die Möglichkeit zu geben, sich gegen eine Teilnahme zu entscheiden. Die Freiwilligkeit und Eignung eines jeden Hundes sollte kontinuierlich und objektiv bewertet werden. Auch hier spielt die Ausbildungs-und Prüferqualität eine große Rolle.

Die Anwendung positiver Trainingsmethoden muss vermittelt und verbindlich implementiert werden, um ein Lernen ohne Schmerzen, Angst oder Zwang sicherzustellen. Die Praxis, dass Hunde die Interaktion lediglich tolerieren und den Befehlen des Hundeführers folgen, ist ausdrücklich nicht akzeptabel. Die Hinzunahme eines empfindungsfähigen Wesens in ein therapeutisches oder pädagogisches Umfeld erfordert vom TGI-Menschen ein hohes Maß an Geschick, um die Aufmerksamkeit zwischen allen Beteiligten angemessen zu (ver)teilen, die gewünschten Ergebnisse zu erhalten und angemessen auf alle Teilnehmer während einer Sitzung einzugehen. Der Hund als empfindungsfähiges Wesen hat Rechte und die Achtung seiner Autonomie ist eine Norm, die den Hundemenschen verpflichtet, die Entscheidungen seines Hundes im Sinne von Selbstbestimmung zu respektieren, was nicht nur die Akzeptanz bestimmter Verhaltensweisen, Vorlieben, Neigungen und Abneigungen beinhaltet, sondern auch die Förderung der Entwicklung der individuellen Autonomie des Hundes beinhaltet. Dazu gehören die moralischen Regeln oder Verantwortlichkeiten, die Rechte des Hundes zu schützen und zu verteidigen, Schaden zu verhindern und Bedingungen zu beseitigen, die dem Hund schaden.

456 IAHAIO White Paper (2018) https://iahaio.org/best-practice/white-paper-on-animal-assisted-interventions/

Animal Assisted Intervention International Standards (2019) wendet das Fünf-Domänen-Modell an, das die „Fünf Freiheiten" erweitert, indem es eine operative Methodik für die Bewertung von Bedingungen bereitstellt, die sich auf das Wohlergehen der Tiere auswirken und die Qualität des psychischen Zustands der Tiere beeinflussen. Als Ziele werden beispielsweise genannt: „Atemlosigkeit, Übelkeit, Schmerzen und andere aversive Erfahrungen minimieren und die Freuden von Robustheit, Vitalität, Kraft und koordinierter körperlicher Aktivität fördern"[457] und „verschiedene Formen von Komfort, Vergnügen, Interesse, Vertrauen und ein Gefühl der Kontrolle fördern".

Sie umfassen also mehr als einen idealen oder anzustrebenden Zustand und bieten einen Leitfaden für die Bewertung und das Management des Tierschutzes. Der Schutz des Wohlergehens und des Wohlbefindens des Hundes sollte durch Standards für die Ausbildung, die Vorbereitung, die Sozialisierung und die Bewertung des Hundes definiert werden. Die Bedeutung des subjektiven Erlebens des Hundes muss hervorgehoben werden.

457 David J. Mellor, Ngaio J. Beausoleil, Katherine E. Littlewood, Andrew N. McLean, Paul D. McGreevy, Bidda Jones, Cristina Wilkins. The 2020 Five Domains Model: Including Human-Animal Interactions in Assessments of Animal Welfare. *Animals.* (2020) 10:1870. doi:10.3390/ani10101870

Das Fünf-Domänen-Modell

Das Fünf-Domänen-Modell beschreibt im Detail die tierschutzgerechten Ansätze und deren Bewertungen und führt Beispiele der Umsetzung auf, die auch im Bereich der TGI von fundamentaler Bedeutung sind:

Die Studie

Das 2020-Modell der fünf Bereiche: Einbeziehung der Interaktionen zwischen Mensch und Tier in die Bewertung des Tierschutzes

David J. Mellor, Ngaio J. Beausoleil, Katherine E. Littlewood, Andrew N. McLean, Paul D. McGreevy, Bidda Jones, Cristina Wilkins. The 2020 Five Domains Model: Including Human–Animal Interactions in Assessments of Animal Welfare. Animals. (2020) 10:1870

Das aktuelle Fünf-Domänen-Modell (2020) umfasst die Bereiche Ernährung, physisches Umfeld, Gesundheit, Verhaltensinteraktionen und psychischer Zustand. Die ersten vier Bereiche konzentrieren sich auf Faktoren, die zu spezifischen negativen oder positiven subjektiven Erfahrungen (Affekten) führen und den mentalen Zustand des Tieres beeinflussen (Bereich 5). Die ersten drei Bereiche konzentrieren sich hauptsächlich auf Faktoren, die bestimmte Merkmale der inneren Stabilität des Körpers stören oder unterbrechen. Im Gegensatz dazu konzentriert sich Bereich 4 darauf, dass Tiere bei der Interaktion mit (1) der Umwelt, (2) anderen nicht-menschlichen Tieren und (3) Menschen bewusst bestimmte Ziele anstreben. Die damit verbundenen Affekte, die in Bereich 5 bewertet werden, werden primär durch die Verarbeitung von Sinneseindrücken im Gehirn erzeugt, die durch äußere Reize ausgelöst werden.

Der Erfolg der Verhaltensversuche der Tiere, ihr gewähltes Ziel zu erreichen, spiegelt sich darin wider, ob die damit verbundenen Emotionen negativ oder positiv sind. Diese als „situationsbedingte Affekte" bezeichneten Ergebnisse tragen dazu bei, wie die Tiere ihre äußeren Umstände wahrnehmen und bewerten[458]. Aus diesen Beobachtungen ergibt sich ein wichtiger Unterschied zwischen der Art und Weise, wie überlebenswichtige und situationsbedingte Affekte das angepasste Verhalten der Tiere beeinflussen. Erstere spiegeln vor allem zwingende Motivationen für genetisch verankerte Verhaltensreaktionen wider, während letztere vor allem bewusste Verhaltensentscheidungen beinhalten, die das Kennzeichen von Handlungsfähigkeit sind.

458 Mellor, D.J.: Enhancing animal welfare by creating opportunities for „positive affective engagement". *N. Z. Vet. J.* (2015) 63:3–8

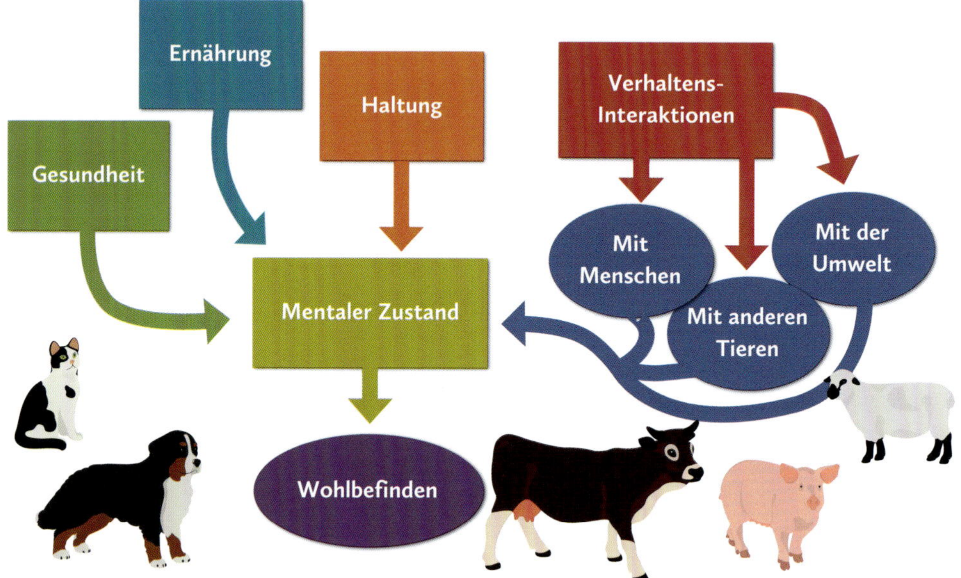

Die fünf Bereiche sind: (1) Ernährung, (2) Umwelt, (3) Gesundheit, (4) Verhalten und (5) psychischer Zustand. Die ersten drei Bereiche konzentrieren sich auf innere Ungleichgewichte oder Störungen, die ernährungs-, umwelt- und gesundheitsbedingte Ursachen haben. Der vierte Bereich konzentriert sich auf äußere Beschränkungen, Raumeinschränkungen oder anderweitig ungewöhnliche Raumverfügbarkeit und/oder negative Auswirkungen der Anwesenheit oder Abwesenheit anderer Tiere (einschließlich Menschen); die subjektiven, emotionalen oder affektiven Erfahrungen wurden dann dem fünften Bereich zugeordnet[459]. Der fünfte Bereich ermöglicht eine abschließende Bewertung des Gesamtzustands des Wohlbefindens der Tiere im Hinblick auf ihr subjektives Erleben.

Lange Jahre lag der Schwerpunkt der Forschung auf negativen Affekten, die das Wohlergehen der Tiere beeinträchtigen, d. h. dass sich viele Jahre lang praktisch die gesamte wissenschaftliche Aufmerksamkeit auf die Untersuchung negativer Zustände und der Umstände konzentrierte, die bei Tieren unangenehme oder aversive Erfahrungen hervorrufen[460].

Die aktuelle Liste ist also vergrößert worden und umfasst nun zwei weitere Kategorien[461].

459 Mellor, D.J., C.S.W. Reid: Concepts of animal well-being and predicting the impact of procedures on experimental animals. In: Baker, R.M., G. Jenkin, D.J. Mellor, Eds.: *Improving the Well-being of Animals in the Research Environment*. Australian and New Zealand Council for the Care of Animals in Research and Teaching: Glen Osmond, Australia (1994) S. 3–18

460 Mellor, D.J., E. Patterson-Kane, K.J. Stafford: Animal welfare, grading compromise and mitigating suffering. In: *The Sciences of Animal Welfare*. Oxford, UK: Wiley-Blackwell Publishing. (2009) S. 72–94

461 Mellor, D.J., N.J. Beausoleil: Extending the „Five Domains" model for animal welfare assessment to incorporate positive welfare states. *Anim. Welf.* (2015) 24:241–253

Die erste Kategorie, überlebenswichtige negative Affekte, bezieht sich auf Erfahrungen, die durch sensorische Reize hervorgerufen werden und ein Ungleichgewicht oder eine Störung des inneren physischen/funktionalen Zustands des Tieres auslösen. Dazu gehören Atemnot, Durst, Hunger, Schmerzen (~ 30 Arten!), Schwindel, Schwäche und Übelkeit. Diese Affekte werden als überlebenswichtig bezeichnet, weil sie mit wesentlichen Komponenten genetisch verankerter Mechanismen verknüpft sind, die Verhaltensweisen hervorrufen oder mit ihnen in Zusammenhang stehen, von denen das Überleben der Tiere abhängt[462]. Beispiele für Verbindungen zwischen Affekten und Reaktionen sind Atemnot und Atmungsaktivität, Durst und Wassersuche/trinken, Hunger und Nahrungsaufnahme, Schmerz und Flucht- oder Vermeidungsreaktionen auf Verletzungen. Unangenehme Erfahrungen, die nicht wirksam durch Verhalten und physiologische Reaktionen gemildert werden können, haben möglicherweise größere negative Auswirkungen auf das Wohlergehen der Tiere als akute, aber kurzzeitige Erfahrungen.

Die zweite Kategorie, situationsbedingte negative Affekte, bezieht sich auf Erfahrungen, die durch die Verarbeitung von Sinneseindrücken im Gehirn hervorgerufen werden, die primär durch äußere Reize verursacht werden und die Wahrnehmung der äußeren Umstände, d. h. der Situation, des Tieres widerspiegeln[463]. Zu diesen Affekten gehören Frustration, Wut, Hilflosigkeit, Einsamkeit, Langeweile, Depression, Angst, Furcht, Panik und Hypervigilanz[464]. Der emotionale Schmerz der sozialen Isolation, d. h. der Einsamkeit, findet zunehmend Beachtung[465]. Tiere in deprivierten und/oder bedrohlichen Situationen können diese Affekte in verschiedenen Kombinationen erleben.

Ab Anfang der 2000er Jahre schenkten Wissenschaftler positiven affektiven Erfahrungen immer mehr Aufmerksamkeit, und diese verlagerte sich zunehmend von der bloßen Pflege der Tiere auf ihr psychisches Wohlbefinden. Das Modell wurde daher überarbeitet, um die inneren und äußeren Umstände einzubeziehen, die zu positiven Affekten führen können, die ebenso wie die oben erwähnten negativen Affekte dem fünften (psychischen) Bereich zugewiesen wurden. Diese Überarbeitungen basierten auf der wissenschaftlich untermauerten Erkenntnis, dass Tiere angenehme Erfahrungen machen können, wenn ihre äußeren Umstände zum Beispiel Folgendes bieten: Variabilität, die ein optimales Gleichgewicht zwischen Vorhersehbarkeit/Kontrollierbarkeit und Neuartigkeit/Unvorhersehbarkeit bietet; Befriedigung artspezifischer Bedürfnisse nach Bewegung und Auslauf; Zugang zu

462 Fraser, D., I.J.H. Duncan: „Pleasures", „pains" and animal welfare: Towards a natural history of affect. *Anim. Welf.* (1998) 7:383–396

463 Mellor, D.J.: Updating animal welfare thinking: Moving beyond the „Five Freedoms" towards „A Life worth Living". *Animals.* (2016) 6:21

464 Gregory, N.G.: *Physiology and Behaviour of Animal Suffering*. Oxford, UK: Blackwell Science. (2004)

465 McMillan, F.D.: Mental health and well-being benefits of social contact and social support in animals. In: McMillan, F.D., Ed.: *Mental Health and Well-being in Animals*. 2nd ed. Wallingford, UK: CAB International. (2020) S. 96–110

bevorzugten Orten für Ruhe und Wärme; Auswahl einer Umgebung, die Erkundungs-, Suchverhalten und -dauer fördert; Verfügbarkeit einer Vielzahl von Futterressourcen mit attraktiven Gerüchen, Geschmack, Textur. Zudem Gegebenheiten, die es sozialen Arten ermöglichen, sich auf Bindungsaktivitäten mit Artgenossen einzulassen, auf den beruhigenden Komfort, sich in einer Gruppe vertrauter Artgenossen aufzuhalten, und gegebenenfalls auf andere affiliative Interaktionen wie gegenseitige Fellpflege, Bindung, mütterliche, väterliche oder Gruppenpflege von Jungtieren, Spielverhalten und sexuelle Aktivitäten[466]. Zusammenfassend kann man sagen, dass dazu alle Wohlgefühl steigernden Affekte gehören, also unterschiedliche Arten von Komfort, Vergnügen, Interesse, Bindung, Vertrauen und das Gefühl, selber Kontrolle über Situationen zu haben.

Der entscheidende Bezugspunkt für die Beeinträchtigung des Wohlergehens ist das Leiden und seine Linderung, während der Schwerpunkt bei der Verbesserung des Wohlergehens auf der Nutzung der Möglichkeiten für die Tiere liegt, positive Erfahrungen zu machen. Darüber hinaus ermöglichen sieben interaktive Anwendungen des Modells den Bewertern (1) die wichtigsten allgemeinen Schwerpunkte für das Tierschutzmanagement festzulegen, (2) die Grundlagen spezifischer Ziele des Tierschutzmanagements hervorzuheben, (3) die Überwachung der Reaktionen auf spezifische, auf das Wohlergehen ausgerichtete Abhilfemaßnahmen und/oder Erhaltungsmaßnahmen zu ermöglichen, (4) zuvor unerkannte Merkmale schlechten und guten Wohlergehens zu identifizieren, (5) die qualitative Einstufung spezifischer Merkmale der Beeinträchtigung und/oder Verbesserung des Wohlergehens zu erleichtern, (6) sowohl zukünftige als auch rückwirkende Bewertungen des Wohlergehens von Tieren zu ermöglichen und (7) ergänzende Informationen bereitzustellen, um die Berücksichtigung von Bewertungen der Lebensqualität im Zusammenhang mit Lebensendentscheidungen zu unterstützen. Die Handlungsfähigkeit[467] (d. h. die Fähigkeit der Tiere, sich bewusst auf zielgerichtete Verhaltensweisen einzulassen) dominiert die in Bereich 4 betrachteten Verhaltensreaktionen.

Bereich 1: Ernährung – Ungleichgewichte und Chancen und damit verbunden Auswirkungen auf Bereich 5: Eine geringe Futtervielfalt liegt vor, wenn Tiere, die sich normalerweise abwechslungsreich ernähren, über lange Zeiträume hinweg das gleiche, wenn auch nährstoffreiche Futter erhalten. Ein Beispiel hierfür ist die kontinuierliche Fütterung von Hunden mit einem Trockenfertigfutter.

Bereich 2: Die physikalische Umwelt – Unvermeidbare und verstärkte Bedingungen und ihre Auswirkungen auf den Bereich 5. Ungeeignete Unterbringung in

466 McMillan, F.D.: Predicting quality of life outcomes as a guide for decision-making: The challenge of hitting a moving target. *Anim. Welf.* (2007) 16:135–142

467 Špinka, M.: Animal agency, animal awareness and animal welfare. *Anim. Welf.* (2019) 28:11–20

Innenräumen: Zu diesen Bedingungen können Raum-, Bodensubstrat-, atmosphärische, geruchs-, thermische, lärm- und lichtbezogene Faktoren gehören, von denen einige zum Beispiel keine natürlichen Schwankungen (Tag und Nacht etc.) zeigen. Jede dieser Bedingungen ist aversiv und kann erkennbare Formen des Unbehagens hervorrufen. Viele dieser Bedingungen können auch auf Tiere zutreffen, die im Freien gehalten werden, insbesondere auf Tiere, die in hoher Dichte oder in kleinen Gehegen gehalten werden, sowie auf Tiere, die bei Kälte/Nässe/Wind keinen Schutz oder bei Hitze keinen Schatten finden. Ein Beipiel hier ist die tierschutzwidrige Haltung von Hunden in geschlossenen Hundeboxen, ob als Welpe oder erwachsener Hund.

Bereich 3: Gesundheit – negative und positive Zustände und die damit verbundenen Auswirkungen auf **Bereichs 5: Verletzungen**[468], ob akut oder chronisch, ob verursacht durch Unfälle, invasive Haltungs- und Zuchtpraktiken[469], Trainingsgeräte, einschränkende Vorrichtungen zur Leistungssteigerung, krankheitsbedingte Pathologie oder Gifte. Akute, chronische oder genetische Erkrankungen. Extreme Über- und Unterfütterung. Ein Beipiel hier ist die Vergewaltigung von Zuchthündinnen.

Bereich 4: Handlungsfähigkeit – hebt die flexiblen handlungsbezogenen Verhaltensweisen hervor, die Tiere als Reaktion auf variable, oft unvorhersehbare äußere Ereignisse und Bedingungen zeigen. Handlungsfähigkeit besteht darin, dass Tiere freiwillige, selbstbestimmte und/oder zielgerichtete Verhaltensweisen zeigen[470]. Handlungsfähigkeit bedeutet, dass ein Tier die ihm innewohnende (genetisch bedingte und/oder erlernte) Neigung, sich aktiv mit seiner physischen, biologischen und sozialen Umwelt auseinanderzusetzen, ausleben kann. Und zwar über das Maß hinaus, das seine momentanen Bedürfnisse erfordern, um Wissen zu sammeln und seine Fähigkeiten zu verbessern, sondern auch, damit es in Zukunft effektiv auf unterschiedliche und neuartige Herausforderungen reagieren kann. Mit anderen Worten, die Ausübung von Handlungskompetenz beinhaltet die kognitive Bewertung von Umständen, die es Tieren ermöglichen, sich bewusst für ein bestimmtes Verhalten zu entscheiden[471].

Das Hauptaugenmerk des Bereichs 4 liegt auf Verhaltensweisen, die eine unterdrückte und/oder verstärkte Ausprägung der Handlungsfähigkeit zeigt, wenn Tiere

468 Mellor, D.J.: Tail docking of canine puppies: Reassessment of the tail's role in communication, the acute pain caused by docking and interpretation of behavioural responses. *Animals.* (2018) 8:82

469 Dreger, D.L., B.N. Hooser, A.M. Hughes, B. Ganesan, J. Donner, H. Anderson, L. Holtvoigt, K.J. Ekenstedt: True Colors: Commercially-acquired morphological genotypes reveal hidden allele variation among dog breeds, informing both trait ancestry and breed potential. *PLoS ONE.* (2019) 14:e0223995

470 Wemelsfelder, F.: The scientific validity of subjective concepts in models of animal welfare. *Appl. Anim. Behav. Sci.* (1997) 53:75–88

471 Chartrand, T.L., J.A. Bargh: Nonconscious goal priming reproduces effects of explicit task instructions. *J. Pers. Soc. Psychol.* (1996) 71:464–478

mit (1) ihrer Umwelt, (2) anderen nicht-menschlichen Tieren und (3) Menschen interagieren. Umfasst werden handlungsorientierte Reaktionen auf situationsbedingte Faktoren. Dazu gehört zum Beispiel: (1) die tägliche Unmöglichkeit, dass Pferde ihrer normalen Langzeit-Weidemotivation nachkommen können, weil sie in Boxen gehalten werden. Auch wenn ihr Nährstoffbedarf durch hochwertiges Futter gedeckt wird, (2) die frustrierte Jagdmotivation von Hunden und Katzen die nur im Haus gehalten werden ohne angemessene Verhaltenssubstitution, (3) die Frustration soziallebender Arten wie Pferden, die daran gehindert werden, sich Artgenossen anzuschließen, um soziale Verhaltensweisen ausüben[472], (4) die Sehnsucht nach Gesellschaft (d. h. Einsamkeit) isolierter Individuen sozialer Arten[473], die z. B. in getrennten Gehegen/Käfigen/Boxen gehalten werden, und (5) die „Trennungsangst" bei Haustieren, die auf den Entzug menschlicher Gesellschaft und körperlicher Kontakte zurückzuführen ist[474].

Das Gegenteil ist der Fall, wenn die Tiere Gelegenheiten bekommen, ihre handlungsbezogenen Verhaltensweisen zu zeigen. Durch die Bereitstellung solcher Möglichkeiten können situationsbedingte negative Affekte durch positive ersetzt werden, wodurch die Tiere Zustände „positiven affektiven Engagements" erleben können. Verbesserte Umstände ermöglichen es den Tieren, auf genetisch programmierte oder erlernte Impulse zu reagieren und handlungsbezogene Verhaltensweisen zu zeigen, die mit affektiv positiven Erfahrungen und Erwartungshaltungen einhergehen und mit der Zielerreichung und einem Erfolgserlebnis verbunden sind[475]. Da davon auszugehen ist, dass die Ausübung von Handlungskompetenz mit dem allgemeinen Gefühl der Kontrolle der Tiere über ihre Handlungen einhergeht[476], würde dies ihr Gefühl der psychischen Sicherheit und die Erfahrung eines positiven affektiven Engagements noch verstärken[477]. Positive Erfahrungen sind zum Beispiel eine offene Gruppenhaltung mit Spiel- und Kontaktmöglichkeiten, Lernerfahrungen und Austausch, Wärme und Geborgenheit. Menschen, die den interaktiven Kontakt mit Haustieren pflegen, initiieren und aufrechterhalten sowie Handlungen anbieten, die denen von Artgenossen im emotionalen Austausch nahe kommen.

472 Harvey, A.M., N.J. Beausoleil, D. Ramp, D.J. Mellor: A ten-stage protocol for assessing the welfare of individual non-captive wild animals: Free-roaming horses (Equus ferus caballus) as an example. *Animals.* (2020) 10:148

473 Payne, E., J. DeAraugo, P. Bennett, P.D. McGreevy: Exploring the existence and potential underpinnings of attachment bonds that horses and dogs may develop for humans. *Behav. Process.* (2015) 125:114–121

474 Mellor, D.J.: Positive welfare states and promoting environment-focused and animal-to-animal interactive behaviours. *N. Z. Vet. J.* (2015) 63:9–16

475 Panksepp, J.: Affective consciousness: Core emotional feelings in animals and humans. *Conscious Cogn.* (2005) 14:30–80

476 Špinka, M., F. Wemelsfelder: Environmental challenge and animal agency. In: Appleby, M.C., J.A. Mench, I.A.S. Olsson, B.O. Hughes, Eds.: *Animal Welfare,* 2nd ed. Wallingford, UK: CAB International (2011) S. 27–43

477 Mellor, D.J.: Enhancing animal welfare by creating opportunities for „positive affective engagement". *N. Z. Vet. J.* (2015) 63:3–8

Das Hauptaugenmerk der Mensch-Tier-Beziehungen liegt auf den Auswirkungen der Anwesenheit und des Verhaltens von Menschen als Hauptursache für die Verhaltens- und Gefühlsreaktionen der Tiere. Dieser Schwerpunkt umfasst sowohl die Ausbildung als auch die Haltung von Tieren[478]. Beim Hund sind Beispiele diese Auswirkungen veränderte Hinweise wie zweideutige Signale (heute ist etwas erlaubt, morgen nicht), unerbittlicher taktiler Druck (Leinenzug) und veränderte Belohnungserwartungen auf die Handlungsfähigkeit[479]. Einstellungen, Motivation, Verständnis und Ausbildung des Menschen beeinflussen ihr Verhalten gegenüber Tieren. Die Auswirkungen ihres Verhaltens rufen negative und/oder positive affektive Erfahrungen bei den Tieren hervor und die Art dieser Erfahrungen kann aus ihren verhaltensmäßigen und physiologischen Reaktionen abgeleitet werden.

Die Gesamtheit der Affekte aus den ersten vier Domänen wird in der fünften Domäne verarbeitet, die das subjektive Wohlbefinden des Tieres darstellt. Um das Wohlbefinden eines Tieres in menschlicher Obhut umfassend beurteilen zu können, ist es wichtig, die Einflüsse des Menschen, d. h. dessen Anwesenheit und dessen Verhalten in Bezug auf das Tier, in der Tierwohlbeurteilung zu berücksichtigen. In Situationen wie z. B. dem alltäglichen Umgang, dem Training, der medizinischen Behandlung und der Pflege eines Tieres gibt es Kontakte zwischen Menschen und Tieren, die entweder zu negativen oder positiven Erfahrungen führen. Die Wertigkeit dieser Erfahrungen, d. h. ihre positiven oder negativen Auswirkungen, variieren in Abhängigkeit von z. B. früheren Kontakten mit Menschen, dem Vorhandensein von bedrohlichen Umständen, beabsichtigt oder unbeabsichtigt zugefügtem Schaden, dem Grad der Bindung an bestimmte Menschen, der Bereitstellung oder Verweigerung des Zugangs zu Ressourcen sowie der Teilnahme an gemeinsamen Aktivitäten angenehmer oder unangenehmer Natur.

Die Schlüsselmerkmale für die Bewertung positiver Mensch-Tier-Interaktionen sind Häufigkeit, Vielfalt, Dauer und Form der Interaktion. Die Einflüsse, die Relevanz und die Folgen verschiedener Verhaltenskonditionierungstechniken (z. B. Training) auf das Wohlergehen von Tieren müssen untersucht werden, und zwar aus der Sicht der fünf Bereiche. Insbesondere wichtig wird sein, die Wechselwirkungen zwischen den Ergebnissen verschiedener (assoziativer und nicht-assoziativer) Lernmethoden zu bewerten, und zwar vor dem Hintergrund der Fähigkeiten der Tiere, sich auf artspezifische Weise zu verhalten.

478 Payne, E., M. Boot, M. Starling, C. Henshall, A. McLean, P. Bennett, P. McGreevy: The evidence for horsemanship and dogmanship in veterinary contexts. *Vet. J.* (2015) 204:247–254

479 McLean, A.N., J.W. Christensen: The application of learning theory in horse training. *Appl. Anim. Behav. Sci.* (2017) 190:18–27

Fazit: Der Bereich „Verhaltensinteraktionen“ unterstreicht die innere Fähigkeit empfindungsfähiger Tiere, bei der Interaktion mit wichtigen Merkmalen ihrer Umwelt, mit anderen nicht-menschlichen Tieren und mit Menschen bewusst selbst zielgerichtete Verhaltensweisen zu wählen. Wenn sie die von ihnen gewählten Ziele erreichen, können sie einen oder mehrere einer breiten Palette von wohlfahrtssteigernden positiven Emotionen erfahren. Diese sind lohnend und motivierend und werden subjektiv als „positives affektives Engagement“ erlebt[480]. Werden die Tiere dagegen durch äußere Umstände daran gehindert, Verhaltensweisen zu zeigen, die sie als lohnend empfinden, können sie einen oder mehrere unangenehme und demotivierende negative Affekte erleben.

Der Mensch hat großen Einfluss auf die äußeren Umstände der Tiere, und sein interaktives Verhalten gegenüber diesen kann positive oder negative Auswirkungen auf das Wohlergehen der Tiere nach sich ziehen. Das Fünf-Domänen-Modell bietet ein Mittel, um die Auswirkungen von Mensch-Tier-Interaktionen auf das Wohlergehen von Tieren effektiv und systematisch zu bewerten. Das umfasst auch die Komponenten der Mensch-Hund-Interaktion im tiergestützten Setting.

Sie können sich das Neue Five-Domains-Modell auch herunterladen: The 2020 Five Domains Model for Animal Welfare Assessment and Monitoring, a Poster Prepared by Horses and People Magazine, Australia. Available online: https://bit.ly/2Es8kXe.

Auch der nächste Beitrag fordert Wissenschaftler im Bereich der Mensch-Tier-Interaktion auf, sich bei der Planung und Durchführung ihrer Studien auf den „stillen Partner“ – den Hund – zu konzentrieren. Dr. Horowitz ermutigt dazu, die Erfahrungen des Hundes in diesen Situationen zu berücksichtigen, und schlägt vor, dass positives Wohlbefinden und Einverständnis für die Teilnahme des Hundes obligatorisch sein sollten, genau wie bei den menschlichen Kollegen. Durch die Berücksichtigung der verschiedenen aufgezählten Merkmale der Hundeperspektive und die Entwicklung von Standards für die Zustimmung von Hunden kann die Forschung den Hund besser als aktiven und eben nicht als stummen Teilnehmer behandeln.

480 Mellor, D.J.: Enhancing animal welfare by creating opportunities for „positive affective engagement“. *N. Z. Vet. J.* (2015) 63:3–8

Der „Hund“ in der Mensch-Hund-Interaktion

Die Studie

Der „Hund“ in der Mensch-Hund-Interaktion

Horowitz, A. Considering the „Dog“ in Dog-Human Interaction. Front. Vet. Sci. (2021) 8:642821.

Das Leben des modernen Menschen und anderer nichtmenschlicher Tiere ist erstaunlich gegensätzlich. Während man annehmen könnte, dass unsere gegenseitige Zugehörigkeit zum Tierreich eine wechselseitige Beziehung voraussetzen würde, haben wir stattdessen eine weitgehend unausgewogene Beziehung zu nicht-menschlichen Tieren. Menschen essen Tiere, halten Tiere zur Fleischgewinnung oder als Haustiere gefangen, sperren Tiere zum Vergnügen ein, verwenden Tiere als Modelle zur Untersuchung menschlicher Krankheiten und töten Tiere zum Sport oder weil sie stören oder unbequem sind.

Der Bereich der Mensch-Hund-Interaktion, der sich für die heilsame Wirkung der Interaktion mit Hunden interessiert, scheint eine Anomalie zu sein. Bei der TGI ist der Hund ein stiller Partner, der aufgrund der Wirkung, die seine Anwesenheit auf den Menschen hat, nützlich ist, aber selten als Partner betrachtet wird. Hunde sind eine sehr geeignete Art für die TGI, da sie seit langem domestiziert sind und gezüchtet wurden, um Eigenschaften und Verhaltensweisen zu zeigen, die uns gefallen. In den meisten Studien zur Interaktion zwischen Hund und Mensch wird untersucht, ob der Kontakt mit dem Hund für den Menschen heilsam ist. Im Gegensatz zu den unzähligen Studien über die Auswirkungen der Interaktion auf den Menschen untersuchen nur wenige Studien die kurz- oder langfristigen Auswirkungen auf die beteiligten Hunde[481]. Neuere Studien verwenden verschiedene Methoden zur Charakterisierung des Wohlbefindens, von physiologischen Messungen wie Herzfrequenz und Kortisolspiegel[482] bis hin zu Verhaltensmessungen von Stress, wie Hecheln, Lippenlecken und Gähnen [483]. Eine weitere Möglichkeit für die unterschiedlichen Ergebnisse sind die großen Unterschiede zwischen den Hunden selbst.

Es ist charakteristisch für diese Arbeit, dass die individuellen Hunde, unabhängig von Rasse, Alter, Geschlecht, Temperament, Biographie und Gesundheit als

481 Glenk & Foltin 2021

482 Clark S.D., F. Martin, R.T.S. McGowan, J.M. Smidt, R. Anderson, L. Wang, et al.: Physiological state of therapy dogs during animal-assisted activities in an outpatient setting. *Animals*. (2020) 10:819

483 Melco, A.L., L. Goldman, A.H. Fine, J.M. Peralta: Investigation of physiological and behavioral responses in dogs participating in animal-assisted therapy with children diagnosed with attention-deficit hyperactivity disorder. *J. Appl. Anim. Welf. Sci.* (2020) 23:10–28

repräsentative „Hunde“ betrachtet werden. Ihr Status wird operationalisiert: Hunde werden weniger als Subjekte denn als Stimuli behandelt. Die meisten Studien enthalten nicht einmal grundlegende demografische Angaben zu den Hunden, wie Geschlecht, Alter, Rasse oder Ausbildungsgeschichte. Nur selten werden die Hunde in den Studien namentlich genannt. Die Namensgebung macht etwas zu jemandem: Sie personalisiert „es“[484]. Indem die Hunde nicht benannt werden, werden sie nicht als Individuen betrachtet. Die Verwendung ohne Identität fördert die anhaltende Ungerechtigkeit, die „moralische Diskontinuität“, dass nicht nur eine Art von Leben wertvoller ist, sondern auch, dass nur eine Art von Leben es verdient, gesehen und benannt zu werden[485].

Was zeigen diese Beobachtungen über den Status von Hunden in der TGI? Sie zeigen, dass unsere Gesellschaft es unterstützt, dass Tiere benutzt werden – benutzt um eines anderen willen: des menschlichen Tieres[486]. „(Be)Nutzung“ muss nicht unbedingt „Ausbeutung“ bedeuten: Um Hunde nicht auszubeuten, sondern nur zu (be)nutzen, muss man Entscheidungen treffen, die das Wohlergehen des Hundes fördern, auch wenn dies mit den eigenen Motiven oder Zielen in Konflikt steht[487]. Diese Definition wirft die Frage auf, ob der Prozess der Domestizierung und Züchtung – die gezielte Umgestaltung einer Tierart nach unseren Wünschen – als Ausbeutung oder Exploitation angesehen werden sollte.

Domestizierte Tiere, die als Haustiere gehalten werden, sind zwar in einigen Fällen frei von den Zwängen, sich um ihr eigenes Leben kümmern zu müssen und werden oft geliebt (unabhängig davon, ob dies für sie von Vorteil ist oder nicht), aber sie leben in „Gefangenschaft“[488]. Wie oben dargestellt, gibt es immer mehr Studien, die darauf abzielen, Stress- und Angstsymptome bei Hunden in Interventionssituationen zu ermitteln. Diese Studien sollen zeigen, ob es negative Auswirkungen für Hunde gibt. Kürzlich überarbeitete Standards für die Arbeit mit Hunden in tiergestützten Interventionen enthalten Richtlinien zur Gewährleistung der „Gesundheit, des Wohlergehens und des Wohlbefindens von Hunden“, die darauf abzielen, ein schlechtes Wohlergehen zu vermeiden, z. B. dass „möglichst wenig restriktive, minimal aversive“ Trainingsmethoden angewandt werden[489]. Die Abwesenheit von negativen Zuständen bedeutet jedoch nicht, dass ein positiver Zustand existiert. Die zunehmende Zahl der Studien über die Ethik der Tiernutzung und des Tierschutzes

484 Horowitz A.: *Our Dogs, Ourselves: The Story of a Singular Bond*. New York, NY: Scribner. (2019)

485 Adams, M.: The kingdom of dogs: understanding Pavlov's experiments as human-animal relationships. *Theory Psych.* (2020) 30:121–141. doi: 10.1177/0959354319895559

486 Winkle, M., A. Johnson, D. Mills: Dog welfare, well-being and behavior: considerations for selection, evaluation and suitability for animal-assisted therapy. *Animals*. (2020) 10:2188. doi: 10.3390/ani10112188

487 Zamir, T.: The moral basis of animal-assisted therapy. *Soc. Anim.* (2006) 14:179–99. doi: 10.1163/156853006776778770

488 Horowitz A.: Canis familiaris: companion and captive. In: Gruen. L., editor: *The Ethics of Captivity*. Oxford: Oxford University Press. (2014) S. 7–21. doi: 10.1093/acprof:oso/9780199977994.003.0002

489 Animal Assisted Intervention International. Animal Assisted Intervention International Standards of Practice. (2019) Available online at: https://aai-int.org/aai/standards-of-practice/

ist richtig und wichtig; der nächste Schritt besteht darin, festzustellen, welche Interaktionen die Gesundheit und das Wohlbefinden der Tiere verbessern. Das positive Wohlergehen von Hunden sollte selbst Gegenstand von Untersuchungen sein.

In diesem Zusammenhang betonen aktuelle Empfehlungen die Bedeutung des Einsatzes von Hundes, die für die Arbeit geeignet und entsprechend ausgebildet sind, die Überwachung ihres Wohlbefindens während (vor und nach) des Einsatzes und die Möglichkeit, einen Hund jederzeit aus einem Setting zu nehmen[490]. Gleichzeitig müssen die Hunde allerdings „kontrollierbar", höflich, und ruhig sein,[491] auch bei erregenden Reizen. Wir müssen uns fragen, ob diese Arbeit die volle Entfaltung des natürlichen Lebens eines Hundes einschränkt, das sich in dem entfalten kann, was das Tier ist[492]: die Fähigkeit des Hundes, hündisch zu sein.

Zu einem guten Hundeleben gehört nicht nur die Freiheit von Leid und die Sicherstellung der allgemeinen körperlichen Unversehrtheit und des Wohlbefindens, sondern auch Sinnesanregung, Möglichkeit der Lokomotion, der freien Bewegung, Gelegenheiten, neue Dinge zu tun oder vertraute auszuüben, die Gesellschaft von anderen Hunden und/oder Menschen und die körperliche Interaktion, die Beschäftigung mit der natürlichen Umwelt, das Schnüffeln und Wälzen und eine gewisse Kontrolle über ihren Tag und ihre Umgebung. Gelegenheiten zum Spielen, zur Freude, zum Vergnügen, zur Bindung, eine freie Wahl zu treffen, zur Erkundung und zu Ruhephasen sind von großer Bedeutung.

Fazit: Wie die meisten Haushunde haben auch Therapiebegleithunde kaum eine andere Wahl, als mit ihrem Halter (in einen Einsatz) zu gehen. Während der Ausbildung und Auswahl sind die Hunde im Großen und Ganzen ungewohnten und unterschiedlichen sozialen und sensorischen Situationen ausgesetzt. Unsere Vorstellungskraft ist sicher überfordert, die Erfahrungen der Hunde einzuschätzen. Zum Beispiel bedeutet die Unkenntnis des Menschen über die stark olfaktorisch geprägte Wahrnehmung der Hundewelt, dass nur wenige Versuche unternommen werden, neue Gerüche in Verbindung mit neuen Umgebungen und Menschen vorherzusagen oder zu berücksichtigen. Geräusche kommen in Hundeohren anders an als in menschlichen Ohren, da sie sich in der Nähe der reflektierenden Oberfläche des Bodens befinden; außerdem sind sie für höhere Frequenzen empfindlich und können so Ultraschallgeräusche wahrnehmen, die von Nagetieren oder Insekten in

490 Fine, A.H., A.M. Beck, Z. Ng: The state of animal-assisted interventions: addressing the contemporary issues that will shape the future. *Int. J. Environ. Res. Public Health.* (2019) 16:3997

491 Animal Assisted Intervention International. Animal Assisted Intervention, International Standards of Practice. (2019) Available online at: https://aai-int.org/aai/standards-of-practice/

492 Nussbaum, M.C.: Beyond „compassion and humanity": Justice for nonhuman animals. In: Nussbaum, M.C., C.R. Sunstein, editors: *Animal Rights: Current Debates and New Directions.* New York, NY: Oxford University Press (2004) S. 299–320

der Umgebung erzeugt werden[493]; die oft schrillen Laute von Kindern sind für einen Hund wenig einschätzbar oder vorhersehbar und belastend.

Zum Wohlergehen gehört nicht nur das Fehlen negativer Auswirkungen, wie z. B. ein erhöhtes Stressniveau, sondern auch mehr positive Auswirkungen. Hunde sind fühlende Tiere, die ihr Leben erleben. Sie haben Vorlieben und Gefühle. Trotz ihrer Selektion auf Verträglichkeit mit dem Menschen zeigen Hunde Stressverhalten. TGI muss die Möglichkeit bieten, dass die Hunde sich für oder gegen einen Einsatz entscheiden können, so wie Menschen auch ihre Zustimmung geben oder zurückziehen können. Die freiwillige Teilnahme ist ein wesentliches Element einer Beziehung.

Die Feststellung der freiwilligen Einwilligung ist bei Hunden, auch wenn sie keine Sprache sprechen, nicht so schwierig, wie es vielleicht scheint. Viele Hundetrainer haben sich für ein einfaches Einwilligungstraining eingesetzt, bei dem den Hunden Verhaltensweisen beigebracht werden, mit denen sie z. B. der Teilnahme an einem medizinischen Eingriff zustimmen können. Eine Wahl zu treffen, ist eine Möglichkeit, Tieren Handlungsfähigkeit zuzugestehen, die für ein gutes Wohlergehen von zentraler Bedeutung ist.

Validierte Zustimmungsstandards würden dieses Erfordernis von der individuellen Beurteilung auf eine gesellschaftliche Ebene heben.

Mit einem zeitgemäßen und wissenschaftlich abgesicherten Verständnis von Hunden als empfindungsfähig muss ihre Rolle neu überdacht und ernster genommen werden. Die Bezugspersonen müssen die Sichtweise ihrer Hunde auf die Aktivitäten, an denen sie beteiligt sind, berücksichtigen. Das bedeutet nicht nur das Fehlen von schlechtem Wohlergehen, sondern das proaktive Schaffen von positiven Emotionen.

493 Barber, A.L.A., A. Wilkinson, Z.F. Montealegre, V. Ratcliffe, K. Guo: A comparison of hearing and auditory functioning between dogs and humans. *Comp. Cogn. Behav. Rev.* (2020) 15:1–50

Ihrem Hund ein „Einwilligungs"-Verhalten beibringen

Unter einer Einwilligung versteht man die vorherige Zustimmung zu einem zustimmungsbedürftigen Eingriff in ein individuelles Recht. Die Zustimmung ist ein ***einseitiges, selbstständiges*** *und empfangsbedürftiges Rechtsgeschäft (§ 182 I BGB). Anders als beim Einverständnis soll hier eine ausdrückliche Kundgabe des Willens … vorausgesetzt sein. Als „Einverständnis" im Allgemeinen wird die Zustimmung eines Individuums zum Handeln eines anderen angesehen.*
Unser Hund sollte also seine Einwilligung zu einer unserer Handlungen geben.
Wenn Menschen mit ihren Hunden interagieren, gehen sie meist davon aus, dass das, was sie sagen, gilt. Der Hund muss ihren Wünschen nachkommen, auch wenn es etwas ist, das dem Hund nicht gefällt. Dies gilt insbesondere für Dinge, die wir mit unseren Hunden tun MÜSSEN, wie z. B. Tierarztbesuche.

Ein „Ja!" Signal einbauen

Wir können keine Zustimmung von jemand bekommen, der nicht Ja sagen kann. Gehen Sie nicht davon aus, dass Ihr Hund daran interessiert ist, mitzumachen, sondern geben Sie ihm eine klare Möglichkeit, dies zu sagen. Beim Bürsten könnten Sie Ihrem Hund zum Beispiel beibringen, auf eine Plattform zu hüpfen, von der er leicht wieder absteigen kann. Klickern Sie zum Beispiel das angebotene Verhalten des Hochhüpfens. Zeigen Sie Ihrem Hund die Bürste und benennen Sie diese, bevor Sie das Bürsten beginnen. Schnell wird Ihr Hund lernen, dass die Konsequenz für das Hochspringen auf die Plattform ist, dass das Bürsten beginnt. Auf diese Weise kann Ihr Hund sich entscheiden, ob er auf die Plattform steigt oder nicht. Während der Sitzungen kann auch mehrmals Futter von der Plattform weg geworfen werden, damit der Hund die Möglichkeit hat, sein „Ja" zu bestätigen oder „Nein" zu sagen. Akzeptieren Sie ein „Nein" als Antwort!

Der vielleicht wichtigste Teil dieses Konzepts besteht darin, dass Sie das Recht Ihres Hundes, Nein zu sagen, respektieren müssen, wenn er gefragt wurde, ob er mitmachen möchte. Auch seine Zustimmung kann natürlich zurückgezogen werden. Der Hund muss verstehen, worum es geht und womit er einverstanden ist, und er hat die Wahl, welche Verhaltensweisen er anbieten kann. Bieten Sie direkte Informationen an, z. B. das Vorzeigen einer Bürste oder einer Nagelschere für die Fellpflege. Beobachtungslernen hilft, den Hund darüber zu informieren, wozu er sein Einverständnis gibt.

Das Lehren einiger einfacher Verhaltensweisen mit positiver Verstärkung wird diesen Prozess ungemein erleichtern. Wahlmöglichkeiten (zwei gleichwertige Optionen) ermöglichen eine echte Zustimmung, und die Zustimmung impliziert eine Machtdynamik, sodass die Hunde mit größerer Begeisterung mitmachen und Vertrauen zu ihrem Menschen aufbauen. Zudem erhöht diese Selbstbestimmtheit und Autonomie das emotionale Wohlbefinden unserer Hunde.

Noch mehr auf: https://positively.com/contributors/consent-its-not-just-for-people/

Anthropomorphismus und die Auswirkungen auf das Wohlergehen unserer Hunde

Anthropomorphismus oder Vermenschlichung bezieht sich auf Praktiken, bei denen Menschen nicht-menschlichen Tieren menschliche Emotionen und Verhaltensmerkmale zuschreiben. Für manche Menschen ist dies ein Mittel, um ihre Verbindung zum eigenen Tier zu stärken, Empathie auszudrücken und sich um deren Wohlergehen zu kümmern. Einige anthropomorphe Verhaltensweisen gegenüber Haustieren sind jedoch von Modetrends bestimmt, die sich negativ auf das Wohlergehen der Tiere auswirken, und zwar sowohl in physischer (z. B. dermatologische, orthopädische und ernährungsbedingte Krankheiten) als auch in emotionaler Hinsicht (z. B. Angst, Unruhe, Aggressivität).

Der Begriff Anthropomorphismus ist definiert als eine Zuschreibung menschlicher Eigenschaften, Absichten, Motivationen und Emotionen auf nicht-menschliche Tiere[494]. Anthropomorphismus ist daher besonders für unsere Haushunde relevant.

Die Studie

Anthropomorphismus und seine nachteiligen Auswirkungen auf das Leid und das Wohlergehen von Heimtieren

Mota-Rojas, D., C. Mariti, A. Zdeinert, G. Riggio, P. Mora-Medina, A. del Mar Reyes, A. Gazzano, A. Domínguez-Oliva, K. Lezama-García, N. José-Pérez, I. Hernández-Ávalos: Anthropomorphism and Its Adverse Effects on the Distress and Welfare of Companion Animals. Animals. (2021) 11(11):3263.

Einige anthropomorphe Verhaltensweisen beeinträchtigen das Wohlergehen und die Physiologie unserer Hunde. Fehlernährung ist zum Beispiel ein wichtiger Faktor, der durch den Verzehr von Junk-Food oder einer hochkalorischen Ernährung entsteht und zu Adipositas führen kann. Adipositas wirkt sich negativ auf den Bewegungsapparat und andere Organe des Hundes aus. Eine fehlverstandene Interaktion zwischen Mensch und Hund kann zu einer schlechten Bindung führen, die sich auf die Psyche und das Verhalten auswirkt, sodass die Hunde anfälliger für Aggressionen, Ängste oder Stress werden. Ein weiterer immer wichtiger werdender Problembereich ist die Anwendung von Kosmetika wie Haar/Fellfarben, Nagellack und Lotionen bei Hunden.

494 Guthrie, S.: Anthropomorphism. In: Runehov, A., L. Oviedo, Eds.: *Encyclopedia of Sciences and Religions*. The Netherlands: Springer, Dordrecht. (2013) S. 111–113

Wenn Menschen Tiere vermenschlichen, schreiben sie ihnen ihre eigenen Eigenschaften, Gefühle oder Absichten zu. Charles Darwin beschrieb dies 1872[495] ausführlich und wies auf die Tendenz hin, nichtmenschliche Tiere als „menschenähnliche" Wesen zu beschreiben. Deswegen interessieren sich Menschen beispielsweise mehr für das Wohlergehen von Hunden als Insekten, weil letztere keine dem Menschen ähnlichen Verhaltensweisen zeigen.[496] Oft wird anthropomorphes Verhalten nicht durch wissenschaftliche Erkenntnisse gestützt, sondern durch das dem Menschen innewohnende Bedürfnis, eine Beziehung aufzubauen. Dies kann zu voreingenommenen Interpretationen des Zustands des Tieres führen, die darauf abzielen, das menschliche Bedürfnis nach einer Beziehung zu befriedigen, anstatt zu versuchen, die tatsächlichen Emotionen, Motivationen und Absichten des Tieres zu erkennen[497]. Urquiza-Haas & Kotrschal[498] führen anthropomorphisierende Handlungen auf die biophile Natur des Menschen zurück, d. h. auf eine implizite Verbindung mit Tieren und der Natur. Sie fügen hinzu, dass Tiere, die in Aussehen und Verhalten dem Menschen ähneln, eher anthropomorphisiert werden.

Das würde erklären, warum Menschen Hunde vermenschlichen, insbesondere solche, zu denen sie eine enge Beziehung pflegen, die ein kindliches Aussehen haben und den Wunsch wecken, sie zu beschützen. Kaminski und Kollegen[499] argumentieren darüber hinaus, dass Hunde durch uralte Mensch-Hund-Interaktionen eine menschenähnliche Mimik entwickelt haben. Die Fähigkeit, den M. levator anguli oculi medialis[500] zu heben, ermöglicht es Hunden beispielsweise, ihre Augenbrauen auf eine Weise zu bewegen, die den menschlichen Ausdruck von Traurigkeit simuliert. Das löst bei Erwachsenen ein fürsorgliches Verhalten aus. Urquiza-Haas & Kotrschal fanden heraus, dass bei Menschen, die ein Tier in Not beobachten, dieselben Gehirnareale aktiviert werden, als wenn sie einen Menschen in Not sehen. Díaz-Videla[501] stellte fest, dass die Tendenz zur Anthropomorphisierung durch mehrere Faktoren ausgelöst oder beeinflusst werden kann: Kontrollbedürfnis, Einsamkeit, Befriedigung menschlicher sozialer Bedürfnisse und emotionale Bindung an nichtmenschliche Gefährten.

495 Darwin, C.: *The expression of the emotions in man and animals.* (1872) In: *The Portable Darwin*. Tokyo, Japan: CiNii – National Institute of Informatics. (1993) S. 364–393

496 Van Huis, A.: Welfare of farmed insects. *J. Insects Food Feed.* (2019) 5:159–162

497 Mota-Rojas, D., A. Orihuela, A. Strappini, M.N. Cajiao, E. Aguera, P. Mora-Medina, M.D. Ghezzi, S.M. Alonso: Teaching animal welfare in veterinary schools in Latin America. *Int. J. Vet. Sci. Med.* (2018) 6:131–140

498 Urquiza-Haas, E.G., K. Kotrschal: The mind behind anthropomorphic thinking: Attribution of mental states to other species. *Anim. Behav.* (2015) 109:167–176

499 Kaminski, J., B.M. Waller, R. Diogo, A. Hartstone-Rose, A.M. Burrows: Evolution of facial muscle anatomy in dogs. *Proc. Natl. Acad. Sci.* USA (2019) 116:14677–14681

500 *Musculus levator anguli oculi medialis:* Heber des innenseitigen Augenwinkels.

501 Videla, M.: El antropomorfismo en la relación humano-perro de compañía: ¿Recurso o indicador de patología? In: Díaz Videla, M., A. Olarte, Eds.: *Antrozoología. Potencial Recurso de Intervención Clínica.* Buenos Aires, Argentina: Editorial de la Universidad de Flores (2017) S. 49–64

Die Vermenschlichung der Tiere hat eine ganze Reihe von Apparaten, Accessoires, Spielzeugen, Unterhaltungsgeräten und unzähligen Produkten hervorgebracht, die nicht den biologischen Bedürfnissen der Tiere entsprechen[502]: Atemerfrischende Lebensmittel, Schmuck, Mäntel, Parfüm für Haustiere, Designerkleidung, Windeln, Shampoos, Nagellack, Haarfärbemittel, Geburtstagskuchen und Schuhe, um nur einige zu nennen. Probleme entstehen, wenn menschliches Verhalten mit den Bedürfnissen des Tieres unvereinbar wird und folglich deren physisches, psychisches und emotionales Wohlergehen gefährdet[503].

Kleidung und ihr Einfluss auf die Thermoregulation

Die Haut erfüllt zahlreiche Stoffwechselfunktionen, unter anderem die Wärmeregulierung. Sie ermöglicht sensorische Wahrnehmung und dient als Schutz. Der pH-Wert der Haut von Hunden ist der höchste aller Tierarten und liegt zwischen 6.2 und 8.6, mit einem Durchschnitt von 7.5[504]. Aufgrund der komplexen Funktionen, die die Haut erfüllt, kann die Bekleidung von Hunden nachteilige Auswirkungen haben und ihr Wohlergehen beeinträchtigen. Kleidung kann beispielsweise eine Barriere bilden, die eine angemessene Wärmeregulierung behindert oder blockiert und das Gleichgewicht zwischen Wärmegewinn und -verlust, das die Körpertemperatur reguliert, verändern. Textilien erhöhen den Feuchtigkeitsgehalt der Haut und verstärken die Adhäsion zwischen dem Stoff und der Haut des Hundes, was zu Unbehagen oder Hautverletzungen führen kann. Das Risiko wird noch erhöht, wenn die Besitzer ihre Hunde vor oder während eines Spaziergangs füttern, da der Verdauungsstoffwechsel Kalorien erzeugt, die in den gesamten Körper einstrahlen und durch die Bewegung noch verstärkt werden.

Selbstverständlich geht es hier nicht um Schutzmäntel für Hunde, die wenig angepasst sind für das Klima, in dem sie menschverbracht leben – also Hunde aus südlichen Gefilden, die dann im Norden leben und die von Fell und Fettgehalt kalten Temperaturen nicht gut angepasst sind. Diese Hunde benötigen durchaus im Winter schützende Mäntel. Aber auch andersherum können Probleme auftreten. Die Aufrechterhaltung der Zellfunktion erfordert einen metabolischen Grundumsatz[505]. Hunde werden oft auch bei heißem Wetter spazieren geführt, und da sie keine Schweißdrüsen haben, erfolgt der Wärmeabtransport hauptsächlich durch Hecheln, das durch die Verdunstung von Wasser aus den primären Atemwegen zur Senkung

502 Forbes, S.L.: Pet Humanisation: What is it and Does it Influence Purchasing Behaviour? *J. Dairy Vet. Sci.* (2018) 5:1–5

503 Jagoe, A.,J. Serpell: Owner characteristics and interactions and the prevalence of canine behaviour problems. *Appl. Anim. Behav. Sci.* (1996) 47:31–42

504 Castellanos, G.C., G. Rodríguez, C.A. Iregui: Estructura histológica normal de la piel del perro (Estado del arte). *Rev. Med. Vet. (Bogota)* (2005) 1:109–122

505 Robinson, N.: Thermoregulation. In: Bradley, G., Ed.: *Cunningham's Textbook of Veterinary Physiology*. Barcelona, Spain: Elsevier España SL. (2014) S. 559–568

der Körpertemperatur beiträgt. In geringerem Maße erfolgt der Wärmeabtransport auch durch den Durchtritt von Flüssigkeiten aus dem reichhaltigen Gefäßnetz der Dermis durch die Haut. Wenn Tiere Kleidung tragen, kommt es zu einem Wärmestau, da physiologische Mechanismen wie die Gefäßerweiterung der Haut und das Hecheln nicht ausreichen, um die Wärme abzuführen und die Körpertemperatur stabil zu halten. Wenn sich die Hitze schnell staut, kann sie in weniger als einer Stunde zum Hitzschlag oder sogar zum Tod führen[506].

In der **Abbildung 1** (S. 274) werden Thermogramme eines Hundes und einer Katze mit und ohne Kleidung verglichen, um den Temperaturanstieg in verschiedenen thermischen Regionen (Gehörgang, Nase und Tränensack) aufgrund der veränderten Thermoregulation zu zeigen. Wenn die Kerntemperaturen bei Hunden 39 °C und bei Katzen 39,5 °C erreichen, werden Thermolyse-Mechanismen aktiviert (Hecheln, erhöhter peripherer Blutfluss), um mögliche Komplikationen wie Hirnödeme zu verhindern[507]. Entgegen der landläufigen Meinung spielen die Nasenlöcher und nicht die Zunge die Hauptrolle bei der Wärmeableitung. Dies liegt daran, dass die Form der Nasenlöcher des Hundes eine breite, stark durchblutete Oberfläche bietet, die es ihm ermöglicht, Wärme schnell und effizient abzugeben. Hunde verfügen auch über eine seitliche Nasendrüse, die die Kühlung durch Verdunstung unterstützt, aber dadurch wird der Körperwasseranteil verändert. Die Mechanismen, die für die Aufrechterhaltung der thermischen Neutralität verantwortlich sind, können sich daher letztlich auf den Blutdruck des Tieres auswirken, wie bei Temperaturen über 38 °C zu sehen ist, bei denen Hunde einen maximalen mittleren systolischen Wert von 136 mmHg aufwiesen[508].

Hyperthermie aufgrund körperlicher Anstrengung, hohen Umgebungstemperaturen oder Kleidung kann entzündliche Prozesse auslösen, die zu Funktionsstörungen[509] mehrerer Organe (Nieren, Gehirn, Skelettmuskulatur und Leber) führen können, die in einem Hitzschlag endet. Brachyzephale Rassen sind besonders anfällig für Atemnot infolge eines Hitzschlags, da sie verengte Nasenlöcher, ein zu langes Gaumensegel und unterentwickelte Luftröhren haben, die die Verdunstung nur ineffizient durchführen (siehe Studie S. 208).

506 Bruchim, Y., M. Horowitz, I. Aroch: Pathophysiology of Heatstroke in Dogs – Revisited. *Temperature.* (2017) 4:356–370

507 Villanueva-García, D., D. Mota-Rojas, A. Olmos-Hernández: Hypothermia in newly born piglets: Mechanisms of thermoregulation and pathophysiology of death. *Anim. Behav. Biometeorol.* (2020) 9:2112

508 Cainzos, R.P., P. Koscinczuk, M.C. Ferreiro: Influencia de la temperatura ambiental sobre la presión arterial del perro. *Rev. Vet.* (2014) 25:154

509 Bruchim, Y., M. Horowitz, I. Aroch: Pathophysiology of Heatstroke in Dogs – Revisited. *Temperature.* (2017) 4:356–370

Abb. 1

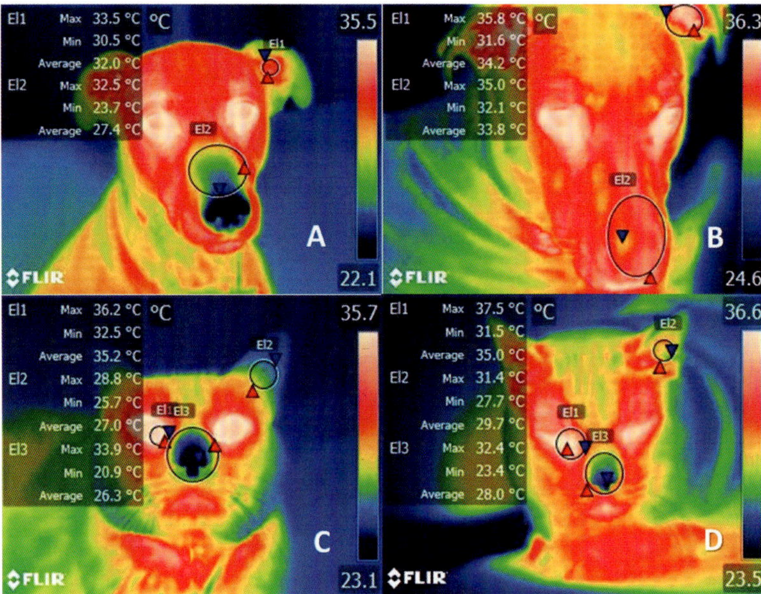

Vergleich der thermischen Reaktion von Kleidung bei Hunden und Katzen.
(A) Zweijährige Hündin ohne Pullover. Die Region des Gehörgangs (El1) hat einen Temperaturbereich zwischen 33,5 °C (rotes Dreieck) und 30,5 °C (blaues Dreieck), während im Nasenbereich (El2) vor dem Tragen eines Pullovers eine maximale Temperatur von 32,5 °C (rotes Dreieck) und eine minimale Temperatur von 23,7 °C (blaues Dreieck) herrscht. (B) Thermisches Muster desselben Hundes 8 Stunden nach dem Anziehen. Der Anstieg der maximalen Temperatur um 2,3 °C (rotes Dreieck) ist sowohl im Gehörgang als auch in der Nasengegend zu erkennen.
(C) Katze ohne Pullover. Die Gesichtsregion einer 8-jährigen mexikanischen Hauskatze ist abgebildet, wobei der Tränenkanal (El1), der Gehörgang (El2) und die Nasenregion maximale Temperaturen von 36,2 °C (rotes Dreieck), 28,8 °C bzw. 33,9 °C vor dem Tragen der Kleidung aufweisen.
(D) Wärmemuster der gleichen Katze 8 Stunden nach dem Anziehen eines Pullovers. Der Tränenkanal (El1) zeigte einen Anstieg von 1,3 °C (rotes Dreieck), während im Gehörgang (El2) und in der Nasengegend die Temperatur um 2,7 °C bzw. 1,7 °C (El3) anstieg.

Mit freundlicher Genehmigung aus der Studie Mota-Rojas, D.; C. Mariti; A. Zdeinert; G. Riggio; P. Mora-Medina; A. del Mar Reyes; A. Gazzano; A. Domínguez-Oliva; K. Lezama-García; N. José-Pérez; et al. Anthropomorphism and Its Adverse Effects on the Distress and Welfare of Companion Animals. Animals 2021, 11(11):3263

Dieser Prozess der Thermoregulation ist in der nächsten **Abbildung 2** (S. 275) dargestellt, wo die oberflächlichen Blutgefäße durch Vasodilatation und Vasokonstriktion zum Wärmeverlust bzw. zur Wärmespeicherung beitragen[510].

510 Reyes-Sotelo, B., D. Mota-Rojas, J. Martínez-Burnes, A. Olmos-Hernández, I. Hernández-Ávalos, N. José, A. Casas-Alvarado, J. Gómez, P. Mora-Medina: Thermal homeostasis in the newborn puppy: Behavioral and physiological responses. *J. Anim. Behav. Biometeorol.* (2021) 9:1–25

Unter bestimmten Bedingungen oder auf ärztliche Empfehlung kann Kleidung in kalten Umgebungen vor Unterkühlung schützen, wenn die Thermoregulation durch Zittern nicht ausreicht, um ein Körpergleichgewicht zu erhalten. In allen anderen Fällen ist das Anziehen von Kleidung – insbesondere aus Modegründen oder um Tiere zu verkleiden – kontraindiziert! Das gilt auch – und insbesondere – in der tiergestützten Intervention!

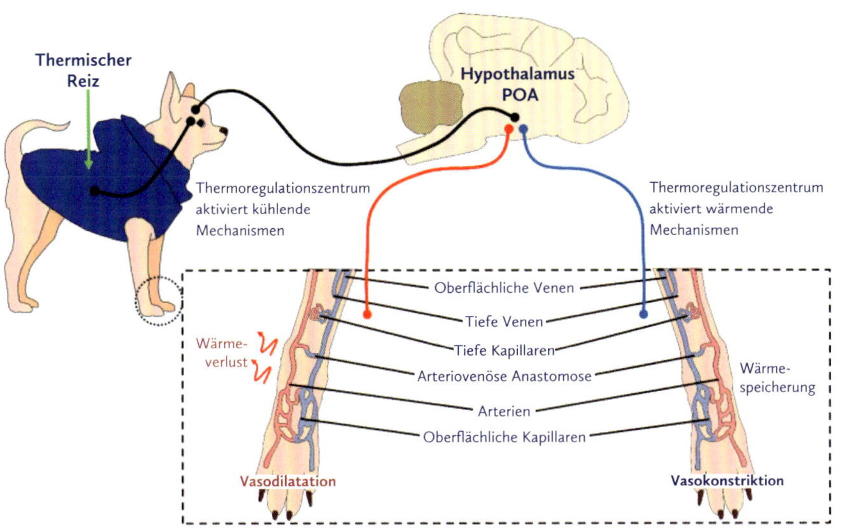

Mechanismus der peripheren Thermoregulation. Der POA (präoptischer Bereich) reagiert auf einen thermischen Reiz (kalt oder warm) und aktiviert das Thermoregulationszentrum im Hypothalamus. Dieser fördert Mechanismen zur Ableitung von Wärme oder zur Aufrechterhaltung von Wärme durch Veränderungen der Mikrozirkulation in der Haut. Wenn der POA aufgrund großer Hitze Kühlmechanismen aktiviert, führt die Vasodilatation der oberflächlichen Kapillaren und Blutgefäße an den Gliedmaßen zu einem Wärmeverlust und einem Absinken der Körperkerntemperatur. Wenn der POA dagegen in einer kalten Umgebung wärmende Mechanismen aktiviert, wird die Wärmeerhaltung zur Erhöhung der Körperkerntemperatur durch Vasokonstriktion dieser oberflächlichen Kapillaren durchgeführt, um den Blutfluss zu den kritischen Organen zu verlagern.

Mit freundlicher Genehmigung aus der Studie Mota-Rojas, D.; C. Mariti; A. Zdeinert; G. Riggio; P. Mora-Medina; A. del Mar Reyes; A. Gazzano; A. Domínguez-Oliva; K. Lezama-García; N. José-Pérez; et al. Anthropomorphism and Its Adverse Effects on the Distress and Welfare of Companion Animals. Animals 2021, 11(11):3263.

Eingeschränkte Mobilität und die Folgen für den Bewegungsapparat

Eine weitere menschliche Angewohnheit ist, die Hunde in ihrer körperlichen Aktivität einzuschränken, indem man sie in einer Tasche trägt oder sie über längere Zeit in einem Kinderwagen transportiert. Diese Praktiken können das Verhalten und das Wohlergehen von Hunden beeinträchtigen, da sie ihre Bewegungsfreiheit einschränken und damit auch ihre Fähigkeit, Umweltreize zu kontrollieren. Dies kann zur Entwicklung von emotionalen Störungen wie Phobien und Angstzuständen führen. Außerdem haben unnatürliche Haltungen negative körperliche Folgen. Wenn ihre Gliedmaßen gebeugt werden, verspüren Hunde möglicherweise ein kurzzeitiges Unbehagen, und mit der Zeit können sie ein so genanntes biomechanisches und metabolisches Syndrom entwickeln[511]. Wenn sich Tiere auf natürliche Weise bewegen, tun sie dies in verschiedenen Geschwindigkeiten und mit unterschiedlichen Formen der Fortbewegung – Gehen, Traben, Laufen –, um ihren Bewegungsapparat zu trainieren, der drei Hauptfunktionen hat: (1) Bewegung und Aufrechterhaltung einer korrekten Körperhaltung durch wiederholte Kontraktionen; (2) Speicherung von Aminosäuren, damit diese für den allgemeinen Stoffwechsel zur Verfügung stehen; und (3) Bereitstellung von Kohlenstoff für die Leber zur Glukoneogenese und zur Produktion von Glukose, die für den Energiebedarf benötigt wird. Wenn die Mobilisierung der Gliedmaßen eines Hundes behindert wird, können Atrophien und Muskelschäden durch Nichtgebrauch sowie orthopädische Erkrankungen aufgrund verminderter körperlicher Aktivität die Folge sein[512]. Dies gilt natürlich nicht bei einem geriatrischen oder verletzten Hund, dem so ermöglicht wird, an der Umwelt teilzuhaben!

Spaziergänge an ungeeigneten Orten und Verletzungen

Eine weitere Praxis ist, dass Hunde Schuhe aus verschiedenen Materialien tragen, um ihre Pfotenballen zu schützen. Es ist wichtig zu verstehen, dass die Ballen von Hunden dank ihrer dicken Hornschicht histologisch dazu prädisponiert sind, den Kontakt mit scheuernden Oberflächen auszuhalten. Da es sich hier um freiliegende Körperteile des Tieres handelt, kann ein äußerer Schutz, wie z. B. Schuhe, aufgrund des ständigen Scheuerns zu Verletzungen des Gewebes führen. Es ist wichtig, dass Hunde nicht auf stark reibenden Böden und bei hohen Temperaturen laufen, wie z. B. bei langen Spaziergängen in der Mittagshitze auf heißem Beton oder Asphalt der Straßen in der Stadt, da Erosion, Hitze oder Traumata ihre Pfotenballen

511 Holiday, B.: Why you Shouldn't Carry Your Small Dog. Available online: https://holidaybarn.com/blog/dangers-of-carrying-your-small-dog/

512 Chilibeck, P.D., D.G. Sale, C.E. Webber: Exercise and Bone Mineral Density. *Sport Med.* (1995) 19:103–122

verletzen können und zudem das Risiko eines Hitzeschlags besteht[513]. Wann ist es zu heiß? Machen Sie den sogenannten „5-S-Test". Dabei legen Sie ihren Handrücken fünf Sekunden lang auf den Beton oder Asphalt. Wenn Sie die Temperatur in diesen 5 Sekunden nicht aushalten können, dann wird es auch Ihr Hund nicht können!

Eine damit verbundene Praxis ist das lange Baden von Hunden, was jedoch die Haut der Ballen aufweicht und die Anfälligkeit für Verletzungen aller Art erhöht. Anstatt den Hunden Schuhe anzuziehen, sollten die Besitzer einfach darauf achten, dass alle Aktivitäten im Einklang mit der Biologie des Hundes durchgeführt werden und die Umweltbedingungen überwachen, um die Gesundheit und körperliche Unversehrtheit des Hundes nicht zu gefährden.

Ernährungsbedingte Veränderungen und Auswirkungen auf den Organismus

Hunde bevorzugen generell Produkte tierischen Ursprungs gegenüber pflanzlichen Lebensmitteln[514]und sie bevorzugen tierische Proteine und Fette. Außerdem favorisieren sie Feuchtfutter (40 – 60 % des HR) gegenüber Trockenfutter. Normalerweise nehmen Hunde keinen Zucker zu sich. Ernährungsveränderungen wie Junkfood können schwerwiegende Folgen für die Gesundheit von Hunden haben, wenn sie Lebensmittel erhalten, die den grundlegenden Nährstoffbedarf nicht decken, z. B. durch den Wegfall von Aminosäuren oder essenziellen Fettsäuren und/oder eine unzureichende Gesamtkalorienzufuhr. Der Verzehr von Trockenfutter zeigt, dass Hunde einfache Kohlenhydrate wie Monosaccharide (z. B. Glukose, Fruktose), Disaccharide (z. B. Maltose), Saccharose und Laktose zu mehr als 98 % verdauen können[515]. Für Getreide wird eine Verdaulichkeit von nahezu 90 % angegeben[516]. Studien haben gezeigt, dass Hunde Gene besitzen, die an der Synthese von Verdauungsenzymen beteiligt sind und Proteine besitzen, die mit der Verdauung von Stärke in Verbindung stehen[517]. Das zeigt eine evolutionäre Anpassung des Hundes an den Lebensraum des Menschen[518].

513 Viasus, P.: Patitas: Sistemas Termosensibles de Prevención, Cuidado y Recuperación de Lesiones en Animales de Compañía Caninos. Bogota, Colombia: Ph.D. Thesis, Universidad de Bogotá. (May 2020)

514 Desachy, F.: La Alimentación del Perro; De Vecchi, S., Ed.: De Vecchi Ediciones: Cuauhtémoc, Mexico: (2018) S. 1–140

515 Carciofi, A.C., F.S. Takakura, L.D. De-Oliveira, E. Teshima, J.T. Jeremias, M.A. Brunetto, F. Prada: Effects of six carbohydrate sources on dog diet digestibility and post-prandial glucose and insulin response. *J. Anim. Physiol. Anim. Nutr.* (2008) 92:326–336

516 Fortes, C.M.L.S., A.C. Carciofi, N.K. Sakomura, I.M. Kawauchi, R.S. Vasconcellos: Digestibility and metabolizable energy of some carbohydrate sources for dogs. *Anim. Feed Sci. Technol.* (2010) 156:121–125

517 Axelsson, E.; Ratnakumar, A.; Arendt, M.-L.; Maqbool, K.; Webster, M.T.; Perloski, M.; Liberg, O.; Arnemo, J.M.; Hedhammar, Å.; Lindblad-Toh, K. The genomic signature of dog domestication reveals adaptation to a starch-rich diet. *Nature* 2013, 495, 360–364

518 Arendt, M.; Cairns, K.M.; Ballard, J.W.O.; Savolainen, P.; Axelsson, E. Diet adaptation in dog reflects spread of prehistoric agriculture. *Heredity* 2016, 117, 301–306.

Kosmetika und deren Auswirkungen

In vielen Ländern sind Hunde (und andere Haustiere) zum Kindersatz geworden, was katastrophale Auswirkungen haben kann. Übermäßige Pflege (tägliches Baden), die Projektion menschlicher Schönheitsstandards (Frisuren, Pediküre, Maniküre, Kleidung, Haarfarbe) und keine Erfüllung tierischer Grundbedürfnisse wie Spaziergänge, Kontakt mit Artgenossen, Exploration usw. [519]. Die Praktiken im Zusammenhang mit Hygiene und Pflege haben sich von „Erhaltung der Gesundheit" zu einer Entwicklung, die mit menschlichen Vorstellungen von Mode verbunden ist, gewandelt[520]. Eine Praxis, die sich in asiatischen Ländern wie Japan, Korea und China immer größerer Beliebtheit erfreut, besteht darin, das Fell von Hunden und Katzen zu färben[521]. Derartige Tendenzen sind weit verbreitet, und viele Haustierbesitzer sind sich möglicherweise nicht der schädlichen Auswirkungen bewusst, die die in den Farbstoffen enthaltenen Chemikalien auf ihre Haustiere haben können[522]. Einige Verbindungen können die Haut und das Fell von Hunden und Katzen schädigen und Läsionen der Hautstrukturen verursachen. Außerdem besteht die Gefahr einer systemischen Vergiftung, wenn die Hunde die Farbstoffe bei der natürlichen Fellpflege z. B. dem Putzen, aufnehmen[523].

Ein weiterer schädlicher Aspekt der Anwendung von Kosmetika besteht darin, dass sie den Geruchssinn von Hunden beeinträchtigen kann. Es ist wichtig zu wissen, dass Hunde aufgrund der Absonderung chemischer Substanzen durch Drüsen in ihren Pfotenballen, Ohren und dem Anus charakteristische Gerüche haben. Diese Gerüche dienen der Kommunikation mit anderen Hunden. Hundehalter schicken ihre Hunde oft in Schönheitssalons, wo sie gebadet und mit Parfüm, Lotionen oder Duftstoffen behandelt werden. Diese Gerüche können dazu führen, dass die Hunde als fremd oder bedrohlich empfunden werden, wenn sie wieder mit Artgenossen in Kontakt kommen. Auch das Auftragen von Nagellack bei Hunden ist eine häufige Praxis, obwohl Berichte darauf hinweisen, dass diese Produkte für Hunde schädliche Stoffe enthalten und Allergien auslösen können[524 525].

519 Blaise, M. Situating Hong Kong Pet-Dog-Child Figures within Colonialist Flows and Disjunctures. *Glob. Stud. Child.* 2013, 3, 380–394

520 Brockman, B.K.; Taylor, V.A.; Brockman, C.M. The price of unconditional love: Consumer decision making for high-dollar veterinary care. *J. Bus. Res.* 2008, 61, 397–405

521 Chomel, B.B.; Sun, B. Zoonoses in the Bedroom. *Emerg. Infect. Dis.* 2011, 17, 167–172.

522 Jardes, D.J.; Ross, L.A.; Markovich, J.E. Hemolytic anemia after ingestion of the natural hair dye Lawsonia inermis (henna) in a dog. *J. Vet. Emerg. Crit. Care* 2013, 23, 648–651

523 Li, J.; Liu, J. Orthogonal experiment design to optimize the pet dog dyeing condition of Musa basjoo Siebold (MBS) & Lithospermum erythrorhizon (LE) mixed hair dye. *Med. Plant* 2018, 9, 114–118.

524 Baran, R.: Nail cosmetics: Allergies and irritations. *Am. J. Clin. Dermatol.* (2002) 3:547–555

525 Young, A.S., J.G. Allen, U.-J. Kim, S. Seller, T.F. Webster, K. Kannan, D.M. Ceballos: Phthalate and Organophosphate Plasticizers in Nail Polish: Evaluation of Labels and Ingredients. *Environ. Sci. Technol.* (2018) 52:12841–12850

Auswirkungen auf Emotionen und Verhalten

Ein Beispiel für die Risiken der anthropozentrischen Haltung von Hundebesitzern ist die weit verbreitete Annahme, dass Hunde zu Gefühlen wie Schuld und Boshaftigkeit fähig sind[526]. Nach Hecht und Kollegen ist Schuld ein bewusstes, bewertendes Gefühl, das aus der eigenen Wahrnehmung resultiert, gegen eine festgelegte Regel verstoßen zu haben[527]. Ein häufiges Szenario, bei dem Besitzer dem Hund diese Emotionen unterstellen, ist, wenn der Hund, nachdem er zu Hause allein gelassen wurde und aus Angst, Furcht oder Langeweile destruktives Verhalten gezeigt hat, eine unterwürfige und ängstliche Haltung einnimmt, sobald der Besitzer zurückkehrt. Für viele Besitzer ist diese Körperhaltung ein Zeichen dafür, dass Hund „weiß", dass er sich „falsch" benommen hat. Studien haben jedoch gezeigt, dass Hunde auch dann ein „schuldiges" Verhalten zeigen, wenn sie nicht für das unerwünschte Ereignis verantwortlich sind[528]. Darüber hinaus deuten die Ergebnisse von Horowitz und Kollegen[529] darauf hin, dass das, was gemeinhin als „schuldiges Verhalten" angesehen wird, vielmehr die Reaktion des Hundes auf das Verhalten des Besitzers bei der Wiederkehr ist (z. B. Schimpfen). Diese Ergebnisse zeigen, dass „schuldiges" Verhalten in dem beschriebenen Kontext nicht mit dem Bewusstsein für die Übertretung verbunden ist, sondern eher mit dem Versuch, das aggressive Verhalten des Besitzers beim Wiedersehen zu beschwichtigen. Bei wiederholten Situationen dieser Art kann der Hund in Erwartung der Rückkehr des Besitzers Angst entwickeln und Beschwichtigungsverhalten zeigen, auch wenn der Besitzer keine aggressiven Signale gibt.

In diesem Zusammenhang wird deutlich, wie sich Anthropomorphismus negativ auf das emotionale Wohlbefinden von Hunden auswirken kann. Dies gilt insbesondere für Hunde, die unter Trennungsangst leiden und für die die Rückkehr des Besitzers eigentlich die Lösung ihrer emotionalen Not darstellen sollte. Interpretiert dieser Besitzer das Beschwichtigungsverhalten des Hundes nicht nur als Ausdruck von Schuldgefühlen, sondern geht er auch davon aus, dass das zerstörerische Verhalten des Hundes durch Bosheit und nicht durch Panik motiviert ist, hat dies negative Konsequenzen für den Hund. Diese Besitzer neigen dann dazu, ihre Hunde für ihr zerstörerisches Verhalten zu bestrafen und verwandeln sich somit von einer Quelle potenzieller Sicherheit in eine zusätzliche Quelle der Angst[530]. Das Versagen des Besitzers, seinem Hund

526 Rooney, N., J. Bradshaw: Canine welfare science: An antidote to sentiment and myth. In: Horowitz, A., Ed.: *Domestic Dog Cognition and Behavior: The Scientific Study of Canis Familiaris*. Berlin/Heidelberg, Germany: Springer. (2014) S. 241–274

527 Hecht, J., Á. Miklósi, M. Gácsi: Behavioral assessment and owner perceptions of behaviors associated with guilt in dogs. *Appl. Anim. Behav. Sci.* (2012) 139:134–142

528 Vollmer, P.J.: Do mischievous dogs reveal their „guilt"? *Vet. Med. Small Anim. Clin.* (1977) 72:1002–1005

529 Horowitz, A.: Disambiguating the „guilty look": Salient prompts to a familiar dog behaviour. *Behav. Process.* (2009) 81:447–452

530 Rajecki, D., J.L. Rasmussen, C.R. Sanders, S.J. Modlin, A.M. Holder: Good Dog: Aspects of humans' causal attributions for a companion animal's ocial behavior. *Soc. Anim.* (1999) 7:17–34

Sicherheit zu geben, kann zur Entwicklung eines unsicheren Bindungsstils führen[531] [532], der in der humanpsychiatrischen Literatur mit einer Reihe von psychopathologischen Störungen in Verbindung gebracht wird, wie z. B. Angststörungen[533], Depressionen[534], Panikstörungen[535], Aggressivität [536], und Zwangsstörungen[537].

Anthropomorphismus kann auch dazu führen, dass der Besitzer die Gefühle des Hundes bei vermeintlich positiven Interaktionen missversteht. Zum Beispiel umarmen viele Besitzer ihre Hunde in verbindenden Situationen. Das Umarmen ist jedoch ein menschlicher Ausdruck von Zuneigung, der von Hunden nicht immer toleriert wird[538]. Während sich manche Hunde an die Zuneigungsbekundungen ihres Besitzers anpassen und diese notgedrungen tolerieren, empfinden die meisten Hunde das Umarmen als ein invasives Verhalten, das ihre Fähigkeit zur Kontrolle der Umgebung einschränkt. Außerdem wird das Umarmen oft mit dem Beugen über den Hund oder mit Nähe oder Kontakt von Angesicht zu Angesicht in Verbindung gebracht, was als bedrohliches Verhalten interpretiert werden kann. Daher ist es nicht verwunderlich, dass den meisten Hundebissen im Gesichtsbereich diese Art von menschlichem Verhalten vorausgeht[539]. Auch wenn keine aggressive Reaktion erfolgt, kann der Hund Stresssignale zeigen, die sein Unbehagen darüber zum Ausdruck bringen, dass er zu solchen Interaktionen gezwungen wird[540], die zudem auch noch (mehrmals?!) täglich stattfinden. Auch aus diesem Grund wird in der tiergestützten Interaktion der Hund niemals von Klienten umarmt!

Die Auswirkungen des Anthropomorphismus auf das psychologische Wohlergehen von Hunden beschränken sich nicht nur auf die emotionalen Folgen. Bei vielen

531 Solomon, J., A. Beetz, I. Schöberl, N. Gee, K. Kotrschal: Attachment security in companion dogs: Adaptation of Ainsworth's strange situation and classification procedures to dogs and their human caregivers. *Attach. Hum. Dev.* (2019) 21:389–417

532 Riggio, G., A. Gazzano, B. Zsilák, B. Carlone, C. Mariti: Quantitative behavioral analysis and qualitative classification of attachment styles in comestic dogs: Are dogs with a secure and an Insecure-Avoidant attachment different? *Animals.* (2020) 11:14

533 Schimmenti, A., A. Bifulco: Linking lack of care in childhood to anxiety disorders in emerging adulthood: The role of attachment styles. *Child Adolesc. Ment. Health.* (2015) 20:41–48

534 Spruit, A., L. Goos, N. Weenink, R. Rodenburg, H. Niemeyer, G.J. Stams, C. Colonnesi: The relation between attachment and depression in children and adolescents: A multilevel meta-analysis. *Clin. Child Fam. Psychol. Rev.* (2020) 23:54–69

535 Manicavasagar, V., D. Silove, C. Marnane, R. Wagner: Adult attachment styles in panic disorder with and without comorbid adult separation anxiety disorder. *Aust. N. Z. J. Psychiatry.* (2009) 43:167–172

536 Mikulincer, M., P.R. Shaver: Attachment, anger, and aggression. In: Shaver, P.R., M. Mikulincer, Eds.: *Human Aggression and Violence: Causes, Manifestations, and Consequences*. Washington, DC, USA: American Psychological Association. (2010) S. 241–257

537 van Leeuwen, W.A., G.A. van Wingen, P. Luyten, D. Denys, H.J.F. van Marle: Attachment in OCD: A meta-analysis. *J. Anxiety Disord.* (2020) 70:102187

538 Landsberg, G., W. Hunthausen, L. Ackerman: *Behavior Problems of the Dog and Cat,* 3rd ed. Edinburgh, Scotland: Saunders Elsevier. (2011) S. 1–454

539 Cavalcanti, A.L., E. Porto, B.F. dos Santos, C.L. Cavalcanti, A.F.C. Cavalcanti: Facial dog bite injuries in children: A case report. *Int. J. Surg. Case Rep.* (2017) 41:57–60

540 Meints, K., V. Brelsford, T. De Keuster: Teaching children and parents to understand dog signaling. *Front. Vet. Sci.* (2018) 5:1–13

Hunderassen wurde die Selektion stark von menschlichen Tendenzen beeinflusst[541]. Die Zucht und Selektion der Hunde nach physischen Merkmalen erleichtert es dem Menschen oft, ihnen Gefühle zuzuordnen, die das Wohlergehen des Hundes ernsthaft beeinträchtigen können. Der schlimmste und offensichtlichste Fall ist der der brachyzephalen Rassen (siehe S. 242). Bei diesen Hunden hat sich die künstliche Selektion auf die Betonung von Merkmalen konzentriert, die dem Kindchenschema entsprechen wie z. B. flache Gesichter, runde Wangen, große Augen, kurze Gliedmaßen und sogar Ungeschicklichkeit bei Bewegungen[542]. Die Folge dieser pädomorphen Merkmale ist die Entstehung des brachyzephalen obstruktiven Atemwegssyndroms (BOAS), das zahlreiche lebenswichtige Funktionen wie Atmung, Sauerstoffversorgung des Gewebes, Wärmeregulierung und Verdauung beeinträchtigt[543,544] und die Lebensqualität dieser Hunde stark einschränkt. Darüber hinaus können sich die abnormen körperlichen Merkmale brachyzephaler Hunde negativ auf ihre mimischen Fähigkeiten auswirken und folglich ihre Fähigkeit zur Kommunikation mit Artgenossen beeinträchtigen (siehe auch S. 242). Dies kann zu schwerwiegenden innerartlichen Konflikten führen, die nicht nur die körperliche Unversehrtheit dieser Hunde gefährden, sondern auch ihre Möglichkeiten verringern, ein normales und erfülltes innerartliches Sozialleben zu führen.

Hunderassen, die auf kindähnliche Eigenschaften und eine sehr kleine („Teacup") Größe selektiert wurden, veranlassen ihre Besitzer eher dazu, beschützende Verhaltensweisen zu zeigen. Leider können einige davon, wie das Verhindern von Interaktionen mit anderen Hunden und das Herumtragen der Hunde in Taschen, die kognitive und emotionale Entwicklung einschränken. Diese Praktiken reduzieren die Anzahl der Erfahrungen, die Hunde im täglichen Leben machen können oder dürfen, und begrenzen folglich ihre Fähigkeit, Strategien zur Bewältigung von Umwelt- und sozialen Reizen zu entwicklen. Die Hunde werden daran gehindert, ihre Fähigkeiten zur Anpassung an äußere Veränderungen angemessen zu entwickeln. Infolgedessen kann selbst der kleinste Stressor als unüberwindbare Herausforderung empfunden werden. Zudem beeinträchtigen diese Praktiken durch die Einschränkung der Bewegungsfreiheit die Selbstwahrnehmung des Hundes hinsichtlich der Kontrolle über seine Umgebung. Der tatsächliche oder wahrgenommene Mangel an Kontrolle über äußere Ereignisse gilt seit langem als einer der Hauptauslöser für die Entwicklung von Panik- und Angststörungen sowohl bei Menschen als auch bei Hunden[545].

541 Serpell, J.: Anthropomorphism and Anthropomorphic Selection – Beyond the „Cute Response". *Soc. Anim.* (2002) 10:437–454

542 Steinert, K., F. Kuhne, M. Kramer, H. Hackbarth: People's perception of brachycephalic breeds and breed-related welfare problems in Germany. *J. Vet. Behav.* (2019) 33:96–102

543 Aromaa, M., L. Lilja-Maula, M. Rajamäki: Assessment of welfare and brachycephalic obstructive airway syndrome signs in young, breeding age French Bulldogs and Pugs, using owner questionnaire, physical examination and walk tests. *Anim. Welf.* (2019) 28:287–298

544 Schatz, K.Z., E. Engelke, C. Pfarrer: Comparative morphometric study of the mimic facial muscles of brachycephalic and dolichocephalic dogs. *Anat. Histol. Embryol.* (2021) 50:863–875

545 Chorpita, B.F., D.H. Barlow: The development of anxiety: The role of control in the early environment. *Psychol. Bull.* (1998) 124:3–21

Anthropomorphismus und Auswirkungen auf die öffentliche Gesundheit

Einer der Hauptgründe, warum Menschen Hunde halten, ist die enge emotionale Bindung, die sie zu ihnen entwickeln. Aus Berichten geht jedoch hervor, dass etwa 60 % der durch Pilze, Viren und Bakterien verursachten Infektionskrankheiten beim Menschen durch Tiere übertragen werden[546]. Dies erhöht das Risiko einer Übertragung durch Zoonosen[547]. Beispielsweise lecken Hunde als Teil ihres normalen biologischen Verhaltens den Anus, sodass bakterielle Erreger des Magen-Darm-Trakts wie Salmonellen, E. coli, Clostridium und Campylobacter in ihrer Mundhöhle vorhanden sein können. Wenn sie nun Gesicht und Lippen von Menschen lecken, gilt dies als ein möglicher Übertragungsweg für diese Erreger.

Im **Fazit** heißt dass, das Anthropomorphismus oder Vermenschlichung unserer Hunde Folgen haben kann, die sich negativ auf deren Wohlergehen auswirken können. Wir müssen verstehen, dass unsere Hunde zwar gewisse Ähnlichkeiten mit menschlichen Merkmalen oder Charakterzügen und Verhalten zu haben scheinen, aber sie eben keine Menschen sind! Wir müssen auch erkennen, dass Hunde unterschiedliche biologische Bedürfnisse haben, die je nach Rasse, Alter, physiologischem und psychologischem Zustand befriedigt werden müssen. Häufig sehen wir in den sozialen Netzwerken und auf unterschiedlichen tiergestützten Homepages oder in Artikeln Fotos von verkleideten Hunden. Auf den ersten Blick erscheinen die Bilder süß und lustig – aber sehen die Hunde das genauso? Ein Hund, dem ein Kostüm suspekt ist, der Angst hat oder besonders unsicher ist, hat Stress. Viele Kostüme schränken zudem die natürlichen Bewegungen der Hunde stark ein. Und mit Respekt und Gleichwertigkeit haben Kostüme ganz sicher nichst zu tun! In der TGI haben wir einen Vorbildcharakter! Deswegen: keine Kostüme, Hütchen, lackierte Nägel für unsere Teampartner!

546 Breedlove, B., P.M. Arguin: Anthropomorphism to Zoonoses: Two Inevitable Consequences of Human-Animal Relationships. *Emerg. Infect. Dis.* (2015) 21:2282–2283

547 Day, M.J., E. Breitschwerdt, S. Cleaveland, U. Karkare, C. Khanna, J. Kirpensteijn, T. Kuiken, M.R. Lappin, J. McQuiston, E. Mumford, et al.: Surveillance of Zoonotic Infectious Disease Transmitted by Small Companion Animals. *Emerg. Infect. Dis.* (2012) 18

25. Welche Faktoren beeinflussen den Stresslevel der TGI-Hunde?

Stress bezeichnet zum einen durch spezifische äußere Reize – Stressoren – hervorgerufene physische und psychische Reaktionen bei Lebewesen, die zur Bewältigung besonderer Anforderungen befähigen, und zum anderen die dadurch entstehende körperliche und geistige Belastung[548].

Stress beim Hund ist also auf den ersten Blick vollkommen natürlich und sogar überlebenswichtig. Durch Stress mobilisiert der Körper alle Ressourcen, um im Fall der Fälle bereit zu sein. Es ist wie ein Alarmknopf, der automatisch aktiviert wird. Es wird Adrenalin und Kortisol ausgeschüttet. Wie auch beim Menschen führt dies zu einer höheren Herz- und Atemfrequenz und der Blutdruck sowie der Blutzuckerspiegel steigen. Nach einer akuten Reaktion durch Stress folgt im Normalfall eine Erholungsphase. Hierdurch gelangt der Körper wieder ins Gleichgewicht.

Das transaktionale[549] Modell von Lazarus, das Stress als Interaktion des Individuums mit seinen Umgebungsbedingungen ansieht, beschreibt zudem psychosoziale Faktoren, die zur Entstehung von Stress beitragen[550]. Lazarus[551] unterteilt die Stressentstehung in ein Drei-Phasenmodell aus erster und zweiter Bewertung und einer Phase der Neubewertung. Ein weiteres Stressmodell wurde von Hans Selye entwickelt[552]. Dieser Erklärungsansatz betrachtet Stress aus einer biologischen Perspektive und Stressreaktionen als immer gleich im Körper ablaufende Aktivierungsmuster, die ein Optimum an Energie für unmittelbare Kampf- und Fluchtreaktionen zur Verfügung stellen sollen. Stress trägt, egal ob kurz- oder langfristig, dazu bei, dass eine hormonelle sowie vegetative Anpassung an den jeweiligen Zustand erfolgt. Selye beschreibt die Stressreaktion als aktive Anpassung an eine Situation. Hierbei

548 https://de.wikipedia.org/wiki/Stress

549 Transaktionale Führung bezeichnet einen Führungsstil, der auf einem Austauschverhältnis zwischen einer Führungskraft und ihrem Mitarbeiter beruht.

550 Bundesministerium für Gesundheit. *Ratgeber zur Prävention und Gesundheitsförderung,* 9. Auflage. Berlin: Bundesministerium für Gesundheit-Referat Öffentlichkeitsarbeit. (2016)

551 Lazarus, Richard S.: *Stress and Emotion. A new Synthesis.* London: Free Association Books (1999)

552 Selye, H.: *Stress in health and disease.* Woburn (MA): Butterworth (1976)

unterscheidet er zwei Arten von Stress, den sogenannten „positiven Stress" (Eustress) und „negativen Stress" (Disstress).

Es kann diskutiert werden, ob es für den Körper des Hundes einen Unterschied macht und ob man diese Unterscheidung noch aufrechterhalten kann, da die körperlichen Reaktionen in beiden Fällen sehr ähnlich sind und auch lang anhaltender Eustress zu mentaler Erschöpfung bis hin zum Burnout führen kann.

Stress kann sich durch ein Ungleichgewicht zwischen den Anforderungen der Umwelt und den persönlichen Ressourcen, z. B. Möglichkeiten, Fähigkeiten oder Coping-Strategien entwickeln. Er kann durch physische (z. B. Wärme, Kälte, mechanische Einflüsse, Schmerzen) und psychische Reize (z. B. Überforderung/Unterforderung, Strafe, Verlust eines Partners, Angst) ausgelöst werden. Bei Stressreaktionen, die dem Körper oftmals höchste Aufmerksamkeit und Fluchtbereitschaft abverlangen, sorgt die Aktivierung des Sympathikus für eine Stimulation der Nebennieren und des Nebennierenmarks, das eine Hormonausschüttung von Kortisol, Adrenalin und Noradrenalin bewirkt.

Unsere Hunde, insbesondere im tiergestützten Setting, werden regelmäßig vieler dieser Reize ausgesetzt. Sie sollen perfekte Alltagsbegleiter sein, überall entspannen können, freundlich und zugänglich für und zu jedermann. Sie sind mit unzähligen Geräuschen und Gerüchen, taktilen, haptischen, visuellen und chemischen Reizen konfrontiert.

Kann der Hund diese Stressreaktionen nicht ausgleichen, weil diese zu häufig oder zu lang auftreten, kann sein Stresszustand chronisch werden. Hunde, die unter Stress stehen, reagieren auf Reize extremer, haben oft eine hohe Aggressionsbereitschaft und eine geminderte Konzentration, Leistungsbereitschaft und -fähigkeit. Körperliche Folgen sind ein geschwächtes Immunsystem, was wiederum zu einer höheren Anfälligkeit für Krankheiten führt. Und Hunde haben ein Stressgedächtnis – ist eine Negativerfahrung abgespeichert, wird die Situation schon im Vorfeld Stress auslösen. Reize, Geräusche, Gerüche oder bestimmte Personen können dann sehr schnell zum Stressor werden!

Deswegen ist in der hundgestützten Intervention das Hauptaugenmerk auf die Befindlichkeit des Hundes zu legen und genau zu evaluieren, wo, warum, wann und wie lange er Stress hat und ob er angemessene Coping-Strategien gelernt hat, um ihn durch eine hohe Resilienz zu schützen.

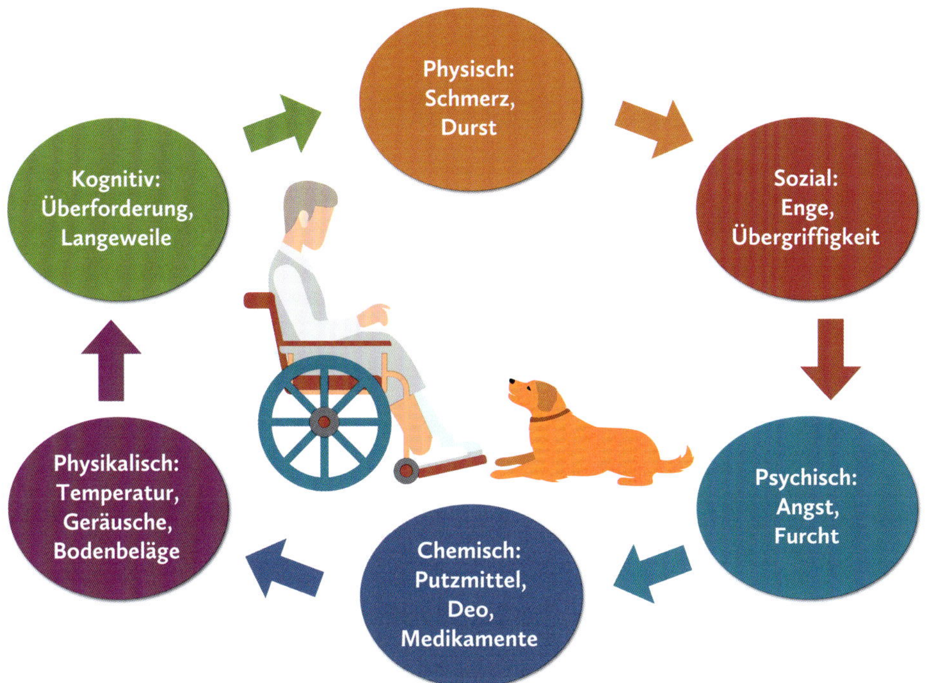

© *Foltin, S.: Verschiedene Stressoren im hundgestützten Einsatz*

Die Studie

Erkennen und Minderung von Stress bei Hunden in der tiergestützter Intervention

Townsend, L., N.R. Gee: Recognizing and Mitigating Canine Stress during Animal Assisted Interventions. Vet. Sci. (2021) 8:254

Die Kenntnis der Merkmale und der Umgebung, in der TGI stattfindet, ist für das Wohlergehen und den Komfort der teilnehmenden Hunde unerlässlich. Die IAHAIO hat das Wohlergehen der Tiere offiziell in ihre Leitlinien aufgenommen und sagt, dass TGI „nur mit Hilfe von Tieren durchgeführt werden sollte, die sowohl körperlich als auch emotional gesund sind und die diese Art von Aktivität genießen“[553]. Die Bereitschaft des Tieres, sich auf Interaktionen mit dem Menschen einzulassen, ist ein wesentliches Element der Bewertung des Therapiebegleithundes durch Pet Partners, und das Trainingsprogramm unterstreicht das YAYABA-Konzept („You are Your Animal‘s Best Advocate“), das die wichtige Rolle des Hundemenschen bei der Gewährleistung des Wohlbefindens seines Hundes während der TGI

553 Jegatheesan, B., A. Beetz, E. Ormerod, R. Johnson, A. Fine, K. Yamazaki, C. Dudzik, R.M. Garcia, M. Winkle, G. Choi: The IAHAIO definitions for animal assisted intervention and guidelines for wellness of animals involved in AAI. In: Fine, A.H., Ed.: *Handbook on Animal-Assisted Therapy,* 5th ed. London, UK: Elsevier Academic Press. (2019) S. 500–501

symbolisiert[554]. Das Konzept der „Passgenauigkeit" wurde auf den Prozess der Auswahl von Hunden mit einem bestimmten Temperament, Vorlieben und Energieleveln angewandt, die auf den Kontext, in dem TGI stattfindet, abgestimmt sind[555]. Um die Bereitschaft des Hundes, sich einzubringen und sich auf Interaktionen mit Klienten einzulassen, einschätzen zu können, brauchen wir Instrumente, die diese bewerten.

Fortschritte im Verständnis von Kognition und Verhalten haben zu der Erkenntnis geführt, dass Hunde zu komplexem Denken[556]fähig sind und komplexe Emotionen[557], einschließlich Empathie[558], erleben. Die Anerkennung der Tatsache, dass Hunde eine Reihe von Emotionen erleben, muss als Katalysator für Bemühungen dienen, sicherzustellen, dass sie nicht einfach als „Werkzeuge" für die Erbringung von Dienstleistungen „benutzt" werden, sondern als fühlende Wesen behandelt werden, die die Vor- und Nachteile ihrer therapeutischen Rolle ähnlich wie ihre menschlichen Partner erleben.

Die Hauptaufgaben des Therapiehundemenschen ist es daher, das Wohlbefinden seines Hundes zu beobachten und zu jedem Zeitpunkt zu gewährleisten. Dazu gehört es, gleichzeitig die Stresssignale des Hundes zu erkennen, die Umgebung im Auge zu behalten, Umstände zu schaffen, die der Hund als lohnend empfindet und mit dem Klienten zu interagieren, der die TGI erhält. Da jeder Hund seine individuellen Stresssymptome zeigt, muss der Hundemensch seinen Hund gut kennen und sich die Zeit nehmen, ihn mit der Therapieumgebung vertraut zu machen. Wissenschaftliche Bewertungen von Stress bei Hunden müssen multimodal sein und mehrere verhaltensbezogene und physiologische Parameter bewerten[559].

Obwohl das wissenschaftliche Verständnis der Freude von Hunden erst im Entstehen begriffen ist, gibt es immer mehr Hinweise darauf, dass Hunde Freude empfinden und kommunizieren. Zu den Anzeichen dafür, dass ein Hund eine Aktivität oder Umgebung als angenehm empfindet, gehören eine entspannte Körperhaltung, ein offenes Maul und eine Bewegung in Richtung der Interaktion oder Aktivität[560]. Biologische Studien belegen eine Verbesserung der neuroendokrinen Parameter

554 Our Therapy Animal Program. Available online: https://petpartners.org/volunteer/our-therapy-animal-program/

555 Van Fleet, R.: What It Means to be Humane in Animal-Assisted Interventions. Available online: http://citeseerx.ist.psu.edu/viewdoc/download?doi=10.1.1.1050.4169&rep=rep1&type=pdf

556 Bensky, M.K., S.D. Gosling, D.L. Sinn: The world from a dog's point of view: A review and synthesis of dog cognition research. In: Brockmann, H.J., T.J. Roper, M. Naguib, J.C. Mitani, L.W. Simmons, L. Barrett, Eds.: *Advances in the Study of Behavior*. Amsterdam, The Netherlands: Elsevier Academic Press. (2013) S. 210–405

557 Berns, G.: Decoding the canine mind. *Cerebrum.* (2020) cer-04-20

558 Bekoff, M., J. Goodall: *The Emotional Lives of Animals: A Leading Scientist Explores Animal Joy, Sorrow, and Empathy – and Why They Matter*. Novato, CA, USA: New World Library. (2008)

559 Hiby, E.F., N.J. Rooney, J.W. Bradshaw: Behavioural and physiological responses of dogs entering re-homing kennels. *Physiol. Behav.* (2006) 89:385–391

560 Aloff, B.: *Canine Body Language: A Photographic Guide*. Wenatchee, WA, USA: Dogwise Publishing. (2005) 16

(Anstieg von ß-Endorphin, Oxytocin, Prolaktin, Phenylessigsäure und Dopamin) und des Blutdrucks sowohl bei Menschen als auch bei Hunden nach kurzen, positiven Interaktionen[561].

In dem Maße, in dem das Verständnis für die kognitiven und emotionalen Fähigkeiten von Hunden gewachsen ist, hat sich die Aufmerksamkeit zunehmend darauf gerichtet, ihr Leben zu bereichern (Enrichment). Neurobiologische Erkenntnisse deuten darauf hin, dass Enrichment mit einem geringeren Verlust von Hippocampus-Neuronen bei alternden Hunden einhergeht[562]. Enrichment wurde auch mit einer höheren sozialen Reaktionsfähigkeit und einem geringeren Problemverhalten bei Tierheimhunden in Verbindung gebracht[563]. Die Bereicherung sollte ein breites Spektrum an sozialen und sensorischen Erfahrungen umfassen, einschließlich neuer Aktivitäten, Interaktionen mit Menschen und anderen Artgenossen sowie Geschmacks-, Geruchs- und auditiven Wahrnehmungen[564].

Hunde zeigen eine Vielzahl von Verhaltensweisen, die Stress und Stresssituationen signalisieren. Die Interpretation dieser Stresssignale ist von entscheidender Bedeutung, um sich richtig vorzubereiten und sich dann effektiv und wirksam für das Wohlergehen der Hunde einzusetzen, die an TGI beteiligt sind. Studien mit Hundebesitzern haben gezeigt, dass sie selbst bei ihren eigenen Hunden Anzeichen von Stress häufig nicht erkennen[565]. Rechtzeitiges und reaktionsschnelles Handeln setzt voraus, dass die Menschen mit den Kommunikationsmustern der Rassen, mit denen sie arbeiten, vertraut sind, mit dem normalen Verhalten ihres Hundes und mit der Art und Weise, wie ihr Hund Stress zeigt. Frühe Stresssignale können sehr subtil sein, sodass die Hundemenschen während der gesamten TGI-Zeit auf ihre Hunde und deren Kommunikation fokussiert bleiben müssen.

Vermeidungsverhalten:

Hunde, die sich in einer Situation unsicher oder überfordert fühlen, zeigen Anzeichen von Vermeidung. Dazu gehören das Wegschauen, das Heben einer Pfote, das sich an den Hundemenschen drücken bis hin zum tatsächlichen Verstecken unter Gegenständen oder in Ecken. Subtiles Vermeidungsverhalten wie Schnüffeln oder Gähnen wird von vielen Hundemenschen häufig ignoriert oder falsch interpretiert. Während einer Mensch-Hund-Interaktion in einer belebten Umgebung oder einem

561 Odendaal, J.S., R.A. Meintjes: Neurophysiological correlates of affiliative behaviour between humans and dogs. *Vet. J.* (2003) 165:296–301

562 Siwak-Tapp, C.T., E. Head, B.A. Muggenburg, N.W. Milgram, C.W.: Cotman, Region specific neuron loss in the aged canine hippocampus is reduced by enrichment. *Neurobiol. Aging.* (2008) 29:39–50

563 Wells, D.L.: A review of environmental enrichment for kennelled dogs, Canis familiaris. *Appl. Anim. Behav. Sci.* (2004) 85:307–317

564 Animal Enrichment Best Practice. Available online: https://cdn.ymaws.com/theaawa.org/resource/resmgr/files/2018_files/The_Association_Animal_BP.pdf

565 Mariti, M., A. Gazzano, J.L. Moore, P. Baragli, L. Chelli, C. Sighieri: Perception of dogs' stress by their owners. *J. Vet. Behav.* (2012) 7:213–219

unruhigen Setting beispielsweise mit zu vielen Teilnehmern können Vermeidungssignale und Übersprunghandlungen unbemerkt bleiben, ignoriert oder vom Hundemenschen aktiv unterdrückt werden, um den Hund zu zwingen, sich mit dem Empfänger in die Interaktion zu begeben.

Blickkontakt:

Hunde kommunizieren mit dem Menschen auf mannigfache Weise durch gezielte referenzielle Blicke und suchen bei ihren Haltern, aber auch Fremden nach Informationen über die Sicherheit einer Situation bei mehrdeutigen Reizen[566]. Verhaltensstudien deuten darauf hin, dass Hunde mit einer unsicheren Bindung zu ihren Hundemenschen häufiger den Blickkontakt während TGI-Sitzungen suchen (siehe S. 82). In einer Studie, in der die Blickkontaktdauer von drei Hunderassen untersucht wurde, wurde festgestellt, dass Retriever menschliche Gesichter signifikant länger anschauen als Deutsche Schäferhunde oder Pudel[567].

Freezing:

Freezing zeichnet sich durch Körperhaltungen aus, die den Körper kleiner erscheinen lassen, um gefährdete Bereiche des Körpers schützen. Ein Ziel des Einfrierens ist es, die eigene Sichtbarkeit zu minimieren; ein anderes ist es, ein beruhigendes deeskalierendes friedfertiges Signal (Calming Signal) an den Gegenüber zu senden. Diese Verhaltensweisen können oft als letzte Bemühung zur Konfliktvermeidung angesehen werden und gehen häufig einer Aggression voraus[568].

Zustimmung/Ablehnung an der Teilnahme einer Interaktion durch den Hund:

Obwohl Hunde ihr Einverständnis zur Interaktion mit Menschen nicht verbal ausdrücken können, drücken sie ihre Zustimmung und Ablehnung durch ihre Körpersprache und ihr Verhalten aus[569]. Der „Zustimmungstest für Hunde"(„canine consent test"[570]) empfiehlt, dass Menschen sich Hunden in einer nicht bedrohlichen, seitlichen Haltung nähern und dem Hund sanft eine offene Handfläche in Brusthöhe anbieten. Ein Hund, der regungslos bleibt oder sich wegbewegt, signalisiert seine Ablehnung. Ein Hund, der sich auf die dargebotene Hand zubewegt und Körperkontakt aufnimmt, signalisiert seine Bereitschaft, sich berühren zu lassen. Wenn man Hunden die Möglichkeit gibt, ihr Einverständnis zu geben und ihren Wunsch respektiert, abzulehnen und sich von einer Interaktion zu entfernen, stärkt

566 Merola, I., E. Prato-Previde, S. Marshall-Pescini: Dogs' social referencing towards owners and strangers. *PLoS ONE.* (2012) 7:e47653

567 Jakovcevic, A., A.M. Elgier, A.E. Mustaca, M. Bentosela: Breed differences in dogs' (Canis familiaris) gaze to the human face. *Behav. Process.* (2010) 84:602–607

568 Rugaas, T.: *On Talking Terms with Dogs: Calming Signals*, 2nd ed. Wenatchee, WA, USA: Dogwise Publishing. (2005)

569 Serpell, J.A., K.A. Kruger, L.M. Freeman, J.A. Griffin, Z.Y. Ng: Current standards and practices within the therapy dog industry: Results of a representative survey of United States therapy dog organizations. *Front. Vet. Sci.* (2020) 7:35

570 Consent: It's Not Just for People! Available online: https://positively.com/contributors/consent-its-not-just-for-people/

dies die Bindung zwischen Mensch und Hund und ist ein Vorbild für positive Beziehungen für die an der Interaktion beteiligten Empfänger[571].

Umweltfaktoren, die zu Stress bei Hunden beitragen

Menschenmengen:

Hunde müssen sich oft in Umgebungen zurechtfinden, in denen viele Menschen anwesend sind. Selbst wenn sie im Einzelsetting eingesetzt werden, kann es vorkommen, dass sie vorher durch einen überfüllten Raum gehen oder dort warten müssen. In Krankenhäusern, in denen viel los ist, verbringen Hunde ihre Zeit möglicherweise in belebten Fluren oder in Aufzügen, in denen viele Menschen auf engem Raum zusammengedrängt sind. In überfüllten Bereichen kommt es in der Regel zu einem erhöhten Geräusch- und Geruchspegel, und es können Musik, kleine Kinder, die sich schnell bewegen, Rettungskräfte und viele andere Reize präsent sein. Überfüllte Orte werden oft von mehr Verkehr oder Baustellen bei der Anfahrt zum Ort und/oder in der Nähe des Ziels begleitet, was zusätzliche Geräusche (Lkw- oder Busmotoren, Hupen usw.), Gerüche (Abgase) und Verzögerungen (die zur Eile zwingen) mit sich bringt.

Schule und Klassenzimmer:

In Klassenräumen treffen die Hunde meist auf viele Personen, darunter Kinder unterschiedlichen Alters mit unterschiedlichen Fähigkeiten. Das Verhalten der Kinder kann laut, übergriffig und spontan sein. Die Gänge haben unterschiedliche Untergründe, manche Räume schallen sehr und riechen nach Putzmittel. Schlechtestenfalls läutet die Schulglocke und alle Kinder rennen schreiend zum Pausenhof. Hunde stehen oft im Mittelpunkt einer Lernaktivität und können von Kindern umringt sein, die alle gleichzeitig mit dem Hund interagieren wollen. Vielen Kindern wurde der richtige Umgang mit einem Hund nicht beigebracht, sodass der Hund übergriffigem Verhalten ausgesetzt ist, z. B. Umarmungen oder anderen Verhaltensweisen, die unangemessen sind und den Hund in Stress versetzen. Sehr junge Kinder verstehen möglicherweise nicht, dass Hunde keine Puzzleteile fressen sollten, dass Lego-Steine nicht in das Ohr des Hundes gesteckt werden sollten oder dass das Berühren des Hundes an einer empfindlichen Stelle für den Hund schmerzhaft oder erschreckend sein kann!

571 VanFleet, R., T. Faa-Thompson: Control, Compassion, and Choices. Available online: https://play-therapy.com/playful-pooch/images_resources/ADPT_2011_ControlCompassionChoicesPart1.pdf

Krankenhaus:

Hunde, die in Krankenhäusern arbeiten, können einer Vielzahl von Sinneseindrücken ausgesetzt sein, z. B. Gerüchen von Körperflüssigkeiten oder Reinigungsmitteln, dem Anblick und den Geräuschen medizinischer Geräte, sich schnell bewegenden Mitarbeitern, Menschenmassen und Menschen, die intensive Gefühle zeigen. Es kann vorkommen, dass Medikamente versehentlich auf den Boden fallen oder dass einem Patienten das Essen serviert wird, während der Hund im Zimmer ist. Die Umstände können sich schnell ändern und von einer ruhigen, gelassenen Interaktion zu einer intensiven, dringenden Aktivität eskalieren. Viele Krankenhäuser befinden sich in dichten, städtischen Umgebungen, sodass der Hund auf überfüllten Straßen in der Nähe von starkem Verkehr, hektischen Menschenbewegungen und Baustellen laufen muss.

Einzelsettings:

Interaktionen mit Einzelpersonen bieten zwar eine ruhigere Umgebung, doch sind diese Settings mit besonderen Stressfaktoren verbunden. Ein Therapiebegleithund kann in einem kleinen Raum oder Büro mit geschlossener Tür sein, was ein Gefühl der Beengtheit erzeugt. Je nach Problem des Klienten können die Hunde atypischen körperlichen Verhaltensweisen und dem Ausdruck intensiver Emotionen ausgesetzt sein. In manchen Fällen versuchen Klienten, den Hund zu umarmen und zu halten, während sie ihre Emotionen zum Ausdruck bringen, aber dieses Verhalten kann für den Hund alarmierend und unangenehm sein.

Geräuschpegel und Dringlichkeit:

Unterschiedliche therapeutische Umgebungen haben ein unterschiedliches Arbeitstempo. Eine ruhige Einzeltherapie kann langsam und ruhig ablaufen, ohne dass ein Gefühl der Dringlichkeit entsteht. Im Gegensatz dazu ist eine geschäftige Krankenhausumgebung durch plötzliche, rasante Aktivitäten gekennzeichnet, z. B. wenn das Personal schnell auf einen medizinischen Notfall reagiert.

Hundefaktoren

Alter:

Das Alter eines Hundes kann sich unterschiedlich auf seine Reaktion in Therapie- oder Interventionssituationen auswirken. Ein älterer Hund ist wahrscheinlich eher an den Anblick und die Geräusche einer Therapieumgebung gewöhnt, kann aber physisch leichter ermüden. Im Vergleich dazu kann ein jüngerer Hund durch die Neuartigkeit der Therapieumgebung gestresster sein, ist aber wahrscheinlich etwas widerstandsfähiger gegen physische (aber nicht psychische) Erschöpfung.

Eine Umfrage unter Therapiehunde-Organisationen in den USA[572] ergab, dass die meisten von ihnen regelmäßige tierärztliche Untersuchungen für die Hunde vorschreiben. Fortschritte in der Krankheitserkennung beginnen durch das Beobachten und Erkennen der subtilen Kommunikation der Hunde. So ist beispielsweise bekannt, dass Hunde, die krank sind, ihre Körperhaltung verändern und selektiv bestimmte Fress- und Sozialverhaltensweisen nicht mehr zeigen, bevor klinische Symptome auftreten. Diese Verhaltensindikatoren sind bei vielen Tierarten ein Zeichen für den Ausbruch einer Krankheit[573].

Erschöpfung:

Die Stresstoleranz von Hunden kann sich ändern, je nachdem, welchen Aktivitäten sie nachgehen und wie sehr sie sich körperlich und seelisch belastet fühlen. Viele Organisationen legen keine zeitliche Begrenzung der Besuchsdauer fest, während gute Anbieter die Dauer auf eine oder zwei Stunden pro Woche begrenzen[574]. Erschöpfung wirkt sich auf viele Aspekte der Belastbarkeit von Hunden aus, einschließlich der Kognition und der Frustrationstoleranz. Werden die Besuche über den Ermüdungspunkt des Hundes hinaus ausgedehnt, kann dies seine Fähigkeit beeinträchtigen, auf Signale zu reagieren und mittelfristig physische und psychische Krankheiten auslösen.

Triggerstacking:

Triggerstacking tritt auf, wenn ein Hund mehreren Stressfaktoren gleichzeitig und kurz nacheinander ausgesetzt ist, ohne dass er die Möglichkeit hat, den Stress wieder abzubauen, um auf ein homöostatisches Level zu kommen. Dieses Phänomen kann zu unvorhersehbarem Verhalten führen, wie Knurren oder Verweigerung einer Aktivität. Triggerstacking kann über kurze oder längere Zeiträume auftreten, je nach Intensität und Dauer des Stressors[575]. Je nachdem, ob Autofahrten, Veränderungen im Tagesablauf, Geräuschquellen und unbekannte Menschen für einen bestimmten Hund stressig sind, ist er möglicherweise nicht darauf vorbereitet, sofort an einer TGI teilzunehmen. Die physiologischen Stressreaktionen und die Rückkehr zum Basislevel sind bei jedem Hund unterschiedlich, sodass es für die Hundemenschen unerlässlich ist, die Umgebungsbedingungen, denen ihre Hunde ausgesetzt sind, nicht nur am Tag der TGI-Sitzung, sondern auch in den Tagen vor und nach dem Einsatz im Auge zu behalten.

572 Serpell, J.A., K.A. Kruger, L.M. Freeman, J.A. Griffin, Z.Y. Ng: Current standards and practices within the therapy dog industry: Results of a representative survey of United States therapy dog organizations. *Front. Vet. Sci.* (2020) 7:35

573 Weary, D.M., J.M. Huzzey, M.A. von Keyerlingk: Using behavior to predict and identify ill health in animals. *J. Anim. Sci.* (2009) 87:770–777

574 Serpell, J.A., K.A. Kruger, L.M. Freeman, J.A. Griffin, Z.Y. Ng: Current standards and practices within the therapy dog industry: Results of a representative survey of United States therapy dog organizations. *Front. Vet. Sci.* (2020) 7:35

575 Edwards, P.T., B.P. Smith, M. McArthur, S.J. Hazel: Fearful Fido: Investigation dog experience in the veterinary context in an effort to reduce distress. *Appl. Anim. Behav. Sci.* (2019) 213:14–25

Die Besonderheiten eines Settings können zu verschiedenen Stressleveln führen und die Fähigkeit des Hundemenschen, diese zu erkennen, dazu beitragen oder ihn lindern.

Diamantmodell (Rautenmodell):

Das „Diamantmodell" sieht spezifisch die Beteiligung eines Supervisors an einer Therapieinteraktion vor. Zu den Komponenten des Modells gehören der Hund, der Supervisor, der Therapeut und der Patient/Klient. Der Supervisor übernimmt die Verantwortung für das Wohlergehen des Hundes während der Sitzung und arbeitet mit dem Therapeuten zusammen, um sicherzustellen, dass die therapeutischen Aktivitäten den Hund nicht belasten oder schädigen. Der Therapeut übernimmt die Verantwortung für den Klienten. In diesem Modell gibt es eine Person (Supervisor), deren Hauptverantwortung darin besteht, das Wohlergehen des Therapiebegleithundes zu gewährleisten und sich für Änderungen in der therapeutischen Interaktion einzusetzen, die dem Wohlbefinden des Hundes dienen, wenn dies als nötig bewertet wird.

Dreiecksmodell:

Beim Dreiecksmodell, das häufig eingesetzt wird, ist der Therapeut gleichzeitig für das Wohlergehen von Hund und Klient verantwortlich. Dieses Arrangement erfordert eine erhöhte Wachsamkeit seitens des Hundemenschen/Therapeuten, da er seinen Hund und den Klienten ständig auf Anzeichen von Stress beobachten muss. Es ist wahrscheinlich, dass die Stresssignale des Hundes im Dreiecksmodell häufiger übersehen werden als im Diamantmodell, da die Aufmerksamkeit des Therapeuten geteilt ist und möglicherweise mit anderen Prioritäten in Konflikt steht[576].

Komplexität der Intervention:

Die Interventionen variieren stark im Grad der Einbeziehung des Hundes, von der Aufforderung, einfach nur anwesend zu sein, bis hin zur Aufforderung an den Hund, Hindernisse zu überwinden oder Anweisungen (auch vom Empfänger) zu befolgen. Individuelle Unterschiede in den Vorlieben von Hunden sind von Bedeutung, da manche Hunde einfache, entspannte Aktivitäten bevorzugen, während andere eine aktivere Beschäftigung und geistige Aktivität mögen. Körperliche und kognitive Überstimulation oder Langeweile wirken hier als Stressoren[577].

576 MacNamara, M., J. Moga, C. Pachel: What's love got to do with it? Selecting animals for animal-assisted mental health interventions. In: Fine, A.H., Ed.: *Handbook on Animal-Assisted Therapy: Foundations and Guidelines for Animal-Assisted Interventions,* 5th ed. London, UK: Elsevier Academic Press. (2019) S. 101–113

577 Haubenhofer, D.K., S. Kirchengast: Physiological arousal for companion dogs working with their owners in animal assisted activities and animal-assisted therapy. *J. Appl. Anim. Welf. Sci.* (2006) 9:165–172

Länge und Häufigkeit der Einbindung des Hundes:

Die Anforderungen, die an die Hunde gestellt werden, variieren je nach Klient, Umgebung und Interaktionszielen erheblich. In einer Studie, in der die Kortisolproduktion von Hunden als Reaktion auf Mensch-Tier-Interaktionen unterschiedlicher Dauer und Intensität untersucht wurde, wurde festgestellt, dass die Speichelkortisolkonzentration an Therapietagen höher war als an Nicht-Therapietagen und nach Therapiesitzungen von kürzerer Dauer anstieg[578]. Den Hundemenschen wird empfohlen, die Intensität, Dauer und Häufigkeit der Teilnahme des Hundes so anzupassen, dass der Stress minimiert wird.

Fazit: Das Ausmaß, in dem Hunde durch die TGI-Bedingungen gestresst werden, hängt von mehreren Faktoren ab, zum Beispiel Rasse, Alter, Persönlichkeit und Genetik[579] und den bereits beschriebenen Faktoren (z. B. Arbeitsbelastung, Triggerstacking). Es ist wichtig zu beachten, dass jeder Hund individuell ausgeprägte Stresssignale benutzt, was die Identifizierung dieser bei einzelnen Hunden erschweren kann. Zudem kann das Erleben und die Kommunikation von Stress und Frustration bei Hunden durch Training weiter verändert werden[580], wobei belohnungsbasiertes Training zu einer besseren Anpassung des Hundes und einer besseren Mensch-Hund-Beziehung führt[581]. Nichtsdestotrotz sollte kein TGI-Hund öfter als zwei Mal die Woche für maximal 45 Minuten eingesetzt werden!

Abtrainieren von Stressindikatoren:

Hunde können versehentlich oder absichtlich darauf konditioniert werden, Stresssignale nicht mehr in Gänze zu zeigen, sondern die initialen Stresssignale zu überspringen. Hunde, die gelernt haben, dass leichte Stresssignale wie Schnüffeln, Gähnen oder Pfoteheben regelmäßig vom Menschen ignoriert werden (oder auch nicht erkannt oder gar bestraft werden), steigen möglicherweise bereits auf einer höheren Verhaltensebene ein (grün-, gelb- und rottöne), wenn sie mit einem Stressfaktor konfrontiert werden (siehe Eskalationsleiter S. 292). Diese Verhaltensweisen können unbeabsichtigt vom Menschen verstärkt werden, die erst die späten Anzeichen erkennen und darauf reagieren, während sie die frühen Signale ihres Hundes, die auf Unbehagen hinweisen, konsequent übersehen. Manche Hundeführer bestrafen ihre Hunde sogar, wenn sie bestimmte Stresssignale zeigen, z. B. das Zurücklegen der Ohren oder das Hochziehen der Lefzen, um die Zähne zu zeigen. Das führt dann sehr oft zu Hunden, die, ohne dass sie noch Warnsignale zeigen, in Stresssituationen schnappen.

578 Haubenhofer, D.K.; Kirchengast, S. Physiological arousal for companion dogs working with their owners in animal assisted activities and animal-assisted therapy. *J. Appl. Anim. Welf. Sci.* 2006, 9, 165–172.

579 Salonen, M., S. Sulkama, S. Mikkola, J. Puurunen, E. Hakanen, K. Tiira, C. Araujo, H. Lohi: Prevalence, comorbidity, and breed differences in canine anxiety in 13,700 Finnish pet dogs. *Sci. Rep.* (2020) 10:2692

580 Dinwoodie, I.R., V. Zottola, N.H. Dodman: An investigation into the impact of pre-adolescent training on canine behavior. *Animals.* (2021) 11:1298

581 Hiby, E.F., N.J. Rooney, J.W. Bradshaw: Dog training methods: Their use, effectiveness and interaction with behaviour and welfare. *Anim. Welf.* (2004) 13:63–69

Eskalationsleiter in Anlehnung an Clarissa v. Reinhardt, Calming Signals Workbook, 2004, S. 56, animal-learn Verlag. Die Eskalationsleiter stellt den aufsteigenden Verlauf von Beschwichtigungssignalen und somit Abwehrreaktionen des Hundes dar. Hunde, deren Beschwichtigungssignale nicht beachtet oder im Vorfeld bestraft wurden, können durchaus die ersten Stufen überspringen und direkt im gelben oder roten Bereich einsetzen.

Clarissa v. Reinhardt: Calming Signals Workbook (2004) S. 56. Eskalationsleiter

Diese Reaktion des Hundeführers zeigt sich oft, wenn der Stress des Hundes und seine Reaktion wie Ducken oder Ausweichen als peinlich empfunden werden. In diesen Beispielen werden Hunde darin bestärkt, dass sie niedrigere Stresssignale überspringen und zu Signalen übergehen, die sofortige Linderung versprechen. Stresssignale müssen also bereits auf der niedrigsten Ebene wahrgenommen und angemessen beantwortet werden, um dem Hund Erleichterung zu verschaffen, was bedeutet, ihn in der Situation zu schützen oder aus dieser zu entfernen, anstatt ihn zur Verwendung dramatischerer, offenkundiger Stresssignale zu zwingen.

Menschliche Einflüsse:

Sachkenntnis über das Hundeverhalten und die Bereitschaft, dieses Wissen umzusetzen, ist unerlässlich. Der Wissensstand der Hundemenschen ist unterschiedlich und nur fundierte Kenntnisse über das Verhalten ihres Hundes und angemessene Reaktionen auf dessen Signale gewährleistet eine sichere TGI. Zwar sollte man davon ausgehen, dass Hundemenschen aufgrund ihrer Ausbildung über ein angemessenes Wissen verfügen, doch dem ist nicht unbedingt so (siehe Qualität der Fortbilder, S. 241)[582]. Menschen unterscheiden sich in ihrer Vertrautheit mit Hunden und ihrer Einstellung im Umgang mit Stress. Ein Hundemensch mit langjähriger Erfahrung im Erkennen und Reagieren auf die Kommunikation seines Hundes wird wahrscheinlich schneller und effektiver reagieren als jemand, der zum ersten Mal mit einem TGI-Hund arbeitet. Ebenso bringt ein Wechsel der Umgebung neue Herausforderungen für den Hundemenschen und seinen Hund mit sich, sodass beide gemeinsam eine neue Umgebung erlernen müssen. Hundemenschen, die neu in einer Umgebung sind, sind möglicherweise eher abgelenkt als Menschen, die mit dieser Umgebung vertraut sind, was dazu führt, dass sie vielleicht Stresssignale ihrer Hunde übersehen. Es gibt eine große Anzahl von Anhaltspunkte dafür, dass viele Hundebesitzer von Schulungsmaßnahmen ungemein profitieren würden, um ihre Fähigkeit zu verbessern, Anzeichen von Stress bei ihren Hunden zu erkennen und darauf adäquat zu antworten.

Finanzielle, persönliche oder interne Zwänge können dazu führen, dass Therapeuten und andere TGI-Menschen die Stresssignale ihrer Hunde weniger gut erkennen und/oder weniger bereit sind, darauf zu reagieren. Ein Therapeut, dessen gesamte Praxis von einem Therapiebegleithund abhängt, und der befürchtet, seine Klienten zu enttäuschen, wenn der Hund krank oder überfordert ist, wird den Hund u.U. trotzdem einsetzen. Ein Besuchs- oder Schulhundprogramm mit einem kleinen Team von Therapiebegleithunden stellt möglicherweise höhere Anforderungen an jeden einzelnen Hund, um den Bedürfnissen der Klienten gerecht zu werden, im Vergleich zu Programmen mit mehreren Mensch-Hund-Teams. Menschen, die an TGI beteiligt sind, sorgen sich in der Regel sehr um das Wohlergehen anderer Menschen, was dazu führen kann, dass sie die Bedürfnisse ihres eigenen Hundes ignorieren oder rationalisieren.

Das Erkennen von Stressindikatoren und der Umstände und Einflüsse, die sie auslösen können, wird die Fähigkeit der Hundemenschen verbessern, schnell und im besten Interesse ihrer Hunde zu handeln.

582 Reisner, I.R., F.S. Shofer: Effects of gender and parental status on knowledge and attitudes of dog owners regarding dog aggression toward children. *J. Am. Vet. Med. Assoc.* (2008) 233:1412–1419

LEAD Assessment[583]:

Eine Risikobewertung ist von entscheidender Bedeutung, wenn es darum geht, TGI erfolgreich zu gestalten und Stress und potenzielle Verletzungen bei den Menschen und Hunden zu vermeiden. Das LEAD (Lincoln Education Assistance with Dogs) Assessment Tool dient als aktueller Best-Practice-Standard für die Risikobewertung bei tiergestützten Aktivitäten, einschließlich tiergestützter Interventionen, Bildung und Therapie[584]. Dieses Werkzeug bietet einen umfassenden Rahmen für die Bewertung potenzieller Risiken für Mensch und Hund und ist auf spezifische Umgebungen zugeschnitten. Das Tool basiert auf einer Philosophie des Mitgefühls für alle Teilnehmer und betont, wie wichtig es ist, Fürsorge und Achtsamkeit für das Wohlergehen der Hunde zu zeigen. Das LEAD-Instrument bietet einen strukturierten Rahmen für die Identifizierung und Verminderung von Umweltgefahren sowie der Verantwortungszuweisung festgelegter Personen. Der LEAD-Bewertungsrahmen lässt sich individuell an Hunde in bestimmten Settings anpassen und regt TGI-Programmleiter, Mitarbeiter und Betreuer an, potenzielle Gefahren für Mensch und Tier zu erkennen und zu vermeiden.

Fazit: Schlüsselelemente der Stressminderung bei unseren Hunden sind unsere vorausschauende Planung der Umstände, die in einem Setting auftreten können, und das Bewusstsein für die Reaktionen des Hundes während der tiergestützten Intervention. Sich für unsere Hunde einzusetzen, ist nicht nur der beste Weg, sich um unsere hündischen Teampartner zu kümmern, sondern es vermittelt auch unseren Klienten Einfühlungsvermögen.

Das Wohlergehen von Therapiehunden neu betrachtet: Ein Überblick über die Literatur

Glenk, L.M., S. Foltin: Therapy Dog Welfare Revisited: A Review of the Literature. Vet. Sci. (2021) 8:226.

Mit dem Augenmerk auf verschiedene Stressoren in der hundgestützten Interaktion haben Glenk und Foltin[585] in ihrer Rezension eine Übersicht aller aktuellen Studien seit 2017 betrachtet und die unterschiedlichen Stressoren als Übersicht präsentiert.

583 Townsend, L., N.R. Gee: Recognizing and Mitigating Canine Stress during Animal Assisted Interventions. Veterinary Sciences (2021), 8(11), 254. Supplementary Materials: The following supplementary materials are available online at www.mdpi.com/xxx/s1,Table S1: Risk Assessment Tool for dog-assisted interventions in Schools and Educational Settings, Table S2: Risk Assessment Tool for dog-assisted interventions in Other Settings; Table S3: Dog Care Plan.

584 Brelsford, V.L., M. Dimolareva, N.R. Gee, K. Meints: Best practice standards in animal-assisted interventions: How the LEAD risk assessment tool can help. *Animals.* (2020) 10:974

585 Glenk, L.M., S. Foltin: Therapy Dog Welfare Revisited: A Review of the Literature. *Vet. Sci.* (2021) 8:226. https://doi.org/10.3390/vetsci8100226

An allen Studien nahmen Mensch-Hund-Teams an TGI teil, die in unterschiedlichen Settings durchgeführt wurden: Zum Beispiel in einem Krankenhaus, einer ambulanten Station, einem Kindergarten, einer Schule, einem Universitätsgelände oder einem Gefängnis. Indikatoren für das Wohlergehen der Hunde waren Speichelkortisollevel, Verhalten, Herzfrequenz, Herzfrequenzvariabilität, Atemfrequenz, Speicheloxytocin, Trommelfelltemperatur und beobachtete Stresswerte. Die Dauer der beschriebenen Sitzungen variierte zwischen zehn und neunzig Minuten, die Abstände zwischen den Sitzungen reichten von 15 Minuten bis zu einmal pro Monat. Sechs Studien bezogen sich auf erwachsene Empfänger, vier Studien auf Kinder und zwei Studien machten keine Angaben. Sieben Studien umfassten Programme, bei denen die Empfänger in Gruppen von zwei oder mehr Personen teilnahmen. Zwei Studien umfassten Programme mit Einzelsitzungen der Empfänger, zwei Studien umfassten sowohl Einzel- als auch Gruppensitzungen, und eine Studie lieferte keine Informationen. Die Anzahl der in die Studien einbezogenen Hunde reichte von zwei bis vierzig.

Pirrone und Kollegen[586] untersuchten soziale Synchronisationsmuster bei Hundemenschen und ihren Hunden. Darüber hinaus wurden die Herzfrequenz und Speichelkortisolwerte im Verlauf von fünf aufeinanderfolgenden TGI-Sitzungen mit psychisch oder physisch beeinträchtigten Erwachsenen aufgezeichnet. Blicksynchronität, gemeinsame Aufmerksamkeit und Berührungssynchronität wurden vor, während und nach den Sitzungen gemessen. Soziale Synchronität trat vor und während der TGI auf, wobei die gemeinsame Aufmerksamkeit das am häufigsten auftretende Verhalten war. Allerdings wurden während der TGI-Settings mehr Blicksynchronität und gemeinsame Aufmerksamkeit festgestellt als vor den Sitzungen. Mit Ausnahme individueller Unterschiede zwischen den Hunden wurden keine Unterschiede im Speichelkortisolspiegel festgestellt. Obwohl die Herzfrequenz bei Hunden an Arbeitstagen mit TGI-Sitzungen höher war als an Kontrolltagen, blieben die Werte innerhalb des üblichen physiologischen Bereichs, was auf eine nur geringfügig erhöhte Erregung schließen lässt. Es wurden individuelle Vorlieben für den Körperkontakt mit den Empfängern beschrieben, wobei einige Hunde eher bereit waren, den Körperkontakt mit den Empfängern zu initiieren als andere.

McCullough und Kollegen[587] veröffentlichten ihre Ergebnisse zu Speichelkortisollevel und Verhalten bei Hunden, die TGIs in der pädiatrischen Onkologie durchführten. Die Sitzungen wurden so gestaltet, dass ein Mensch-Hund-Team mit einem Kind, dessen Eltern und dem Krankenhauspersonal zusammengeführt wurde. Es

586 Pirrone, F., A. Ripamonti, E.C. Garoni, S. Stradiotti, M. Albertini: Measuring social synchrony and stress in the handler-dog dyad during animal-assisted activities: A pilot study. *J. Vet. Behav.* (2017) 21:45–52

587 McCullough, A., M. Jenkins, A. Ruehrdanz, M.J. Gilmer, J. Olson, A. Pawar, L. Holley, S. Sierra-Rivera, D.E Linder, D. Pinchette, et al.: Physiological and behavioral effects of animal-assisted interventions on therapy dogs in pediatric oncology settings. *Appl. Anim. Behav. Sci.* (2018) 200:86–95

wurden keine signifikanten Unterschiede im Speichelkortisollevel der Hunde festgestellt, wenn die Konzentrationen während der Arbeit mit den Werten vor der Arbeit im Krankenhaus oder zu Hause verglichen wurden. Während der TGI-Sitzungen wurde jedoch ein höheres Speichelkortisollevel mit einer erhöhten Häufigkeit von Stressverhalten und einer geringeren Häufigkeit von Bindungsverhalten in Verbindung gebracht. Hunde, die in einem verhaltensorientierten Fragebogen (d. h. C-BARQ) höhere Werte für Ängstlichkeit aufwiesen, zeigten während der TGI-Sitzungen weniger Bindungsverhalten. Die Ergebnisse deuten darauf hin, dass bei den Hunden nur leichte Ausdrucksformen von Stress beobachtet wurden. Allerdings ist es bemerkenswert, dass das Auftreten von Stress und vermeidendem Verhalten mit bestimmten Aktivitäten verbunden war. So wurde beispielsweise mehr stressbezogenes Verhalten beobachtet, wenn ein Kind dem Hund ein Kopftuch umlegte, und weniger vermeidendes und gestresstes Verhalten, wenn das Kind ein Stethoskop benutzte, um den Herzschlag des Hundes abzuhören, wenn das Kind ein Spiel mit der Hundeweste spielte oder ein Bild des Hundes zeichnete (McCullough et al. 2018). Die Individualdistanz des Hundes und übergriffiges körperliches Verhalten spielen also eine wichtige Rolle in einem TGI-Setting.

Colussi und Kollegen[588] führten eine Studie zur Speichel-Kortisol-Antwort von Hunden während verschiedener kognitiver und körperlicher TGI-Aktivitäten durch. An der Studie nahmen Hunde mit ihren Besitzern an Gruppeninterventionen im Kindergarten teil, bei denen die Kinder verbalen und taktilen Kontakt mit den Hunden hatten. Zur Bewertung der Kortisolkonzentrationen wurde eine Speichelprobe vor der Sitzung entnommen und mit einer Probe nach der Sitzung verglichen. Darüber hinaus wurden Ausgangsproben zu Hause gesammelt. Die Ergebnisse für die Speichelkortisolwerte bei den Settings und im Ruhezustand ergaben keinen TGI-bedingten Anstieg. Signifikant höhere Kortisolwerte vor der Sitzung könnten mit antizipiertem Stress oder Erregung während des Transports zur Einrichtung zusammenhängen, ein kausaler Zusammenhang konnte jedoch nicht abgeleitet werden.

Uccheddu und Kollegen[589] stellten eine Fallstudie über zwei Hunde vor, die an wöchentlichen tiergestützten Lesesitzungen für Kinder mit Entwicklungsstörungen teilnahmen. Bei den Leseinterventionen interagierten die Therapiebegleithunde 30 Minuten lang mit einer Gruppe von fünf Kindern. Indikatoren für das Wohlergehen der Hunde waren Speichelkortisol und Verhalten. Einer der Hunde wies vor und während der Sitzung höhere Speichelkortisolwerte auf als der andere Hund und die Kontrollgruppe. Die am häufigsten beobachteten Stressverhalten waren eine

588 Colussi, A., B. Stefanon, C. Adorini, M. Sandri: Variations of salivary kortisol in dogs exposed to different cognitive and physical activities. *Ital. J. Anim. Sci.* (2018) 17:1030–1037

589 Uccheddu, S., M. Albertini, L. Pierantoni, S. Fantino, F. Pirrone: Assessing behaviour and stress in two dogs during sessions of a reading-to-a-dog program for children with pervasive developmental disorders. *Dog Behavior*. (2018) 3:1–12 doi 10.4454/db.v4i3.83

eingezogene Rute und das Lippenlecken. Die Autoren brachten die Speichelkortisolreaktionen und das Stressverhalten mit dem Transport zum Einsatzort oder der Erwartung einer Sitzung in Verbindung. Im Allgemeinen kamen sie zu dem Schluss, dass die Teilnahme am Leseprogramm zu keiner signifikanten Veränderungen der Hunde physiologisch oder verhaltensbezogen führte.

Corsetti und Kollegen[590] führten eine Verhaltensstudie durch, bei der Therapiebegleithunde an einzelnen TGI-Sitzungen mit Menschen mit geistigen oder psychomotorischen Behinderungen teilnahmen. Die Sitzungen fanden sowohl draußen als auch drinnen statt und wurden entweder auf dem Trainingsgelände einer TGI-Organisation oder in einem Krankenhaus abgehalten. Es gab keinen Unterschied im Auftreten von ängstlichem oder submissivem Verhalten der Hunde während der TGI. Die Sitzungen waren jedoch durch eine Zunahme der Aufmerksamkeit, des Schnüffelns, des Bindungsverhaltens und des Spielverhaltens gekennzeichnet. Die Hunde waren aufmerksamer gegenüber ihrem Teampartner Mensch im Vergleich zu den Klienten oder anderen anwesenden Personen. Unter Berücksichtigung dieser Ergebnisse hielten die Autoren die Arbeitsbelastung, der die Therapiebegleithunde während ihrer Untersuchung ausgesetzt waren, für angemessen.

Silas und Kollegen[591] untersuchten die Auswirkungen der Teilnahme von Therapiebegleithunden an TGI-Programmen auf einem Universitätscampus. Der Schwerpunkt lag auf der Prävalenz von Stressverhalten bei den Hunden, ihren Menschen und studentischen TGI-Empfängern. Das Forschungsinstrument war eine visuelle Analogskala vom Typ Likert[592] mit fünf Punkten. Während die Stresswahrnehmung sowohl bei den Therapiehundeführern als auch bei den Studenten vor und nach der Sitzung generell abnahm, waren die Sitzungen für den Therapiebegleithund durch eine signifikante Stresszunahme gekennzeichnet, wenn die Ausgangsbewertungen zu Hause mit denen nach der Sitzung verglichen wurden. Interessanterweise stand das selbst angegebene Stressniveau des Hundemenschen (nicht des Empfängers) in Zusammenhang mit mehr Stressverhalten des Hundes. Nach den Bewertungen der Hundemenschen wiesen 25 % der Therapiebegleithunde ein erhöhtes Stressniveau auf, 22,5 % ein verringertes Stressniveau und 52,5 % zeigten während der Sitzung keine Veränderung des Stressniveaus. Die Autoren erklären die Ergebnisse mit der Aufregung, die bei den Hunden entsteht, wenn sie in eine neue Umgebung gebracht werden. Die Studie ergab auch Unstimmigkeiten bei der Bewertung des Stressniveaus von Hundeführern und Forschern, was darauf hindeutet, dass die

590 Corsetti, S., M. Ferrara, E. Natoli: Evaluating Stress in Dogs Involved in Animal-Assisted Interventions. *Animals.* (2019) 9:833

591 Silas, H.J., J. Binfet, A.T. Ford: Therapeutic for all? Observational assessments of therapy canine stress in an on-campus stress-reduction program. *Journal of Veterinary Behavior-clinical Applications and Research.* (2019) 32:6–13

592 Bei Likert-Typ-Fragen sind keine Mehrfachnennungen möglich. Die Personen sollen immer genau eine Antwortoption ankreuzen. Deswegen sollte man bei solchen Fragen berücksichtigten, dass jede Person eine passende Antwortmöglichkeit auswählen kann.

Wahrnehmungen der Hundemenschen die Erfahrungen ihrer Hunde möglicherweise genauer widerspiegeln.

Clark und Kollegen[593] untersuchten die Speichel-Kortisol-Reaktionen jeweils vor und nach den Sitzungen von vier Therapiebegleithunden, die in unterschiedlichen Abständen (zweiwöchentlich, wöchentlich, einmal und zweimal im Monat) ambulante Pflegestationen besuchten. Diese Studie war die erste, in der die Häufigkeit der Besuche im Hinblick auf das physiologische Wohlbefinden der Therapiebegleithunde untersucht wurde. Die Ergebnisse deuten auf einen Rückgang des Speichelkortisolwertes hin, wenn die Hunde die Einrichtung zweimal pro Woche besuchten. Darüber hinaus hatte der jüngste und am wenigsten erfahrene Hund unter allen Bedingungen außer dem wöchentlichen Intervall höhere Kortisolwerte nach der Sitzung als seine Artgenossen. Im Gegensatz dazu hatte der älteste Hund unter allen Bedingungen außer dem Szenario mit zweiwöchentlichem Intervall die niedrigsten Kortisolwerte nach der Sitzung. Das bedeutet, die Erfahrung der Hunde spielt eine Rolle in ihrem Stressempfinden sowie die Häufigkeit und Dauer ihrer Einsätze.

Melco und Kollegen[594] untersuchten Therapiebegleithunde in Sitzungen mit einer Gruppe von drei bis vier Kindern mit Aufmerksamkeitsdefizit-Hyperaktivitätsstörung. Die Interventionen waren als beruhigende Aktivitäten strukturiert, bei denen die Hunde sowohl ruhig mit ihren Besitzern interagierten als auch therapeutische Übungen mit den Kindern durchführten. Weder die Speichelkortisolwerte noch die Herzfrequenz der Hunde zeigten über sechs Sitzungen hinweg Veränderungen in Verbindung mit den Einsätzen. Die Studienergebnisse deuten auf relativ leichte Stresssymptome hin, die sich in erhöhtem Stressverhalten wie Zurücklegen der Ohren, Hecheln und Lippenlecken zeigten.

De Carvalho und Kollegen[595] dokumentierten einen Anstieg des Speichelkortisolswertes, der Herzfrequenz und der Atemfrequenz bei erfahrenen TGI-Hunden verglichen mit den Ausgangsmessungen zu Hause. Der Datensatz umfasste eine große Vielfalt von TGI-Sitzungen in Bezug auf die Settings, die Empfänger, die Dauer und die Häufigkeit der Sitzungen und differenzierte weder Sitzungsdauer und -häufigkeit, Tageszeit, Empfänger, Hunde- oder Empfängercharakteristika oder ob die Hunde mit oder ohne Leine eingesetzt wurden. Hunde, die mehr als 50 Minuten Anfahrt hatten, zeigten mehr Stresssymptome und hatten höhere Herzfrequenzen.

593 Clark S.D., F. Martin, R.T.S. McGowan, J.M. Smidt, R. Anderson, L. Wang, et al.: Physiological state of therapy dogs during animal-assisted activities in an outpatient setting. *Animals.* (2020) 10:819. doi: 10.3390/ani10050819

594 Melco, A.L., L. Goldman, A.H. Fine, J.M. Peralta: Investigation of physiological and behavioral responses in dogs participating in animal-assisted therapy with children diagnosed with attention-deficit hyperactivity disorder. *J. Appl. Anim. Welf. Sci.* (2020) 23:10–28

595 de Carvalho I.R., T. Nunes, L. Sousa, V. Almeida: The combined use of salivary kortisol concentrations, heart rate, and respiratory rate for the welfare assessment of dogs involved in AAI programs. *J. Vet. Behav.* (2020) 36:26–33. doi: 10.1016/j.jveb.2019.10.011

Bei einigen Hunden lagen die Werte außerhalb der physiologischen Schwellenwerte, was auf die hohe Temperatur, die Angst vor dem Transport im Auto und die zu hohe Anzahl an Klienten während der Sitzungen zurückgeführt wurde.

Clark und Kollegen[596] sammelten vor und nach einer Sitzung Speichelkortisolproben von neun Hunden und ihren Hundemenschen, die TGIs im Krankenhaus durchführten. Die Menschen füllten außerdem eine Umfrage zu ihrem eigenen und dem von ihrem Hund empfundenen Stressniveau aus, die durch Verhaltensbeobachtungen ergänzt wurde. Es wurden keine Unterschiede im Speichelkortisolwert des Hundes oder des Hundemenschen festgestellt, als die Ausgangswerte zu Hause mit den Werten beim Einsatz über mehrere Messungen hinweg verglichen wurden. Es zeigte sich jedoch ein signifikanter Zusammenhang zwischen dem vom Halter empfundenen Stress des Hundes und dem Speichelkortisolwert des Hundes. Diese Ergebnisse deuten darauf hin, dass die Hundeführer sensibel auf die Erfahrungen ihrer Hunde reagieren und dass ihre Wahrnehmung mit dem physischen Zustand ihres Hundes übereinstimmt. Die am häufigsten beobachteten Stressverhaltensweisen waren Hecheln, Lippenlecken und Gähnen.

In einer weiteren Studie verwendeten **Clark und Kollegen**[597] mehrere Parameter zur Bewertung des emotionalen Zustands der Therapiebegleithunden, darunter Speichelkortisol, Oxytocin, Trommelfelltemperatur, Herzfrequenz und Herzfrequenzvariabilität als Indikatoren für das Wohlbefinden. Neunzehn Hunde nahmen sowohl an Einzel- als auch an Gruppentherapiesitzungen mit Fibromyalgie-Patienten teil. Im Verlauf von fünf Sitzungen ergaben sich keine Veränderungen bei Kortisol oder Oxytocin; die Herzfrequenz und die Temperatur des rechten Trommelfells waren nach den Sitzungen signifikant niedriger, was auf eine neutrale bis emotional positive Reaktion auf die Sitzungen hinweist. Diese neuen Erkenntnisse deuten darauf hin, dass sich die Hunde am Ende der TGI-Sitzung möglicherweise in einem entspannteren Zustand befanden.

Es gab nur eine Studie, in der Hunde aus einem Tierheim an TGI teilnahmen[598]. Für die TGIs wurden Hunde aus einem Tierheim in ein Gefängnis gebracht, wo sie über einen Zeitraum von zwei Monaten wöchentlich mit zwei Insassen interagierten. Die Forschungsergebnisse zeigten einen signifikanten Rückgang der Kortisolwerte am Ende des TGI-Programms, was auf einen Rückgang der physiologischen Erregung

596 Clark, S.D., F. Martin, R.T.S. McGowan, J.M. Smidt, R. Anderson, L. Wang, T. Turpin, N. Langenfeld-McCoy, B.A. Bauer, A.B. Mohabbat: Physiological State of Therapy Dogs during Animal-Assisted Activities in an Outpatient Setting. *Animals.* (2020) 10:819

597 Clark, S., F. Martin, R. McGowan, J. Smidt, R. Anderson, L. Wang, T. Turpin, N. Langenfeld-McCoy, B. Bauer, A.B. Mohabbat: The Impact of a 20-Minute Animal-Assisted Activity Session on the Physiological and Emotional States in Patients with Fibromyalgia. *Mayo Clin. Proc.* (2020) 95:2442–2461

598 D'Angelo, D., S. d'Ingeo, F. Ciani, M. Visone, L. Sacchettino, L. Avallone, A. Quaranta: Kortisol Levels of Shelter Dogs in Animal Assisted Interventions in a Prison: An Exploratory Study. *Animals.* (2021) 11:345

hinweist. Darüber hinaus führte jedoch der etwa 60-minütiger Transport zu einem signifikanten Anstieg des Kortisolspiegels der Hunde im Vergleich zu den Ausgangsmessungen im Zwinger oder nach der TGI-Sitzung.

Fazit: Chronischer psychosozialer Stress beeinflusst die kognitiven Fähigkeiten des Hundes und verringert die Lernfähigkeit und Gedächtnisprozesse. Diese Defizite sind noch Wochen nach Beendigung des Stressors festzustellen. Eine Studie zeigt[599], dass die Speichelkortisolkonzentration bei Hunden im Schuleinsatz, die wenig Erfahrung haben, signifikant höher ist als bei Hunden mit langer Erfahrung – also auch hier ist es wichtig, die verschiedenen Parameter wie Alter und Erfahrungswerte (und ob diese positiv oder negativ waren) immer wieder zu bedenken und zu evaluieren. Ebenfalls zeigten die gemessenen maximalen Lautstärkebelastungen eine hochsignifikante positive Korrelation mit Stressverhalten.

Ergänzend lässt sich sagen, dass jede Form von Zwang zu Stress führt: Sei es, dass ein Hund sich einer Situation nicht entziehen kann (Leine, Festgehaltenwerden, ins Platz gelegt werden etc.) und Hunde mehr stressbedingte und weniger affiliierte Verhaltensweisen zeigen, wenn die Empfänger direkt auf ihn einwirken. Diese Ergebnisse unterstreichen, wie wichtig es ist, Empfänger und Personal über die artspezifischen und individuellen Bedürfnisse des Hundes aufzuklären und zu schulen!

599 Romy Kokenge: Bedeutung der Erfahrung von Schulhunden im Primarbereich auf ihr Stresserleben. Masterarbeit Universität Vechta. (2020)

26. Anthropo-Zoonosen

Zoonosen können vom Menschen auf ein Tier (*Anthropozoonose*) oder vom Tier auf den Menschen (*Zooanthroponose*) übertragen werden. Die Erreger sind vielfältig und umfassen Prionen, Viren, Bakterien, Pilze, Endoparasiten und mehr. Aktuell sind etwa 200 Krankheiten bekannt, die sowohl beim Tier als auch beim Menschen vorkommen und in beide Richtungen übertragen werden können. Viele dieser Krankheiten sind erst vor relativ kurzer Zeit aufgetreten, wie die Vogelgrippe, das Schwere Akute Respiratorische Syndrom (SARS, auch Atemwegssyndrom), das West-Nil-Virus, der „Rinderwahn" (BSE) oder eben Covid-19.

Entdeckung	Krankheit	Überträger/ Vektoren
1887	Geflügelpest HPAI	Vögel
1920er	Acquired Immune Deficiency Syndrome (AIDS)	Affen
1937	West-Nil-Fieber	Pferde, Vögel
1947	Zikafieber	Affen, dann Mücken
1976	Ebola	Fledertiere, Affen
1986	Rinderwahn Bovine spongiforme Enzephalopathie (BSE)	Rinder, Schafe
1997	Vogelgrippe H5N1 Influenza-A-Virus	Flughunde, Haustiere
2003	Schweres Akutes Respiratorisches Syndrom (SARS)	Fledertiere
2015	Middle East Respiratory Syndrome (MERS)	Fledertiere, dann Dromedare
2018	Frühsommer-Meningoenzephalitis (FSME)	Zecken
2019	Coronavirus SARS-CoV-2	Fledertiere, Gürteltiere

Übersicht einiger aufgetretener Zoonosen der letzten Jahrzehnte

Die immer stärkere Präsenz des Menschen einhergehend mit der Verkleinerung der Lebensräume von Wildtieren und einer immer größere Zahl an Nutztieren sind die drei Faktoren, die die Übertragung von Infektionskrankheiten von Tieren auf Menschen wahrscheinlicher machen[600]. Doch auch im tiergestützten Setting ist das Thema Zoonosen von immer größerer Wichtigkeit, wie die folgenden Studien zeigen:

600 https://web.archive.org/web/20210112175528/https://www.boell.de/sites/default/files/2021-01/Fleischatlas2021_0.pdf

Die Studie

Austausch von Keimen zwischen pädiatrischen Patienten und Therapiehunden während tiergestützter Interventionsprogramme im Krankenhaus

Dalton, K.R., K. Ruble, L.E. Redding, D.O. Morris, N.T. Mueller, R.J. Thorpe, Jr., J. Agnew, K.C. Carroll, P.J. Planet, R.C. Rubenstein, A.R. Chen, E.A. Grice, M.F. Davis: Microbial Sharing between Pediatric Patients and Therapy Dogs during Hospital Animal-Assisted Intervention Programs. Microorganisms. (2021) 9:1054.

Gemeinsame Mikroorganismen von Menschen und Tieren wurde in einer Vielzahl von Bereichen nachgewiesen[601]. Das Ausmaß des mikrobiellen Austauschs, der zum Beispiel im Gesundheitswesen während tiergestützter Interventionsprogrammen stattfindet, ist unbekannt. Das Verständnis der mikrobiellen Übertragung zwischen Patienten und Therapiebegleithunden kann wichtige Erkenntnisse über den potenziellen gesundheitlichen Nutzen oder Nachteil für die Patienten und zudem Informationen hinsichtlich möglicher Übertragungswege von Krankheitserregern liefern.

In der Studie von Dalton und Kollegen waren mehrere Therapiebegleithunde und ihre Menschen jeweils eine Stunde lang mit mehreren Patienten in einem Raum. Mikrobielle Proben wurden von der Nasenschleimhaut von Patienten und Therapiebegleithunden vor und nach dem Besuch entnommen. Zudem wurden mikrobielle Proben und der Krankenhausumgebung ausgewertet, um die Dynamik der mikrobiellen Gemeinschaft zu untersuchen. Sowohl bei den Patienten als auch bei den Hunden kam es zu Veränderungen in der relativen Häufigkeit und der Gesamtdiversität ihres nasalen Mikrobioms, was auf einen Austausch von Mikroorganismen in beide Richtungen schließen lässt. Ein verstärkter Kontakt wurde mit einem größeren Austausch zwischen Patienten und Therapiebegleithunden sowie zwischen den Patienten in Verbindung gebracht.

Eine Dekolonisierung des Hundes mit Chlorhexidin – das bedeutet, die Hunde wurden im Rachenraum mit dem Präparat Chlorhexidin desinfiziert, um Mikroorganismen zu minimieren bzw. diese abzutöten – war mit einem geringeren mikrobiellen Austausch zwischen Therapiebegleithunden und Patienten verbunden, hatte aber keinen signifikanten Einfluss auf den Austausch zwischen den Patienten. Die Daten legen nahe, dass der Therapiebegleithund sowohl eine potenzielle Quelle als auch ein Vehikel für die Übertragung von Mikroorganismen auf Patienten ist, aber nicht unbedingt die einzige oder die wichtigste Quelle.

601 Rabold, D., W. Espelage, M. Abu Sin, T. Eckmanns, A. Schneeberg, H. Neubauer, N. Mobius, K. Hille, L.H. Wieler, C. Seyboldt, et al.: The zoonotic potential of Clostridium difficile from small companion animals and their owners. *PLoS ONE.* (2018) 13:e0193411

Die nosokomiale[602] Übertragung von Infektionskrankheiten, wie dem Methicillin-resistenten Staphylococcus aureus (MRSA), ist auch bei uns ein ernstes Problem und wird verschärft durch den engen Kontakt und den antimikrobiellen Selektionsdruck, der im Gesundheitswesen herrscht[603]. Tragen Therapiebegleithunde zur Übertragung bei? Viele nosokomiale Krankheitserreger, darunter MRSA und Clostridien, sind zoonotisch, d. h. sie können von Tieren auf den Menschen übertragen werden, aber es gibt keine Belege dafür, ob Hunde diese Mikrobiota auf Patienten übertragen[604].

Mikroben einschließlich dieser Krankheitserreger leben in einer großen mikrobiellen Gemeinschaft, und andere, nicht krankmachende Mikrobiota können während der TGI-Sitzungen ebenfalls übertragen werden[605]. Hunde haben eine einzigartige Zusammensetzung ihrer Nasen-, Haut- und gastrointestinalen mikrobiellen Gemeinschaften[606], was im Vergleich zum Menschen zu einer besonderen Fähigkeit führen könnte, krankenhausverbundene Krankheitserreger zu erwerben, zu tragen und/oder zu verbreiten[607]. Die unterschiedlichen mikrobiellen Gemeinschaften könnten auch die mikrobielle Zusammensetzung der Patienten beeinflussen, die mit den Hunden zusammenkommen.

Dies wurde durch Daten veranschaulicht, die zeigen, dass sich das Mikrobiom beim Menschen mit Haustieren verändert: Hundebesitzer haben oft eine vielfältigere Zusammensetzung des Mikrobioms, da es häufige Mensch-Hund-Austausche gibt[608]. Der frühe Besitz von Haustieren wird mit einem geringeren Vorkommen von Immunstörungen in Verbindung gebracht, und die Exposition gegenüber verschiedenen Mikroben aus zum Beispiel der Landwirtschaft, einschließlich aller Tiere, schützt vor der Entwicklung von Asthma bei Kindern[609]. Diese Studien konzentrie-

602 Unter einer nosokomialen Infektion versteht man eine Infektion, die Patientinnen und Patienten im Zusammenhang mit einer medizinischen Maßnahme erwerben, die zum Beispiel in Krankenhäusern, Pflegeeinrichtungen oder auch in ambulanten Praxen erfolgt ist. https://www.rki.de/DE/Content/Infekt/Ausbrueche/nosokomial/nosokomiale_Ausbrueche_node.html

603 Springer, B., U. Orendi, P. Much, G. Höger, W. Ruppitsch, K. Krziwanek, S. Metz-Gercek, H. Mittermayer: Methicillin-resistant Staphylococcus aureus: A new zoonotic agent? Wien: *Klin. Wochenschr.* (2009) 121:86–90

604 Dalton, K.R., K.B. Waite, K. Ruble, K.C. Carroll, A. DeLone, P. Frankenfield, J.A. Serpell, R.J. Thorpe, D.O. Morris, J. Agnew, et al.: Risks Associated with Animal-Assisted Intervention Programs: A Literature Review. Complement. *Ther. Clin. Pract.* (2020) 39:101–145

605 Hoffmann, A.R., A.P. Patterson, A. Diesel, S.D. Lawhon, H.J. Ly, C.E. Stephenson, J. Mansell, J.M. Steiner, S.E. Dowd, T. Olivry, et al.: The skin microbiome in healthy and allergic dogs. *PLoS ONE.* (2014) 9

606 Swanson, K.S., S.E. Dowd, J.S. Suchodolski, I.S. Middelbos, B.M. Vester, K.A. Barry, K.E. Nelson, M. Torralba, B. Henrissat, P.M. Coutinho, et al.: Phylogenetic and gene-centric metagenomics of the canine intestinal microbiome reveals similarities with humans and mice. *ISME J.* (2011) 5:639–649

607 Misic, A.M., M.F. Davis, A.S. Tyldsley, B.P. Hodkinson, P. Tolomeo, B. Hu, I. Nachamkin, E. Lautenbach, D.O. Morris, E.A. Grice: The shared microbiota of humans and companion animals as evaluated from Staphylococcus carriage sites. *Microbiome.* (2015) 3:1–19

608 Song, S.J., C. Lauber, E.K. Costello, C.A. Lozupone, G. Humphrey, D. Berg-Lyons, J. Gregory Caporaso, D. Knights, J.C. Clemente, S. Nakielny, et al.: Cohabiting family members share microbiota with one another and with their dogs. *eLife.* (2013)

609 Azad, M.B., T. Konya, H. Maughan, D.S. Guttman, C.J. Field, M.R. Sears, A.B. Becker, J.A. Scott, A.L. Kozyrskyj: Infant gutmicrobiota and the hygiene hypothesis of allergic disease: Impact of household pets and silblings on microbiota composition anddiversity. *Allergy Asthma Clin. Immunol.* (2013) 9:1–9

ren sich allerdings auf das permanente Zusammenleben von Tier und Mensch[610]. Es ist fraglich, ob der gleiche mikrobielle Austausch bei einem zeitweisen Zusammenkommen von Patienten und Therapiebegleithund auftritt.

Dalton und Kollegen stellten die Hypothese auf, dass Therapiebegleithunde als zwischengeschaltete Vektoren (Übertragungsvehikel) bei der Übertragung von Mikroben zwischen der Krankenhausumgebung und den Patienten dienen könnten und dass die Interaktion mit dem Therapiebegleithund das Risiko einer mikrobiellen Belastung der Patienten erhöht.

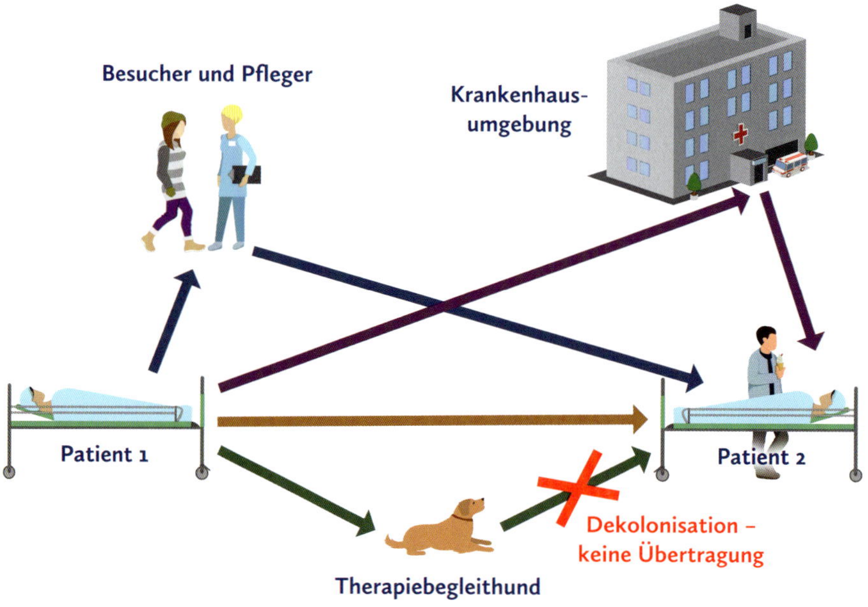

Mikrobielle Übertragungswege im Krankenhaus und bei tiergestützten Interventionsprogrammen (TGI)

Zudem wurde untersucht, ob der Grad des Kontakts zwischen Patienten und Therapiebegleithunden die mikrobielle Gemeinschaft veränderte. Die Daten zeigten, dass während der TGI-Sitzungen ein mikrobieller Austausch stattfand, da sich die Zusammensetzung des Nasenmikroms veränderte. Die Auswirkung des Kontakts zwischen Patienten und Therapiebegleithunden zeigte, dass ein höherer Kontakt mit einem verstärkten Austausch zwischen Patienten und Therapiebegleithunden sowie zwischen den Patienten einherging.

610 Stein, M.M., C.L. Hrusch, J. Gozdz, C. Igartua, V. Pivniouk, S.E. Murray, J.G. Ledford, M. Marques Dos Santos, R.L. Anderson, N. Metwali, et al.: Innate Immunity and Asthma Risk in Amish and Hutterite Farm Children. *N. Engl. J. Med.* (2016) 375:411–421

Patienten, Therapiebegleithunde und die Krankenhausumgebung wiesen unterschiedliche mikrobielle Gemeinschaften und Profile auf, was durch Unterschiede in der Vielfalt und eine einzigartige mikrobielle Zusammensetzung belegt wurde. Nasenabstriche von Menschen und Hunden zeigten, dass einige wenige Arten mit relativ hoher Anzahl auftraten (nämlich Staphylococcus, Streptococcus und Moraxella). Es wurde nachgewiesen, dass sich die mikrobielle Gemeinschaft bei den Patienten und Therapiebegleithunden während einer Sitzung veränderte. Dies zeigte sich in der Zunahme der Vielfalt sowie einer ähnlicheren mikrobiellen Zusammensetzung zwischen Patienten und Hunden und den Gruppen nach den Besuchen. Das deutet darauf hin, dass ein Austausch der Mikrobiota stattgefunden hatte. Ein solcher Austausch wurde auch in anderen Studien zum Mikrobiom von Mensch und Tier nachgewiesen[611]. Während der Kontaktgrad in erster Linie ein Hinweis für den Grad der Interaktion zwischen einem Patienten und einem Therapiebegleithund war, kann er auch den Grad des Kontakts zwischen einem Patienten und der Krankenhausumgebung, anderen Patienten und anderen Aspekten der Therapiebesuche widerspiegeln (siehe Abb. links, S. 306). Mit anderen Worten: Ein Patient mit hohen Kontaktwerten hat mehr Kontakt mit dem Therapiebegleithund, aber auch mit anderen Patienten und Personen einschließlich des Therapiehundeführers sowie der Krankenhausumgebung. Zusammengenommen deuten diese Daten darauf hin, dass Bakterien sowohl zwischen Mensch und Mensch als auch zwischen Mensch und Hund ausgetauscht werden. Hunde können als Zwischenträger bei der Verbreitung der Mikrobiota zwischen Patienten dienen, aber möglicherweise nicht ihre eigene einzigartige Mikrobiota mit den Patienten teilen. Die Daten deuten darauf hin, dass der Therapiebegleithund nur ein möglicher Weg ist, über den Mikroben während einer Therapiesitzung übertragen werden können, wobei die anderen im Schaubild gezeigten Wege möglicherweise weitaus einflussreicher sind.

Der Veränderungsgrad der mikrobiellen Zusammensetzung der Patienten variierte je nach Kontaktstufe und Besuchsart. Patienten mit geringem Kontakt hatten nach dem Besuch eine höhere Streptococcusdichte als vorher. Patienten mit hohem Kontakt wiesen eine höhere Dichte von Moraxella-Spezies auf, sowohl vor als auch nach dem Besuch. Im Gegensatz dazu gab es keinen Unterschied in der Häufigkeit aller Gattungen bei Patienten mit hohem Kontakt vor und nach dem Besuch. Bei den Interventionsbesuchen wiesen sowohl Patienten mit hohem als auch mit niedrigem Kontakt eine größere Anzahl von Streptokokkenarten vor dem Besuch und eine größere Menge an Staphylokokkenarten nach dem Besuch auf, insbesondere S. epidermidis.

611 Misic, A.M., M.F. Davis, A.S. Tyldsley, B.P. Hodkinson, P. Tolomeo, B. Hu, I. Nachamkin, E. Lautenbach, D.O. Morris, E.A. Grice: The shared microbiota of humans and companion animals as evaluated from Staphylococcus carriage sites. *Microbiome.* (2015) 3:1–19

In einem weiteren Schritt wurde der Therapiebegleithund mit Chlorhexidin als antiseptische Desinfizierungsmaßnahme behandelt und es wurde gemessen, wie dies den mikrobiellen Austausch zwischen Patienten und Hunden sowie unter den Patienten beeinflusste.

Es zeigte sich, dass seltene Arten nicht mehr zwischen den Patienten geteilt wurden. Die Maßnahme scheint also die Verbreitung seltener Arten verhindert zu haben. Das deutet darauf hin, dass die auf Hunde ausgerichtete Desinfizierung indirekte Auswirkungen auf die mikrobielle Vielfalt in den Proben der menschlichen Patienten hatte. Insgesamt beeinflusste die Intervention zwar die mikrobielle Zusammensetzung, die Diversität und den Austausch zwischen den Menschen, doch wurden diese Effekte in erster Linie durch die Veränderung der mikrobiellen Zusammensetzung des Therapiebegleithundes erzielt. Da dieses Muster nur bei seltenen und nicht bei häufigen Arten auftritt, scheint der Therapiebegleithund eher als Zwischenstation für die gemeinsame Nutzung von Mikroorganismen zu dienen denn als Quelle.

Die Desinfizierungsmaßnahme scheint die Ausbreitung der einzigartigen Mikrobiota des Hundes auf die Patienten zu begrenzen und verringert seine Rolle als Zwischenvektor bei der Ausbreitung von Mikroorganismen zwischen Patienten oder anderen Personen und der Krankenhausumgebung.

Die Ergebnisse deuten zudem darauf hin, dass der Hund eine Quelle einzigartiger Mikroben für die Patienten sein könnte. Da Krankenhausaufenthalte und bestimmte Therapien die mikrobielle Vielfalt bei Patienten verringern, könnte der Einsatz von Therapiebegleithunden eine neuartige Möglichkeit darstellen, dieses Ungleichgewicht auszugleichen und potenziell nützliche Mikroorganismen zu übertragen, die vor der Besiedlung mit Krankenhauserregern und Infektionen schützen könnten[612].

612 Havstad, S., G. Wegienka, E.M. Zoratti, S.V. Lynch, H.A. Boushey, C. Nicholas, D.R. Ownby, C.C. Johnson: Effect of prenatalindoor pet exposure on the trajectory of total IgE levels in early childhood. *J. Allergy Clin. Immunol.* (2011) 128:880–885

Die Studie

Systematische Überprüfung und Meta-Analyse des Auftretens der ESKAPE-Bakteriengruppe bei Hunden und des damit verbundenen Zoonoserisikos bei der tiergestützten Therapie und bei der tiergestützten Tätigkeit im Gesundheitsbereich

Santaniello, A., M. Sansone, A. Fioretti, L.F. Menna: Systematic Review and Meta-Analysis of the Occurrence of ESKAPE Bacteria Group in Dogs, and the Related Zoonotic Risk in Animal-Assisted Therapy, and in Animal-Assisted Activity in the Health Context. Int. J. Environ. Res. Public Health. (2020) 17:3278

Tiergestützte Therapien werden häufig in Krankenhäusern, Rehabilitationszentren und anderen Gesundheitseinrichtungen durchgeführt. Diese Maßnahmen bringen den Patienten viele Vorteile, können sie aber auch dem Risiko einer Infektion mit potenziellen Zoonoseerregern aussetzen[613]. Der Hund ist die wichtigste Tierart, die bei diesen Maßnahmen eingesetzt wird[614]. Santaniello und Kollegen sammelte Daten über das Auftreten der Krankheitserregergruppe ESKAPE (**E**nterococcus faecium, **S**taphylococcus aureus, **K**lebsiella pneumoniae, **A**cinetobacter baumannii, **P**seudomonas aeruginosa, **E**nterobacter spp.) bei Hunden, um Leitlinien für den Einsatz von TGI-Hunden zu erstellen.

Studien[615] zeigen, dass Körperkontakt wesentlich zur Wirksamkeit der TGI beiträgt. Andererseits haben die Patienten (oft sehr jung oder alt oder immungeschwächt) während dieser Aktivitäten Kontakt mit den Schleimhäuten und dem Fell des Hundes und können so den Bakterien, Pilzen und Parasiten ausgesetzt sein, die subklinisch vom Hund übertragen werden[616]. Daher sollte zwischen der Notwendigkeit des Körperkontakts während der TGI und dem Risiko der Übertragung von Zoonoseerregern abgewogen werden.

Verschiedene Bakterienarten können vom Hund ge- und auf den Menschen übertragen werden[617,618]. ESKAPE-Bakterien sind eine Gruppe häufig auftretender

613 Menna, L.F., A. Santaniello, M. Todisco, A. Amato, L. Borrelli, C. Scandurra, A. Fioretti: The Human-Animal Relationship as the Focus of Animal-Assisted Interventions: A One Health Approach. *Int. J. Environ. Res. Public Health.* (2019) 16:3660. doi: 10.3390/ijerph16193660

614 Shen, R.Z.Z., P. Xiong, U.I. Chou, B. Hall: „We need them as much as they need us“: A systematic review of the qualitative evidence for possible mechanisms of effectiveness of animal-assisted intervention (AAI). *J. Complement Ther. Med.* (Dec. 2018) 41:203–207

615 Shen, R.Z.Z., P. Xiong, U.I. Chou, B. Hall: „We need them as much as they need us“: A systematic review of the qualitative evidence for possible mechanisms of effectiveness of animal-assisted intervention (AAI). *J. Complement Ther. Med.* (Dec. 2018) 41:203–207

616 Maurelli, M.P., A. Santaniello, A. Fioretti, G. Cringoli, L. Rinaldi, L.F. Menna: The Presence of Toxocara Eggs on Dog's Fur as Potential Zoonotic Risk in Animal-Assisted Interventions: A Systematic Review. *Animals.* Basel. (Oct. 2019) 9(10):827

617 Lefebvre, S.L., G.C. Golab, E. Christensen, L. Castrodale, K. Aureden, A. Bialachowski, N. Gumley, J. Robinson, A. Peregrine, M. Benoit, et al.: Guidelines for animal-assisted interventions in health care facilities. *Am. J. Infect. Control.* (2008) 36:78–85. doi: 10.1016/j.ajic.2007.09.005.

618 Ghasemzadeh, I., S.H. Namazi: Review of bacterial and viral zoonotic infections transmitted by dogs. *J. Med. Life.* (2015) 8:1–5

Krankheitserreger, die hauptsächlich mit nosokomialen[619] Infektionen in Verbindung gebracht werden[620]. Die ESKAPE-Bakteriengruppe verursacht eine erhebliche Morbidität und Mortalität sowie einen erhöhten Ressourcenverbrauch in Gesundheitseinrichtungen[621].

Enterococcus faecium ist ein kommensaler[622] Mikroorganismus der normalen Magen-Darm-Flora von Menschen und Tieren. E. faecium kann durch direkten Kontakt mit Nutz- und Haustieren auf den Menschen übertragen werden[623]. Studien haben das Potenzial einer zoonotische Übertragung von Ampicillin- und Vancomycin-resistentem E. faecium vom Hund aufgezeigt[624]. Staphylococcus aureus ist Teil des zur Haut gehörenden Mikrobioms von Tieren und Menschen und eine der häufigsten Ursachen für tödliche Infektionen beim Menschen[625]. Er kann eine Reihe von Infektionen verursachen, z. B. leichte bis schwere Haut- und Weichteilinfektionen, Herzinnenhautentzündung, Knochenmarkentzündung und tödliche Lungenentzündung[626]. Je nach Empfindlichkeit gegenüber Antibiotika kann S. aureus in Methicillin-empfindlichen Staphylococcus aureus (MSSA) und Methicillin-resistenten Staphylococcus aureus (MRSA) unterteilt werden. MRSA sind mit die wichtigsten Bakterien, die im Krankenhaus erworbene Infektionen beim Menschen verursachen[627].

K. pneumoniae ist ein gramnegatives Mitglied der Enterobacteriaceae und gilt als einer der häufigsten Erreger von Atemwegs- und Harnwegsinfektionen bei Menschen und Hunden[628]. K.-pneumoniae-Stämme haben die Fähigkeit, Resistenzen gegen Antibiotika zu erwerben, was ein Problem für die öffentliche Gesundheit darstellt. Studien berichteten über die fäkale Besiedlung und den Austausch von K.

619 Krankenhausinfektion

620 Rice, L.B.: Federal funding for the study of antimicrobial resistance in nosocomial pathogens: No ESKAPE. *J. Infect. Dis.* (2008) 197:1079. doi: 10.1086/533452

621 Founou, R.C., L.L. Founou, S.Y. Essack: Clinical and economic impact of antibiotic resistance in developing countries: A systematic review and meta-analysis. *PLoS ONE*. (2017) 12:e0189621. doi: 10.1371/journal.pone.0189621.

622 Kommensalismus, Form des Zusammenlebens von Organismen verschiedener Arten, wobei der Kommensale von der Nahrung des anderen, des Wirts profitiert, diesen nicht schädigt, aber ihm auch keinen Nutzen bringt.

623 Bang, K., J.U. An, W. Kim, H.J. Dong, J. Kim, S. Cho: Antibiotic resistance patterns and genetic relatedness of Enterococcus faecalis and Enterococcus faecium isolated from military working dogs in Korea. *J. Vet. Sci.* (2017) 18:229–236. doi: 10.4142/jvs.2017.18.2.229.

624 Van den Bunt, G., J. Top, J. Hordijk, S.C. de Greeff, L. Mughini-Gras, J. Corander: Intestinal carriage of ampicillin- and vancomycin-resistant Enterococcus faecium in humans, dogs and cats in the Netherlands. *J. Antimicrob. Chemother.* (2018) 73:607–614. doi: 10.1093/jac/dkx455

625 Loncaric, I., A. Tichy, S. Handler, M.P. Szostak, M. Tickert, M. Diab-Elschahawi, J. Spergser, F. Künzel: Prevalence of Methicillin-Resistant Staphylococcus sp. (MRS) in Different Companion Animals and Determination of Risk Factors for Colonization with MRS. *Antibiotics*. (2019) 8:36. doi: 10.3390/antibiotics8020036

626 Guo, Y., G. Song, M. Sun, J. Wang, Y. Wang: Prevalence and Therapies of Antibiotic-Resistance in Staphylococcus aureus. *Front. Cell. Infect. Microbiol.* (2020) 10:107. doi: 10.3389/fcimb.2020.00107.

627 Ghasemzadeh, I., S.H. Namazi: Review of bacterial and viral zoonotic infections transmitted by dogs. *J. Med. Life.* (2015) 8:1–5

628 Michael, G.B., H. Kaspar, A.K. Siqueira, E.F. Costa, L.G. Corbellini, K. Kadlec, S. Schwarz: Extended-spectrum beta-lactamase (ESBL)-producing Escherichia coli isolates collected from diseased food-producing animals in the GERM-Vet monitoring program 2008–2014. *Vet. Microbiol.* (2017) 200:142–150. doi: 10.1016/j.vetmic.2016.08.023.

pneumoniae zwischen Menschen und Hunden, die in engem Kontakt leben, was auf die Rolle der Hunde als Reservoir für dieses Bakterium hindeutet. A. baumannii ist der klinisch bedeutsamste Erreger, der bei Krankenhausinfektionen beim Menschen auftritt[629]. Beim Menschen betreffen A. baumannii-Infektionen hauptsächlich die Atemwege, aber auch Meningitis und Harnwegsinfektionen können auftreten[630]. Hunde stellen ein potenzielles Reservoir für A. baumannii dar und das Risiko einer Übertragung kann bei direktem Kontakt zwischen Mensch und Hund steigen[631].

P. aeruginosa wird zunehmend als Krankheitserreger erkannt, der chronische und wiederkehrende Infektionen bei Mensch und Tier verursacht[632,633].

Enterobacter spp. kann zahlreiche Arten von Infektionen verursachen, darunter Hirnabszesse, Lungenentzündung, Entzündung der Gehirn- und Rückenmarkshäute, Blutvergiftung, Harnwegsinfektionen (insbesondere durch Katheter) und Darminfektionen[634]. Die Übertragung erfolgt durch direkten oder indirekten Kontakt der Schleimhautoberflächen mit dem Wirtsorganismus[635]. Trotz des nachgewiesenen Risikos dieser Bakterien und der zahlreichen Untersuchungen, die sowohl im medizinischen als auch im veterinärmedizinischen Bereich durchgeführt wurden, sind Studien im Bereich TGI-Hunde kaum zu finden.

Enterococcus faecium:

Insbesondere die zur MRSA-Gruppe gehörenden Bakterien sind zusammen mit E. faecium die am besten untersuchten Bakterien der ESKAPE-Gruppe beim Hund und werden in den Leitlinien des American Journal of Infection Control[636] sowie in anderen wissenschaftlichen Beiträgen erwähnt[637]. Das Fehlen standardisierter Programme zur Bekämpfung von ESKAPE bei TGI-Hunden auf internationaler Ebene

629 Clark, N.M., G.G. Zhanel, J.P. Lynch 3rd: Emergence of antimicrobial resistance among Acinetobacter species: A global threat. *Curr. Opin. Crit. Care.* (2016) 22:491–499

630 Doi, Y., G.L. Murray, A.Y. Peleg: Acinetobacter baumannii: Evolution of antimicrobial resistance-treatment options. *Semin. Respir. Crit. Care Med.* (2015) 36:85–98

631 Van der Kolk, J.H., A. Endimiani, C. Graubnera, V. Gerbera, V. Perretenc: Acinetobacter in veterinary medicine, with an emphasis on Acinetobacter baumannii. *J. Glob. Antimicrob. Resist.* (2019) 16:59–71. doi: 10.1016/j.jgar.2018.08.011.

632 Hall, J.L., M.A. Holmes, S.J. Baines: Prevalence and antimicrobial resistance of canine urinary tract pathogens. *Vet. Rec.* (2013) 173:549. doi: 10.1136/vr.101482

633 Raman, G., E.E. Avendano, J. Chan, S. Merchant, L. Puzniak: Risk factors for hospitalized patients with resistant or multidrug-resistant Pseudomonas aeruginosa infections: A systematic review and meta-analysis. *Antimicr. Resist. Infect. Control.* (2018) 7:79

634 Sidjabat, H.E., N.D. Hanson, E. Smith-Moland, J.M. Bell, J.S. Gibson, L.J. Filippich, D.J. Trott: Identification of plasmid-mediated extended-spectrum and AmpC beta-lactamases in Enterobacter spp. isolated from dogs. *J. Med. Microbiol.* (2007) 56:426–434

635 Smith, K., I.S. Hunter: Efficacy of common hospital biocides with biofilms of multi-drug resistant clinical isolates. *J. Med. Microbiol.* (2008) 57:966–973

636 Lefebvre, S.L., G.C. Golab, E. Christensen, L. Castrodale, K. Aureden, A. Bialachowski, N. Gumley, J. Robinson, A. Peregrine, M. Benoit, et al.: Guidelines for animal-assisted interventions in health care facilities. *Am. J. Infect. Control.* (2008) 36:78–85

637 The Society for Healthcare Epidemiology of America (SHEA). Available online: https://www.shea-online.org/index.php/about/mission-history. Accessed on 27 September 2019.

stellt eine Wissenslücke dar und erschwert die Abschätzung des damit verbundenen Risikoniveaus für die betroffenen Menschen und auch die potenzielle Übertragungsdynamik dieser Erreger.

In Anbetracht der großen Aufmerksamkeit, die diesen Bakterien zuteil wurde, die aufgrund ihrer Antibiotikaresistenz zu Todesfällen führen, wurde in der Studie nicht nur die Vielfalt der Übertragung dieser Bakterien hervorgehoben, sondern auch die Körperregionen (des Hundes) betrachtet, die einem Kontaminationsrisiko ausgesetzt sind und mit denen Patienten direkt oder indirekt in Kontakt kommen. Die TGI wird in Einrichtungen wie Krankenhäusern oder Gesundheitseinrichtungen durchgeführt und richtet sich häufig an Patienten, die zu Risikogruppen gehören (z. B. Dialysepatienten oder immungeschwächte Patienten)[638].

Staphylococcus aureus:

MRSA-Übertragungen von Hunden auf Menschen treten bei immungeschwächten Patienten häufiger auf[639] . Die Übertragung zwischen verschiedenen Arten wurde nicht nur vom Hund auf den Menschen, sondern auch zwischen Hund, Nutztieren und Menschen untersucht. Studien weisen auf das zoonotische Risiko für Hunde hin, die eine viermal höhere Wahrscheinlichkeit haben, an einer Staphylokokken-Keratitis zu erkranken, wenn sie zu Menschen gehören, die in der Tiermedizin tätig sind[640]. Hunde können MRSA-Stämme beherbergen, wenn sie in einer Familie mit einer infizierten Person leben. Allerdings lässt sich die MRSA-Quelle des Hundes nicht immer auf den menschlichen Patienten zurückführen[641]. Faires und Kollegen[642] betonten das hohe Vorkommen der gleichzeitigen Besiedlung mit MRSA und die Identifizierung von nicht unterscheidbaren Stämmen bei Menschen und Hunden derselben Familie, was auf eine mögliche Übertragung von MRSA zwischen den Arten hindeutet.

Klebsiella pneumoniae:

Die Weltgesundheitsorganisation (WHO) hat eine globale Prioritätenliste antibiotikaresistenter Bakterien veröffentlicht, und K. pneumoniae wurde in die Gruppe

638 Menna, L.F., A. Santaniello, A. Amato, G. Ceparano, A. Di Maggio, M. Sansone, P. Formisano, I. Cimmino, G. Perruolo, A. Fioretti: Changes of Oxytocin and Serotonin Values in Dialysis Patients after Animal Assisted Activities (AAAs) with a Dog – A Preliminary Study. *Animals*. (2019) 9:526

639 Ghasemzadeh, I., S.H. Namazi: Review of bacterial and viral zoonotic infections transmitted by dogs. *J. Med. Life.* (2015) 8:1–5

640 LoPinto, A.J., H.O. Mohammed, E.C. Ledbetter: Prevalence and risk factors for isolation of methicillin-resistant Staphylococcus in dogs with keratitis. *Vet. Ophthalmol.* (Jul. 2015) 18(4):297–303

641 Morris, D.O., E. Lautenbach, T. Zaoutis, K. Leckerman, P.H. Edelstein, S.C. Rankin: Potential for pet animals to harbor methicillin-resistant Staphylococcus aureus (MRSA) when residing with human MRSA patients. *Zoonoses Public Health.* (2012) 59:286–293

642 Faires, M.C., K.C. Tater, J. Scott Weese: An investigation of methicillin-resistant Staphylococcus aureus colonization in people and pets in the same household with an infected person or infected pet. *JAVMA.* (2009) 235:540–543

„Priorität 1: Kritisch" [643] aufgenommen[644] . Marques und Kollegen[645] berichteten über die fäkale Besiedlung und den Austausch von Linien von K. pneumoniae zwischen Menschen und Hunden, die in engem Kontakt leben, was auf die Rolle von Hunden als Reservoir für dieses Bakterium hindeutet, obwohl diese Stämme weder multiresistent noch hypervirulent waren. Abdel-Moein und Kollegen[646] weisen auf die Gefahr der Übertragung von K. pneumoniae-Infektionen über den orofäkalen[647] Weg hin, die nach dem Kontakt (Streicheln etc.) mit infizierten Hunden oder der Verwendung kontaminierter Gegenstände innerhalb von Familien auftreten kann, da eine Übertragung zwischen verschiedenen Arten möglich ist.

Acinetobacter baumannii:

A. baumanni wurde auf der Haut und im Kot von gesunden Hunden nachgewiesen[648].

Pseudomonas aeruginosa:

P. aeruginosa verursacht bei Hunden und Katzen Ohrenentzündung, Hornhautgeschwüre, Harnwegsinfektionen, Pyodermie und infiziert Weichteile[649]. Ludwig und Kollegen fanden das Bakterium in Weichteilgewebe, Haut und oberflächlichen Wunden von Hunden. Wie in Krankenhäusern beobachtet, gehört P. aeruginosa zu den multiresistenten Mikroorganismen mit klinischer Relevanz auch in der Veterinärmedizin. Das Risiko einer Übertragung auf den Menschen ist hauptsächlich auf den Kontakt mit symptomatischen Hunden zurückzuführen, was jedoch nicht ausschließt, dass es asymptomatische Hunde oder Reservoirhunde gibt, bei denen dieses Bakterium als Kommensale (Definition siehe oben) der Harnwege oder des Ohrs vorkommt[650].

Enterobacter spp:

Die Übertragung erfolgt durch direkten oder indirekten Kontakt der Schleimhautoberflächen mit dem infektiösen Erreger (z. B. Übertragung durch kontaminierte

643 Cephalosporin (3GC)- und/oder Carbapenem-resistente Enterobacteriaceae der dritten Generation

644 Tacconelli, E., E. Carrara, A. Savoldi, S. Harbarth, M. Mendelson, D.L. Monnet, C. Pulcini, G. Kahlmeter, J. Kluytmans, Y. Carmeli, et al.: Discovery, research, and development of new antibiotics: The WHO priority list of antibiotic-resistant bacteria and tuberculosis. *Lancet Infect. Dis.* (2018) 18:318–327

645 Marques, C., A. Belas, A. Franco, C. Aboim, L.T. Gama, C. Pomba: Increase in antimicrobial resistance and emergence of major international high-risk clonal lineages in dogs and cats with urinary tract infection: 16-year retrospective study. *J. Antimicrob. Chemother.* (2018) 73:377–384

646 Abdel-Moein, K.A., A. Samir: Occurrence of extended spectrum belactamase-producing Enterobacteriaceae among pet dogs and cats: An emerging public health threat outside health care facilities. *Am. J. Infect. Control.* (2014) 42:796–798

647 Beim fäkal-oralen Infektionsweg kommt es – zum Beispiel über eine Schmierinfektion – zur oralen Aufnahme von Keimen aus dem Darm bzw. aus der Faeces. Oft sind mangelnde Hygiene, verunreinigtes Trinkwasser oder kontaminierte Lebensmittel der Übertragungsweg der Krankheitserreger.

648 Gentilini, F., M.E. Turba, F. Pasquali, D. Mion, N. Romagnoli, E. Zambon, D. Terni, G. Peirano, J.D.D. Pitout, A. Parisi, et al.: Hospitalized Pets as a Source of Carbapenem-Resistance. *Front. Microbiol.* (2018) 9:2872

649 Ludwig, C., A. de Jong, H. Moyaert, F. El Garch, R. Janes, U. Klein, I. Morrissey, J. Thiry, M. Youala: Antimicrobial susceptibility monitoring of dermatological bacterial pathogens isolated from diseased dogs and cats across Europe (ComPath results) *J. Appl. Microbiol.* (2016) 121:1254–1267

650 Penna, B., S. Thomé, R. Martins, G. Martins, W. Lilenbaum: In vitro antimicrobial resistance of Pseudomonas aeruginosa isolated from canine otitis externa in Rio de Janeiro, Brazil. Braz. *J. Microbiol.* (2011) 42:1434–1436

Händen) oder durch Übertragung auf benachbarte Körperstellen[651] . Cetin und Kollegen[652] berichteten über das Vorkommen von Enterobacter spp. bei Hunden mit Harnwegsinfektionen. Betroffene Körperregionen sind zudem die Mundhöhle[653], das Rektum[654], die Hornhaut und die Bindehaut. Die Mundhöhle von Jagdhunden kann multiresistente Bakterien tragen, die für die öffentliche Gesundheit von Bedeutung sind, da sie durch kontaminierte Jagdwerkzeuge und Bisswunden auf den Menschen übertragen werden können. Diese Bakterien können im Allgemeinen durch Kontakt mit den äußeren Schleimhäuten des Hundes übertragen werden.

Fazit: Derzeit wird die Rolle des Hundes als Überträger von Bakterien der ESKAPE-Gruppe von der Wissenschaft nur mäßig beachtet und es gibt kaum Studien, die sich mit der Bewertung des Risikos im Zusammenhang mit dem Vorhandensein dieser Bakterien bei TGI-Hunden beschäftigen. Es zeigt sich, dass das Risiko einer zoonotischen Übertragung vom Hund auf den Menschen (und umgekehrt!) alle Bakterien der ESKAPE-Gruppe betrifft, weshalb der Gesundheitscheck des Hundes obligatorische mikrobiologische Kontrollen umfassen sollte. Der enge Kontakt zwischen Mensch und Hund bestimmt das Zoonoserisiko und schafft Möglichkeiten für die Übertragung resistenter Bakterien zwischen den Arten.

Das Ziel sollte ein One-Health-Ansatz sein, der die Zusammenarbeit zwischen Tierärzten, Ärzten, dem öffentlichen Gesundheitswesen und Epidemiologen einschließt, um die Übertragung solcher Bakterien zu verhindern und eine optimale Gesundheit für Mensch, Tier und Umwelt zu erreichen. Hunde, die an TGI in diesen Bereichen eingesetzt werden, sollten einer mikrobiologischen Kontrolle unterzogen werden, um das mögliche Risiko einer Übertragung der ESKAPE-Gruppe zu vermeiden.

Die TGI sind ein konkretes Beispiel für den One-Health-Ansatz und erfordern einen interdisziplinären Austausch, der verschiedene Fachbereiche einbezieht. Die Diskussion mit Experten sollte angeregt werden, um standardisierte Hygiene-, und Gesundheitsprotokolle zu erstellen, die für alle TGI-Hunde gelten.

651 Davin-Regli, A., J.M. Pagès: Enterobacter aerogenes and Enterobacter cloacae; versatile bacterial pathogens confronting antibiotic treatment. *Front. Microbiol.* (2015) 6:392

652 Çetin, C., S. Şentürk, A.L. Kocabiyik, M. Temizel, E. Özel: Bacteriological Examination of Urine Samples from Dogs with Symptoms of Urinary Tract Infection. *Turk. J. Vet. Anim. Sci.* (2003) 27:1225–1229

653 Awoyomi, O.J., O.E. Ojo: Antimicrobial resistance in aerobic bacteria isolated from oral cavities of hunting dogs in rural areas of Ogun State, Nigeria. *Sokoto J. Vet. Sci.* (2014) 12:47–51

654 Sharif, N.M., B. Sreedevi, R.K. Chaitanya, D. Sreenivasulu: Beta-lactamase antimicrobial resistance in Klebsiella and Enterobacter species isolated from healthy and diarrheic dogs in Andhra Pradesh, India. *Vet. World.* (2017) 10:950–954

27. Und wie sieht die Zukunft der hundgestützten Intervention aus?

Die Studie

Die drei Rs als Rahmen für die ethische Betrachtung tiergestützter Interventionen

Simonato, M., De Santis, M., Contalbrigo, L., De Mori, B., Ravarotto, L., & Farina, L. (2020). The Three R's as a Framework for Considering the Ethics of Animal Assisted Interventions. society & animals, 28(4), 395-419.

Simonato und Kollegen schlagen im Hinblick auf ethische Bedenken für die beteiligten TGI-Tiere eine Anpassung des Prinzips der klassischen drei Rs (replacement, reduction, refinement[655, 656]) vor. Tiere in TGI sollen demnach nicht absolut, sondern relativ ersetzbar sein, indem die geeignete Art und die am besten geeigneten Individuen innerhalb dieser Art ausgewählt werden. Die bevorzugte Wahl sollte auf dem Ethogramm[657] des Tieres, den individuellen Merkmalen, dem Ausbildungsstand, dem Ziel des Projekts, der Art der Umgebung und dem/den beteiligten Empfänger(n) basieren.

Bei der Optimierung der Arbeitsbedingungen für TGI-Hunde scheint eine Reduzierung der Anzahl der teilnehmenden Tiere und Empfänger sowie der Anzahl der Sitzungen und der Dauer umsetzbar. Im Hinblick auf die Verfeinerung einer TGI betonen Simonato und Kollegen die Bedeutung der Kontrolle idealer Umgebungsbedingungen, einer angemessenen Tierpflege und der besten Praktiken für die Ausbildung und Auswahl. Schließlich wurde die Beziehung zwischen Mensch und Tier

655 Der Begriff Replacement = Ersatz bezieht sich auf das Erreichen eines Forschungsziels oder einer Zielsetzung ohne Tierversuche. Es werden Methoden angewandt, bei denen Tiere durch geeignete Alternativen ersetzt werden. Reduktion bezieht sich auf die Anwendung von Methoden, die es den Forschern ermöglichen, mit weniger Tieren vergleichbare Informationen zu erhalten. Refinement = Verfeinerung bezieht sich auf Praktiken, die Schmerzen, Stress und Unbehagen der Tiere verringern oder beseitigen – nicht nur während der Versuchsverfahren, sondern auch in Bezug auf das tägliche soziale und physische Umfeld der Tiere.

656 F. Ru Gentilini, M.E. Turba, F. Pasquali, D. Mion, N. Romagnoli, E. Zambon, D. Terni, G. Peirano, J.D.D. Pitout, A. Parisi, et al.: Hospitalized Pets as a Source of Carbapenem-Resistance. *Front. Microbiol.* (2018) 9:2872.

657 Beschreibung und Auflistung möglichst aller Verhaltensweisen (Verhalten), die bei einer Tierart

als vierte R-Dimension vorgeschlagen, die als nicht-instrumentelle Beziehung eingeführt wird und in der die artspezifischen und individuellen Bedürfnisse der Hunde berücksichtigt werden. In der Tat wurde die Mensch-Hund-Dyade als eine wechselseitige Beziehung charakterisiert, die sowohl die Physiologie als auch den psychischen Zustand beeinflusst[658].

Mehrere Studien haben die Merkmale der Mensch-Hund-Beziehung mit der Beziehung zwischen menschlichen Bezugspersonen und Kleinkindern verglichen[659]. So wird die Bindungssystematik auch auf die Mensch-Hund-Dyade angewandt und ist durch Verhaltensweisen wie Nähe suchen, Erkundung und Trennungsangst gekennzeichnet[660]. Belastende Erfahrungen können durch die Unterstützung der menschlichen Bezugsperson abgefedert werden, und auch Hunde haben unterschiedliche Bindungsstile[661]. Ähnlich wie die Bindung ist auch die Verhaltenssynchronität (d. h. koordinierte Verhaltensweisen, die die gegenseitige Abstimmung zwischen Mensch und Hund widerspiegeln) in der Bindung zwischen Bezugsperson und Kleinkind verwurzelt[662]. Da stufenförmige Stressniveaus die Synchronität zwischen Mensch und Hund verringern können, ist auch dies ein wichtiger Aspekt im Kontext von TGI.

Hunde werden in einen interaktiven Prozess zwischen verschiedenen Arten als Mittel zur Verbesserung der Motivation, der Gesundheit und/oder des Wohlbefindens der menschlichen Empfänger einbezogen. Obwohl dieses Konzept aufgrund des Mangels an wissenschaftlichen Beweisen in Frage stellt, ob und inwieweit ein lebendes Tier ein unverzichtbare Bestandteil von TGI ist, hat eine Vielzahl von Studien versucht, die Wirksamkeit von TGI auf der Grundlage dieser Theorie zu belegen[663].

Ist es machbar, das Tier durch eine künstliche Intelligenz zu ersetzen? Es gibt vermehrt Literatur, die besagt, dass Robotertiere als Ersatz für lebende Tiere dienen könnten[664]. Während die Vorteile von Robotern in Bezug auf Tierschutz- und Hygieneaspekte unbestritten sind, kann man ihre Wirksamkeit in Hinsicht auf den Einfluss auf die menschliche Gesundheit in Frage stellen. Roboterhunde können effektiv und

658 Odendaal, J.S., R.A. Meintjes: Neurophysiological correlates of affliative behavior between humans and dogs. *Vet. J.* (2003) 165:296–301

659 Topál, J., A. Miklósi, V. Csanyi, A. Doka: Attachment behavior in dogs (Canis familiaris): A new application of Ainsworth's (1969) Strange Situation Test. *J. Comp. Psychol.* (1998) 112:219–229

660 Prato-Previde, E., D.M. Custance, C. Spiezio, F. Sabatini: Is the dog-human relationship an attachment bond? An observationalstudy using Ainsworth's strange situation. *Behaviour.* (2003) 140:225–254

661 Payne, E., P.C. Bennett, P.D. McGreevy: Current perspectives on attachment and bonding in the dog-human dyad. *Psychol. Res. Behav. Manag.* (2015) 8:71–79

662 Feldman, J.B.: Best Practice for Adolescent Prenatal Care: Application of an Attachment Theory Perspective to Enhance Prenatal Care and Diminish Birth Risks. *Child. Adolesc. Soc. Work J.* (2012) 29:151–166

663 Marino, L.: Construct validity of animal-assisted therapy and activities: How important is the animal in AAT? *Anthrozoös.* (2012) 25:139–151 (Suppl. 1)

664 Park, S., A. Bak, S. Kim, Y. Nam, H.S. Kim, D.-H. Yoo, M. Moon: Animal-Assisted and Pet-Robot Interventions for AmelioratingBehavioral and Psychological Symptoms of Dementia: A Systematic Review and Meta-Analysis. *Biomedicines.* (2020) 8:150

in bestimmten Situationen ein geeigneter Ersatz für Kinder und Jugendliche sein[665]. In einer Studie verbrachten Kinder vergleichbar viel Zeit mit dem Streicheln des echten Hundes und des Roboters und sogar mehr Zeit in der Interaktion mit dem Roboter, auch wenn sie berichteten, dass sie die Sitzungen mit dem lebenden Hund deutlich bevorzugten. Hunde und Roboter verringerten beide verhaltensbezogene und psychologische Symptome bei Bewohnern mit Demenz in Pflegeheimen[666].

Sollten oder werden Hunde demnach unter Umständen ersetzbar sein?

Robotergestützte Therapie (RAT)

Der Ursprung des Wortes *Roboter* liegt im tschechischen Wort *robota*, das mit Frondienst oder Zwangsarbeit übersetzt werden kann[667]. Im Laufe der letzten Jahrzehnte wurden Roboter mit einer künstlichen und sozialen Intelligenz ausgestattet[668]. Die Intention lag auf der Nachbildung menschlicher Wahrnehmung und menschlichen Handelns. Libin & Libin[669] unterschieden Roboter mit Blick auf menschliche Bedürfnisse in (1) Assistenzroboter und (2) interaktive Stimulationsroboter. Zu Assistenzrobotern gehören Industrie-, Forschungs-, militärische, medizinische und Serviceroboter. Interaktive Stimulationsroboter sind soziale Roboter im Bereich Freizeit-, Pädagogik-, Rehabilitations- und Therapieroboter. Sie besitzen einen psychologischen, sozialen und therapeutischen Zweck und sehen menschenähnlich aus oder gleichen einem existierenden Gegenstand oder Lebewesen. Eine wesentliche Eigenschaft ist, dass sie menschliche Gesichtsausdrücke mit komplexen Gesten und sozialer Bedeutung nachahmen oder Emotionen zeigen. Anhand des „Multidimensional model of a person-robot communication" zeigten Libin & Libin vier mögliche Vorteile einer Interaktion zwischen Mensch und interaktiven Stimulationsrobotern:

1) die Verbesserung täglicher Aktivitäten bzw. physischer Rehabilitation durch das Trainieren von sensorisch-motorischen oder kognitiven Fähigkeiten,

2) die Verbesserung des emotionalen Wohlbefindens durch Unterhaltung,

665 Barber, O., E. Somogyi, A.E. McBride, L. Proops: Children's Evaluations of a Therapy Dog and Biomimetic Robot: Influences of Animistic Beliefs and Social Interaction. *Intern. J. Soc. Robot.* (2020) 13:1411–1425

666 Aarskog, N.A., I. Hunskår, F. Bruvik: Animal-Assisted Interventions with Dogs and Robotic Animals for Residents with Dementia in Nursing Homes: A Systematic Review. *Phys. Occup. Ther. In Geritatrics* (2019) 37:77–93

667 https://de.wikipedia.org/wiki/Roboter

668 Becker, H., M. Scheermesser, M. Früh, Y. Treusch, H. Auerbach, A. Hüppi, F. Meier: *Robotik in Betreuung und Gesundheitsversorgung.* Zürich: TA-Swiss, Vol. 58. vdf. (2013)

669 Libin, A., E. Libin: Person-Robot Interactions from the Robopsychologists' Point of View: The Robotic Psychology and Robotherapy Approach. From *Proc. IEEE (Proceedings of the IEEE).* (2004) 92(11):1789–1803

3) die Verbesserung der persönlichen Kompetenz und Autonomie durch ein Gefühl der Kontrolle und des Selbstvertrauens,

4) die Verbesserung der individuellen Lebensqualität durch die Bewältigung von Schwierigkeiten.

Und so finden sich nun auch Roboter im vormals tier-, nun robotergestützten Einsatz.

Die Studie

Mensch-Hund-Beziehungen als Arbeitsrahmen für die Erforschung der Mensch-Roboter-Bindung

Krueger, F., K.C. Mitchell, G. Deshpande, J.S. Katz: Human-dog relationships as a working framework for exploring human-robot attachment: a multidisciplinary review. Anim. Cogn. (2021) 24(2):371–385.

Roboter werden in absehbarer Zukunft wahrscheinlich enge Begleiter des Menschen sein. Um solche Beziehungen erfolgreich zu gestalten, müssen Menschen den Robotern dazu Emotionen und Persönlichkeit geben, ihnen soziale Kompetenzen zuweisen und eine dauerhafte Bindung zu Robotern entwickeln. Ohne einen klaren theoretischen Rahmen, der auf biologischem, psychologischem und technologischem Wissen aufbaut, kann eine erfolgreiche Mensch-Roboter-Bindung (**HRA human-robot attachment**) als neue Form der Interaktion zwischen den „Arten" nicht funktionieren. Die Verhaltensforschung legt nahe, dass das Verhalten von Mensch und Tier als Vorgabe für die Entwicklung und den Bau von Ethoroboter (sozialen Roboter)-Modellen in Betracht gezogen werden kann – einschließlich der Bindung zwischen Tieren und Menschen. Es ist erwiesen, dass Menschen Tieren emotionale Gefühle und Persönlichkeitsmerkmale zuschreiben, die zu Kooperation und Kommunikation führen, was für die Entwicklung von sozialen Robotern von entscheidender Bedeutung wäre. Da Hunde über hervorragende soziale Fähigkeiten im Umgang mit Menschen verfügen, dient die Mensch-Hund-Beziehung in der aktuellen Forschung als Modell für das Verständnis von HRA.

Die jüngsten Anstrengungen haben zu erheblichen Fortschritte bei der Erforschung der Mensch-Roboter-Interaktion (**HRI human robot interaction**) geführt, und so gewinnt die Mensch-Roboter-Beziehung (**HRA human-robot attachment**) immer mehr an Bedeutung, auch im tiergestützten Bereich.

Konkret entwerfen und bauen Forscher mobile, autonome Roboter als soziale Akteure, die in der Lage sind, eine breite Palette von Verhaltensweisen in therapeutischen, pädagogischen und anderen Aktivitäten zu zeigen. Soziale Roboter beinhalten drei Schlüsseldimensionen als entscheidende Faktoren für HRIs (**human robot interaction**): *Anthropomorphismus*, *Emotion* und *Persönlichkeit*[670]. Die Verwendung menschlicher Elemente in Form von gesichtsförmigen Objekten oder menschenähnlicher Sprache, die Erkennung und das Zeigen emotionaler Zustände und der Ausdruck von Persönlichkeit, die sich in körperlichen Attributen, Bewegungsmustern und Kommunikationsstilen darstellt, lösen eine natürliche, evolutionär menschliche Reaktion aus. *Menschenähnlichkeit* ist die Nachahmung dieser Verkörperung, und soziale Interaktion kann in verschiedenen Arten von *„menschenähnlichen“* Robotern umgesetzt werden[671]: *Humanoide* sollen der Körperhaltung und der grundlegenden Anatomie des Menschen ähneln (obwohl sie immer noch ein maschinenähnliches Aussehen haben); *Androiden* sollen eine detaillierte Kopie des menschlichen Körpers darstellen (z. B. Auftragen von menschenähnlicher Haut); und *Geminoide* sollen Duplikate echter Menschen darstellen[672].

Ethorobotik ist ein relativ neues Konzept, das von Miklósi und Kollegen auf der Grundlage der jüngsten Fortschritte in der HRI entwickelt wurde und ethologische, ökologische und evolutionäre Prinzipien zur Entwicklung sozialer Roboter integriert[673]. Die Ethorobotik wurde durch das sogenannte *„unheimliche Tal“* (*„uncanny valley“*) inspiriert[674]. Wenn soziale Roboter so entwickelt werden, dass sie vollständig als *„menschen-ähnliche“* Wesen agieren, aber nicht ganz perfekt sind, können ihre kleinen Unvollkommenheiten bei den Nutzern Bestürzung und Angst hervorrufen – ein Phänomen, das als *„unheimliches Tal“* (Mori 1970) oder *„Zombie-Effekt“* bekannt ist. Die soziale Robotik beschreibt die Beziehung zwischen der menschlichen Affinität zu einem (biologischen oder künstlichen) Wesen und der menschlichen Ähnlichkeit und entwickelt sich im Laufe der Zeit, um menschenähnliche Roboter (d. h. Menschenähnlichkeit) zu entwickeln (siehe Abb. nächste Seite).

670 Fong, T., I. Nourbakhsh, K. Dautenhahn: A survey of socially interactive robots. *Robot Autonomous Syst.* (2003) 42(3–4):143–166. doi: 10.1016/S0921-8890(02)00372-X

671 MacDorman, K.F., H. Ishiguro: The uncanny advantage of using androids in cognitive and social science research. *Interact Stud.* (2006) 7(3):297–337

672 Becker-Asano, C., K. Ogawa, S. Nishio, H. Ishiguro: Exploring the Uncanny Valley with Geminoid HI-1 in a real-world application. In: *Interfaces and human computer interaction*. IADIS Intl. (2010) S. 121–128

673 Miklósi, Á., P. Korondi, V. Matellán, M. Gácsi: Ethorobotics: A New Approach to Human-Robot Relationship. *Front Psychol.* (2017) 8:958

674 Mori, M.: Bukimi no tani (the uncanny valley). Energy. (1970) 7:33–35

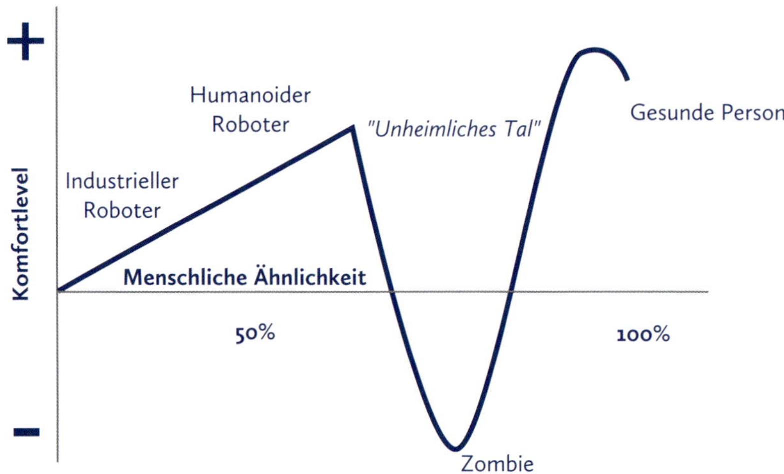

In Anlehnung an Miklósi und Kollegen 2017

„Das Unheimliche Tal". Die mittlere Spitze tritt auf, wenn Roboter eine ausreichende, aber nicht vollständige Ähnlichkeit (60 – 75 %) mit Menschen aufweisen, während die maximale Spitze entsteht, wenn Roboter eine nahezu perfekte Ähnlichkeit mit Menschen erreichen (Mori, 1970). Die „Unheimliches Tal"-Hypothese besagt, dass soziale Roboter den „maximalen Gipfel" (d. h. die ideale Menschlichkeit) möglicherweise nie erreichen werden, weil Roboter, die dem Menschen sehr ähnlich sind, von den Benutzern eher abgelehnt werden als weniger ähnliche. Anstatt den „maximalen Gipfel" zu erklimmen, um menschenähnlichere Roboter zu bauen, können Forscher den „maximalen Gipfel" umgehen – und das „unheimliche Tal" verhindern –, indem sie soziale Roboter schaffen, die in der Lage sind, ihre Leistung für bestimmte Funktionen in ihren spezifischen Umgebungen zu maximieren[675].

Wenn solche Ethoroboter mit spezifischen Funktionen hinsichtlich sozio-kognitiver und verhaltensbezogener Merkmale ausgestattet sind – z. B. als Begleiter für Personen mit eingeschränkten Fähigkeiten und sozialer Interaktion –, werden sich Menschen ihnen unabhängig von ihrer menschlichen Ähnlichkeit nähern bzw. zuwenden. Diese ethologischen Roboter würden eine andere soziale Nische besetzen, die spezifisch für ihre Funktion ist und sich weiterentwickeln, ohne mit dem Menschen zu konkurrieren[676].

Auf der Grundlage eines ethologischen Ansatzes können gemeinsame Interaktionen mit anderen Arten während der Menschheitsgeschichte Verhaltensprototypen für soziale Roboter liefern. Daher können Mensch-Tier-Interaktionen als Modelle für soziale Roboter dienen. HRIs, die auf Beziehungen zwischen und nicht innerhalb einer Art basieren, sind weniger komplex und einfacher in sozialen Robotern

675 Konok, V., B. Korcsok, Á. Miklósi, M. Gácsi: Should we love robots?–The most liked qualities of companion dogs and how they can be implemented in social robots. *Comput. Hum. Behav.* (2018) 80:132–142

676 Miklósi, Á., P. Korondi, V. Matellán, M. Gácsi: Ethorobotics: A New Approach to Human-Robot Relationship. *Front. Psychol.* (2017) 8:958

zu verwenden[677]. Ein artübergreifender Fokus auf einen funktionalen Ansatz unterstreicht das Ziel, dass Roboter nicht für einen sozialen Zweck an sich gebaut werden, sondern für einen sozialen Prozess, wie z. B. Bindung, wobei die Art der Beziehung kein gegebenes Merkmal eines Roboters ist, sondern eher eine Folge einer sozialen Interaktion.

Hunde als Prototypen für die Mensch-Roboter-Bindung

Die Beziehung zwischen einem Säugling und seiner Bezugsperson wird üblicherweise als Bindung beschrieben – sie erfüllt eine evolutionäre Funktion (z. B. elterliche Fürsorge). Menschen gehen tiefe, langfristige Bindungen mit ihren Hunden ein und betrachten sie oft als Familienmitglieder. In naher Zukunft werden Menschen auch mit sozialen Robotern als Langzeitbegleiter zusammenleben; daher würden sie diese als soziale Partner betrachten, die zu einer emotionalen Bindung fähig sind. Im Rahmen von HRI kann Bindung als das Ausmaß der emotionalen Interaktionen eines Benutzers mit einem Roboter in drei Dimensionen betrachtet werden: *viszerale Ebene* (z. B. erster Eindruck durch das Aussehen), *Verhaltensebene* (z. B. Zufriedenheit des Benutzers mit den Eigenschaften des Roboters) und *Reflexionsebene* (z. B. Erinnerung an vergangene Erfahrungen und deren Nutzung für zukünftige Handlungen)[678].

Diese Ethoroboter sollten effektiv Verhaltensweisen ausführen, für die sie gebaut sind, z. B. älteren Menschen und Menschen mit Behinderungen helfen, und glaubwürdige kommunikative Fähigkeiten zeigen, wenn sie mit Menschen kooperieren – Fähigkeiten, die auch bei Hunden zu finden sind. Diese Ähnlichkeiten zwischen Menschen und Robotern in Bezug auf soziale Fähigkeiten – Lernbereitschaft, interaktive Kommunikation und soziale Bindung – sollten ausreichen, um eine Grundlage für soziale Interaktion und zukünftige Bindung zu schaffen. Der Hund wurde in HRI-Studien als Modell für *nicht-menschliche Begleiter*[679] erfolgreich eingesetzt. Das aufstrebende Feld der Ethorobotik schlägt vor, dass soziale Roboter als eigenständige Organismen behandelt werden sollten, die an ihre Umgebung angepasst sind und deren Ähnlichkeit mit dem Menschen unbedeutend ist.

677 Konok, V., B. Korcsok, Á. Miklósi, M. Gácsi: Should we love robots?–The most liked qualities of companion dogs and how they can be implemented in social robots. *Comput. Hum. Behav.* (2018) 80:132–142

678 Birnbaum, G.E., M. Mizrahi, G. Hoffman, H.T. Reis, E.J. Finkel, O. Sass: What robots can teach us about intimacy: the reassuring effects of robot responsiveness to human disclosure. *Comput. Hum. Behav.* (2016) 63:416–423. doi: 10.1016/j.chb.2016.05.064

679 Ichikawa, T., W. Beppu, S. Kovács, P. Korondi, H. Hashimoto, M. Niitsuma: Ethologically inspired human-robot communication for monitoring support system in intelligent space. *IFAC Proc. Volumes.* (2012) 45(22):58–63

Der nächste Typ von autonomen Unterhaltungsrobotern ist in erster Linie für die Interaktion mit Bindungscharakter gedacht, z. B. Co-Therapeuten für Patienten[680]. Roboter werden als *„Zoomorphs“* eingestuft, wenn sie lebende oder imaginäre Tiere nachahmen und entweder mit therapeutischem oder begleitendem Nutzen entwickelt werden. Die meisten von ihnen erfüllen die Beschreibung eines Ethoroboters weder durch ihre physische Erscheinung noch durch ihre ausgefeilte Kommunikation[681].

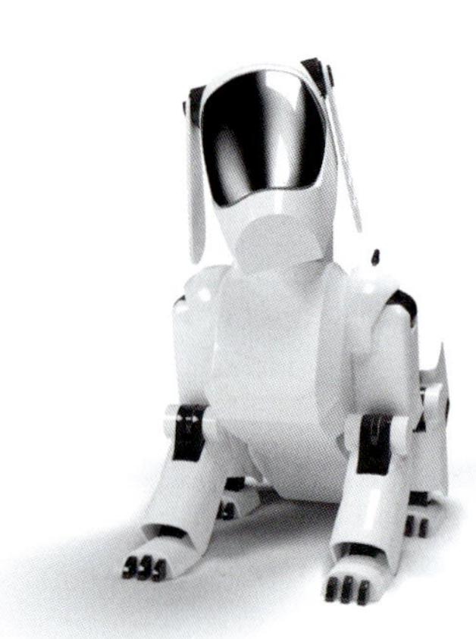

Sony hat 2018 die inzwischen vierte Generation des AIBO-Unterhaltungsroboters auf den Markt gebracht. Das Verhalten von AIBO ist dem von Hunden nachempfunden. AIBO sieht aus wie ein kleiner Hund – einschließlich einer hundeähnlichen Metallarchitektur mit flexiblen Körperteilen sowie einer Reihe von Sensoren (z. B. Mikrofon, Kamera, Berührungssensoren) –, die es dem Benutzer ermöglichen, zu interagieren. AIBO verfügt über eine bewegliche Rute, einen beweglichen Kopf und bewegliche Ohren, um hundeähnliche Verhaltensweisen auszudrücken. Er hat Augen, die den inneren Geisteszustand anzeigen und kann verschiedene Geräusche erzeugen, die Müdigkeit, Frustration oder Begeisterung ausdrücken. Der Benutzer kann auf zwei Arten mit AIBO interagieren: über Sprachbefehle und Drucksensoren. AIBO verfügt über eine Spracherkennung, führt etwa 30 Befehle aus, die per Stimme gegeben werden (z. B. „Sitz“, „Leg dich hin“ und „Dreh dich um“), und macht Digitalfotos mit einer Kamera in der Nase. AIBO erkennt seinen Namen, nachdem er aufgenommen wurde, und antwortet mit computergesteuerten Geräuschen, wenn er gerufen wird.

680 Dautenhahn, K., B. Ogden, T. Quick: From embodied to socially embedded agents – implications for interaction-aware robots. *Cogn. Syst. Res.* (2002) 3(3):397–428

681 Émond, C., L. Lewis, H. Chalghoumi, M. Mignerat: A comparison of NAO and Jibo in child-robot interaction. In: *Companion of the 2020 ACM/IEEE International Conference on Human-Robot Interaction*. (2020) S. 192–194

Wenn man die Überzeugungen der Menschen in Bezug auf Roboterhunde und lebende Hunde vergleicht, werden derzeit die meisten Menschen in unserer Gesellschaft keinen Roboter als Begleiter kaufen, weil sie glauben, dass Roboter nicht in der Lage sind, Gefühle, Persönlichkeit und Bindung auszudrücken wie ein Hund. Im Gegensatz dazu ergaben die Befragungen zu AIBO, dass Kinder zwar zwischen dem lebendigen und dem Roboterhund unterscheiden, dem Roboterhund aber dennoch mentale, emotionale und moralische Eigenschaften zuschreiben. Beim Vergleich von Einstellungen zu AIBO nehmen Kinder ihn als „Roboterhund" wahr (während Erwachsene ihn weniger mit Hunden, sondern eher mit Maschinen vergleichen) und verwenden Pronomen wie „er/sie" anstelle von „es", wenn sie mit AIBO kommunizieren – was darauf hindeutet, dass Kinder Aspekte des Tieres und der Maschine in diesem neuartigen technischen Artefakt sehen, die auf ihren Konzepten und Sprachformen basieren. Frauen schreiben AIBO eher einen emotionalen Wert zu, während Männer mehr auf die technischen Aspekte achten. Obwohl das Alter keine große Rolle bei der Wahrnehmung des Roboterhundes spielt, verwenden ältere Altersgruppen mehr „negative" Beschreibungen, wenn sie über AIBO sprechen[682].

Eine Untersuchung ergab, dass bei Kindern, die 11 Wochen lang (einmal pro Woche) zuerst mit einem echten Hund und dann mit AIBO besucht wurden, keine Unterschiede in der Kontaktaufnahme zwischen den beiden machten[683]. Während des Beobachtungszeitraums gingen die Kinder häufiger auf AIBO zu, während der echte Hund häufiger auf die Kinder zuging. Insgesamt zogen die meisten Kinder den Hund dem AIBO vor, aber der Hund wurde seltener berührt als der AIBO. Außerdem standen Erwachsene AIBO weniger positiv gegenüber, wenn er als Welpe und nicht als Roboter dargestellt wurde, aber er wurde als weniger „furchteinflößend" angesehen, wenn er Fell trug[684].

Obwohl die Reaktionen der Empänger bei Begegnungen mit einem lebenden Hund und einem Roboterhund identisch zu sein scheinen, ordnen sie dem Hund mehr positive Eigenschaften zu (z. B. anhänglich, reaktionsfreudig) und sprechen mit ihm in einer höheren Stimmlage. Bei der Bewertung der wahrgenommenen Beziehung zu AIBO zeigte sich, dass die meisten Nutzer (70 – 80 %) eine enge Beziehung zu ihrem Roboter haben, und eine beträchtliche Anzahl (33 %) weiterhin im Alltag mit AIBO spielt. Darüber hinaus betrachten etwa 26 % der Benutzer AIBO als Spielkameraden, und etwa 42 % haben Gefühle für AIBO – was darauf hindeutet, dass die Beziehung zwischen Benutzern und ihren Roboterhunden mit der Bindung

682 Kertész, C., M. Turunen: Exploratory analysis of Sony AIBO users. *AI & Soc.* (2019) 34(3):625–638. doi: 10.1007/s00146-018-0818-8

683 Ribi, F.N., A. Yokoyama, D.C. Turner: Comparison of children's behavior toward Sony's robotic dog AIBO and a real dog: a pilot study. *Anthrozoös.* (2008) 21(3):245–256

684 Schellin, H., T. Oberley, K. Patterson, B. Kim, K.S. Haring, C.C. Tossell, E. Phillips, E.J. de Visser: Man's new best friend? Strengthening human-robot dog bonding by enhancing the Doglikeness of Sony's Aibo. Conference Paper. *Syst. Inf. Eng. Design Sympos. (SIEDS)* 2020:1–6

vergleichbar sein könnte, die Besitzer zu ihren lebenden Hunden haben. Bei der Bewertung der emotionalen Bindung haben Kinder im Vergleich zu Erwachsenen eine positivere Einstellung zu AIBO: Sie schreiben ihm mehr kognitive Fähigkeiten zu (z. B. kann AIBO sie sehen [76 %] und verstehen [78 %], hat emotionale Gefühle (z. B. kann AIBO glücklich [99 %] oder traurig [87 %] sein), Bindung (z. B. könnte AIBO ein Spielkamerad [91,6 %] und ein Begleiter sein, wenn er allein zu Hause ist [90,2 %])[685].

AIBO erfüllt *animistische*[686] *biologische Grundlagen* (z. B. in Bezug auf seinen Körper und Verhaltensweisen, die echten Begleittieren ähneln), *Handlungseigenschaften* (z. B. die Zuschreibung von Absichten, Gefühlen, emotionalen Zuständen, Wünschen, Sehnsüchten und Zielen), *soziale Positionen* (z. B. die Zuschreibung einer emotionalen Verbindung und Kameradschaft) und *moralische Positionen* (z. B. die moralische Verantwortung für Handlungen). Studien deuten darauf hin, dass eine neue Technologiekategorie entsteht.

Studien zur Untersuchung der tiergestützten Therapie mit AIBO

Anstelle von echten Tieren können Roboter zur Behandlung von Patienten eingesetzt werden, indem eine **robotergestützte Therapie (RAT)**[687] durchgeführt wird. Im Gegensatz zu TGI hat RAT die Vorteile wie Sauberkeit, Sicherheit, geringer Geräuschpegel, robustere Arbeitsbelastung, niedrige Kosten und kein alters- oder krankheitsbedingter Verlust. Robotergestützte Aktivitäten wurden bereits in mehreren Bereichen angewandt, u. a. zur Verringerung von Einsamkeit in der Altenpflege, zur Minderung von Stress und Müdigkeit am Arbeitsplatz und zur Förderung von Therapien für gefährdete soziale Gruppen.

685 Lee, K.M., N. Park, H. Song: Can a robot be perceived as a developing creature? Effects of a robot's long-term cognitive developments on its social presence and people's social responses toward it. *Hum. Commun. Res.* (2005) 31(4):538–563

686 Animismus bezeichnet in der Psychologie die Denkweise, bei der Menschen annehmen, dass unbelebte Dinge lebendig sind und diesen menschliche Eigenschaften oder typische Merkmale von Lebewesen zuzuschreiben.

687 Fujita, M.: On activating human communications with pet-type robot AIBO. *Proc. IEEE.* (2004) 92(11):1804–1813. doi: 10.1109/JPROC.2004.835364

Die AIBO-gestützte Therapie wurde als Katalysator zur Förderung der sozio-emotionalen Funktionen, der Bindung und des psychologischen Wohlbefindens bei älteren Menschen[688] und bei Patienten mit Schizophrenie[689], Demenz[690] und Autismus-Spektrum-Störungen (ASD) eingesetzt[691].

In einer Studie wurden die Fähigkeiten von AIBO und einem lebenden Hund verglichen, Einsamkeit zu lindern. Ältere Bewohner, die mit beiden „Hunden" interagierten, zeigten eine Verringerung der Einsamkeit im Vergleich zu Bewohnern, die kein TGI/RAT erhielten[692]. Bei den Bewohnern wurde ein hohes Maß an Verbundenheit mit beiden „Hunden" festgestellt. Eine andere Studie deutet darauf hin, dass die AIBO-unterstützte Therapie bei schizophrenen Patienten wirksam sein kann, indem sie die Sozialisierung und die sozio-emotionalen Funktionen verbessert und somit die Einsamkeit verringert[693]. Eine Studie untersuchte die Auswirkungen des Besuchs durch einen Menschen, einen Menschen in Begleitung eines lebenden Hundes und einen Menschen in Begleitung eines AIBO auf die Ergebnisse sozialer Begegnungen (z. B. Berührung, visuelle Beobachtung und Kommunikation) bei Frauen mit Demenz, die in einem Pflegeheim leben[694]. Ein Mensch, der von einem lebenden Hund und einem AIBO begleitet wurde, führte zu mehr sozialen Begegnungen als ein Mensch allein, und der AIBO löste mehr Blicke und Kontakte aus als der Hund – was darauf hindeutet, dass RAT die soziale Interaktionen bei Demenz anregt und eine Alternative zum Einsatz lebender Tieren sein kann.

Fazit: Roboter-Aktivitäten könnten angesichts derzeitiger Social Distancing – Maßnahmen besonders relevant werden. Die Studien von HRIs mit hundeähnlichen Ethorobotern konzentrierten sich in erster Linie auf kurzfristige soziale Interaktionen. Bisher wurden dynamische Verhaltensänderungen und die Entwicklung von Bindungen im Laufe der Zeit nicht untersucht. HRIs und HRA können nicht nur durch das Design des Roboters beeinflusst werden, sondern auch durch demografische Faktoren wie Alter, Geschlecht und Erfahrungen mit Technologie. Bislang sind jedoch noch keine Durchbrüche bei der Erfindung eines Roboter-Begleittieres zu verzeichnen, das im täglichen Leben wirklich ein „echtes" Tier ersetzen könnte.

688 Banks, M.R., L.M. Willoughby, W.A. Banks: Animal-assisted therapy and loneliness in nursing homes: use of robotic versus living dogs. *J. Am. Med. Dir. Assoc.* (Mar. 2008) 9(3):173–7

689 Narita, S., N. Ohtani, C. Waga, M. Ohta, J. Ishigooka, K. Iwahashi: A pet-type robot AIBO-assisted therapy as a day care program for chronic schizophrenia patients: a pilot study. *Aust. Med. J.* (Online) (2016) 9(7):244–248

690 Kimura, R., K. Miura, H. Murata, A. Yokoyama, M. Naganuma: Consideration of physiological effect of robot assisted activity on dementia elderly by electroencephalogram (EEG): estimation of positive effect of RAA by neuroactivity diagram. *Proc. SICE Ann. Conf.* 2010:1418–1422

691 François, D., S. Powell, K. Dautenhahn: A long-term study of children with autism playing with a robotic pet: taking inspirations from non-directive play therapy to encourage children's proactivity and initiative-taking. *Interact Stud.* (2009) 10(3):324–373

692 Banks et al. 2008 siehe oben

693 Narita et al. 2016 siehe oben

694 Kramer, S.C., E. Friedmann, P.L. Bernstein: Comparison of the effect of human interaction, animal-assisted therapy, and AIBO-assisted therapy on long-term care residents with dementia. *Anthrozoös.* (2009) 22(1):43–57

28. ONE HEALTH

Das One-Health-Konzept

One Health ist ein Konzept, das besagt, dass die Gesundheit von Mensch, Tier und Umwelt eng miteinander verwoben sind und im Wirkungsgefüge stehen. Die One-Health-Idee basiert auf einem ganzheitlichen, interdisziplinären Ansatz und dem Verständnis, dass wir und alle Komponenten unserer Umwelt miteinander in Beziehung stehen und sie sich wechselseitig beeinflussen. Somit ist One Health als Schnittstelle zwischen Menschen, Tieren und deren respektiven Ökosystemen, in denen sie und wir leben, zu verstehen. Der Fokus des Konzepts liegt auf einer holistischen Herangehensweise auf lokaler, regionaler, nationaler und globaler Ebene und der Förderung einer interdisziplinären Zusammenarbeit. Ziel des One-Health-Konzepts ist es, „optimale Ergebnisse für Gesundheit und Wohlbefinden zu erzielen unter Berücksichtigung der Zusammenhänge zwischen Menschen, Tieren, Pflanzen und ihrer gemeinsamen Umwelt“[695]. One Health wird dabei definiert als jeder Mehrwert in Bezug auf die Gesundheit und das Wohlbefinden von Menschen und Tieren sowie reduzierte Kosten oder nachhaltige Umweltleistungen. Und zwar, wenn diese erzielt werden können durch eine engere Zusammenarbeit zwischen der Gesundheit von Mensch und Tier und anderen Disziplinen, was nicht erreicht werden könnte, wenn die Sektoren getrennt arbeiten[696].

Ursprünge des One-Health-Ansatzes sind auch im Bereich der Pandemien zu verorten. Wie aktuell am Beispiel der Corona-Pandemie zu sehen, werden diese häufig durch die Übertragung von pathogenen Erregern zwischen verschiedenen Arten hervorgerufen, sogenannten Zoonosen[697]. Mehr als zwei Drittel der bekannten menschlichen Infektionskrankheiten stammen ursprünglich von Tieren[698]. Und die Bekämpfung dieser Pandemien, wie wir sie derzeit selber erleben, ist aufwändig und langfristig nur global zu bewerkstelligen.

695 https://www.onehealthcommission.org/

696 Schelling, E., K. Wyss, M. Bechir, D.D. Moto, J. Zinsstag: Synergy between public health and veterinary services to deliver human and animal health interventions in rural low income settings. *BMJ.* (2005) 331:1264–1267. doi: 10.1136/bmj.331.7527.1264

697 Boni, M.F., P. Lemey, X. Jiang, et al.: Evolutionary origins of the SArS-CoV-2 sarbecovirus lineage responsible for the COVID-19 pandemic. *Nature Microbiology.* (2020) Online ahead of print. DOI: 10.1038/s41564-020-0771-4.

698 Bachmann, M.E., M.R. Nielsen, H. Cohen, et al.: Saving rodents, losing primates – Why we need tailored bushmeat management strategies. *People and Nature.* (2020) 00:1–14. DOI: 10.1002/pan3.10119

Die Umweltauswirkungen auf die Interaktionen zwischen Mensch und Tier innerhalb der tiergestützten Intervention umfassen neben ökologischen auch soziale, kulturelle, politische und wirtschaftliche Faktoren. Im Rahmen des One-Health-Konzepts sind die synergetischen Vorteile einer tier- oder hundegestützten Intervention ein verbessertes körperliches, soziales und emotionales Wohlbefinden, das möglicherweise über gemeinsame Gehirnnetzwerke moduliert wird, die an Belohnung, Emotionen und Bindungsmechanismen beteiligt sind[699], sowie der Verknüpfung des Oxytocin-Systems von Menschen und Tieren[700]. Der tier- und hundegestützte Einsatz wird zunehmend als Hilfsmittel in der Gesundheitsfürsorge bei einem breiten Spektrum von körperlichen und geistigen Gesundheitsfragen in Krankenhäusern, Rehabilitationskliniken, psychiatrischen Einrichtungen, Gefängnissen, Schulen und Pflegeeinrichtungen eingesetzt.

Aus der One-Health-Perspektive sollte daher ein ethisch vertretbarer Mehrwert an Gesundheit und Wohlbefinden für Mensch und Tier geschaffen werden und Leiden für beide vermieden werden. In den letzten Jahren wurde One Health als wichtiger Rahmen für die tiergestützte Arbeit verstanden[701], und in der Praxis wächst das Bewusstsein, dass auch die Gesundheit und das Wohlergehen des Tieres im Mittelpunkt stehen muss. Die internationalen Leitlinien der International Association of Human-Animal Interaction Organizations (IAHAIO)[702] legen fest, dass alle beteiligten Tiere die Aktivität, in die sie eingebunden werden, genießen sollen und nicht überfordert oder in ihrer Sicherheit und ihrem Komfort gefährdet werden dürfen. Diese Richtlinien stehen im Einklang mit den Grundsätzen von One Health. Wichtig ist allerdings die Frage, wie wir Freude, Freiwilligkeit und Erschöpfung bei unserem Hund während des Einsatzes beurteilen können. In diesem Sinne braucht der One-Health-Rahmen Richtwerte für die tiergestützte Arbeit, die aufzeigen, unter welchen Umständen der Nutzen für den Menschen nicht gegen die Gesundheit und das Wohlergehen der Tiere abgewogen werden kann oder darf und unter welchen Umständen unsere Hunde tatsächlich von solchen Interaktionen profitieren können. Dies ist ein ethischer Standard, an den alle, die Tiere in jedwedem Setting einsetzen, gebunden sein sollten. Darüber hinaus führt die Sicherstellung und Förderung der Gesundheit und des Wohlbefindens der Tiere zu positiven Rebound-Effekten. Für das Tier bedeutet dies, dass wir Bedingungen schaffen, die möglichst viel Enrichment-Verhalten und Wohlbefinden ermöglichen und Stress sowie

699 Stoeckel, L.E., L.S. Palley, R.L. Gollub, S.M. Niemi, A.E. Evins: Patterns of brain activation when mothers view their own child and dog: An fMRI study. *PLoS ONE*. (2014) 9:e107205. doi: 10.1371/journal.pone.0107205

700 Nagasawa, M., S. Mitsui, S. En, N. Ohtani, M. Ohta, Y. Sakuma, T. Onaka, K. Mogi, T. Kikusui: Social evolution. Oxytocin-gaze positive loop and the coevolution of human-dog bonds. *Science*. (2015) 348:333–336. doi: 10.1126/science.1261022

701 Glenk, L.M., S. Foltin: Therapy Dog Welfare Revisited: A Review of the Literature. *Vet. Sci.* (2021) 8:226. https://doi.org/10.3390/vetsci8100226

702 The IAHAIO Definitions for Animal Assisted Intervention and Guidelines for Wellness of Animals Involved in AAI. IAHAIO White Paper 2014, updated for 2018. (2018) Available online: http://iahaio.org/wp/wpcontent/uploads/2018/04/iahaio_wp_updated-2018-final.pdf. Accessed on 10 December 2018

Gesundheitsrisiken minimieren. Dabei muss die Persönlichkeit des einzelnen Tieres berücksichtigt werden.

Ein Beispiel, das diese One-Health-Verknüpfungen zwischen Mensch und Hund sehr gut aufzeigt, ist in der nächsten Studie beschrieben.

Die Studie

Anwendung des NEOH-Rahmens zur Selbstevaluation eines Gesundheitselements einer Fallstudie über Adipositas bei europäischen Hunden und Hundehaltern

Muñoz-Prieto, A., L.R. Nielsen, S. Martinez-Subiela, J. Mazeikiene, P. Lopez-Jornet, S. Savić, A. Tvarijonaviciute: Application of the NEOH Framework for Self-Evaluation of One Health Elements of a Case-Study on Obesity in European Dogs and Dog-Owners. Frontiers in Veterinary Science. (2018) 5:163.

Adipositas oder Fettleibigkeit ist eine weltweit verbreitete und immer häufiger auftretende Krankheit, die auf unterschiedliche gesellschaftliche, wirtschaftliche und umweltbedingte Mechanismen zurückzuführen ist, die zu veränderten Bewegungsmustern, Essgewohnheiten und einer veränderten Zusammensetzung der Ernährung sowohl bei Menschen als auch bei ihren Hunden führt. Adipositas wird mit verschiedenen Krankheitsbildern in Verbindung gebracht, darunter orthopädischen und Atemwegserkrankungen, endokrinologischen und onkologischen Störungen, Beeinträchtigungen des Wohlbefindens und einer verkürzten Lebenserwartung[703]. Dies gibt zunehmend Anlass zur Sorge, da das Vorkommen von Adipositas sowohl bei Hunden als auch bei Menschen kontinuierlich zunimmt[704]. Gemeinsam zugrunde liegende Umweltfaktoren sind körperliche Aktivitätsmuster, Essverhalten und die Zusammensetzung der Ernährung bei Mensch und Hund[705].

In dieser Studie wurde eine fragebogengestützte Studie in elf europäischen Ländern durchgeführt. Es handelte sich um eine One-Health-Initiative von Wissenschaftlern aus dem Bereich der Human- und der Tiergesundheit mit dem Ziel, Faktoren zu ermitteln, die mit Fettleibigkeit bei Hundebesitzern und ihren Hunden in Verbindung stehen. Transdisziplinäre Ansätze, die verschiedene Disziplinen und Gesundheitsbereiche, z. B. Human- und Veterinärmedizin, Soziologie und Psychologie, miteinander verbinden und durch gemeinsame Maßnahmen auf beide Arten gleichzeitig abzielen, sind wahrscheinlich wirksamer, um die Adipositas-Trends

703 German, A.J.: The growing problem of obesity in dogs and cats. *J. Nutr.* (2006) 136:1940S–1946S. doi: 10.1093/jn/136.7.1940S

704 WHO: Obesity and Overweight (2018). https://www.who.int/news-room/fact-sheets/detail/obesity-and-overweight

705 Nijland, M.L., F. Stam, J.C. Seidell: Overweight in dogs, but not in cats, is related to overweight in their owners. *Public Health Nutr.* (2010) 13:102. doi: 10.1017/S136898000999022

einzudämmen[706]. Eine solche Konzentration auf menschliche Verhaltensänderungen, die sowohl Tieren als auch der Umwelt zugutekommen, wird als One-Health-Initiative bezeichnet, wenn sie darauf abzielt, die Gesundheit und das Wohlergehen von Mensch und Tier gleichzeitig zu verbessern.

Die sozialen und wirtschaftlichen Ursachen der Fettleibigkeit werden in der Literatur häufig beschrieben. So wird Adipositas unter anderem mit einer bewegungsarmen Lebensweise, der Aufnahme von überkalorischen Lebensmitteln und mangelnder Bildung in Verbindung gebracht[707]. Auch niedrige Einkommen werden mit Fehlernährung in Verbindung gebracht, die zu Fettleibigkeit führt, und Fettleibigkeit und fettleibigkeitsbedingte Krankheiten führen zu erhöhten Kosten[708].

Die Mensch-Hund-Beziehungen werden bei der Beschreibung des Kontextes bei Adipositas oft übersehen[709]. Das Hauptziel der One-Health-Strategien besteht darin, die Gesundheit und das Wohlbefinden der verschiedenen Tierarten – Mensch und Hund – und ihrer Umwelt (oder ihres Ökosystems) durch gezielte Zusammenarbeit zwischen verschiedenen Disziplinen und Sektoren zu verbessern. Psychologische Faktoren und obesogene[710] Inhaltsstoffe und Umgebungen wirken sich auf die körperliche Aktivität und das Essverhalten aus[711]. Körperliche Aktivitäten im Zusammenhang mit der Mensch-Hund-Bindung werden in unserem Gesundheitssystem häufig nicht berücksichtigt, obwohl es wirksame Maßnahmen zur Vorbeugung von Adipositas gibt, die in anderen Bereichen leicht anwendbar wären, z. B. hundegestützte Spielaktivitäten für Kinder sowie hundegestützte körperliche Aktivitäten für Erwachsene, oder „Gesundheitsschulen", in denen Menschen geeignete Ernährungsweisen für Hund und Mensch lernen können. Also auch im One-Health-Kontext kann die tiergestützte Intervention disziplinübergreifend an systemischen Veränderungen teilhaben.

Fazit: Der vorgeschlagene One-Health-Rahmen erfordert einen transdisziplinären Ansatz und das gemeinsame Interesse von Wissenschaftlern und Praktikern. Ein integrierter One-Health-Ansatz ist notwendig, um einen Zielkonflikt zwischen der

706 Kushner, R.F., D.J. Blatner, D.E. Jewell, K. Rudloff: The PPET Study: people and pets exercising together. *Obesity.* (2006) 14:1762–1770. doi: 10.1038/oby.2006.203

707 Sandøe, P., C. Palmer, S. Corr, A. Astrup, C.R. Bjørnvad: Canine and feline obesity: a one health perspective. *Vet. Rec.* (2014) 175:610–6. doi: 10.1136/vr.g7521

708 Vitali, C., S. Bombardieri, R. Jonsson, H.M. Moutsopoulos, E.L. Alexander, S.E. Carsons, et al.: Classification criteria for Sjögren's syndrome: a revised version of the European criteria proposed by the American-European Consensus Group. *Ann. Rheum. Dis.* (2002) 61:554–8. doi: 10.1136/ARD.61.6.55

709 Bartges, J., R.F. Kushner, K.E. Michel, R. Sallis, M.J. Day: One health solutions to obesity in people and their pets. *J. Comp. Pathol.* (2017) 156:326–33. doi: 10.1016/J.JCPA.2017.03.008

710 Obesogene sind künstliche Substanzen, die den Hormonhaushalt beeinflussen und zu Übergewicht oder Adipositas führen können.

711 Fuentes Pacheco, A., G. Carrillo Balam, D. Archibald, E. Grant, V. Skafida: Exploring the relationship between local food environments and obesity in UK, Ireland, Australia and New Zealand: a systematic review protocol. *BMJ Open.* (2018) 8:e018701. doi: 10.1136/bmjopen-2017-018701

Gesundheit von Mensch und Tier zu vermeiden und sicherzustellen, dass bei tiergestützten Interventionen auf beiden Seiten ein Mehrwert in Form von Synergieeffekten erzielt werden kann.

Die Studie

Die Beziehung zwischen Mensch und Tier im Mittelpunkt der tiergestützten Interventionen: Ein One-Health-Ansatz

Menna, Lucia Francesca, Antonio Santaniello, Margherita Todisco, Alessia Amato, Luca Borrelli, Cristiano Scandurra, Alessandro Fioretti: The Human-Animal Relationship as the Focus of Animal-Assisted Interventions: A One Health Approach. Int. J. Environ. Res. Public Health. (2019) 16:3660.

Das One-Health-Konzept besagt, dass die Gesundheit von Mensch und Tier sowie die ihrer Umwelt eng miteinander verwoben sind. Ein One-Health-Rahmen sollte auch für die TGI gelten, der vorgibt, unter welchen Umständen die Tiere tatsächlich von solchen Interaktionen profitieren könnten.

Die Wirksamkeit einer Intervention, die auf interspezifischen Beziehungen beruht, wird von verschiedenen Faktoren beeinflusst, z. B. von den Bindungsstilen und Persönlichkeiten sowohl des Tieres als auch der Bezugsperson, von einer angemessenen Auswahl der Tierarten und deren Individualität, von Trainingstechniken, von der Bindung zwischen Mensch und Tier und von der wechselseitigen Beziehung zwischen Tier, Bezugspersonen und den Empfängern. Ein biopsychosozialer Ansatz berücksichtigt eine zooanthropologische Vision des Gesundheitswesens[712], die eine interspezifische Beziehung zwischen Mensch und Tier sowohl im gesundheitlichen/therapeutischen als auch im pädagogischen Kontext untersucht und anwendet[713].

Da Beziehungen den Schwerpunkt der TGI darstellen, spielen Bindungsstile eine primäre Rolle, wenn therapeutische Ziele erreicht werden sollen. Anders verhält es sich, wenn die Ziele eher pädagogisch (tiergestützte Pädagogik) oder unterstützend (tiergestützte Aktivitäten) sind, dann ist es nicht wirklich plausibel, eine Veränderung in diesem Bereich zu erwarten. Es ist jedoch sehr überzeugend, anzunehmen, dass auch bei der tiergestützten Pädagogik/Aktivität die Bindungsbeziehung eine entscheidende Rolle spielt, die die jeweiligen internen Arbeitsmodelle aktivieren.

712 A framework for One Health research. Lebov, J., K. Grieger, D. Womack, D. Zaccaro, N. Whitehead, B. Kowalcyk, P.D.M. MacDonald: *One Health.* (Jun. 2017) 3:44–50

713 Gerardi, F. New Applications for the One Health: Healthcare Zooanthropology and the Federico II Model of Zootherapy. Ph.D. Thesis, Dissertation in Veterinary Sciences, University of Naples Federico II, Napoli, Italy, 2017.

Zusätzlich zur Bindung ist es von grundlegender Bedeutung, auch andere potenzielle Faktoren zu berücksichtigen, die psychologische oder physiologische Veränderungen bewirken (z. B. die Verringerung von Stress, Angst und Aggression oder die Förderung von Vertrauen, Motivation und Konzentration)[714]. Die Untersuchung einer beidseitigen Mensch-Hund-Beziehung sollte gefördert werden, da diese ein komplexes System darstellt, in dem alle Komponenten sich gegenseitig beeinflussen[715]. Die TGI sind ein System, in dem es eine Beziehungsdynamik zwischen Lebewesen verschiedener Arten gibt; es ist ein komplexes System, in dem alle Teile interagieren und sich gegenseitig beeinflussen, um ein Ergebnis zu erzielen, das größer ist als seine Teile.

Hunde sind die häufigste Art, die an TGI beteiligt ist, da sie über die wichtige Fähigkeit verfügen, die nonverbale Sprache des Menschen zu lesen[716], den Unterschied zwischen ihrer Bezugsperson und anderen Menschen kennen[717] und die Beziehung zwischen Hund und Halter die Leistung des Hundes beeinflussen[718].

Fazit: Die Möglichkeit, dass ein Hund durch die menschliche Dynamik gefährdet sein könnte, muss immer in Betracht gezogen werden. Die Prävention beginnt mit einer ersten Auswahl auf Grundlage der Persönlichkeit und einer angemessenen Ausbildung. Es sollten standardisierte Trainingsprogramme befolgt werden, die es dem Hund ermöglichen, seine individuellen Fertigkeiten zum Ausdruck zu bringen und positive Erfahrungen während der Interventionen zu machen und jegliche zoonotische Risiken zu verringern[719].

714 Beetz, A., H. Julius, D. Turner, K. Kotrschal: Effects of social support by a dog on stress modulation in male children with insecure attachment. *Front. Psychol.* (2012) 3:352

715 Fenelli, A., C. Volpi, E. Guarracino, V. Galli, M. Esposito: The reciprocity rule in bord construction is as the reading key in relational. *Riv. Psichiatr.* (2011) 46:298. doi: 10.1708/1009.10975

716 Meyer, I., B. Forkman: Nonverbal Communication and Human-Dog Interaction. *Anthrozoös.* (2014) 27:553–568

717 Travain, T., E.S. Colombo, L.C. Grandi, E. Heinzl, A. Pelosi, E. Prato Previde, P. Valsecchi: How good is this food? A study on dogs' emotional responses to a potentially pleasant event using infrared thermography. *Physiol. Behav.* (May 15 2016) 159:80–7

718 Prato-Previde, E., V. Nicotra, S. Fusar Poli, A. Pelosi, P. Valsecchi: Do dogs exhibit jealous behaviors when their owner attends to their companion dog? *Anim. Cogn.* (Sep. 2018) 21(5):703–713

719 EU (2014/C 438/05) Council conclusions on patient safety and quality of care, including the prevention and control of healthcare-associated infections and antimicrobial resistance. *Off. J. Eur. Union.* (2014) 438:7–11

Die Studie

Ein One-Health-Forschungsrahmen für tiergestützte Interventionen

Hediger, K., A. Meisser, J. Zinsstag: A One Health Research Framework for Animal-Assisted Interventions. Int. J. Environ. Res. Public Health. (Feb. 21 2019) 16(4):640. . PMID: 30795602; PMCID: PMC6406415.

Aus der One-Health-Perspektive sollten ethisch vertretbare TGI einen Mehrwert an Gesundheit und Wohlbefinden für alle Teilnehmer – Menschen und Tiere – schaffen. In den letzten Jahren wurde One Health als wichtiger Rahmen für TGI verstanden, der Vorteile und Risiken der Teilnahme für Mensch und Tier mit sich bringt, die identifiziert werden müssen[720]. Enrichment-Verhalten und Wohlbefinden sollten maximiert und Stress und Gesundheitsrisiken minimiert werden, sowohl intra- als auch interspezifisch. Zusätzlich muss die Dreiecksbeziehung berücksichtigt werden, und es ist ein paralleles Forschungsdesign erforderlich, das sich auf die Verbesserung positiver Wohlfahrtsindikatoren konzentriert und diese mit Hilfe multidimensionaler, systemischer Ansätze untersucht.

Es gibt international anerkannte Leitlinien für TGI[721] und Institutionen im Bereich der Mensch-Tier-Interaktion haben Standards und Grundanforderungen definiert[722]. Diese Leitlinien stehen im Einklang mit den Grundsätzen von One Health, aber es stellt sich die Frage, wie Freude oder Erschöpfung des Tieres während des Einsatzes zu evaluieren sind. Dies erfordert evidenzbasiertes Wissen.

Die Vorteile und Risiken der TGI für Mensch und Tier müssen ermittelt werden. Für den Hund bedeutet dies, dass die Forschung Bedingungen aufzeigen muss, die möglichst viel Enrichment-Verhalten und Wohlbefinden ermöglicht und Stress und Gesundheitsrisiken minimiert. Das muss artübergreifend und in Bezug auf die Persönlichkeit des einzelnen Tieres geschehen[723]. Darüber hinaus müssen die Wechselbeziehung und der gegenseitige Einfluss der Mensch Tier Beziehung untersucht werden. Wir wissen, dass beispielsweise das Alter des Empfängers[724] sowie

720 Hediger, K., A.M. Beetz: The Role of Human-Animal Interactions in Education. In: Zinsstag, J., E. Schelling, D. Walter-Toews, M. Whittaker, M. Tanner, editors: *One Health: The Theory and Practice of Integrated Health Approaches.* Oxfordshire, UK: CAB International. (2015) S. 74–84

721 IAHAIO: *IAHAIO White Paper 2014*, updated for 2018. The IAHAIO Definitions for Animal Assisted Intervention and Guidelines for Wellness of Animals Involved in AAI. (2018). https://iahaio.org/wp/wp-content/uploads/2021/01/iahaio-white-paper-2018-english.pdf, Accessed on 20 Juli 2022

722 Wohlfarth R., E. Olbrich: *Qualitätsentwicklung und Qualitätssicherung in der Praxis tiergestützter Interventionen*. Zürich, Switzerland: ESAAT, ISAAT. (2014)

723 Ng, Z., J. Albright, A.H. Fine, J. Peralta: Our Ethical and Moral Responsibility: Ensuring the Welfare of Therapy Animals. In: Fine, A.H., editor: *Handbook on Animal-Assisted Therapy: Foundations and Guidelines for Animal-Assisted Interventions*. San Diego, CA, USA: Elsevier. (2015) S. 357–377

724 Marinelli, L., S. Normando, C. Siliprandi, M. Salvadoretti, P. Mongillo: Dog assisted interventions in a specialized centre and potential concerns for animal welfare. *Vet. Res. Communities.* (2009) 33:93–95. doi: 10.1007/s11259-009-9256-x

die Arbeitserfahrung des Hundes[725] und der Faktor an der Leine oder im Freilauf[726] einen erheblichen Einfluss auf die Stressbelastung der Hunde haben.

Fazit: Der One-Health-Ansatz zielt darauf ab, den Zielkonflikt zwischen der Gesundheit von Mensch und Tier zu minimieren, und die Zukunftsforschung kann die synergetischen Vorteile der untrennbaren Verknüpfung in den verschiedenen Bereichen aufzeigen und um sicherzustellen, dass alle Arten von der TGI-Aktivität profitieren.

Für mehr Infos: https://www.onewelfareworld.org/about.html

725 King, C., J. Watters, S. Mungre: Effect of a time-out session with working animal-assisted therapy dogs. *J. Vet. Behav.* (2011) 6:232–238. doi: 10.1016/j.jveb.2011.01.007

726 Glenk, L.M., O.D. Kothgasser, B.U. Stetina, R. Palme, B. Kepplinger, H. Baran: Therapy dogs' salivary kortisol levels vary during animal-assisted interventions. *Anim. Welf.* (2013) 22:369–378. doi: 10.7120/09627286.22.3.369

Fazit

Die Interaktionen zwischen Mensch und Hund werden in unserem Leben immer wichtiger und es ist zunehmend anerkannt, dass sie sich positiv auf unsere Gesundheit und unser Wohlbefinden auswirken. Die Fortschritte in der Wissenschaft lehren uns ein besseres Verständnis wie Hunde ihre Umwelt wahrnehmen und interpretieren, und der breiten Palette von Emotionen, die sie als Reaktion auf ihre Umgebung und die Interaktion mit Menschen erleben. Mit diesem besseren Verständnis wächst auch unsere Verantwortung gegenüber unseren hündischen Gefährten und Teampartnern. Hunde sind keine „Werkzeuge", die ausschließlich zum Nutzen des Menschen eingesetzt werden; sie sind Mitarbeiter, die auf Stressfaktoren in vielerlei Hinsicht genauso reagieren wie wir selbst. Sie kommunizieren ihre Gefühle nur nicht in der gleichen Sprache. Hunde stimulieren multimodal, indem sie visuelle, akustische, olfaktorische sowie haptisch-taktile Reize bieten. Sie bieten und motivieren zur Interaktion durch Berühren bzw. Streicheln, durch Sprechen mit ihnen oder über sie. Hunde können Emotionen erzeugen und Erinnerungen wecken. Interaktionen, in denen der Hund nicht „funktioniert", sondern autonom agiert, bergen Chancen für die gemeinsame tiergestützte Arbeit und sind gewinnbringend für alle Teilnehmer. Auch das Konzept des „freundlichen Hundes" muss überdacht werden, um seine Authentizität wirklich wertzuschätzen. Unsere Hunde nehmen Stimmungen und Emotionen unmittelbar auf ohne Filter einer menschlichen Sozialisierung und reagieren authentisch – so es sich nicht um einen Hund handelt, dem im Sinne des „freundlichen Hundes" Reaktionsmuster abtrainiert wurden. Es obliegt uns, die wir mit Hunden arbeiten, diese Signale zu verstehen und ihre Interessen zu vertreten, wenn sie mit uns zusammenarbeiten.

Im hundgestützten Setting müssen wir als Mensch des Mensch-Hund-Teams die Verantwortung für unseren Hund und dessen Schutz vor unangemessenen Übergriffen übernehmen. Wir sind im Umgang mit unserem eigenen Hund Vorbild für die Außenwelt, andere Hundebesitzer und Interessierte, aber auch die Empfänger und agieren deshalb als Multiplikatoren für einen adäquaten Umgang mit allen Hunden. Die Andersartigkeit der Hunde bereichert unseren Alltag und ein respektvoller Umgang mit ihnen und ihren Bedürfnissen schult unsere Fähigkeiten. Die Hunde haben sich ihren Einsatz im tiergestützten Bereich nicht ausgesucht. Sie benötigen also einen intensiven Schutz durch uns, damit sie motiviert und kooperativ, physisch und psychisch gesund bei dieser Arbeit unterstützen und teilhaben können.

Es besteht immer noch eine Wissenslücke hinsichtlich der langfristigen Auswirkungen auf Hunde, die an TGI-Programmen teilnehmen. Es ist wichtig, Langzeitstudien durchzuführen, die regelmäßige, kontinuierliche physiologische und psychologische Untersuchungen beinhalten, um uns zu ermöglichen, den Status der Hunde in einem frühen Stadium ihrer Therapiebegleithundekarriere mit einem späteren Zeitpunkt zu vergleichen und ihnen das beste Leben zu ermöglichen, das wir können.

Danksagung

Als Mensch auf meinem Lebensweg war und bin ich doch auch die Teile deren, die mich anregen, beflügeln, auf Irrwege lenken oder von Irrwegen abbringen, einem Arbeit und Sorgen abnehmen, zum Lachen oder zum Weinen bringen. Danke an meine Freunde, die selbst dann ans Telefon gehen, wenn ich sie um drei Uhr morgens mit existenzkrisenschwerer Stimme anrufe.

Inspiriert, beschwingt, überrascht, abgeholt, mich manchmal in ihre Welt mitgenommen und immer wieder zum Lachen gebracht und morgendlichen Aufstehen überredet haben mich meine Hunde und anderen Vierbeiner – Danke! Welch ein Glück, dass ihr mich durch verschiedene Lebensabschnitte begleitet habt und ich so viel lernen durfte! Ihr zeigt mir die Welt aus eurer Perspektive und habt Geduld, wenn ich es mal wieder nicht verstehe. Ich habe noch Zeit zu wachsen. Und ich bemühe mich zuzuhören und zu fragen. Lasst mich einfach weiter mitspielen.

Und ich bin dankbar für dich, lieber Leser. Dafür, dass du Interesse an meinem Buch gezeigt und es tatsächlich bis hierhin gelesen hast und mir einen Teil deiner Zeit geschenkt hast!

Über die Autorin

Dr. Sandra Foltin ist als „Pottkind" im Ruhrgebiet aufgewachsen. Einen Tag nach ihrem Abitur reiste Sie in die USA und aus einem Jahr geplantem Aufenthalt wurden elf. Sie studierte dort Psychologie und danach Jura und im Rahmen des Psychologiestudiums begann Sie den tiergestützten Einsatz mit Ihren damals 3 Tierschutzhunden über die Delta Society (heute Pet Partners Program). Als Sie nach Deutschland zurückkehrte gründete Sie einen Natur- und Tierschutzverein und startete erst das Projekt „Hunde-auf-Rädern", einen ehrenamtlichen Tierbesuchsdienst, und dann die Fortbildung zur tiergestützten Intervention, TTA-NRW. Diese hat zum Ziel eine hundgerechte, ethische, tierschutzangepasste und Achtsamkeitsbasierte Wissensvermittlung in Theorie und Praxis für den Bereich des tiergestützten Einsatzes. Sie setzte dann noch einen Herzenswunsch um und studierte Biologie und promovierte schließlich zum Thema Orientierungsverhalten, Exploration und Kognition des Hundes mit Aspekten der Interaktion des Mensch-Hund Teams. Frau Foltin engagiert sich federführend in mehreren praktischen Projekten im Tierschutz und arbeitet mit ihren Tierschutzhunden in verschieden tiergestützten Settings. Dr. Foltin ist zudem wissenschaftlicher Beirat des Qualitätsnetzwerks Schulbegleithund e.V., im Vorstand von ESAAT, Mitglied bei IAHAIO und gibt Vorträge & Webinare zu verschiedenen hundbezogenen Themenbereichen. https://sandra-foltin.com/

Literaturverzeichnis

Das vollständige, alphabetisch nach Autoren sortierte Literaturverzeichnis aller in diesem Buch benutzten Quellen und Referenzen finden Sie unter :

Index der Sachbegriffe

H

I

J

K

L

M

N

O

P

Q

R

S

T

U

V

W

X

Z

Autoren- und Personenverzeichnis*

* Erwähnung im Fließtext ohne Fußnoten

T

U

V

W

X

Z

Anne Kahlisch & Isis Mengel

Ideenkiste Schulhund

Lehrplanorientierte Praxisideen für die Grundschule

Pädagogen, die ihren Hund mit in die Schule nehmen, sind keine Seltenheit mehr. Mit der Zahl an Schulhunden hat in den letzten Jahren auch die Anerkennung und Professionalisierung der hundegestützten Pädagogik zugenommen.
Es gibt mittlerweile eine Reihe von Fachbüchern zum theoretischen Hintergrundwissen des Einsatzes, Literatur mit Praxisideen hingegen findet sich noch sehr selten.
Dieses Buch liefert am Lehrplan der Grundschule orientierte Ideen für die hundegestützte Förderung. Aber nicht nur Grundschullehrer werden in diesem Buch Anregungen für Ihre Arbeit finden, ebenso lassen sich die Übungen im Bereich der Frühförderung, der Förderschule und zum Teil auch der weiterführenden Schule umsetzen.

Flexicover, 232 Seiten, durchgehend farbig
ISBN 978-3-95464-136-9

Beate Lambrecht

Hundeschule für Schulhunde

Ausbildungsprogramm für Begleithunde in Pädagogik und Therapie

Schulhunde als pädagogische Helfer haben in den letzten Jahren enorm an Verbreitung, Akzeptanz und Professionalisierung gewonnen.
Was bisher fehlte, war Fachliteratur nicht nur zum Einsatz, sondern zur gezielten Ausbildung der Hunde, die im Schulunterricht oder auch zu therapeutischen Zwecken eingesetzt werden sollen.
Das Grundlagentraining wird ergänzt durch spezielle Aufgaben für verschiedene Einsatzbereiche sowie Tipps zum Umgang mit besonderen Situationen.
Hundefreundliches, modernes Training unter Wahrnehmung möglicher Stress- und Überforderungssignale im Einsatz steht dabei im Vordergrund.

Hardcover, 216 Seiten, durchgehend farbig
ISBN 978-3-95464-099-7

Inge Röger-Lakenbrink

Das Therapiehunde-Team

Ein praktischer Wegweiser

Therapiehunde können bei Einsätzen in Alten- oder Kinderheimen, Hospizen oder Krankenhäusern wissenschaftlich nachgewiesen erstaunlich positive Wirkungen auf die Patienten erzielen. Voraussetzung dazu ist aber eine solide Ausbildung in verschiedenen Bereichen, und zwar sowohl für den Hund als auch für den Mensch. Nur als geschultes und eingespieltes Team sind beide erfolgreich einsetzbar, ohne sich selbst und anderen zu schaden. Leider gibt es bislang in Deutschland aber weder eine einheitliche Ausbildung noch verbindliche Qualitätsstandards für diese wichtige und verantwortungsvolle Tätigkeit. Dieses Buch ist eine aktuelle Bestandsaufnahme des heutigen Therapiehundewesens in Deutschland, Österreich und der Schweiz und gibt erstmals einen umfassenden Überblick über die Ausbildungsmöglichkeiten und -inhalte.
Erfahrungsberichte aus der Praxis runden die Informationen ab.

Flexicover, 232 Seiten, durchgehend farbig – *überarbeitete und erweiterte Neuauflage 2018* –
ISBN 978-3-95464-159-8